地盤環境振動の対策技術

一般財団法人 災害科学研究所 地盤環境振動研究会 編著

森北出版株式会社

● 本書のサポート情報を当社 Web サイトに掲載する場合があります．
下記の URL にアクセスし，サポートの案内をご覧ください．

http://www.morikita.co.jp/support/

● 本書の内容に関するご質問は，森北出版 出版部「(書名を明記)」係宛
に書面にて，もしくは下記の e-mail アドレスまでお願いします．なお，
電話でのご質問には応じかねますので，あらかじめご了承ください．

editor@morikita.co.jp

● 本書により得られた情報の使用から生じるいかなる損害についても，
当社および本書の著者は責任を負わないものとします．

■ 本書に記載している製品名，商標および登録商標は，各権利者に帰属
します．

■ 本書を無断で複写複製（電子化を含む）することは，著作権法上での
例外を除き，禁じられています．複写される場合は，そのつど事前に
(社)出版者著作権管理機構（電話 03-3513-6969，FAX 03-3513-6979，
e-mail：info@jcopy.or.jp）の許諾を得てください．また本書を代行業者
等の第三者に依頼してスキャンやデジタル化することは，たとえ個人や
家庭内での利用であっても一切認められておりません．

はじめに

　地盤環境振動問題の主たる発生源は，①自動車および列車走行時の交通振動，②各種の建設機械（大型車両の走行を含む）の作業時の振動，および③工場機械の稼働時の振動が対象となっている．これらの発生源から生じた振動は，通常は地盤を伝播媒体として，波動となって拡散されてから家屋内に伝達される．その結果として，家屋内の住民に知覚されて苦情として生じるだけに留まらず，振動の程度が大きい場合には家屋への損傷を与える場合もある．したがって，地盤環境振動問題を未然に解決することは，喫緊の課題の一つともいえる．

　本書出版の原点は，一般財団法人災害科学研究所の下に，地盤環境振動研究会を組織したことによっている．この研究会では，平成23年度から地盤環境振動の対策技術を体系的にまとめることを目的として活動してきた．平成25年度には，これらの成果を「地盤環境振動マニュアル」としてとりまとめ，今回，研究会活動の発展形として，新たに学識経験者等にも参画していただき，研究成果をさらにブラッシュアップすることにより本書の出版につなげることとなった．

　本書の執筆者は，この分野の経験豊かな研究者および実務者であり，それぞれの分担箇所について最新の知見を含めてわかりやすく記述していただいた．ここに，厚く感謝申し上げる．また，本書出版にあたりお世話になった，森北出版株式会社の富井晃氏はじめ，関係各位にお礼申し上げる．

平成28年8月

一般財団法人 災害科学研究所
地盤環境振動研究会 委員長
早川　清

地盤環境振動研究会

委員長	早川	清	立命館大学名誉教授
幹事長	藤森	茂之	中央復建コンサルタンツ(株)
幹事	樫本	裕輔	(株)オーク
幹事	櫛原	信二	(株)不動テトラ
委員	芦刈	義孝	パシフィックコンサルタンツ(株)
委員	石灰	健治	(株)建設技術研究所
委員	上田	直和	中日本建設コンサルタント(株)
委員	尾儀	一郎	(株)エイト日本技術開発
委員	門田	浩一	パシフィックコンサルタンツ(株)
委員	倉掛	猛	(株)構造計画研究所
委員	島袋	ホルヘ	(株)構造計画研究所
委員	庄司	正弘	(株)構造計画研究所
委員	関口	律子	中日本建設コンサルタント(株)
委員	田中	勝也	日本コンクリート工業(株)
委員	田保	雅章	中央復建コンサルタンツ(株)
委員	深江	宏司	(株)建設技術研究所
委員	松井	敏彦	中央復建コンサルタンツ(株)
委員	丸山	貴徳	中日本建設コンサルタント(株)
委員	森脇	昌一	(株)オーク
オブザーバー	内田	季延	飛島建設(株)技術研究所
オブザーバー	国松	直	(独)産業技術総合研究所
オブザーバー	塩田	正純	元工学院大学工学部
オブザーバー	建山	和由	立命館大学理工学部
オブザーバー	長山	喜則	ジェイアール西日本コンサルタンツ(株)
オブザーバー	山本	耕三	東洋建設(株)総合技術研究所
オブザーバー	横山	秀史	(公財)鉄道総合研究所

執筆担当

第1章	早川 清		第8章	内田季延, 藤森茂之
第2章	早川 清		第9章	横山秀史, 関口律子
第3章	松井敏彦, 田保雅章		第10章	山本耕三, 建山和由
第4章	国松 直		第11章	塩田正純, 藤森茂之
第5章	塩田正純, 櫛原信二		第12章	庄司正弘, 倉掛 猛
第6章	尾儀一郎, 田中勝也		第13章	早川 清
第7章	藤森茂之, 長山喜則, 門田浩一		資料編	藤森茂之, 塩田正純, 松井敏彦

目 次

第1章 序 論　　1

1.1 地盤環境振動問題の現状 ……………………………………………… 1
　1.1.1 地盤環境振動に関する苦情の現状　1
　1.1.2 都道府県別の苦情件数　2
　1.1.3 発生源別の苦情件数　2
　1.1.4 各振動源による振動レベルの平均値　4
1.2 本書の構成 ……………………………………………………………… 4
参考文献 ……………………………………………………………………… 5

第2章 地盤環境振動の基本的事項と対策工法の基本原理　　6

2.1 地盤環境振動の一般的特徴 …………………………………………… 6
2.2 波動の種類と特性 ……………………………………………………… 7
2.3 地盤環境振動対策の分類 ……………………………………………… 11
2.4 伝播経路対策の基本原理 ……………………………………………… 11
　2.4.1 振動の遮断と伝播経路対策の概念　11
　2.4.2 対策工の種類　13
2.5 弾性支持による対策 …………………………………………………… 16
参考文献 ……………………………………………………………………… 19

第3章 地盤環境振動の測定方法　　21

3.1 測定目的 ………………………………………………………………… 21
3.2 測定計画 ………………………………………………………………… 22
3.3 測定場所 ………………………………………………………………… 25

- 3.4 測定時間 …… 27
- 3.5 測定機器 …… 28
- 3.6 測定・分析方法 …… 30
  - 3.6.1 振動レベル　30
  - 3.6.2 振動ピックアップの設置方法　31
  - 3.6.3 測　定　33
  - 3.6.4 データ整理　33
  - 3.6.5 評価値　34
  - 3.6.6 周波数分析　36
  - 3.6.7 暗振動の補正　38
- 参考文献 …… 39

第4章 人体および建築物における地盤環境振動の影響　40

- 4.1 振動に対する人の反応が生じるメカニズム …… 40
  - 4.1.1 身体の動的応答　41
  - 4.1.2 振動に対する感覚的特性　42
  - 4.1.3 振動知覚　45
- 4.2 振動に対する感覚 …… 47
  - 4.2.1 生体条件と振動感覚　47
  - 4.2.2 振動の物理量と振動感覚表現　48
  - 4.2.3 振動知覚・感覚に関する既往の研究と評価基準　48
  - 4.2.4 気象庁震度階と振動感覚　51
  - 4.2.5 振動感覚に関する近年の研究　52
- 4.3 振動による心理的影響 …… 56
  - 4.3.1 種々の心理的影響　56
  - 4.3.2 心理的影響に関する既往研究　58
  - 4.3.3 心理的影響を踏まえた振動評価　62
- 4.4 振動による生理的反応・影響 …… 63
  - 4.4.1 生理的機能の変化　63
  - 4.4.2 感覚機能　66
- 4.5 振動による物理的影響 …… 67

  4.5.1 地震動による物理的影響 68
  4.5.2 発破振動による物理的影響 69
  4.5.3 水平振動による物理的影響 72
  4.5.4 微振動による精密機械への影響 73
 4.6 家屋の振動増幅特性 75
 4.7 全身振動に対する各種評価方法 80
  4.7.1 受振点（測定点） 80
  4.7.2 振動測定方法 83
  4.7.3 振動評価方法 84
  4.7.4 振動暴露の影響評価方法 88
  4.7.5 環境振動評価方法の比較とまとめ 90
 参考文献 93

第5章　地盤環境振動対策の分類と事例　99

 5.1 ハード的対策 99
  5.1.1 道路交通振動対策 99
  5.1.2 鉄道振動対策 102
  5.1.3 建設工事振動対策 102
  5.1.4 工場振動対策 105
 5.2 ソフト的対策 107
 5.3 伝播経路対策工法の分類と事例 109
  5.3.1 伝播経路対策の分類 109
  5.3.2 伝播経路対策の事例 110
 5.4 伝播経路対策工法の比較 131
 5.5 地盤環境振動対策工法の検討手順 134
 参考文献 136

第6章　地盤環境振動問題と地盤・地形条件　138

 6.1 地盤環境振動問題と地盤条件 138
  6.1.1 地盤特性と距離減衰 138

6.1.2　合成波による振動　145
　6.2　地盤環境振動問題と地形条件 …………………………………………… 147
　　　6.2.1　台地・丘陵地に近接した低平地の応答特性　147
　　　6.2.2　お椀状地形における振動の増幅　151
　　　6.2.3　伝播地層が帯状に分布する場合（旧河道）　154
　　　6.2.4　ノルウェーの氷河地盤での地盤環境振動の予測　156
　　　6.2.5　地質と道路交通振動の関係　158
　　　6.2.6　地層構成と応答特性　158
　6.3　対策を検討するうえでの事前調査事項 ………………………………… 161
　参考文献 …………………………………………………………………………… 165

第7章　地盤環境振動対策工法の費用対効果　　　167

　7.1　地盤環境振動対策工法の費用対効果の分析概要 ……………………… 167
　　　7.1.1　地盤環境振動の対策工法の概要　167
　　　7.1.2　地盤環境振動対策工法の費用対効果の分析視点　168
　　　7.1.3　振動対策効果の指標および費用の算出方法　169
　7.2　道路交通振動の対策工法およびその費用対効果 ……………………… 170
　　　7.2.1　発生源対策の事例　170
　　　7.2.2　伝播経路対策の事例　171
　　　7.2.3　最近の対策工法　176
　7.3　鉄道振動の対策工法およびその費用対効果 …………………………… 179
　　　7.3.1　発生源対策の事例　179
　　　7.3.2　伝播経路対策の事例　184
　　　7.3.3　最近の対策工法　186
　7.4　建設工事振動の対策工法およびその費用対効果 ……………………… 188
　　　7.4.1　発生源対策の事例　188
　　　7.4.2　伝播経路対策の事例　189
　7.5　工場機械振動の対策工法およびその費用対効果 ……………………… 190
　7.6　ソフト的対策 ……………………………………………………………… 190
　7.7　費用対効果の分析と考察 ………………………………………………… 192
　参考文献 …………………………………………………………………………… 196

第8章 道路交通振動の特徴と対策　　　**200**

- 8.1 道路交通振動の現状 ……………………………………………… 200
  - 8.1.1 法規制の状況　200
  - 8.1.2 測定方法　205
  - 8.1.3 予測方法　209
  - 8.1.4 評価方法　215
- 8.2 道路交通振動の特徴 ……………………………………………… 216
  - 8.2.1 道路構造と振動の特徴　216
  - 8.2.2 発生源として考えられる因子　217
  - 8.2.3 伝播経路として考えられる因子　218
- 8.3 道路交通振動の対策 ……………………………………………… 221
  - 8.3.1 道路交通振動対策の概要　221
  - 8.3.2 道路交通振動の発生源対策　224
  - 8.3.3 道路交通振動の伝播経路対策　229
  - 8.3.4 その他の対策　229
  - 8.3.5 道路交通振動対策の選定　233
- 8.4 道路交通振動の対策事例 ………………………………………… 233
  - 8.4.1 路面凹凸の改良による対策事例　233
  - 8.4.2 ノージョイント化による対策事例　233
  - 8.4.3 道路下地盤の改良による対策事例　235
  - 8.4.4 建物側での振動対策事例　238
- 参考文献 ……………………………………………………………………… 239

第9章 鉄道振動の特徴と対策　　　**242**

- 9.1 鉄道振動の現状 …………………………………………………… 242
  - 9.1.1 鉄道振動の現状　242
  - 9.1.2 振動規制の状況　244
  - 9.1.3 測定・評価方法　245
- 9.2 予測手法 …………………………………………………………… 248
  - 9.2.1 予測手法の概要　248

9.2.2 環境影響評価等における鉄道振動の予測・評価法 251
9.3 鉄道振動の特徴 252
　9.3.1 振動レベル波形 252
　9.3.2 振動レベルの周波数特性 253
　9.3.3 振動レベルの列車速度依存性 255
9.4 鉄道振動の対策工法と対策事例 256
　9.4.1 車両での振動対策 259
　9.4.2 軌道での振動対策 260
　9.4.3 構造物での振動対策 263
　9.4.4 地盤での振動対策 264
参考文献 266

第10章　建設工事振動の特徴と対策　270

10.1 建設工事振動の現状 270
　10.1.1 法規制の状況 270
　10.1.2 測定方法 272
　10.1.3 予測方法 274
　10.1.4 評価方法 281
10.2 建設工事振動の特徴 283
　10.2.1 発生源として考えられる因子 283
　10.2.2 建設工事振動に関する苦情の実態 291
10.3 建設工事振動対策の概要 293
　10.3.1 建設工事振動を防止する基本的な考え方 293
　10.3.2 建設工事に伴う騒音振動対策技術指針の遵守 294
　10.3.3 低振動型建設機械の活用 295
10.4 建設工事振動の対策事例 295
　10.4.1 建設機械への発生源対策事例（ハード的対策） 295
　10.4.2 発破における発生源対策事例（ハード的対策） 303
　10.4.3 伝播経路対策事例（ハード的対策） 313
　10.4.4 総合的振動対策事例（ハード的・ソフト的対策） 318
参考文献 323

第11章 工場機械振動の特徴と対策　326

- 11.1 工場機械振動の現状 …………………………………… 326
  - 11.1.1 法規制の状況　326
  - 11.1.2 測定方法　329
  - 11.1.3 予測方法　329
  - 10.1.4 評価方法　330
- 11.2 工場機械振動の特徴 …………………………………… 330
  - 11.2.1 発生源として考えられる因子　330
  - 11.2.2 工場機械振動に関する苦情の実態　334
- 11.3 工場機械振動の対策 …………………………………… 334
  - 11.3.1 工場機械振動対策の概要　334
  - 11.3.2 発生源対策　336
  - 11.3.3 伝播経路対策　340
  - 11.3.4 受振部対策　342
- 11.4 工場機械振動の対策事例 ……………………………… 343
  - 11.4.1 発生源対策の事例　343
  - 11.4.2 伝播経路対策の事例　354
- 参考文献 ………………………………………………………… 355

第12章 地盤環境振動の予測手法　356

- 12.1 経験的手法 ……………………………………………… 356
- 12.2 解析的手法 ……………………………………………… 358
  - 12.2.1 解析手順　358
  - 12.2.2 振動源（入力）の設定　358
  - 12.2.3 動的解析手法　360
- 12.3 解析的手法による振動対策検討事例 ………………… 363
  - 12.3.1 鉄道振動を対象とした防振壁対策の検討事例　363
  - 12.3.2 建設工事振動（杭打ち）の防振壁対策の検討事例　366
- 12.4 解析的手法上の課題 …………………………………… 369
  - 12.4.1 機械振動を対象とした検討事例　369

12.4.2 鉄道振動を対象とした防振壁（鋼矢板）対策の検討事例　370
12.4.3 ハイブリッド振動遮断壁対策の検討事例　371
参考文献　373

第13章 地盤環境振動の対策技術に関する今後の課題　374

13.1 地盤環境振動の予測と影響評価にかかわる課題　374
13.2 地盤環境振動の伝播特性にかかわる課題　375
13.3 地盤環境振動の対策技術に関する課題　375
13.4 地盤環境振動の対策技術に関する今後の展望　376
参考文献　376

資料編　379

資料A　環境基本法　380
資料B　環境影響評価法　387
資料C　振動規制法　399
資料D　計量法　402
資料E　日本工業規格（JIS）　409
資料F　国際動向・各国の規格　423

索引　440

第1章 序論

　道路・鉄道などの交通機関や建設作業，および各種の工場機械では，それらを発生源とする地盤振動が環境問題となっている．これらの地盤振動が周囲の地盤を介して周辺の住宅内に伝播され，住民の生活環境を損なうことが問題になる．また，その振動程度が大きい場合には，建築物・精密機械などに物理的影響を及ぼすこともある．

　このような地盤振動の問題は，騒音などと同様に公害対策基本法により対処されていたこともあり，「公害振動」と呼称されてきたが，平成5年11月に，新たに環境問題をグローバルに考慮した環境基本法が制定されたこともあり，最近ではこの地盤振動問題を「地盤環境振動」と呼称する機会[1, 2]も増えている．

　本章では，はじめにこのような地盤環境振動問題の現状について概観する．

1.1 地盤環境振動問題の現状

1.1.1 地盤環境振動に関する苦情の現状

　環境省は，毎年全国の都道府県等の報告に基づき，振動苦情の状況および振動規制法の施行状況をとりまとめている．平成25年度の報告[3]に基づいて，以下にその概要を紹介する．

　昭和49年から平成25年までの地盤振動にかかわる苦情件数の推移は，図1.1に示すとおりであり，全国の地方公共団体が受理した地盤振動にかかわる平成25年度の苦情件数は3,351件となっている．これは，平成24年度の3,254件と比較して97件の増加であり，平成11年度からの苦情件数が漸増傾向にあったのに対して，平成19年度から21年度までの苦情件数が減少傾向にあったが，22年度から再び増加傾向に転じていることがわかる．

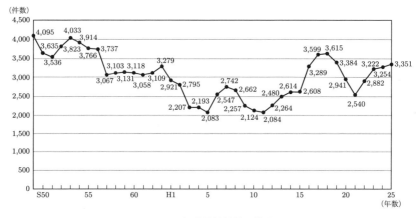

図 1.1　振動苦情件数の推移

1.1.2　都道府県別の苦情件数

平成 25 年度の地盤環境振動にかかわる都道府県別苦情件数を表 1.1 に示す．東京都の 867 件がもっとも多く，次いで大阪府の 377 件，神奈川県の 312 件，埼玉県の 309 件となっている．振動苦情件数の上位 5 都府県における合計件数が全体の 64.1％を占めており，地盤環境振動が大都市に共通する重要な環境問題となっていることがわかる．

表 1.1　都道府県別苦情件数（上位 5 都道府県）

順位	苦情件数		人口 100 万人あたりの苦情件数	
	都道府県	件　数	都道府県	件　数
1	東京都	867	東京都	65
2	大阪府	377	埼玉県	43
3	神奈川県	312	大阪府	43
4	埼玉県	309	千葉県	38
5	愛知県	283	愛知県	38
	全国	3,351	全国平均	26

※人口は平成 25 年 10 月 1 日現在の総務省統計局人口推計による．

1.1.3　発生源別の苦情件数

平成 25 年度の発生源別の苦情件数を図 1.2 に示す．また，過去 3 箇年の発

1.1 地盤環境振動問題の現状　3

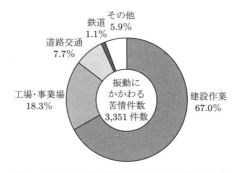

図 1.2　振動にかかわる苦情件数の発生源別内訳（平成 25 年度）

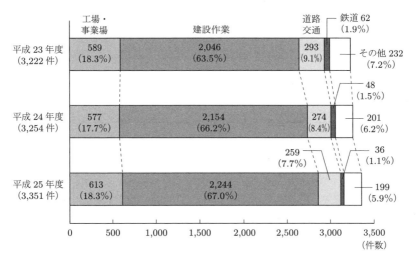

図 1.3　過去 3 箇年の苦情件数の発生源別内訳

生源別の苦情件数を図 1.3 に示す．

　これらから，平成 25 年度の発生源別の苦情件数を見ると，建設作業が 2,244 件（全体の 67.0%）でもっとも多く，次いで工場・事業場が 613 件（同 18.3%），道路交通が 259 件（同 7.7%），鉄道が 36 件（同 1.1%）の順になっている．

　また，平成 24 年度の結果と比較すると，建設作業にかかわる苦情が 90 件（4.2%），工場・事業場にかかわる苦情が 36 件（6.2%）増加したものの，道路交通にかかわる苦情が 15 件（5.5%），鉄道にかかわる苦情が 12 件（25.0%）減少している．

1.1.4 各振動源による振動レベルの平均値

工場・事業場，建設作業および道路交通による振動レベル（鉛直方向）の平均値は，図 1.4 に示すとおりである[4]．建設作業振動が 60 dB を少し超えており，工場・事業場振動は 60 dB を少し下回っている．一方，道路交通振動は 50 dB となっている．

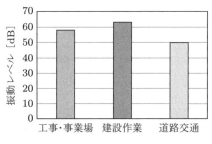

図 1.4　振動レベルの平均値

1.2 本書の構成

以上のように，地盤環境振動問題は，その未然の解決が喫緊の課題となっており，対策技術の確立が望まれている．本書は，このような現状を踏まえて，下記に述べる構成により，基本的事項や各種工法・事例を網羅し，読者に対策工法設計の指針を示すべくまとめたものである．

まず第 2 章では，地盤環境振動に関する基本的事項および対策工法の基本原理について述べ，第 3 章では，地盤環境振動の測定方法について取り扱い，第 4 章では，人体および建築物における地盤環境振動の影響についてまとめる．上述したように，一般に住民が地盤環境振動の影響を受けるのは，おもに家屋内であると考えられる．これに関しては，最近の環境省委員会での研究成果を記述するとともに，諸外国での対応事例についても紹介している．

第 5 章では，本書の主目的である地盤環境振動の対策工法を取り上げ，我が国で主として展開されている地盤環境振動対策工法の現状を紹介するとともに，後半では地盤環境振動対策工法を実施設計する際に要求される検討手順についても示している．

第 6 章では，地盤環境振動問題と地盤および地形の関係について検討・考察した事例を紹介する．地盤環境振動は地震動分野の主要テーマとも類似性があ

り，地盤内の波動伝播問題に置き換えられる．これらの問題は，地震動分野では大々的に研究されてきたが，地盤環境振動の分野では断片的にしか論じられてきていない．

次の第7章では，やはり本書での新たな試みとして，地盤環境振動対策工法の費用対効果について検討する．実際に地盤環境振動の対策工法を検討する際には，必然的に出てくる問題である．そこで，できる限り費用対効果を具体化するための簡単な試算結果を追記している．この章の内容も，ほかの専門書には見られない特徴と考えている．

第8章から第11章まででは，地盤環境振動の主要な発生源である①道路交通振動，②鉄道振動，③建設工事振動および④工場機械振動を取り上げ，それぞれの課題に関して，振動の特徴と規制法上の課題，環境アセスメントにかかわる予測手法および地盤環境振動の対策技術手法にかかわる問題点の順序で，最新の事例を取り上げて詳述している．

第12章では，地盤振動の伝播経路における対策に着目して，経験的手法と解析的手法により対策効果を予測する手法について示す．とくに，解析的手法については，振動源入力の設定方法，3次元有限要素法（FEM）と薄層要素法を組み合わせたサブストラクチャー法や3次元 FEM 等の動的解析手法を具体的に解説するとともに，解析的手法を適用した鋼矢板防振壁，ガスクッション，PC柱列壁による振動対策の検討事例を紹介する．

最終の第13章では，本書のまとめとして，地盤環境振動の対策技術に関する今後の課題を概説する．

参考文献

[1] 地盤工学会：建設工事における環境保全技術，pp.4-9, 2009.
[2] 土木学会関西支部：都市域における環境振動の実態と対策講習会テキスト，pp.1-5, 2005.
[3] 環境省環境局水・大気生活環境室：平成25年度振動規制法施行状況調査について，2015.
[4] 倉内公嘉：振動苦情詳細状況調査結果, 騒音制御, vol.14, No.3, pp.43-47, 1990.

第2章 地盤環境振動の基本的事項と対策工法の基本原理

　地盤環境振動のおもな振動源としては，道路交通振動，鉄道振動，建設工事振動，工場機械振動が挙げられる．第8章以降で，それぞれの振動源ごとに対策工法と事例について詳しく述べるが，それに先立ち，本章では，地盤環境振動に関する基本的事項および対策工法の基本原理について述べることにする．

2.1 地盤環境振動の一般的特徴

　地盤環境振動の一般的特徴としては，①地表における振動の大きさが，地震の震度階級でいうと微震（震度Ⅰ）から弱震（震度Ⅲ）の範囲にあること，②例外的なものを除くと，振動の伝播距離は振動源から50 m以内（多くの場合は，10～20 m程度）であること，③鉛直振動が水平振動よりも大きいこと，④振動数の範囲は1～80 Hzであること，⑤多くの場合，振動単独ではなく騒音の発生も伴うこと，⑥一般に，住宅内での振動は増幅されて地表における振動よりも大きくなり，その平均的な増幅量は5 dB程度となること等が挙げられる．

　また，これらの地盤環境振動に対する住民からの苦情内容としては，①気分がいらいらする，②戸・障子や物が揺れて気になる，不快に感じる，睡眠の妨げとなる等の生活妨害を訴えるものが主である．また，大きな地盤環境振動の発生源に近接している場合には，③壁・タイルなどのひび割れ，戸・障子の建付けの狂いなどの物的被害の訴えが生じる事例も見られる．

　種々の振動源による典型的な卓越振動数の範囲および相当する地盤のひずみレベルは，図2.1に示すとおりである．これより，地盤環境振動として発生する振動数は数 Hzから数10 Hzの間にあり，そのひずみレベルはかなり小さい領域にあることがわかる[1]．

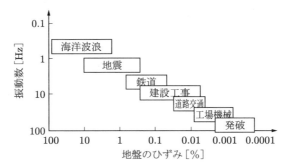

図 2.1　各振動源によるひずみレベルと卓越振動数の範囲

2.2　波動の種類と特性[2]

　弾性的に等方・等質の半空間に振動的外力が作用すると，地表面上に任意の時間に依存する応力が発生する．そこで，3種類の性質の相違する波動が発生することとなり，半空間のすべての領域には波動エネルギーが無限に伝播されることになる．これらの波動は，弾性定数のみに依存しており，伝播速度に関して区別される．これらのうちの二つの波動は，その性質のために放射状の空間波となり，実体波（body wave）とよばれている．

　図 2.2 に示すように，実体波のうち，縦波は粒子が伝播方向に振動するが，横波は粒子が伝播方向に垂直に振動する波動である．縦波の伝播速度は，すべての波動の中でもっとも速いので，P 波（primary wave）または圧縮波（compression wave）とよばれている．横波は P 波の次に速く伝達するので，S 波（secondary wave）またはせん断波（shear wave）ともよばれている．これらの波動の伝播状況は，図 2.3 のように示される．

　また，地表面付近のみを進行する表面波には，レイリー波（Rayleigh wave）

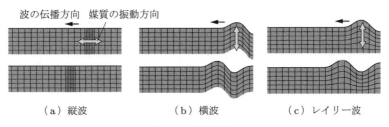

図 2.2　波動の形態

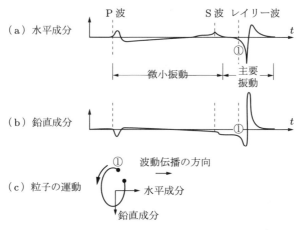

図 2.3 表面の点源による理想半無限媒体内の波動[1]

とラブ波 (Love wave) がある. レイリー波は, 1885 年にイギリスのレイリー卿によって数学的に発見されている. レイリー波は半空間の自由表面に関係しており, 鉛直と水平の振動成分で構成される.

鉛直成分と水平成分の位相は $\pi/2$ で逆転するので, レイリー波が伝播中の地表面上のある点の運動は, 図 2.3(c) に示すように鉛直軸と水平軸をもった逆楕円を描く.

また, 図 2.4 に示すように, レイリー波の振幅は深さとともに急速に減衰し, ポアソン比による影響は小さい. 自由表面における水平成分は, 鉛直成分の約 0.6〜0.8 倍の値を示す. 伝播速度は S 波の速度 V_S よりもわずかに小さく, ポアソン比 0.25 では $0.92V_S$ の値になる.

地盤の種類と P 波および S 波の伝播速度の概略値は, 表 2.1 に示すとおりである. これより, 地盤が堅固なほど, 波動の伝播速度が速くなることがわかる. また, これらの波動の伝播速度 V_P, V_S およびレイリー波の伝播速度 V_R は, 次式のような関係式で示される.

$$V_P = \sqrt{\frac{\lambda + 2G}{\rho}}, \quad V_S = \sqrt{\frac{G}{\rho}}, \quad V_R = xV_S \tag{2.1}$$

ここに, λ:ラメの弾性係数
G:せん断弾性係数

---

1) 岩崎敏男, 嶋津晃臣共訳:土と基礎の振動―地盤振動の基礎知識, pp.82-96, 鹿島出版会, 1975.

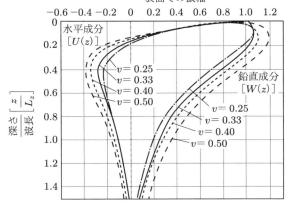

図 2.4　レイリー波に対する深さ方向の振幅比[1)]

表 2.1　地盤の種類と縦波および横波の伝播速度の概略値

地盤の種類	P 波速度 V_P [m/s]	S 波速度 V_S [m/s]
沖積粘土またはシルト	300 〜 800	80 〜 150
沖積砂または砂礫	300 〜 1500	120 〜 250
洪積ロームまたは粘土	500 〜 1500	150 〜 500
洪積砂または砂礫	800 〜 2000	250 〜 800
砂岩	1000 〜 2000	500 〜 1200
岩石	2000 〜 6000	800 〜 2000

ν：地盤のポアソン比

ρ：地盤の密度

x：ν により変化する係数

　また，半無限弾性体における各種の波動の伝播速度とポアソン比との関係は，図 2.5 に示すとおりである．

　多くの波動伝播問題では，振動源は半空間に位置し，調和的な振動力を受ける剛基礎としてモデル化される．その下層地盤は等質・等方の線形弾性体と考えられる．そこで，基礎の振動によって実体波が発生し，半空間の下方とフーチングの両側に放射される．地表面では，特徴的性質をもつレイリー波が実体

10　第2章　地盤環境振動の基本的事項と対策工法の基本原理

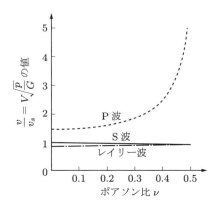

図2.5　半無限弾性体におけるP波, S波, レイリー波の各伝播速度とポアソン比（ν）との関係[2]

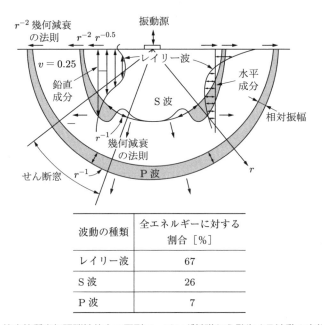

波動の種類	全エネルギーに対する割合 [%]
レイリー波	67
S波	26
P波	7

図2.6　等方等質半無限弾性体上の円形フーチング基礎から発生する波動の変位分布[2]

---

2) 岩崎敏男, 嶋津晃臣共訳：土と基礎の振動―地盤振動の基礎知識, pp.82-96, 鹿島出版会, 1975.

波からかなり遅れて発生する．振動源に近接した領域では実体波が卓越するが，反対に，遠い場とよばれる領域では，振動源から伝達されたエネルギーは，地表面付近の領域ではレイリー波によって支配される．しかし，この際の近い場と遠い場の限界位置は流動的である．小さい振動源では，この限界位置は波長の 1.0 ～ 1.5 倍となる．

図 2.6 は，Woods により示されている半空間の表面上で鉛直に作用する円形振動源から放射される波動のエネルギー分布を示している．3 種類の弾性波のエネルギー分布は，レイリー波が 67%，S 波が 26% であり，P 波は 7% のみである．したがって，基礎の動的エネルギー入力の 2/3 がレイリー波として伝播し，加えてレイリー波は実体波よりも減衰が小さいので，地盤環境振動に関する波動伝播問題では，レイリー波がもっとも重要な対象波動となる．

2.3 地盤環境振動対策の分類

地盤環境振動対策は，第 5 章で詳しく述べるように，物理的な手段を用いて振動を遮断・低減するハード的対策と，振動発生源の運用改善や対話による心理的ストレス軽減などのソフト的対策に大別される．さらに両者はそれぞれ，

① 発生源対策
② 伝播経路対策
③ 受振部対策

の 3 種類に分類できる．ハード的対策としては，②伝播経路対策として振動遮断物を設ける対策と，①発生源対策および③受振部対策として弾性支持による対策がある．次節以降では，これらのハード的対策の基本原理について説明する．

2.4 伝播経路対策の基本原理[11, 12]

2.4.1 振動の遮断と伝播経路対策の概念

振動が入射する対象物としての建築物や精密装置などの前に，適切な波動遮断物を設け，入射波の振動エネルギーを遮断する対策方法には，図 2.7 に示すような二つの方法がある．すなわち，波動の遮断物を振動源の近くに設置する方法は，主動的遮断法（active isolation）であり，おもに P 波，S 波などの

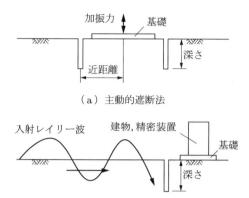

(a) 主動的遮断法

(b) 受動的遮断法

図2.7 振動遮断法の種類

実体波の遮断を目的として利用されている．一方，このような振動エネルギーの大部分は，地盤の表面に近い領域を伝播するレイリー波型の表面波によって伝達される．したがって，振動源から遠い場所に波動の遮断物を設置する方法は，受動的遮断法（passive isolation）とよばれており，この場合にはレイリー波の遮断に有効とされている．

これらのための波動の遮断物としては，空溝，地中壁，柱列壁，埋設ブロックなどが挙げられる．また，地中壁への充填材料としては，地盤に対して波動インピーダンス（波動速度 × 密度）の大きい剛な材料（たとえば，コンクリート等）と波動インピーダンスの小さい柔らかい材料（たとえば，発泡スチロール，発泡ウレタン等）が考えられている．

伝播経路対策の基本概念は，図2.8に示すとおりである．図(b)に示すように，遮断物として空溝を設けた場合には，空溝の前面では入射波のエネルギーが反射され，空溝中に波動エネルギーが伝達されないので，相当するCの部分の振幅は遮断される．したがって，空溝背後の振幅は回折波の振幅に相当するBのものとなる．しかし，浅い空溝や伝播される波動の波長が長くなると，空溝底部からの回折波の発生割合が増大されるので，振動防止効果が減少する．このように，一般的に，低い振動数についてはあまり大きな振動防止効果は期待できなくなる．さらに，空溝の設置長さが短い場合には，端部からの回折波による影響を含めて考慮する必要があるが，一般に深い空溝では幅の効果は無視されている．

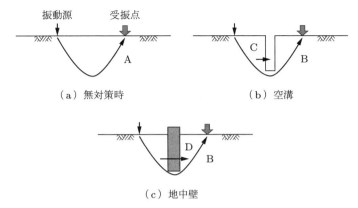

図 2.8 伝播経路対策の概念

　一方，図(c)のように地中壁を設けた場合には，回折波による影響に加えて地中壁を透過する波動成分が生じる．そのため，空溝の場合に比較して，地中壁の背後の振動分布は D に相当する部分のものだけ大きくなるので，振動防止効果の評価にあたっては，回折波および透過波の影響を考慮する必要がある．

2.4.2 対策工の種類

(1) 空　溝

　一般に，空溝による振動低減効果は，次式で表される．

$$\gamma = \frac{\text{空溝がある場合の振動値}}{\text{空溝がない場合の振動値}} \tag{2.2}$$

　縦軸にこの振幅比（振動低減効果）をとり，いくつかの研究成果をまとめて

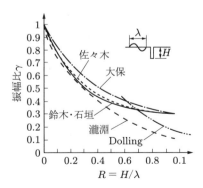

図 2.9　空溝による振動低減効果の比較

比較したものが図 2.9[11, 12] である．振動低減効果は，とくに空溝の深さ H と波長 λ との比 $R = H/\lambda$ に関係し，R が大きいほど大きくなる．これは，空溝の深さが深いほど，波長が短いほど，振動低減効果が大きくなることを意味している．ただし，R が 0.6 以上になると，既往の研究成果の傾向に相違が出るようである．また，空溝の幅が振動低減効果に与える影響については，現状では明確な結論は導かれていない．

(2) 地中壁

図 2.10 に示すように，密度 ρ_1，伝播速度 V_1 である地盤中に，密度 ρ_2，伝播速度 V_2 で厚さ W の地中壁があるとする．このとき，地盤および地中壁の媒質のインピーダンスは，それぞれ $\rho_1 V_1$，$\rho_2 V_2$ となる．図中の左側媒質 I より変位振幅 1 で振動数 f [Hz] の定常実体波が入射したとき，地中壁の右側媒質 II における透過波の変位振幅 u_2 は，次式で与えられる[15]．

$$u_0 = \frac{2\alpha}{\sqrt{(\alpha^2 - 1)^2 \sin^2(2\pi W/\lambda_2) + 4\alpha^2}} \tag{2.3}$$

ここに，α はインピーダンス比で $\alpha = \rho_1 V_1/\rho_2 V_2$，$\lambda_2$ は地中壁内での波長で $\lambda_2 = V_2/f$ である．

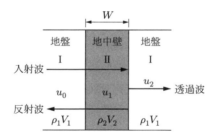

図2.10 波動透過の模式図

波動の透過率とインピーダンス比 α との関係を示すと，図 2.11 のようになる．この図によると，α が 1 に近いときはほとんど透過し，α が 1 よりも小さくなるか大きくなるかによって透過率が大きくなり，$\alpha = 1$ において透過率が最大値を示すことがわかる．また，式(2.3)からわかるように，透過率は壁厚 W によっても変化し，$2\pi W/\lambda_2$ が $\pi/2$ の奇数倍，すなわち W が $\lambda_2/4$ の奇数倍のとき最小となり，$2\pi W/\lambda_2$ が π の整数倍，すなわち W が $\lambda_2/2$ の整数倍の

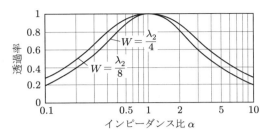

図 2.11　波動の透過率と壁厚との関係

とき最大となる．

したがって，地中壁材料としては，コンクリートのような密度が大きい材料を用いてインピーダンス比 α を小さくするか，合成樹脂発泡材のような密度が小さい材料を用いてインピーダンス比 α を大きくするのが望ましいことになる．

(3)　地中柱列壁

地中壁に比較して，地中柱列壁は埋設深さを大きくすることが簡単であり，かつ狭小な場所での施工も可能であることから，いくつかの検討が行われてきている．地盤模型を用いた室内実験には，図 2.12 に示す Woods[16] によるものがある．これらの研究では，新しい測定技術としてレーザー干渉法が用いられている．実験結果をまとめると，①孔径 d と孔間隔 s との関係を，$d/\lambda > 1/6$ および $(s-d)/\lambda < 1/4$ にとれば有効であること，②二重柱列では孔間隔を

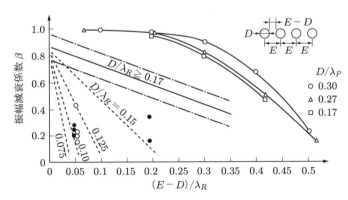

図 2.12　地中柱列壁による振動低減効果

大きくとることによって，単一柱列よりさらに効果的になることが知られている．曲線は，Liao 等[17] が音響波動の圧力振幅を水槽内の実験で求めた結果である．また，早川による実験結果は，図中の黒丸が衝撃実験によるもの，白丸が定常加振実験によるものである．Woods と Liao の結果の相違は，対象としている波長領域が異なるためと解釈される．Haupt[18] によると，次式に示すように，柱列による振幅減衰係数は，レイリー波の波長で正規化した断面積の関数と相関性があることが示されている．

$$\beta = \frac{DT}{(D+E)\lambda_R} \tag{2.4}$$

ここに，β：振幅減衰係数
D：孔径
T：孔の深さ
E：孔の間隔
λ_R：レイリー波の波長

2.5 弾性支持による対策[19-22]

振動発生源となる物体を，ばねなどの弾性体を用いて基礎上に支持することで，物体から基礎に伝わる振動を遮断・低減することができる．発生源対策は，この弾性支持による対策が基本となる．弾性支持は，逆に基礎から物体へと伝わる振動を遮断・低減することもでき，受振部対策としての適用のほか，地震対策用の制震・免震技術として用いられている．

(1) 振動系

一般に，平衡状態にある弾性体に外力を加えて変形させ，外力を取り除けば，その系はもとの平衡状態を中心として振動する．このような振動系のもっとも簡単なものが図 2.13 に示す振動系である．質量 m が垂直方向のみにしか動かないとすると，その位置は垂直方向にとった x 座標で完全に表すことができる．
このように一つの座標を定めることにより，その運動が完全に定まる場合，この系の自由度は 1 である．すなわち 1 自由度系であるとよばれる．図 2.13 中の k はばね定数で，荷重とたわみが比例する線形ばねを表す．また，c はダッシュポット（減衰）で，速度に比例する抵抗力を発生するものとして取り扱う．

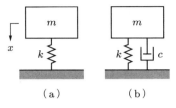

図2.13　1自由度の振動系

このような系を線形1自由度系といい，もっとも簡単な振動系を表す．

なお，一般に運動系の状態を表すのにn個の座標を必要とする場合には，n自由度系という．

(2) 振動伝達率

このような線形1自由度系において，機械が$F_0 \sin \omega t$の加振力を受けて振動するとき，変位振幅は$x = a \sin \omega t$と表される．xの最大値$x_{\max} = a$であることから，基礎に伝わる力の振幅F_Tは$F_T = ka$である．基礎に伝わる力と与えられた力の振幅比F_T/F_0をτで表し，振動伝達率という．振動伝達率は，次式で表される．

$$\tau^2 = \frac{1 + (2\zeta f/f_0)^2}{(1 - f^2/f_0^2)^2 + (2\zeta f/f_0)^2} \tag{2.5}$$

ここに，

$$\zeta = \frac{C}{C_c} \quad C_c = 2\sqrt{mk} \tag{2.6}$$

で，また，fは加振振動数，f_0は固有振動数である．固有振動数はその系の質量と剛性で定まる量で，次式で示される．

$$f_0 = \frac{1}{2\pi} \sqrt{\frac{k}{m}} \tag{2.7}$$

図2.14は振動伝達率の式(2.5)を，ζをパラメータとして表したものである[20]．この図から以下のことがわかる．

① $f \ll f_0$の領域：τは1に近い値となり，加振力はそのまま基礎に伝達される．

② $f \fallingdotseq f_0$の領域：共振状態であり，もっとも危険な状態である．減衰がなければ振動伝達率は無限大となる．

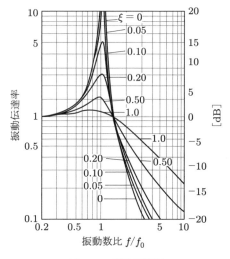

図 2.14 振動伝達率

③ $f > \sqrt{2f_0}$ の領域：τ はつねに 1 よりも小さい．すなわち基礎に伝達される力は，与えられた力よりもつねに小さい．これが弾性支持により，振動を絶縁できる理由である．また，この領域では減衰が大きいほど振動伝達率は大きくなり，弾性支持の効果は悪くなる．しかし，共振点で振動を小さく抑えるため，ある程度の減衰を与えることが必要となる．

(3) 振幅倍率

機械を弾性支持して振動低減効果が得られるということは，ばね作用が効いていることである．ばねがたわむということは，機械が変位することを表す．機械を弾性支持して伝達される振動が減少しても，機械本体の変位振幅が大きくては，使用に耐えない．そこで，弾性支持に際しては，機械本体の振動中の変位振幅が重要な量となる．

振動中の機械の変位振幅 x と，静止中の静たわみ F_0/k の比を振幅倍率といい，次式で表される[20]．

$$\frac{x}{F_0/k} = \frac{1}{\sqrt{(1 - f_2/f_0^2)^2 + (2\zeta f/f_0)^2}} \tag{2.8}$$

式 (2.8) の ζ をパラメータとして表したものが図 2.15 である．図から，振動数比が大きい場合は振幅倍率が 1 に近づき，共振点で減衰がない場合は無限大

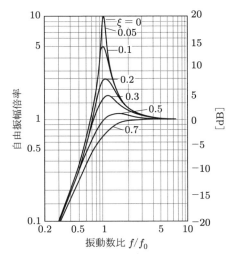

図2.15 自由振幅倍率

となり，振動数比が小さい場合は小さな値となることがわかる．

このように，弾性支持に際しては振動伝達率のみでなく，振幅倍率についても検討する必要がある．

参考文献

[1] 早川清,松井保：講座 粘性土の動的性質 3.粘性土の動的問題に関するケース・ヒストリーと現象のメカニズム，土と基礎，Vol.46, No.4, pp.46-48, 1990.
[2] 日本騒音制御工学会編：地域の環境振動，pp.101-103, 技報堂出版，2001.
[3] 早川清，今田智也，太井子宏和，安川邦夫：幹線道路における地盤・家屋振動の計測事例，第1回環境技術研究協会発表会年次大会要旨集，pp.199-202, 2001.
[4] 早川清，今田智也，太井子宏和，安川邦夫：道路交通による隣接民家の計測調査事例，第36回地盤工学研究発表会講演集，pp.1379-1380, 2001.
[5] 早川清，今田智也，太井子宏和，安川邦夫：道路交通による沿道民家の振動計測と振動原因の解釈，第3回地盤工学会関西支部，最新の地盤計測技術に関するシンポジウム論文集，pp.1-8, 2001.
[6] 早川清，今田智也，太井子宏和，安川邦夫：幹線道路沿線の地盤および建物の振動挙動，立命館大学理工学研究所紀要，pp.123-129, 2000.
[7] 中谷郁夫，早川清，西村忠則，田中勝也：高架道路橋を振動源とする地盤環境振動の遠距離伝播メカニズム，土木学会論文集C, 65/01, pp.196-212, 2001.
[8] 早川清，中谷郁夫，田中勝也：高架道路橋による地盤振動に関する実験調査及び模型実験による検討，地盤工学会関西支部，地盤の環境・計測に関するシンポ

ジウム論文集,pp.69-76, 2008.
- [9] 藤森茂之,荒木孝朋,河合孝治,早川清:軟弱地盤での建設工事振動対策の体系化及び効果評価,環境技術,3914, pp.37-45, 2010.
- [10] 早川清,中谷郁夫,田中勝也:構造の異なる大型プレス機械による振動伝搬特性,土木学会第63回年次学術講演会,Ⅶ, pp.132-133, 2008.
- [11] 早川清:地盤振動の伝搬過程における防止対策の背景と動向,日本音響学会誌,55巻,6号,pp.449-454, 1990.
- [12] 日本騒音制御工学会編:地域の環境振動,pp.149-151, 技報堂出版,2001.
- [13] 前掲[11]
- [14] 前掲[12]
- [15] 庄司光,山本剛夫,畠山直孝偏:衛生工学ハンドブック(騒音・振動編),pp.440-446, 朝倉書店,1980.
- [16] Woods, R, D. : A new tool for soil dynamics, J. Soil Mech. Found, Div, ASCE, 94-SM4, pp.951-979, 1968.
- [17] Liao, S. and Sangrey, D. A. : Use of Piles as Isolation Barriers, Journal of the Geotechnical Engineering Division, ASCE, Vol.104, No.GT9, pp.139-152, 1978.
- [18] Haupt, W. A. : Reduction of ground vibration by improving soft ground, Soils and Foundations, Vol.22, No.3, pp.134-136, 1982.
- [19] 日本騒音制御工学会編:地域の環境振動,pp.147-148, 技報堂出版,2001.
- [20] 谷口修:振動工学ハンドブック,p.1009, 養賢堂,1976.
- [21] 庄司光,山本剛夫,畠山直孝偏:衛生工学ハンドブック(騒音・振動編),pp.447-461, 朝倉書店,1980.
- [22] 日本騒音制御工学会編:騒音制御工学ハンドブック(基礎編),pp.330-332, 技報堂出版,2001.

第3章 地盤環境振動の測定方法

　地盤環境振動の実態を適切に把握するためには，定量的な測定が不可欠である．測定についても，目的に応じて測定方法や評価方法が異なってくる．振動の発生源によって測定対象が異なるが，本章では，地盤環境振動を測定する場合の測定目的，測定計画，測定場所，測定時間，測定機器，測定・分析方法について解説する．

3.1 測定目的[1]

　地盤環境振動を正しく評価するためには定量的な測定が不可欠である．地盤環境振動を測定評価する具体的な目的には，次の4項目がある．

(1)　現状の把握

　地盤環境振動の現状を把握することで，振動規制法に準じて対策の要否の判断ができる．また，地盤環境振動についての環境影響評価のためにも，現状把握の測定が不可欠である．

(2)　対策結果の検証

　振動規制法による規制値や環境保全目標の基準値を上回るような振動値および事前の予測結果に対して，発生源対策や伝播経路対策による振動低減効果を確認するために，地盤環境振動を測定することが不可欠である．これらは，今後の有効なデータやノウハウを蓄積するうえでも重要である．

(3)　予測結果の比較

　地盤環境振動の発生および伝播に関する理論や経験式等に基づいて，事業の実施前に地盤環境振動が周辺環境に影響が及ぶと考えられる場合には，その予測・評価が行われている．事業完成後に，地盤環境振動の予測値と現場での測

定値について，予測条件や測定時の振動以外の条件も含めて比較検討することは，地盤環境振動の予測手法の精度向上のためにもきわめて重要である．

(4) 特性データの収集

地盤環境振動の各種特性をより詳細に把握するために測定を行う．振動発生源の要因や地盤構造と振動伝播特性との関係を詳細に解明することが，地盤環境振動の予測精度の向上のために重要である．

3.2 測定計画[1]

測定計画を立案する際に明確にしておくべき項目は，以下のようなものである．

(1) 地盤環境振動の測定対象

測定対象の振動発生源に応じて測定評価方法が異なる場合もあるので，測定対象を明確にする．測定対象には，①道路交通振動　②鉄道振動（新幹線），③鉄道振動（在来線），④鉄道振動（地下鉄），⑤建設機械振動，⑥工場機械振動，⑦発破振動，⑧その他の振動などがある．

(2) 測定目的

測定目的は，3.1節に記述したとおり，①現状の把握，②対策結果の検証，③予測結果の比較，④特性データの収集の4項目である．

(3) 測定場所

測定場所は，測定対象によって異なるが，振動規制法等に定められている場所にすることが基本である．一般的には，振動の発生源が明確な場合，発生源にもっとも近い敷地境界（工場・事業場の敷地境界，道路敷地境界等）で測定する．さらに，振動伝播の距離減衰特性を把握する場合には，振動発生源から一定間隔離れた数箇所で測定する．振動に対する苦情が発生している場合には，苦情発生箇所（たとえば，家屋の中）で測定を行うこともある．

(4) 測定日時

測定対象，測定目的に応じて測定年月日や測定時間帯を設定する．測定するデータ数によって，測定に必要な時間を見積もっておくことが不可欠である．

(5) 測定項目

測定する評価量を明確にする．地盤環境振動の測定評価の対象測定項目には，①振動レベル，②振動加速度レベル，③振動加速度，④振動速度，⑤振動変位，⑥時間率振動レベル，⑦ピーク振動レベル，⑧算術平均振動レベル，⑨パワー平均振動レベル，⑩等価振動レベル，⑪振動レベルの時系列変動，⑫振動加速度レベルの時系列変動，⑬振動加速度スペクトル，⑭振動速度スペクトル，⑮振動変位スペクトル，⑯振動加速度波形，⑰振動速度波形，⑱振動変位波形などがある．

以上の測定項目をすべて毎回測定するのではなく，測定対象や測定目的に応

表3.1 測定対象別のおもな測定項目の例

測定項目	道路交通振動	鉄道振動	建設機械振動	工場機械振動	発破振動
振動レベル	◎	◎	◎	◎	◎
振動加速度レベル			○	○	
振動加速度					○
振動速度					○
振動変位					○
時間率振動レベル	◎		◎	◎	
ピーク振動レベル	◎	◎	◎	◎	◎
算術平均振動レベル		◎	◎	◎	
振動レベルの時系列変動	◎		◎	◎	
振動加速度レベルの時系列変動			○	○	
振動加速度スペクトル			○	○	

備考) ◎：振動規制法等の規制基準，新幹線鉄道振動の勧告値等と比較を行うときに必須となる項目
　　　○：詳細な調査・解析を行う場合に選定されることが多い項目

じて測定項目を選定する．測定対象別のおもな測定項目の例を表 3.1 に示す．

(6) 測定機器

測定機器としては，振動ピックアップ，振動レベル計（もしくは振動計），データレコーダ，レベルレコーダ，周波数分析器またはソフトウェアで 1/3 オクターブバンド分析が可能なパーソナルコンピュータ等が挙げられる．

(7) 測定者および人数

測定をすべて一人で行うことは困難である．中央集中部に 1〜2 名，各測定点に 1 名（あるいは複数測定点あたり 1 名）を配置するケースもある．

測定現場では，環境計量士の資格保持者が，現場責任者として常駐することが望ましい．

(8) 現地で記録する内容

測定対象や測定目的に応じて，現地で記録する内容（調査員が記入する野帳の様式）を計画時に定めておく必要がある．野帳等に記録すべき事項[2]は，以下のとおりである．

① 測定場所，測定日時，気象，測定員，振動発生源などの基本事項
② 使用測定機器と型番
③ 測定量，測定レンジ，チャンネルなど測定機器の設定にかかわる事項
④ 振動ピックアップの設置状況
⑤ 暗振動の状況
⑥ 振動発生源の状況（工場機械の運転状況，自動車の通行状況，鉄道列車の運行状況，建設機械の稼働状況等）
⑦ 振動伝播経路の状況
⑧ その他，振動の測定評価にかかわる事項

発生源の状況については，測定対象によって異なる．鉄道振動の状況および苦情者宅の状況を記録する場合の記入項目の例[3]は，以下のとおりである．

- 鉄道振動：鉄道種別，路盤構造，線路数，軌道構造，車両種別，列車速度，防振対策の有無，振動発生源の状況
- 苦情者宅：鉄道敷，鉄道敷地境界から家屋までの距離，振動を感じる居住空間，被害あるいは迷惑を受けている居住空間，住宅構造，住宅の基

礎構造，住宅の階数，建築年月，居住者宅の用途地域，平面図および断面図

(9) 測定結果の利用

　測定対象や測定目的に応じて，現場測定データの分析処理方法を計画時に定めておくことは重要である．測定結果の利用方法が明確になっていると，現場での測定時に突発的に発生する想定していない事象に対処できる．また，現場では対象振動の測定前後に対象振動以外の振動（暗振動）を必ず測定することを，計画時に明記する．

　測定分析データの処理として，以下が行われることが多い．
① 暗振動補正
② 時刻をパラメータにした比較
③ 測定位置をパラメータにした比較
④ 測定対象の稼働条件をパラメータにした比較
⑤ 振動低減対策前後の比較
⑥ 地盤環境振動の予測結果と実測結果の比較等

3.3 測定場所[1]

　測定対象や測定目的に応じて測定場所が異なり，振動規制法等によって地盤環境振動を評価するための代表的な測定地点が定められている．測定対象と法規制等から指定される測定場所を表3.2に示す．また，振動特有の問題として，家屋により振動が増幅される場合があり，家屋内部での測定や振動伝播特性（距離減衰）を把握するための測定を行う場合がある．

　道路交通振動・鉄道振動の測定位置の例および屋内での振動測定を行う場合の測定位置の例を，それぞれ図3.1, 3.2に，振動（騒音を含む）の測定写真を，図3.3に示す．

表 3.2 法規制等から指定される測定場所

測定対象	測定場所（代表的な測定地点）
道路交通振動	・原則として道路敷地境界線上
鉄道振動（新幹線）	・とくに規定はないが，通常は振動の状況を代表すると認められる地点，または問題となる地点 ・代表すると認められる地点（標準測定点）としては，環境省の「新幹線鉄道騒音測定・評価マニュアル（平成22年5月）」に準じて，「近接側軌道中心からおおむね25 mの地点」とする場合が多い
鉄道振動（在来線）	・とくに規定はないが，通常は振動の状況を代表すると認められる地点，または問題となる地点 ・代表すると認められる地点としては，環境省の「在来鉄道騒音測定マニュアル（平成22年5月）」に準じて，「近接側軌道中心線からの水平距離が12.5 mの地点」とする場合が多い
鉄道振動（地下鉄）	・とくに規定はないが，地下鉄トンネル中心の直上，12.5 m, 25 mに加えて，道路の官民境界線の位置とする場合が多い
建設機械振動	・原則として，建設作業を行っている場所の敷地境界線上
工場機械振動	・原則として，工場・事業場の敷地境界線上

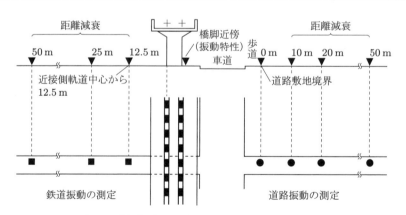

図 3.1 鉄道振動および道路交通振動の測定位置の例

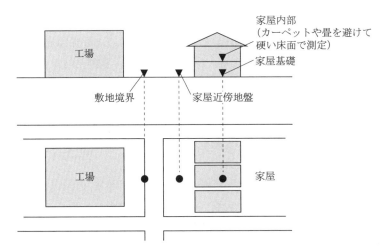

図 3.2　工場機械振動および屋内での振動の測定位置の例

図 3.3　振動（騒音測定を含む）の測定例

3.4　測定時間[1]

　測定対象とする振動発生源が稼働中の時間帯に測定することが不可欠であるが，測定値を評価する場合には，昼間と夜間の二つの時間の区分に分けて測定する．時間の区分は，振動規制法施行令や振動規制法施行規則（表 3.3）に基づき，都道府県知事が定めることになっている．

表 3.3　時間の区分

昼間	午前 5 時，6 時，7 時または 8 時から，午後 7 時，8 時，9 時または 10 時まで
夜間	午後 7 時，8 時，9 時または 10 時から，翌日の午前 5 時，6 時，7 時または 8 時まで

時間の区分ごとに代表的な時刻に測定を行うが，道路交通振動が測定対象になる場合には，1時間に1回の測定を4時間以上行うことが振動規制法施行規則において定められている．なお，1回の測定とは，振動レベルの80%レンジ上端値（L_{10}）を求めるために，たとえば5秒間隔で100個の振動レベルデータを読み取ることをいう．5秒間隔で100個の読み取り測定時間は8分20秒であることから，10分間に5秒間隔よりも短いサンプリング間隔で100個以上の多数のデータを読み取り，振動レベルの80%レンジ上端値（L_{10}）を求めてもよい．

なお，上記の方法は，アナログ式の振動レベル計の指示メータを目視で読み取った時代に定められた規定である．現在，一般的に使用されているディジタル式の振動レベル計では，種々の処理機能が内蔵されており，0.1秒間隔で5分間から10分間のサンプリングが一般的に実施されている[4]．

振動発生源が稼働しているか稼働していないかによって，あるいは稼働条件によって，発生する振動の大きさや振動数（周波数）が異なることが一般的である．1年間の中の1日だけの測定値で，その測定地点の振動値を代表させることは適切ではない場合には，振動発生源の稼働状況を踏まえた振動測定が不可欠である．

3.5 測定機器

地盤環境振動の測定時の機器構成システムの一例を図3.4に，これらを測定するための使用測定機器の概要を表3.4に示す[1]．また，測定機器の一例を図3.5に示す．

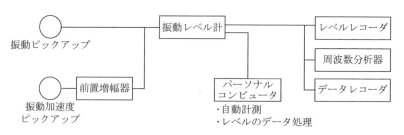

図3.4 測定機器の接続構成の一例

表3.4 使用測定機器の概要

測定機器	概　要
振動ピックアップ	対象物に取り付けるセンサーとして，振動加速度や振動速度を検知するために用いる．公害振動（環境振動）の計測用として製作されたものである．振動ピックアップの出力は，振動レベル計へ直接つなぐことが一般的である．物理的な振動加速度などを交流電圧信号に変換して出力する．鉛直方向の振動だけを検知するピックアップと，鉛直および水平2方向の直交3軸の振動を検知できるピックアップがある．ある程度の大きさと重量がある．
振動加速度ピックアップと前置増幅器	地盤や鋼構造物以外の測定対象にも対応できるよう，センサーとして微小信号だけを出力するきわめて小型の振動加速度ピックアップである．これを対象物に取り付け，対象物ではないところにピックアップとは別に置いた前置増幅器を通して，振動加速度を大きな電圧信号に変換増幅する．
振動計	振動ピックアップからの電圧信号を増幅したり，実効値演算することにより，振動レベルを表示するための計測器である．振動加速度のレベル表示以外に，振動速度や振動変位に変換（積分）して表示できるものが多い．
振動レベル計	日本工業規格 JIS C 1510 に規定される振動レベルを計測するための測定器である．
増幅器	振動ピックアップの電圧出力信号などの一般的な信号を電気的に増幅して，次に接続する分析器などへの S/N 比が大きな入力信号を作るために用いる．
周波数分析器	振動の周波数成分を知るために用いる．振動スペクトルを分析する方法は電気的には各種あるが，ディジタル式の FFT 方式による周波数分析が多くなっている．
レベルレコーダ	振動加速度に相当する交流電圧信号から変換して，振動レベルを時間的な変化として目盛り入り記録紙に記録するために用いる．
データレコーダ	現場で測定している振動の変動信号を磁気記録媒体に長時間記録して，後日詳細に分析を行うために使用する．ディジタル式の収録方法を採用するものが多く，S/N 比とダイナミックレンジが著しく大きくなっている．
自動記録計（パーソナルコンピュータ）	振動の測定結果を無人のまま，定期的に記録することに用いる．長期間の測定を行う場合に便利な測定器である．振動計，FFT 分析器，小型コンピュータ（パソコン）が一体となった構造が主流である．

30 第3章 地盤環境振動の測定方法

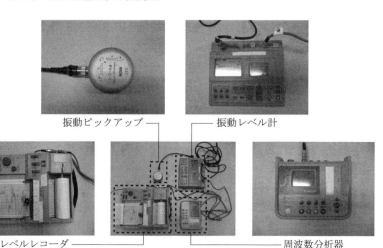

図3.5 測定機器の一例

3.6 測定・分析方法[1]

3.6.1 振動レベル

振動の基本量は，変位，速度および加速度であり，振動レベルは加速度に人体の感覚特性の周波数補正を行い実効値変換した値と，基準の加速度の比の対数を20倍した量であり，式(3.1)で定義される．その単位はデシベル（記号 dB）である．

$$L_V = 20 \log_{10}\left(\frac{a}{a_0}\right) \tag{3.1}$$

ここに，L_V：振動レベル

a_0：基準の振動加速度（$= 10^{-5}$ m/s^2）

a：周波数補正された振動加速度の実効値であり，次式で表される．

$$a = \left(\sum a_n^2 \cdot 10^{c_n/10}\right)^{1/2} \tag{3.2}$$

ここに，c_n：周波数 n [Hz] における補正値

JIS C 1510に定義される鉛直および水平方向の周波数補正特性は，表3.5および図3.6に示すとおりである．

表 3.5　JIS C 1510 の基準レスポンスと許容差

周波数 [Hz]	基準レスポンス [dB]			許容差 [dB]
	鉛直特性	水平特性	平坦特性	
1	−5.9	+3.3	0	±2
1.25	−5.2	+3.2	0	±1.5
1.6	−4.3	+2.9	0	±1
2	−3.2	+2.1	0	±1
2.5	−2.0	+0.9	0	±1
3.15	−0.8	−0.8	0	±1
4	+0.1	−2.8	0	±1
5	+0.5	−4.8	0	±1
6.3	+0.2	−6.8	0	±1
8	−0.9	−8.9	0	±1
10	−2.4	−10.9	0	±1
12.5	−4.2	−13.0	0	±1
16	−6.1	−15.0	0	±1
20	−8.0	−17.0	0	±1
25	−10.0	−19.0	0	±1
31.5	−12.0	−21.0	0	±1
40	−14.0	−23.0	0	±1
50	−16.0	−25.0	0	±1
63	−18.0	−27.0	0	±1.5
80	−20.0	−29.0	0	±2

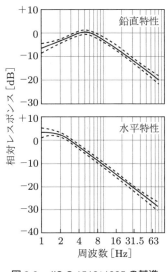

図 3.6　JIS C 1510:1995 の基準レスポンスと許容差

3.6.2　振動ピックアップの設置方法

　地盤環境振動を測定するための振動ピックアップは，圧電型に代表されるような接触型の振動ピックアップが大半を占めている．受感部の動きが振動体の振動量の何に比例するのかによって，振動ピックアップは変位型，速度型，加速度型に分類されている．地盤環境振動の測定に多く用いられているのは加速度型である．

　振動ピックアップは，地面や床面等に設置でき，鉛直方向 (z)，水平方向 (x, y) の 3 方向の振動加速度を検出できるものが多い．実効値回路の時定数は，0.63 秒の動特性である．また，対象周波数範囲は，1〜80 Hz である．

　振動規制法施行規則で定められている振動ピックアップの設置方法は，以下のとおりである．

　① 緩衝物がなく，かつ，十分踏み固め等の行われている硬い場所

② 傾斜および凹凸がない水平面を確保できる場所
③ 温度，電気，磁気等の外囲条件の影響を受けない場所

振動ピックアップの設置に関する一般的な注意点[3, 4]は，以下のとおりである．

① 振動ピックアップを設置する面は固い面とし，地表面を強く踏み固める．雑草等が生えている場合には，これらを引き抜いた後で踏み固める．
② 鉄板，コンクリートなどで滑りやすい場合は，両面テープ等で振動ピックアップが動かないように固定する．
③ 草地，畑地，砂地等で地中まで柔らかくなっている場所での測定は避け，代わりの測定場所を探す．
④ 溝蓋あるいはグレーチング等がある場合には，これらがガタつくことにより大きな振動を発生する恐れがあるので，ガタつきがないことを必ず確認する．
⑤ 周辺にマンホールがある場合には，その位置から配管等が地下に埋設されていると思われる場所も避ける．
⑥ 適切な場所がなく上記のような場所で測定を行う場合は，下記のように措置する．
・コンクリートブロック等を土中に埋め込み，その上に振動ピックアップを設置する．
・アルミ板を杭で固定して，その上に振動ピックアップを設置する．
・石膏で地表面を固めて振動ピックアップを設置する．

図 3.7 に，振動ピックアップの設置例を示す．

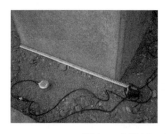

図 3.7 振動ピックアップの設置例

3.6.3 測　定[1, 5]

　データレコーダやレベルレコーダ等の記録器に振動レベルの記録を行う場合には，振動レベル計の出力と記録器の入力を接続し，振動レベルを記録する．この場合，記録器の周波数範囲は 1 〜 80 Hz を含み，その許容偏差はおおむね 1 Hz において ±1 dB 以内，2 〜 80 Hz では ±0.5 dB 以内が望ましい．また，レベルレコーダを用いる場合には，記録ペンの応答特性は，JIS C 1510 の指示計の動特性などの規定に適合するものを選定する．

　測定前には，校正信号により振動レベル計の感度校正を行う．振動レベル計と接続した記録器に，振動レベル計の校正信号を記録させて，記録器の入力感度を調整する．レベルレコーダに記録する場合には，レベルレコーダの時定数を 0.63 秒とする．

　振動レベル計のレベルレンジを，値の大きい方から小さい方へ徐々に下げていき，メータが振り切れない範囲で適切と思われるレベルレンジを設定する．このレベルレンジの値を記録しておく．すべての測定点の準備が完了したことを確認した後，測定を開始する．

　また，測定日時，気象状況，測定場所，見取り図，振動発生源の種類，測定器，測定方向，校正信号の大きさ，レベルレコーダの紙送り速度など，測定に関する項目を記録しておくことが重要である．

3.6.4　データ整理

　振動レベルを測定して，その大きさを評価するためには，振動レベルがどのように時間とともに変動しているかを知る必要がある．そのうえで，振動レベルの変動形態に合わせた読み取りを行うことになる．変動形態は，振動レベル計の指示の仕方によって図 3.8 に示すように三つに分類されている．

① 指示が変動しないか，または変動がわずかな場合：平均的な指示値を読み取って表示するか，多数の指示値を読み取ってその平均値で表示する．代表的な例としては，コンプレッサやモーター等の定常的に稼働される機械からの振動がある．

② 指示が周期的または間欠的に変動する場合：変動ごとの最大値をその個数が十分な数（10 個以上）になるまで読み取り，その平均値（パワー平均が妥当）で表示する．代表的な例としては，鍛造機，プレス機，杭打機の振動，鉄道振動がある．平均の方法については，JIS Z 8735 ではパ

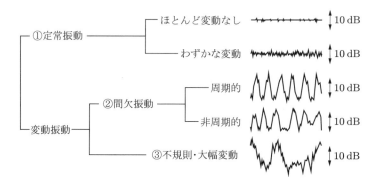

図 3.8 振動レベルの時間的変動の基本型（JIS Z 8735）

ワー平均を推奨しているものの，算術平均も認めている．算術平均が用いられる例は，新幹線鉄道振動の大きさを環境省の指針値と照らし合わせる場合で，上下合わせて連続して通過する 20 本の振動測定値のうち，上位 10 本の算術平均で評価することになっている．

③ 指示が不規則かつ大幅に変動する場合：ある任意の時刻から始めて，ある時間ごとに指示値を読み取り，読み取り値の個数が十分になるまで続ける．求めた読み取り値から，適当な方法により時間率振動レベル L_x を求め，この値で表示する．

3.6.5 評価値

地盤環境振動の測定では，目的に応じて変位，速度，加速度，あるいは振動レベルが測定される．日本で用いられている振動レベルの評価指標は独自のものであり，国際規格で用いられている評価指標とは異なっている．振動レベル以外の振動量を測定したときには，振動量の実効値や振動波形（時刻歴）のプラス・マイナスのピーク値の幅であるピーク – ピーク値なども振動の評価指標として用いられる．ここでは，JIS Z 8735 および振動規制法に示されている，周波数補正された加速度の実効値を基に求められる振動レベルの評価指標について詳述する．

(1) 振動レベルのピーク値の平均

3.6.4 項で述べたように，振動レベルが時間とともにどのように変動するかによって，振動レベルの変動形態は図 3.8 に示したとおりの三つに分類される．

変動が周期的または間欠的な振動評価では，変動ごとのピーク値を読み取って平均（算術平均値よりパワー平均値が用いられることが多い）することになっている．

(a) 算術平均値

$L_{V,1}$ から $L_{V,N}$ までの N 個の振動レベルの算術平均値 M は，次式で求められる．

$$M = \frac{1}{N}\sum_{n=1}^{N} L_{V,n} \tag{3.3}$$

(b) パワー平均値

パワー平均値 L_{Vr} は，次式で求められる．

$$L_{Vr} = 10\log_{10}\left(\frac{1}{N}\sum_{n=1}^{N} 10^{L_{V,n}/10}\right) \tag{3.4}$$

平均する振動レベル $L_{V,1}$ から $L_{V,N}$ までの値の差が小さい場合には，平均の方法による差は小さいが，N 個の値の間の差が大きくなると，パワー平均値が算術平均値よりも大きくなる．

(2) 時間率振動レベル

時間率振動レベル L_X とは，計測時間内でその振動レベルを超える時間が X [%] であるレベルのことである．振動レベルの評価では，不規則かつ大幅に変動する振動評価に振動レベルの80％レンジ上端値（L_{10}）が用いられる．

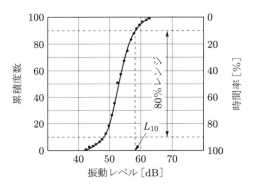

図3.9　累積度数曲線の例

時間率振動レベルの算出には，レベル処理機やパソコンの表計算ソフトを用いて処理されることが多い．一定時間間隔で連続して振動レベルを読み取り，そのデータを基に図 3.9 に示すような累積度数曲線を描いて，必要な時間率振動レベルを求める．

(3) 等価振動レベル L_{Veq}

振動レベルが変動する場合の評価指標には，時間率振動レベル L_{10} が用いられる．測定時間内でこれと等しい平均 2 乗補正振動加速度を与える振動レベルによる評価指標もある．この指標は，等価振動レベルと呼ばれ，次式で定義されている．

$$L_{Veq} = 10 \log_{10}\left[\frac{1}{t_2 - t_1}\int_{t_1}^{t_2}\frac{a_n^2(t)}{a_0^2}dt\right] \tag{3.5}$$

ここに，t_1：測定開始時刻
t_2：測定終了時刻
a_n：周波数補正振動加速度 $[\mathrm{m/s^2}]$
a_0：基準の振動加速度（$= 10^{-5}\,\mathrm{m/s^2}$）

時刻 t_1 から t_2 までの N 個の一定時間間隔で連続した振動レベルの測定値 $L_{V,i}$ から，等価振動レベルを求めるには次式を用いる．

$$L_{Veq} = 10 \log_{10}\left(\frac{1}{N}\sum_{n=1}^{N}10^{L_{V,n}/10}\right) \tag{3.6}$$

等価振動レベルの単位はデシベルである．振動レベルの 80％レンジ上端値 L_{10} との相関が高いこと，および等価振動レベルがパワー加算できることから，等価振動レベルを基に振動レベルの 80％レンジ上端値 L_{10} が予測される例もある．

3.6.6 周波数分析

振動の測定には，振動規制法の基準と照らし合わせる振動レベルの測定だけではなく，予測や対策のための測定も多く行われている．一般に，地盤環境振動の波形では単純な正弦振動の場合が少なく，異なる周波数成分をもつ振動が合成されて複雑な形状を示すことが多い．このような振動の特性把握あるいは測定データを振動予測の資料とするためには，振動の周波数特性を明らかにすることが重要である．地盤環境振動の周波数分析に用いられる方法としては，

①バンド分析, ②FFT (Fast Fourier Transform) 分析がある.

(1) バンド分析

バンド分析には,オクターブバンド分析と1/3オクターブバンド分析がある.これらの分析では,振動波形を下限周波数 f_1 と上限周波数 f_2 のバンドパスフィルタ（表3.6, 図3.10参照）に通して,その出力を実効値変換してデシベル表示する.ここでバンドパスフィルタとは,特定の周波数帯のみを通過させるためのフィルタであるが,実際には,その帯域の外側の周波数を完全には

表3.6 オクターブバンド, 1/3オクターブバンドの中心周波数と帯域幅

オクターブバンド [Hz]		1/3オクターブバンド [Hz]	
中心	帯域幅	中心	帯域幅
1	0.71 ～ 1.4	― 1 1.25	― 0.9 ～ 1.12 1.12 ～ 1.4
2	1.4 ～ 2.8	1.6 2 2.5	1.4 ～ 1.8 1.8 ～ 2.24 2.24 ～ 2.8
4	2.8 ～ 5.6	3.15 4 5	2.8 ～ 3.55 3.55 ～ 4.5 4.5 ～ 5.6
8	5.6 ～ 11.2	6.3 8 10	5.6 ～ 7.1 7.1 ～ 9 9 ～ 11.2
16	11.2 ～ 22.4	12.5 16 20	11.2 ～ 14 14 ～ 18 18 ～ 22.4
31.5	22.4 ～ 45	25 31.5 40	22.4 ～ 28 28 ～ 35.5 35.5 ～ 45
63	45 ～ 90	50 63 80	45 ～ 56 56 ～ 71 71 ～ 90

本表の1/3オクターブバンドは,振動レベル計の規格に合わせて1～80 Hzについて整理した.

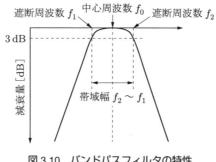

図 3.10 バンドパスフィルタの特性

取り除けない．バンドパスフィルタの概念図を図 3.10 に示したが，振動レベル計で用いられるフィルタは，通過帯域幅とその前後の減衰量が JIS C 1514 で規定されている．分析器の動特性には 1 秒，0.63 秒，0.125 秒があるが，一般には 0.63 秒が用いられる．

(2) FFT 分析

FFT 分析とは，フーリエの定理に基づいて，一定時間間隔（ΔT）ごとの N 個のサンプリング（離散化）された振動波形の一部から，解析的に一定周波数間隔ごとの振幅の大きさを求める方法である．FFT 分析のデータ個数は 2 のべき乗であり，$2^{10} = 1024$ 個のデータが用いられることが多い．分析できる最低の周波数は，データ個数 N とサンプリング時間 ΔT によって決まり，$1/(N\Delta T)$ である．

3.6.7 暗振動の補正[1, 5]

実際の振動測定では，対象としている振動のみを測定することが困難な場合もある．振動測定において，測定対象とする振動源が停止したときのバックグラウンドの振動を暗振動（対象とする振動以外の振動）という．振動測定の基本は，暗振動補正の必要でない場所と時間を選択することが望ましいが，一般には暗振動を含んだ値として計測されていることから，測定状況により暗振動の影響を補正する必要がある．暗振動が対象振動よりも 10 dB 以上小さいときには測定値に影響を与えない．その差が 10 dB 未満の場合には，対象振動が定常振動であれば，次式または表 3.7 に示す補正量を測定結果に加えた値で振動レベルを推定する必要がある．ただし，対象振動が大幅に変動している場

表 3.7　暗振動補正

対象振動があるときとないときの指示差 [dB]	3	4	5	6	7	8	9
補正値 [dB]	−3	−2	−1				

合には補正ができない．

$$補正値 = 10 \log_{10}\left(\frac{10^{L_d/10} - 1}{10^{L_d/10}}\right) \text{[dB]} \tag{3.7}$$

ここに，L_d：測定値（振動レベル）と暗振動の差 [dB]

表 3.7 の補正量は，式(3.7)から求めた値を 1 dB 単位に丸めたものである．暗振動と測定値の差が 3 dB 未満でも補正量を計算できるが，3dB 未満の場合には補正を行っても測定値の信頼性が著しく劣るので，測定位置や測定時間を変えて適切に再測定を行う必要がある．

参考文献

[1] 日本騒音制御工学会編：地域の環境振動，pp.21-42，技報堂出版，2001．
[2] 日本騒音制御工学会編：振動規制の手引き，pp.162-177，技報堂出版，2003．
[3] 日本騒音制御工学会編：振動測定マニュアルについて，Ver.1（2014.8.28），http://www.ince-j.or.jp/vib-manual2.html，（参照 2015. 10. 13）
[4] 環境省編：地方公共団体担当者のための建設作業振動対策の手引き，pp.20-34，http://www.env.go.jp/air/sindo/const_guide/lg.html，（参照 2015.10.13）
[5] 冨田隆太：環境振動の測定方法，騒音制御，Vol.35, No.2, pp.160-170, 2011．
[6] 日本騒音制御工学会編：振動規制の手引き，pp.139-161，技報堂出版，2003．
[7] 日本騒音制御工学会編：地域の環境振動，pp.43-65，技報堂出版，2001．

第4章 人体および建築物における地盤環境振動の影響

　環境振動は，日本建築学会環境振動運営委員会においては，「地盤・建物等，ある広がりをもって我々を取り巻く境界の日常的な振動問題」を取り扱う工学分野との認識の下に，研究活動に取り組んでいる．振動源は建物の屋外と屋内の振動源に分類され，さらに，屋外振動源は自然外力と人工外力に，屋内振動源は人間活動と設備機器にそれぞれ分類される．

　本書で対象とする振動源は，屋外振動源から地盤を介して伝播して，建物躯体を振動させるものとして，交通（道路・鉄道），建設作業，生産機械（工場）などが対象であり，自然外力（風，地震，波浪）および人間活動（歩行，跳躍）などによる振動は対象としていない．

　すなわち，地盤環境振動では，おもに道路交通振動，鉄道振動，建設工事振動，工場機械振動が振動源の対象となっている．これらに起因する振動は，人や物体に影響を及ぼし，近隣住民から苦情という形で問題となることがある．人が影響を受ける場合に生じる苦情は，振動により平穏な生活が乱され，読書や思考の妨げ，睡眠の妨げ等，通常の生活に何らかの影響を受けることで発生する．また，物体が影響を受ける場合に生じる苦情は，建具のガタつきや，稀ではあるが振動による建築物の物的な被害などが生じることで発生する．

　実環境において人が感じる地盤環境振動は，振動源ごとに特徴的な振動特性をもつが，本章では，地盤環境振動が及ぼす人や建築物への影響について，振動刺激に対する人体の反応メカニズム，感覚的特性，感覚的影響，心理的影響，生理的影響および，振動による什器や建物に及ぼす物理的な影響等に関する一般的な知見を主として解説する．

4.1　振動に対する人の反応が生じるメカニズム

　一般に，振動問題が生じる際に，おもに対象となる人の反応は，振動が生じていることがわかるか否かの閾値や，不快感やアノイアンス等の心理的反応で

ある．人が振動を知覚し，心理的反応が生じるメカニズムについては，不明な点が多く残されてはいるものの，種々の文献[1-7]において，これまでの知見が整理され説明されている．

図4.1は，振動に対する人の心理的反応が決まる過程を概略的に示している．心理的反応以外のたとえば作業性にかかわるような反応は，図中の身体の動的応答の段階で決まったり，図中の過程に加えて身体の運動系がかかわったりすることとなる．ここでは，振動に対して人の反応，とくに心理的反応が生じるメカニズムに関して説明する．

図4.1 振動に対する人の知覚や心理的反応が現れるまでの概略的流れ

4.1.1 身体の動的応答

人体はある種の構造系であり，建築物等と同様，外乱として振動を受けるとその動特性に応じて動的に応答する．図4.2, 4.3は，人体の動特性を測定した例を示している[1]．図に示した縦軸の動質量は，人体全体系の動特性を表す周波数応答関数の一つである．図のように，振動の方向や姿勢により，人体の動的応答は異なる特性を示す．外乱の振動数が高くなると，図に見られるように動質量は小さくなる一方で，身体各部位の局部的な共振が生じる．

身体の各部位の共振周波数は，表4.1に示すとおりであり[8]，椅座位の鉛直

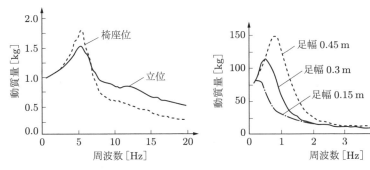

図4.2 鉛直方向の人体動質量（体重（質量換算）で無次元化）の測定例[1]

図4.3 水平方向の立位人体の動質量の測定例[1]

---
1) 日本建築学会，第33回環境振動シンポジウム，p.15, 2015.

表 4.1 身体の各部位の共振周波数

姿勢	身体部位	振動方向	共振周波数範囲 [Hz]	姿勢	身体部位	振動方向	共振周波数範囲 [Hz]
椅座位	駆幹	z（上下，頭-足）	3〜6	臥位	足	x（上下，背-腹）	16〜30
	胸	z	4〜6		膝	x	4〜8
	脊柱	z	3〜5		腹	x	4〜8
	肩	z	2〜6		胸	x	6〜12
	胃	z	4〜7		頭蓋	x	50〜70
	眼	z	20〜25		足	y（水平，左右）	0.8〜3
立位	膝	x（水平，前後）	1〜3		腹	y	0.8〜4
	肩	x	1〜2		頭	y	0.6〜4
	頭	x	1〜2		足	z（水平，頭-足）	1〜3
	全身	z（上下）	4〜7		腹	z	1.5〜6
					頭	z	1〜4

方向では，眼の 20 Hz を除き，おもに 2〜8 Hz の範囲にある．立位の水平では，1〜3 Hz，鉛直では，4〜7 Hz の範囲である．臥位では足（上下方向 16〜30 Hz），頭蓋（上下方向 50〜70 Hz）を除くと，椅座位，立位と同じく低周波数域に共振周波数があることがわかる．

4.1.2 振動に対する感覚的特性

(1) 振動の電気信号変換[9]

上述の身体の動的応答は，体内の感覚受容器によって電気信号に変換される．感覚受容器の一つであるパチニ小体は，圧力あるいは振動（繰返しの圧力）などの機械的な刺激を電気信号に変換する変換器である．視覚，味覚，聴覚等のほかの受容器も，同様の機能をもっている．

感覚受容器では，刺激による受容器電位の変化が符号化され，パルス信号の列として感覚神経に送られる．刺激を強くすると，受容器電位が増大し，その結果として感覚神経線維のパルス発射頻度が増加する．また，刺激の持続時間が長くなると，総和としてのパルスの数が多くなる．すなわち，刺激情報はパルスの頻度と数に符号化される．

一方，刺激が長い時間与えられていると，それに対応する感覚が消滅する順

応という現象が知られている．一定の大きさの刺激を連続して加えていると，受容器電位は次第に減少し，それに伴って感覚神経線維のパルス頻度も時間とともに減少する．

(2) 振動の感覚受容器と周波数応答[10, 11]

人体に振動刺激が与えられた場合，主として内耳にある前庭器官と皮膚表面と皮膚深部に分布している振動の感覚受容器がはたらき，振動を感知する．前庭器官は，主として回転運動を受容する三半規管と，主として並進運動を受容する耳石器（球形嚢，卵形嚢）とから構成され，平衡感覚を司っている．平衡感覚は，低い振動数の振動を受容する際に重要な感覚となる．ほかの受容器については，圧覚・振動覚を司るパチニ（Pacini）小体，触覚を司るマイスネル（Meissner）小体・メルケル（Merkel）触板，触圧覚を司るゴルジ-マッツォーニ（Golgi-Mazzoni）小体，温覚を司るルフィニ（Ruffini）小体，痛覚を司る自由神経終末（free nerve ending）等がある（図4.4）．

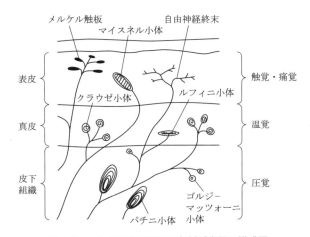

図4.4 ヒトの皮膚における各種受容器の模式図

振動に対して特異的に反応する受容器はなく，上記の種々の受容器がそれぞれ関与して振動を感知している．マイスネル小体は，皮膚表面の表皮にあり，5～50Hzによく反応する．パチニ小体とゴルジ-マッツォーニ小体は，皮膚組織の深部にあり，パチニ小体は身体の中で四肢の関節，骨膜，骨関膜，大きな血管壁，腸間膜，腹膜に見出されており，身体全身に分布している．パチニ

小体とゴルジ-マッツォーニ小体は，過渡的な高周波振動を検出し，40～50 Hz 以上の振動に反応するが，上限は 500～600 Hz といわれている．表皮の中部にあるメルケル触板，真皮にあるルフィニ小体は，低周波数（16 Hz 以下）の振動に反応する．

(3) 振動の知覚メカニズムと振動の信号伝達の経路[10]

　乗物や高層建築物の振動に伴って，その上で活動している人の頭部が運動する．振動の感覚受容器から生じた信号は，中枢神経（脊髄と脳）に入ると，圧覚，触覚等の体性感覚系の伝導路に沿って伝達され，おもに脊髄の毛帯系伝導路に沿って大脳皮質の体性感覚野に入り，振動等が感知される．この感覚野は，視床からの神経繊維を直接受ける 1 次投射野と，その周囲にあって 1 次投射野とその他の部位を仲介する 2 次投射野からなる．ほかの経路である毛帯外路系については，おもに痛覚，温覚等の原始的な感覚に関与している．

　人体は，重量をもつ各部位を筋や腱で保持するばね系であり，単純化した振動モデルがいくつか提案されている．立位の場合には，振動は足から入り，脚部，臀部，腹部等を経由して全身または身体の一部に伝播する．座位の場合には，臀部より振動が入力される．この伝播過程で，振動は吸収されて減衰したり，共振して増幅されたりする．共振については，人体の各部位で生じ，各部位ごとの固有振動数が関係する．このため，手足の指先，四肢の関節周囲，骨膜，筋肉，腹膜などの筋や腱に存在するパチニ小体で振動を受容することになる[12]．

(4) 感覚・知覚・認知

　感覚と知覚，および認知は，脳内の情報処理の程度の差により，便宜的に以下のように使い分けがされている[2]．
- 感覚：物理的刺激が感覚受容器を経て，求心性神経から大脳の感覚中枢に伝達される，感覚系のみの活動によって規定される過程
- 知覚：感覚の過程を含む，より全体的で総合的な過程
- 認知：過去の経験によって規定され，記憶や言語，思考の影響をより多く受ける過程

　これから，振動刺激に対して，振動を感じるか否かの判断は感覚的な過程に近く，不快や気になり具合等の判断は，知覚的あるいは認知的な過程と捉える

ことができる．振動に対する苦情等は，一般的には，認知に基づいて生じる反応と考えるのが妥当といえる．脳内での複雑な情報処理が進めば進むほど，振動の物理量と人の反応との定量的な関係を構築することは難しくなる．

4.1.3 振動知覚

振動に対する人の反応は，心理的，生理的反応等が挙げられ，振動の身体的反応（量-反応関係）を明らかにする際には，比較的客観的な生理的反応が最適とされている．しかし，健康な人に対して生理的反応を得るには，生体が多少の外乱を受けても変化しない生体恒常性（homeostasis）があるため，かなり大きな振動を与えて影響，障害等の反応を見ることとなり，健康上の問題が生じることから，そのような振動に対する量-反応関係を得ることは難しい．これに対し，小さな振動暴露による心理的反応は主観的反応であるため，人により反応が異なる個人差が生じ，あるばらつきの範囲内でのみ意味があるという欠点をもつが，人の健康に障害を起こすことなく，量-反応関係が得られる利点がある．

そのため，心理的反応の中で被験者が振動を感じるかどうかの境界線（閾値）を求める被験者試験はもっとも基本となる試験であり，実験室環境で制御された入力振動に対する結果を得ることができる．

(1) 連続正弦振動に対する人の反応の振動数依存性（知覚閾）

図 4.5 は，文献 [13-20] で示されている知覚閾の測定結果をまとめて示した図である．ここでは，ISO や JIS で参考にされた知見や近年の結果を中心に示している．図では，振動の方向および人の姿勢に分けて，各文献で示されている平均値あるいは中央値を示すとともに，便宜的に，振動数ごとに全研究結果の平均値を被験者数で重みづけして求めた値も示されている．また，比較のため，日本建築学会居住性能評価指針（2004）[21] の知覚確率 50％，および振動レベルで平均的な閾値とされることの多い振動レベル 55 dB も合わせて示されている．

図より，研究間に相当なばらつきが認められることがわかるが，単独の研究で振動の方向や人の姿勢の影響を検討した結果を参照すると，それらの知覚閾への影響は明確に認められ，その傾向は図の全研究の平均値にもある程度現れている．

46 第4章 人体および建築物における地盤環境振動の影響

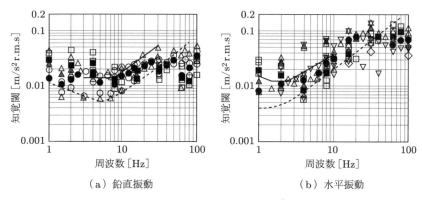

(a) 鉛直振動　　　　　　　　(b) 水平振動

図 4.5　連続正弦振動の知覚閾[2)]

白抜き：各研究の平均値または中央値，色付き：全研究の平均値（被験者数で重みづけ），○：座位，△と▽：立位，□：臥位，実線：V-50 あるいは H-50，破線：振動レベル 55 dB

　座位，立位では 2～8 Hz の低周波数の振動には敏感で，それ以下あるいはそれ以上の周波数では感じにくくなることがわかる．さらに，高い周波数域では一定の値を示している．また鉛直（z 方向）のほうが水平よりも閾値が小さく敏感であることがわかる．姿勢については，座位，立位ではほとんど同じ傾向を示している．

(2)　連続正弦振動に対する人の反応の振動数依存性（知覚閾以外の心理的反応）

　図 4.6 は，測定結果から定められた振動の大きさのレベル（VGL）の近似曲線である[15]．この結果は，ISO や JIS で周波数補正を規定する際に参考にされたものである．なお，図には参考として，居住性能評価指針（2004）の性能評価曲線も合わせて示されている．図より，振動の大きさに対する判断の振動数依存性に，振動の方向や人の姿勢が影響することがわかる．また，知覚閾と振動の大きさのレベルとの間にも，振動数依存性の差異が認められる．

　なお，測定対象としている心理的反応の定量的な評価は，実験時に用いる心理的反応の尺度や教示等に依存するため，異なる研究の結果を相互に比較する際には注意を要する．

---

2) 日本建築学会：第 33 回環境振動シンポジウム，p.18, 2015.

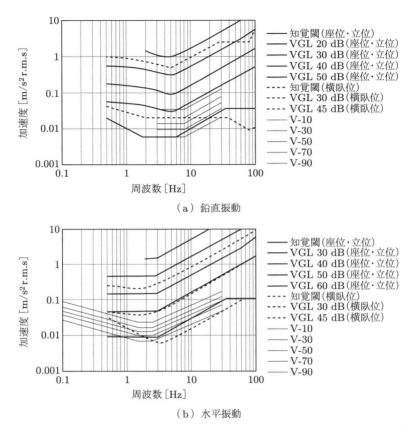

図 4.6 振動の大きさのレベル（VGL）と居住性能評価指針（2004）の性能評価曲線[3]

4.2 振動に対する感覚

4.2.1 生体条件と振動感覚[22]

振動に関係すると考えられる人の生体条件として，性別，年齢などが挙げられる．女性の方が男性よりも，また年齢的には若年ほど振動に対して弱いとされる．姿勢別の振動感覚としては，立位がもっとも敏感であり，椅座位，座位，横臥位の順に敏感さが薄れる傾向があるとされる．

なお，普段は乗物酔いをしない人でも体調がすぐれない場合に酔ってしまう

---

3) 日本建築学会：第 33 回環境振動シンポジウム，p.19, 2015.

ことがあるように，振動を受けているときの体調も振動の受容限界に影響を及ぼすと考えられる．

4.2.2 振動の物理量と振動感覚表現

振動感覚の表現には，振動を知覚することから感じ方の程度を表現することまであり，振動評価にあたっては，心理的影響もかなりあるが，振動の物理量と振動感覚を表現する形容詞との関係を知ることが必要である．

石川ら[23]は，性能設計，性能表示を見据えて，振動感覚を表現する言葉を分類し，居住性評価の規範となる水平振動感覚の表現について調べている．心理学的測定法の一つであるSD法に基づいて設定した対句を対象に分析し，物理量との関係でまとめた結果を，図4.7に示す．図中の網かけ部の濃度の違いは，水平振動感覚を表現する言葉が各物理成分の違いを捉える程度を表している．この図から言葉が着目する対象は，物理的な刺激となる振動と振動を受けた人の状態に二分されることがわかる．また，加速度は振動がもつ大きさや強さを表す物理量，振動数は速さを表す物理量であることから，言葉の表現でも明瞭に違った物理量として区別されることなどが明らかにされている．

物理量と感覚表現との関係は，おおむね以下に示すとおりである．

・振動数：速い ⟷ ゆっくり
・変　位：大きい ⟷ 小さい
・加速度：強い ⟷ 弱い

4.2.3 振動知覚・感覚に関する既往の研究と評価基準

振動知覚・感覚に関しては，多くの研究が行われてきており，もっとも古いものはReiher, Meisterらの研究[24-26]である．交通振動の振動数領域3～100Hzにおける閾値について検討され，Meisterの曲線は図4.8に示すとおり，「感じない」から「非常に不快である」まで6段階の振動感覚の平均限界値を提案している[27]．これらの研究成果は，Meisterの振動感覚曲線として広く利用されている．

一方，国内においては，三輪・米川[15, 28, 29]による全身振動に対する感覚に関する実験研究がある．彼らは姿勢として立位および座位を取り上げ，その姿勢の被験者に対して正弦振動，ランダム振動，衝撃振動などを与えた実験を行い，図4.9に示す水平・鉛直振動に対する知覚閾値と等感度曲線を得ている[30]．

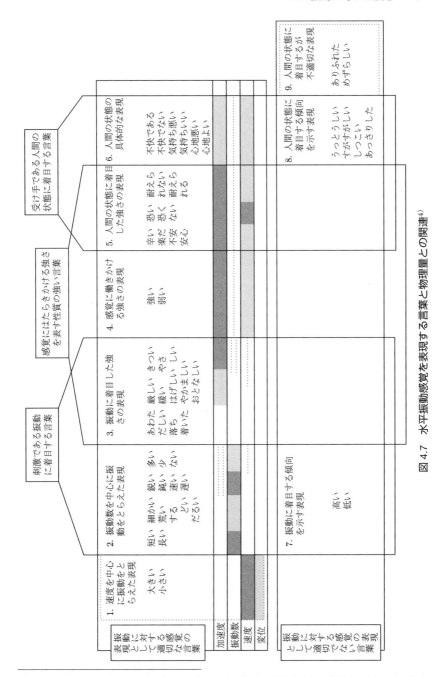

図 4.7 水平振動感覚を表現する言葉と物理量との関連[4]

4) 石川孝重, 野田千津子, 隈澤文俊, 岡田恒男:水平振動感覚を表現する形容詞・用語がもつ意味, 日本建築学会計画系論文集, 第 455 号, pp.9-16, 1994.

50　第4章　人体および建築物における地盤環境振動の影響

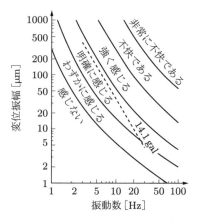

図 4.8　Meister の振動感覚曲線[5]

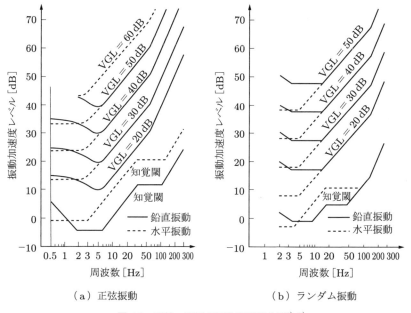

（a）正弦振動　　　　　　　　　　　（b）ランダム振動

図 4.9　三輪・米川の振動等感度曲線[6], [7]

---

5) Reiher, H., Meister, F. J. : Die Empfindlichkeit des Menschen gegen Erschuutterungen, Forschung auf dem Gebiete des Ingenieurwesens, Band 6, Nr.3, pp.116-120, 1935.
6) 三輪俊輔，米川善晴：正弦振動の評価法（振動の評価法 1），日本音響学会誌，27 巻 1 号，pp.11-20, 1971.
7) 三輪俊輔，米川善晴：複合正弦振動とランダム振動の評価法（振動の評価法 2），日本音響学会誌，27 巻 1 号，pp.23-32, 1971.

図 4.9 の中の VGL（振動の大きさのレベル）は，音響心理学のラウドネスレベルにならって，「20 Hz を基準振動周波数として，ほかの周波数の振動をこれに感覚的に等価した場合の 20 Hz の振動加速度レベル」と定義されている．これらは，交通機関などの振動を想定したものであり，0.5 Hz 以上の振動数範囲を対象としている．縦軸は振動加速度レベルであるが，基準加速度は 1.0 cm/s^2 である．

　建築分野では，床振動が居住性を阻害する要因として取り上げられ，古くから多くの研究が行われているが，振動感覚の評価については，Meister や三輪・米川の研究成果が用いられてきた．日本建築学会の鉄筋コンクリート構造計算基準では，床スラブの振動評価において，これらの結果が参考とされている．

　超高層建築物の出現に伴い，関東地方を直撃した 1979 年の台風 20 号を契機として，強風時の水平振動が居住性に悪影響を及ぼすことが認識された．具体的には，台風による強風によって超高層建築物が大きく揺れ，船酔い現象を訴える人が続出した．その後，1 Hz 以下の長周期水平振動に対する振動知覚・感覚に関する研究が盛んに行われるようになった．

　日本建築学会は，1991 年に建築物の床振動および水平振動を対象とした「建築物の振動に関する居住性能評価指針」[31] を刊行している．床振動に関しては，ISO 2631-2，カナダおよびアメリカの規格，Meister の振動感覚曲線などの関連性を検討して，より総合的な評価基準としている．一方，建築物の水平振動に関する性能評価は，風揺れに対して建築物の並進振動の 1 次固有振動数と再現期間 1 年の最大加速度から居住性能ランクの評価を行うものであり，振動知覚の実験結果に着目して，それぞれの性能ランクの値を設定している．その性能ランクを用いて，建築物の用途別性能評価区分を規定している．

　その後，日本建築学会は 2004 年に「建築物の振動に関する居住性能評価指針」[21] を改定しており，交通振動を対象振動源に加えたり，風振動の振動数範囲を拡大したりしている．

4.2.4　気象庁震度階と振動感覚

　気象庁震度階は，福井地震をきっかけに 1949 年に震度階 7 を加えて改正されたが，阪神・淡路大震災を契機に 1996 年に大改正された．従来は，体感および周囲の状況により震度観測が行われていたが，客観的かつ迅速に観測するために計測震度計が開発され，現在はこれによって震度を自動的に算出してい

る．改正前後の震度階級にある説明のうち，振動感覚を表現しているものが震度階級 0 ～ 4 までにあり，それを抜粋したものを表 4.2 に示す．

　静止している人ほど敏感であり，立っている人，眠っている人，動いている人，歩いている人，自動車を運転している人の順で鋭敏さが薄れていくといえる．

　中村ら[32]は，既存の免震建物における居住者および使用者を対象として，年間数回生じる比較的弱い地震に対して，その振動感覚をアンケートで求め，計測された加速度記録との照合により振動知覚閾を明らかにしている．その結果，振動知覚閾の中間値が $3.65\,\mathrm{cm/s^2}$（平均値：$4.85\,\mathrm{cm/s^2}$）であり，実験による振動知覚閾に比べ，実生活中での振動知覚閾は 4 倍以上大きく，ばらつきも大きいとしている．気象庁震度階と比較すると，この値は震度 2 に相当し，「屋内にいる人のほとんどが，揺れを感じる」に対応している．また，震度 2 相当の加速度範囲 $2.5 \sim 8.0\,\mathrm{cm/s^2}$ では，有感率が約 30 ～ 85％となっていることから，この調査結果と気象庁震度階は非常によい一致を示している．

4.2.5　振動感覚に関する近年の研究

　超高層建築物の水平振動を対象とした居住性能指針は，振動知覚のデータから規定されている．建築基準法の改正により，性能設計，性能表示が求められている現状で，平均的な知覚閾だけでは不十分との認識から，きめ細かい知覚閾の統計的評価，心理的影響を主眼においた振動感覚，視覚などの周辺環境の影響を考慮した振動感覚，性能表示を見据えた振動感覚表現などの研究が行われている．

　石川[33]は，腰掛け座位の場合について，既往の水平振動に対する実験研究から得られた知覚閾をまとめて図 4.10 に示すとおり報告している[34]．振動数 1 Hz 以下は，主として高層建築物を対象としたものであるが，木造 3 階建て建築物の水平振動障害を対象として，1 Hz 以上の振動も含まれている．図から，2 Hz 付近の水平振動をもっとも敏感に感じていることがわかる．

　塩谷ら[35]は，正弦波水平振動に対する知覚およびランダム振動に対する知覚を，「やっと感じ始める」加速度（レベル 1）と，「はっきり感じる」加速度（レベル 2）に分けてまとめ，ばらつきを確率統計的に評価して知覚加速度のパーセンタイル値を求めている．その結果を図 4.11 に示す[36]．正弦波振動に対する知覚加速度は振動数に対して負の勾配をもつこと，ランダム振動に対する知

4.2 振動に対する感覚

表 4.2 気象庁震度階における振動感覚表現

震度階 (加速度振幅 [cm/s^2])	1996 年改正 人　間	1949 年（旧震度階級） 説　明	参考事項 (1978)
0 (0〜0.8)	人は揺れを感じない．	無感．人体に感じないで地震計に記録される程度．吊り下げ物がわずかに揺れるのが目視されたり，カタカタと音が聞こえても，体に揺れを感じなければ無感である．	
1 (0.5〜2.5)	屋内にいる人の多くが，揺れを感じる．眠っている人の一部が，目を覚ます．	微震．静止している人や，とくに地震に注意深い人だけが感じる程度の地震．	静かにしている場合に揺れをわずかに感じ，その時間も長くない．立っていては感じない場合が多い．
2 (2.5〜8)	屋内にいる人のほとんどが，揺れを感じる．恐怖感を覚える人もいる．	軽震．大勢の人が感じる程度のもので，戸障子がわずかに動くのがわかる程度の地震．	吊り下げ物が動くのがわかり，立っていても揺れをわずかに感じるが，動いている場合にはほとんど感じない．眠っていても目を覚ますことがある．
3 (8〜25)	かなりの恐怖感があり，一部の人は，身の安全を図ろうとする．眠っている人のほとんどが，目を覚ます．	弱震．家屋が揺れ，戸障子がガタガタと鳴動し，電灯のような吊り下げ物は相当揺れ，器内の水面が動くのがわかる程度の地震．	ちょっと驚くほどに感じ，眠っている人も目を覚ますが，戸外に飛び出すまでもないし，恐怖感はない．戸外にいる人もかなりの人が感じるが，歩いている場合感じない人もいる．
4 (25〜80)	(屋外の状況) 歩いている人も揺れを感じる．自動車を運転していて，揺れに気づく人がいる．	中震．家屋の動揺が激しく，すわりの悪い花びんなどは倒れ，器内の水はあふれ出る．また，歩いている人にも感じられ，多くの人々は戸外に飛び出す程度の地震．	眠っている人は飛び起き，恐怖感を覚える．電柱・立木などが揺れるのがわかる．(途中略) 軽い目まいを覚える．
5 弱			
5 強			
6 弱			
6 強			
7			

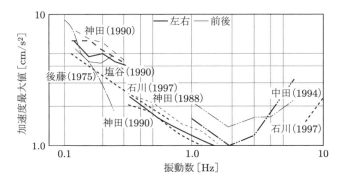

図 4.10 実験研究による腰掛け座位の場合の振動知覚閾[8]

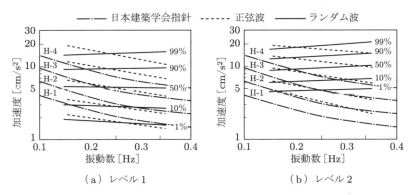

図 4.11 正弦波，ランダム波および居住性能評価指針との比較[9]

覚加速度は，振動数に関係なくほぼ一定値か，やや正の勾配をもつ傾向があることがわかる．

また，視覚，聴覚などが振動の感知に関与するといわれている．建築物内の家具，什器等は，振動の大きさによって，揺れたり，音を発したり，転倒したりする．障子や家具がガタガタ鳴動したり，額縁や吊り下げ電気器具などが揺れるなど様々な挙動を示し，振動を知覚するきっかけになるなど，人の振動感覚に及ぼす影響は大きい．さらに，それらの挙動が大きくなると，不安感を生

---

8) 石川孝重：建築における環境振動に関する性能評価　現在の研究状況および今後必要な研究内容，第 16 回環境振動シンポジウム　環境振動における要求性能への対応，日本建築学会環境工学委員会環境振動小委員会，pp.35-42, 1998.

9) 塩谷清人，藤井邦雄，田村幸雄，神田順：2 次元水平ランダム振動の知覚閾に関する研究，日本建築学会構造系論文集，第 485 号，pp.35-42, 1996.

み，種々の面で支障を生じる場合もある．

野田ら[37]は，視覚が水平振動感覚に及ぼす影響について実験研究を行い，図 4.12 に示す結果を得ている[38]．視覚が水平振動感覚に及ぼす影響は，振動数の範囲によって変化し，加速度が小さくても変位が大きい低振動数の範囲では視覚の影響により評価が厳しくなり，振動数が高い範囲では視覚による影響はほとんどなく，知覚閾は体感に依存するといえる．

新藤ら[39]は，ねじれ振動の窓外景観が振動知覚に大きな影響を与えることを実験的に確認している[40]．ねじれ振動は，図 4.13 に示すとおり体感知覚より視覚知覚の方が敏感であること，振動数にかかわらず角速度振幅 0.73 mrad/s

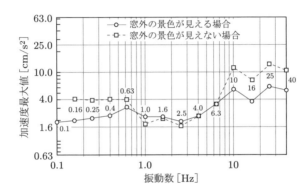

図 4.12　視覚条件が異なる場合の水平振動知覚閾[10)]

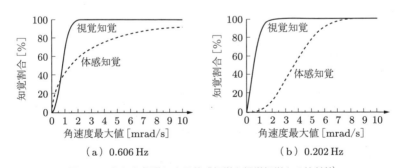

(a) 0.606 Hz　　　　(b) 0.202 Hz

図 4.13　ねじれ振動による体感知覚と視覚知覚との比較[11)]

---

10) 野田千津子，石川孝重：視覚が水平振動感覚に及ぼす影響，日本建築学会大会学術講演梗概集（中国）環境工学，pp.307-310, 1999.
11) 新藤智，鈴木健一郎，鶴巻均，後藤剛史：高層建築物における長周期ねじれ振動が振動知覚に及ぼす影響，日本建築学会大会学術講演梗概集（中国）環境工学，pp.311-314, 1999.

の近傍でほぼ50％の被験者が視覚知覚することなどがわかる．振動に関する居住性能評価を行うにあたって，周辺環境の影響を考慮した振動感覚評価が重要である．

4.3 振動による心理的影響

人は，振動を受けると少なからず影響を受け，その振動を刺激とした反応が生じる．感覚的反応と心理的反応の範疇を明確に区別することは難しいが，心理学における刺激－反応系の中でも，心理的影響が強く現れることに着目して記述する．

4.3.1 種々の心理的影響

道路交通，鉄道交通，建設機械，工場機械等から発生した振動が，それぞれの伝播経路を経て構造物内外の人に到達した際に，居住性，快適性，使用性などの使用者，居住者を主体とした性能評価において問題となる場合があり，これらの心理的影響により苦情が発生することもある．

振動の心理的影響の種類によって，振動の物理量との関係は異なるものとなる．水平振動の場合，振動がゆっくり，速い，細かいという言葉は振動数とかかわる表現であり，強い，激しい，おとなしいという言葉は加速度と，大きい，小さいという言葉は変位とのかかわりが強い場合が多い．

また，振動の不快感や不安感の評価は，加速度とのかかわりが強いが，大きさの評価は，低振動数では加速度や変位，高振動数では速度とのかかわりが強い．主として建築分野における既往研究において，心理的影響として検討されている項目を表4.3に示す[41]．これらには，官能検査[42]や心理学[43]の知見に基づいて，人の心理量や感覚量を計測する手法（マグニチュード推定法，カテゴリー尺度法，数値尺度法，SD法，一対比較法，実験計画法等）が多く用いられている．

これらは，曖昧性の強い心理的反応を定量的なデータとするには有効であるが，調査方法と解析方法に何を用いるのか，互いの組合せ等に注意し，適切な手法を採用しなければならない．

4.3 振動による心理的影響

表 4.3 心理的影響にかかわるおもな既往研究の評価対象[12]

被験者実験など

三輪ほか（1971）	等感度
後藤ほか（1975）	感じない，感じる，耐えられない，生活上支障を感じるか，不安を感じるか 動き方，大きさ，支障感，不快感，不安感
三瓶ほか（1978）	気にならない，気になる，気になるが耐えられる，耐えられない
藤本ほか（1979）	まったく感じない，少し感じる，はっきり感じる，強く感じる，不快である 揺れ感覚の強さ（非常に強く揺れを感じる），揺れに対する不快感，揺れに対する耐性
槙谷ほか（1980）	刺激感覚量（マグニチュード推定法）
小野ほか（1987）	まったく気にならない，やや気になる，かなり気になる，非常に気になる まったく差し障りない，やや差し障りがある，かなり差し障りがある，非常に差し障りがある まったく不安感を感じない，やや不安感を感じる，かなり不安感を感じる，非常に不安感を感じる
町田（1994）	SD法（15対の形容詞）
塩谷（1995）	不安であった，不安でなかった，不快であった，不快でなかった
石川ほか（1998）	大きさ度合（マグニチュード推定法），不快度合（まったく不快でない〜非常に不快である） 不安感（まったく不安を感じない，あまり不安を感じない，不安を感じる，かなり不安を感じる，非常に強く不安を感じる） 限界評価（まったく感じない，あまり感じない，感じる，強く感じる，耐えられない） SD法（14対の形容詞），コメント
内久根	大変心地よい，やや心地よい，どちらでもない，やや不快，非常に不快

実態アンケートなど

後藤（1980）	揺れ方，もっとも激しく感じたとき，心理面への影響，居住環境として耐えられる発生頻度
大熊（1980）	建物の揺れ方，感じ方，少し感じる，はっきり感じる，強く感じる，不快に感じる，不安に感じる
石川（1991）	揺れ方，振動の例，揺れにあてはまる言葉
石川ほか（1993）	揺れ方，揺れによる不安感・不快感，揺れに関する住まいの満足度合
横島ほか（1999）	気にならない，我慢できる，多少我慢できる，あまり我慢できない，我慢できない，びっくりする，気分がイライラしたり腹が立つ

---

12) 日本騒音制御工学会編：地域の環境振動，p.75, 技報堂出版, 2001.

4.3.2 心理的影響に関する既往研究

評価の基盤とされてきた知覚閾と比較すると，心理的影響に着目する研究は多くないが，知覚閾より大きい振動の評価が求められている．おもな既往研究の中で，心理的影響にかかわる評価曲線を振動数と加速度最大値との関係に換算できるものを，図 4.14 に示す[44]．その他，実態調査などの概要と結果が，表 4.4 にまとめられている[45]．

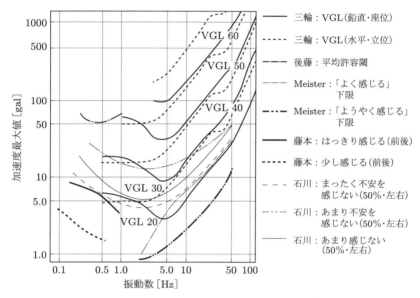

図 4.14　おもな既往研究における心理的影響[13]

先にも記述したように，Meister ら[24-26]による研究は，現在でも引用されているもっとも古い資料の一つである．設計実務においても，Meister 曲線として床の鉛直振動，建築物の水平振動などに利用されている[46]．振動実験では，交通振動の振動数領域（3～100 Hz）を想定して，15 人の立位・横臥位の被験者に対して数種類の振動負荷を与え，被験者は各振動を感じた強さや不快感に応じて 6 段階の知覚限界に分類しており，この評価から導かれた平均限界値を示している．

一方，前述したように日本においては三輪・米川[15, 28, 29]の一連の振動評価

---

13) 日本騒音制御工学会編：地域の環境振動，p.77, 技報堂出版，2001.

4.3 振動による心理的影響

表 4.4　おもな既往研究の概要と結果[13]

被験者実験など

小野ほか（1987）	18体の模擬床に対して，振動（上下方向）の気になり具合，差し障り具合，不安の感じ具合を尋ねる．各尺度に対する評価値は床の応答振動から算出する物理量VI(1)と，なめらかな対応曲線が求められる．よって，ここで定義する床の物理量VI(1)を用いて床振動を評価することができる．
町田（1994）	SD法に基づいた15対の形容詞による評価尺度で，32種類の振動（左右方向）に対して主観的イメージを質問した．その結果，振動の強さを表す力動性因子，振動による快・不快を表す評価因子，振動の時間を表す因子が抽出できた．振動の強さは加速度に影響され，約82 dBが中間的な感覚を示した．一方，快－不快では約92 dBが中間的な感覚を示した．
石川ほか（1995）	SD法に基づいた14対の形容詞による評価尺度で，49種類の振動に対して主観的イメージを質問した．その結果，振動の強さを表す因子，振動の細かさ・荒さを表す因子，振動に対する好悪の評価を表す因子が抽出できた．好悪の評価を表す因子の特性に基づいて，振動を肯定的，中立，否定的に評価する範囲に分けることができる．

実態アンケートなど

大熊（1980）	台風7920号の際の影響を，首都圏のあるビルで執務していた人にアンケートした．ほとんどすべての人が何らかの振動を感じた．女性では90％程度が振動を強く感じており，男性では約半数が不快に感じた．女性の方が男性の2倍の時間振動を感じており，総じて女性のほうが敏感である．
後藤（1980）	台風7920号の際の状況について，新宿副都心の5棟の超高層ビルの使用者に対してアンケート調査を行った．不安感，緊張感は階数によらずほとんどの人が感じている．当時の揺れがどのくらいの発生頻度なら耐えられるか，という問いに対しては，約4割が1年に1度程度なら耐えられると答えている一方，30％弱が2度と体験したくないと答えている．
石川ほか（1983）	高層住宅居住者の揺れに対する日常的な意識をアンケートで調査した．地震時と強風時で居住者の揺れに対する状況は異なり，地震時には揺れを比較的強く感じるが一過性であるため，不安はあっても不快感は小さい．強風時には揺れは小さいが長時間続くため，不安感がある．また台風などの災害時でなく，日常的な強風で揺れを感じたことがある居住者が多くおり，揺れにかかわる住まいの満足度合に対してこのような日常的な揺れにかかわる経験が影響を及ぼすことが推察できる．

表 4.4 （つづき）

中村（1995）	関東地域にある14棟の免震建物の居住者，使用者に対して地震時の振動知覚に関するアンケート調査を行った．低加速度領域で不安を感じる人は少なく，加速度が大きくなるにつれて増える傾向にある．不快感も同じ傾向にあるが，不快を感じる割合は不安を感じる割合より若干多い．
横島ほか（1999）	沿線住民の評価構造に対して，新幹線，在来線，道路交通などによる振動が沿線住民の評価に及ぼす影響についてアンケート調査を行っている．併せて，発生する振動を実測し，振動の物理量を含めた要因による沿線住民の評価構造についてパス解析を用いて検討している．たとえば新幹線振動に対しては約9割の住民が気になると回答し，振動に対する評価に直接的な影響を強く及ぼす要因は，振動環境の変化，イライラを感じること，振動による戸や障子などのガタつきであった．

法に関する研究があり，知覚閾に加えて感覚的に等価な振動に対する等感度曲線を提示している．これは，一対比較法を利用したものであり，20 Hz を基準振動周波数とし，ほかの周波数の振動を 20 Hz の振動に感覚的に等価したときの 20 Hz の振動加速度レベルを示している．これに基づいて，振動の大きさのレベル（VGL）を提示している．

これらの実験では，正弦振動，ランダム振動，衝撃振動の振動の種類，臥位・立位・座位の姿勢，左右・前後・上下の入力方向など，その他の条件の影響もきめ細かく検討されており，被験者数は少ないものの貴重な知見が得られている．

また，後藤ら[47]は感じないと感じるの境目である弁別閾とともに，強く感じると耐えられないの境である許容閾の検討を行っている．5段階に分けられた感応度を表現するカテゴリーに対して，その時に感じた振動をあてはめるものである．

藤本ら[48]は，言葉で表現された5段階のカテゴリーに対して振動感覚の強さを回答させ，知覚閾より強い振動に対する感覚を調べている．大熊ら[49]は，強風による揺れが長時間継続することを踏まえて，長周期水平振動の継続時間が振動感覚に及ぼす影響を検討している．振動感覚の強さ，揺れに対する不快感，揺れに対する耐性などが評価対象となっている．その結果，継続時間に伴って振動の強さを感じにくくなる傾向にあるとともに，不快感と耐性は加速度の大きさによって傾向が異なり，加速度が大きい場合には継続時間が長いほど不快感が強くなり，振動に対して耐えられなくなる傾向にある．

小野ら[50] は，人の動作によって生じる床の鉛直振動を対象として，系列範疇法を用いた三つの評価尺度による実験を行った．気になる程度，差し障りのある程度，不安感を感じる程度を振動の評価対象としている．これらの結果を，振動の最大変形量や減衰時間などを用いて算出する物理量にあてはめた評価を提示している．

また，石川ら[51] は，心理学的測定法を用いた四つの評価尺度を設定している．マグニチュード推定法を用いた大きさ度合，数値尺度法を用いた不快度合，カテゴリー尺度法を用いた不安感と限界評価である．これらの評価尺度の傾向は，加速度が小さい範囲では，知覚閾と同様な傾向を示している．一方，感じる範囲の振動に対する傾向は，振動数の範囲によって異なる．不安感や不快感，振動を感じた強さなどは，加速度とのかかわりが強い評価である．大きさの評価は，振動数が高い範囲では速度とのかかわりが強い．

これらの心理的影響の強い評価は，振動の物理的な大きさだけでなく，周辺要因が影響する度合が強い．とくに，不安感などは実験結果のばらつきも大きく，実験結果と実状の違いも大きいことが推察される．このような点を踏まえて，実態調査としてのアンケート調査も数多く行われている．

林ら[52]，横島ら[53,54] は，新幹線沿線の住民に対してアンケート調査を行い，住民の振動に対する意識を把握するとともに，新幹線鉄道振動に対する評価を構成する要因を検討している．地盤環境振動の全体的な評価に対して，振動レベルなどの物理的要因や振動による具体的な影響が及ぼす効果を，パス解析を用いて検討している．具体的な影響として，びっくりする，いらいらする，邪魔に感じるなどの心理的影響も取り上げられており，振動レベルが大きくなるほど，これらを感じた人が多くなる傾向にある．具体的には，50 dB 以下の場合には 20％程度，71 dB 以上では 30 〜 40％程度の住民が上記のような心理的影響があると回答している．このうち，イライラするという反応が，新幹線の振動評価と相関がもっとも高い．

中村ら[55] は，免震建物における実測およびアンケート調査により，実建物における振動の大きさと居住者の反応を対応づけており，最大加速度 10 gal 程度で不快感や不安感を感じる人がもっとも多かったことを示している．不快感を感じる人が多いほど不安感を感じる人も多い傾向にあるが，全体的には不快感を抱く人のほうが若干多い傾向にある．

町田[56] は，心拍数や唾液分泌量などの生理反応を用いた環境振動の評価を

試みている．

　これらの研究では，調査，実験する側が着目する対象を基に質問を作成するものがほとんどであり，定量的な評価値を得られる，評価対象が明確になるなどの利点もあるが，質問項目に関する回答しか得られない．

　これに対して，居住者にとってより日常的な表現手段として，言葉に着目した研究がある．心理学の分野で多く利用されている SD 法に基づいて，振動感覚の表現に用いられる言葉の特質を検討するもの，より自由なコメントの内容分析を通して，表現される言葉によって振動を領域分けし，評価するものなどがある[57, 58]．

4.3.3　心理的影響を踏まえた振動評価

　ISO 2631-1:1997 の快適性に関する周波数補正係数は，既往の知覚閾を吟味して設定されたものであり，心理的影響を加味した評価曲線として位置づけられる．

　心理的影響は，周辺要因によって変動しやすく，その時々の居住者の意識的な状況や作業・行動の種類などによって大きく影響を受ける．また，什器類や窓外の景色の動きなど，視覚から振動を視認できる場合には，体感だけで振動を感じる場合とは異なる傾向を示している．体感と視覚による振動に対する意識のギャップが大きい場合，不快感や不安感を助長する傾向にある[59]．

　また，超高層住宅の住民に対するアンケート[60]では，同じように揺れを感じている住民でも，その他の評価要因によって揺れに関する住まいの総合的な満足度合に違いが認められる．超高層住宅にステータスを感じている居住者や，揺れることが構造的な安全性につながることを理解している居住者は，揺れに対する満足度合も高くなっている．一方，前の家ではこのように揺れなかったという経験をもっていたり，建物の高さに対して不安がある居住者は，揺れに対する満足度合も低い傾向になっている．実環境における評価には，このような様々な周辺要因によってばらつきが生じている．

　実際に，評価対象となる振動の範囲を踏まえると，基本的には知覚閾や振動を感じる人の割合で評価することができるが，加振源や構造物の多様化によって，居住者は振動を感じることが増え，振動を感じない範囲に抑えることが困難になっている．低層建物における交通振動は，頻度が高いだけでなく感覚的に厳しい振動数の範囲にあり，振動を知覚した場合，心理的影響を小さく抑え

るなどの対処が必要である．

また，「建築基準法施行令」，「住宅の品質確保の促進等に関する法律」（2000年4月）の施行に伴い，建築物の設計は居住者自身が設計者と話し合って，建物に要求する性能を決定する性能設計に移行している．従来，専門家任せになっていたことに対して，居住者自身が要求する場面が多くなり，訴訟問題に発展する可能性もある．問題解決のためには，発生した振動の状況を，居住者にわかりやすいように説明し，合意形成することが不可欠となる．

4.4 振動による生理的反応・影響[61]

振動暴露に対して，人体の各器官の共振振動により強い振動刺激が与えられるとともに，共振している器官に強い機械的刺激が与えられる．これらの刺激により，人体の生理的反応が引き起こされる．これらの振動の反応・影響は，急性影響と慢性影響とに分けられる．急性影響としては呼吸器機能，筋機能等が挙げられ，慢性影響についてはおもに労働現場での脊柱障害が挙げられる．

4.4.1 生理的機能の変化[8]

全身振動の人体への影響は，手腕系振動のように明らかな振動障害が生じる場合とは異なり，明らかな振動障害が認められていないのが現状である．これまでの研究結果により，血管-循環系，呼吸機能，筋機能，自律神経系，生化学的変化などを生じる可能性がある．

(1) 心臓-循環器系機能

全身振動に対する心臓血管系の反応に関して，非常に強大な振動に対する心拍数の増加が明らかに認められている．中程度の振動に対しては，以下のとおり，条件により種々の結果が得られており，特徴づけることは難しいと考えられる．

- 座位では心拍数の変化は見られない[62]が，立位では増加[63]し，臥位では減少が見られた．
- 半臥位では，鉛直方向，$4 \sim 10$ Hz の 4.2，8.4 m/s^2 の振動で心拍数の増加が見られ[64]，強大な模擬トラック振動（$2 \sim 4$ m/s^2）を 45 分間暴露した場合，初期値に対して 115％の増加が見られた[65]．

- 血圧については，所見が一致しない．収縮期血圧の低下を認めている報告や，強い振動刺激を 1〜2 時間与えた後，血圧の増大を観察した報告がある．
- 振動に起因する心電図変化には何ら特徴的なものはなかった．
- 末梢循環系に対する影響については，データ数が少ないが，振動に暴露されると手腕系と類似した血管収縮が予測される[66]．また，過渡振動では明らかに指先血流量の減少傾向が見られた[67]．

(2) 呼吸機能

振動刺激の結果として，過呼吸が起こり得ることが示されているが，一方で，人体の共振領域（6 Hz 付近）において，また強大な振動加速度ではとくに明らかになっているが，低周波数の振動では呼吸を鎮める効果がある．2〜6 Hz 間で振動により酸素消費量の増大が見られている[68]．この酸素消費量の増大は，座位の鉛直方向では見出されているが，水平方向では認められていない[69]．過呼吸のおもな原因は，内臓が振動することにより引き起こされる横隔膜と腹壁の受動運動であり，一種の人工呼吸ともいえる．

また，ほかの実験では 2〜8 Hz 間で呼吸数は安静時より 1〜2 割程度低くなり，逆に 1 分間あたりの換気量は 2〜5 Hz 間で上昇し，それ以上の周波数では低下の傾向を示している．この低周波数における換気量は，振動起因性の過呼吸を反映している．

振動刺激時の血液ガス分析によると，酸素分圧 p_{O_2} は有意ではない軽度の上昇を示したが，炭酸ガス分圧 p_{CO_2} と pH 値にはまったく変化が見られていない[65]．

(3) 筋活動

人体に振動が与えられたとき，人は不快な振動に対しては意識的または無意識的に，つねにこの振動を打ち消すように対処する．すなわち，防御のために適当なおのおのの筋群が，身体やその部分をできる限り安定させるように振動に対処している．

- 腹筋の筋組織の収縮は，ある振動では増大し，内臓の固有周波数を高くし，腹部内臓の動きを小さく保つために作用する[70]．
- 人体の一部が共振した場合には，筋緊張を変化させることにより，ばね

定数や減衰係数を変え，全身の振動応答にも対処する．

筋肉は，正弦波振動の共振振動の下では，動的筋活動によって防御的活動を示すが，ランダム振動では，予測できない振動暴露経過に対して防御できるように，静的「前緊張」の増大をもって反応する．

ランダム振動に暴露されると，どんな動的筋活動も起こり得ず，強度な静的筋活動で緊張し，この筋肉群の「前緊張」は，速やかな反応として現れる．この反応はランダム振動に対して単に共振効果を避け，あるいは効果を減少させるために，人体の固有周波数や減衰係数を変化させるための反応と考えられる．

機械的振動に対するこのような防御活動の発現の可能性は，姿勢が立位から座位，臥位に変わるに従い低下する．

椅座位の人に水平振動を与えたときの脊柱起立筋の筋電図によると，正弦波振動に対して同期した緊張と弛緩の波を示し，筋肉組織が効果的に反応していることを示している．ランダム振動に対しては，つねに緊張している静的緊張が示されており，同じ大きさの振動では，ランダム振動が正弦波振動よりも敏感に反応する結果になっている．

(4) 自律神経性および生化学反応

末梢神経によって調節されている筋反射および末梢血液循環が，全身振動により減少することが指摘されている．とくに，この反射の消失または低下は30 Hz より高い周波数で顕著である．反射系は，一定の器官や筋肉に血液を供給するために，末梢血管への血流低下を引き起こす方向で血液分布の変化に影響を与える．脳波，血球数，カテコールアミン等の内分泌系または生化学的性状の変化は一般に認められず，観察された諸変化は正常な生理学的範囲にある．

振動刺激による脳波変化の観察も試みられてきた[71]が，ヒトの脳波の反応範囲よりも個人差が大きく，脳波の変化は見られていない．また，フォークリフトの模擬振動（鉛直，水平）を実験室内で4時間暴露した際も，呼吸数，脈拍数，内分泌のカテコールアミンの変化は認められていない[72]．

(5) 脊柱，腰部への影響

全身振動の長期暴露により生じる健康障害および傷害の中で，脊柱に関する愁訴と疾病がもっとも多い．座位の人の席における鉛直振動が，直接脊柱に伝達することによると考えられる．トラクタ運転者370名を対象とした骨関節

のレントゲン検査結果の場合では，71％に病理的変化が認められ，胸部のみでは52％，腰椎領域のみでは8％，胸部と腰部両方の脊柱領域では40％の有病率であった．労働年数が長くなれば有病率は高くなり，10年以上になると有病率は約80％になっている[73]．

また，117名のトラック・バス運転者と95名の銀行員について比較検討した結果，X線所見では脊柱の中〜高程度の骨軟骨症および脊椎症は運転者が43％で，銀行員の20％に比べて明らかに高い発症率であった．また，振動に暴露した30〜50歳代の年齢群では，運転者群は骨軟骨症と脊椎症のために，脊椎の早期で著しい退行性変化が起きやすいことが判明している[74]．

(6) 消化器系への影響

長期間にわたり振動に暴露された人には，脊柱障害のほかに胃および消化器系を中心とする愁訴や疾患がしばしば観察される．人の胃の共振周波数は4〜5Hz付近にあり，この付近で動きが最大になることが明らかにされている．胃の近辺の組織は，とくに強い緊張下にあるので，振動刺激は胃の愁訴や疾患形成の重大な原因となる．振動により，自覚的には胃痛，膨満感を訴え，胃炎，胃潰瘍，十二指腸潰瘍などの症状が発生する．

(7) 睡眠への影響[75]

睡眠深度を指標にした，振動が睡眠に与える影響が検討されている．睡眠の深さを，脳波のパターンによって覚醒，深度Ⅰ・Ⅱ・Ⅲ・Ⅳに分け，Ⅰは入眠期，Ⅱは中程度の睡眠，ⅢおよびⅣは深い睡眠としている．この研究では，振動台上に被験者を乗せ，眠っている間に一定時間間隔で間欠的に鉛直振動（鍛造機による振動）を与えた結果，ピーク値が $0.01\,\mathrm{m/s^2}$ では深度Ⅰに対しても影響なし，$0.018\,\mathrm{m/s^2}$ では深度Ⅰに対して70％が覚醒，$0.029\,\mathrm{m/s^2}$ では深度Ⅰに対してすべてが覚醒するという結果が得られている．

4.4.2 感覚機能

感覚機能の反応・影響について以下に記述する．

(1) 聴 覚

機械的振動が難聴や聴覚障害を起こすかどうかに関して，一般的に有効かつ

普遍的な結論を引き出すことは不可能である．これは，音の強さ，周波数帯域，振動の加速度，振動数，暴露時間の要因に関連するためである．

(2) 平衡感覚

鉛直振動そのものが強い前庭反応を起こす報告や，1～20 Hz の鉛直振動による平衡器官への直接的影響はないという報告もあり，統一的な結果は得られていない．

(3) 船酔い

病因，症候，予防および治療に関して検討した文献が多く，物理的振動パラメータに関して検討した文献は少ない．受容器系の中で前庭器官は空間における方向づけのみならず，加速度刺激の知覚および動揺病の引き金として，ほとんどすべての身体感覚系に関与している[76]とともに，視覚系，嗅覚系にも関与している．動揺病の機械的振動の要因として，加速度，周波数，方向等が挙げられ，低周波数の回転運動も因子の一つである．0.2 Hz 付近がもっとも影響する周波数であり，加速度に依存して発生率が高くなっているが，0.2 Hz で約 10% の発生率が生じる加速度は，ほぼ 0.5 m/s^2 である．

(4) 視 覚

振動により，視覚情報に対する影響が認められている．鉛直振動については，5～8 Hz において頭部で 1 m/s^2 の振動で視力はわずかに低下する程度であるが，4 文字の数字の組合せの視認時間については静止時に比べて 6～20 倍に延長しており[76]，とくに 25 Hz 付近で頭著である．水平方向（背–腹）の振動については，視認時間の増加はわずかであるが，左右の水平方向の振動に対しては視力が約 20% に低下し，視認時間は 30 倍まで拡大する．振動刺激の加速度の増大とともに，数字の誤読回数が増大することが示されている[77]．これらは，人の眼球の共振周波数が 20～25 Hz であることに関係している．

4.5 振動による物理的影響

大きな地震動から微振動まで，振動の物理的影響は様々であり，物が倒れる，ガタつく，揺れるなどの物理的影響は，人がやっと感じるような振動よりも大

きい振動で発生することが多い．一方，マイクロメートル（ミクロン）あるいはそれ以下のオーダーの加工精度が要求されるような条件では，人には感じられないような微振動でも，振動の影響が現れることがある．

4.5.1 地震動による物理的影響[78]

旧震度階（1949年）の震度と物理的影響について比較した例を，表4.5に示す．4.2.4項で記述したように，旧震度階の震度の判定は，観測員（気象台の職員など）が，自身の体感，建物などの被害状況などを，指針にある階級表にあてはめて震度を決定しており，震度2程度までは体感を主体に決定されていた．

1996年から実施されている現震度階は，計測震度計により計測震度を自動

表4.5 旧震度階（1949年）と振動加速度との相関

震度	説明	加速度	
		振幅 [gal]	実効値 [dB]
0	人体に感じないで地震計に記録される程度の地震	～0.8	55以下
1	静止している人や，とくに地震に注意深い人だけが感じる程度の地震	0.8～2.5	55～65
2	大勢の人が感じる程度のもので，戸障子がわずかに動くのがわかる程度の地震	2.5～8	65～75
3	家具が揺れ，戸障子がガタガタと鳴動し，電灯のようなものは相当揺れ，器内の水面が動くのがわかる程度の地震	8～25	75～85
4	家屋の動揺が激しく，すわりの悪い花瓶などは倒れ，器内の水はあふれ出る．また，歩いている人にも感じられ，多くの人は戸外に飛び出す程度の地震	25～80	85～95
5	壁に割れ目が入り，墓石・石灯籠が倒れたり煙突・石垣などが破損する程度の地震	80～250	95～105
6	家屋の倒壊は30%以下で，山崩れが起き，地割れを生じ多くの人々は立っていることができない地震	250～400	105～110
7	家屋の倒壊は30%以上に及び，山崩れ・地割れ・断層などを生じる地震	400以上	110以上

注）ここで示す加速度は目安である．

的に観測し，速報している．

図4.15は，計測震度算出に使用される周波数特性と振動レベルの周波数補正特性を示している．計測震度計においては，震度算出の際に低周波数を強調するようなフィルタがかけられており（図4.15，実線），単純に振動加速度との比較は行えないため，表4.5では振動加速度レベルと旧震度階との比較を行っている．振動レベルが旧震度階に対応しているとすれば，現震度階と旧震度階とを直接比較することはできない．しかし，ほぼ同等なものであると考えると，震度2（振動加速度レベル65～75 dB 程度）では電灯などの吊り下げ物がわずかに揺れる程度，震度3（振動加速度レベル75～85 dB 程度）では棚にある食器類が音を立てることがあり，電線が少し揺れる程度，震度4（振動加速度レベル85～95 dB 程度）では吊り下げ物は大きく揺れ，棚にある食器類は音を立てる，すわりの悪い置物が倒れるなどの現象が発生する．

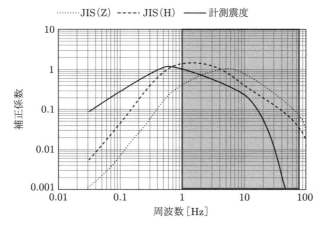

図4.15　計測震度と振動レベルの周波数特性

JIS(Z)：JIS C 1510:1995 による鉛直方向周波数補正特性，JIS(H)：JIS C 1510:1995 による水平方向周波数補正特性，JIS C 1510:1995 では図中の灰色枠内を規定

4.5.2　発破振動による物理的影響

第9章で後述する，建設作業における発破設計は，段あたりで起爆される爆薬量を制限することで振動の大きさを制御している．その一方で，発破作業は岩盤破砕が目的であるので，発破設計ではその対象とする岩の掘削を行うのに十分な破砕が行えるだけの爆薬量を保証しなければならない．

発破地点が構造物に近づいたときには，岩盤単位体積あたりの爆薬量を一定にしたままで，各段ごとの爆薬量を減じるように設計しなければならない．言い換えれば，発破振動制御の観点から，爆薬は空間ではなく，時間的に分散されることが必要である．そのため，岩盤単位体積あたりに多数の孔を穿孔するか，あるいは一つの発破孔中で爆薬を分離する方法がとられる．これらの方法は，発破回数の増加，あるいは時間的に長い発破につながる．発破回数が増加するということは隣接建物の所有者に不快感を与え，事故の確率を増やすことになり，経費の増加にもつながる．

したがって，ある値以下に振動の大きさを下げることに対して，各段あたりに起爆される爆薬量を少なくすることが実際上困難となる条件が存在し，かつ規制値を満足することが要求される．

発破振動に対する構造物被害の程度は，最大速度振幅との対応がよいことが知られている[79]．過去に公表された最大速度振幅による許容限界を図 4.16 に示す[80]．この図は最大速度振幅と物理的影響などの関係を示したものであり，建物に対して影響を与えない振動の大きさは 0.5～1.0 cm/s と考えることができる．

また，雑喉[81] は，民家に対する発破振動の影響について表 4.6 のようにまとめている．

このように，発破振動による被害については，速度振幅の大きさで判断されることが過去多く行われてきた．しかし，地盤振動の速度振幅の大きさが同じであっても，たとえば，その卓越振動数が 80 Hz の場合は 10 Hz の場合よりも構造物の応答が小さい．したがって，80 Hz の地盤振動は 10 Hz のものより構造物に被害を生じにくいことになる．地震動に対する構造物の応答を考えれば，振動数の考え方を発破振動に導入することは自明であり，重要である．Dowding[82] は，発破設計に対して応答スペクトルを用いて予測する方法を示している．図 4.17 に，予測された応答スペクトルと地盤振動から計算された実際の応答スペクトルの比較を示す[82]．

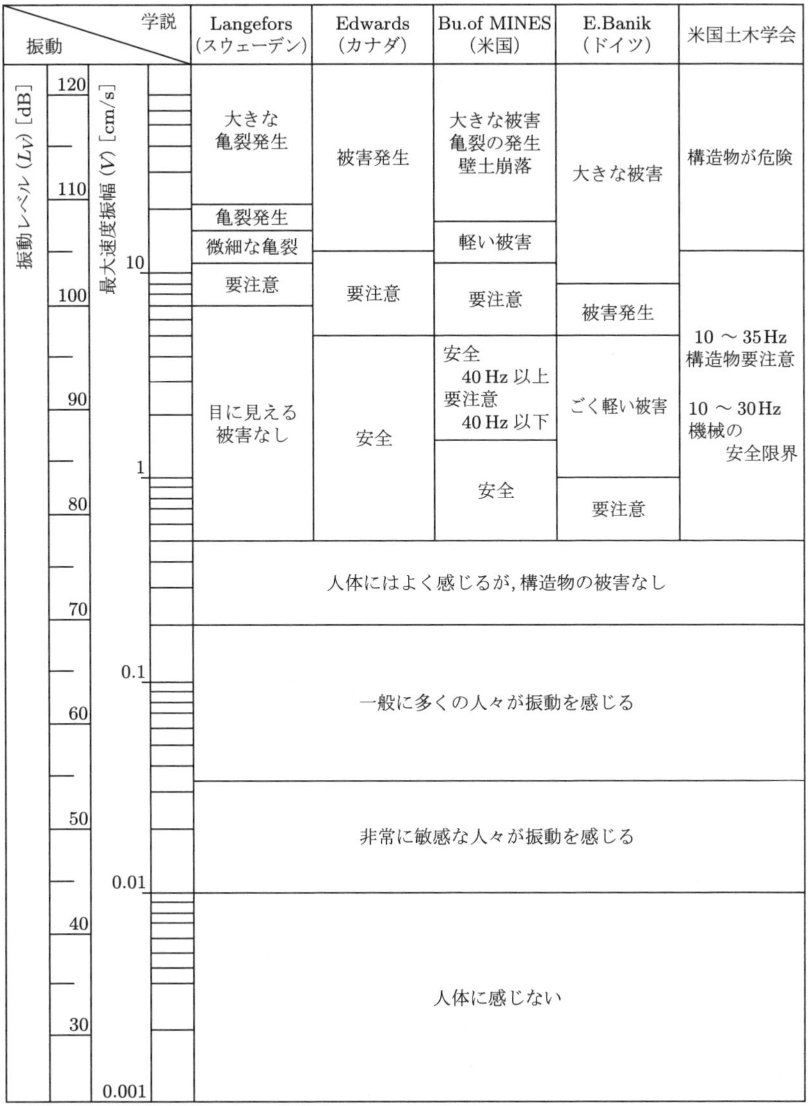

4.5 振動による物理的影響

振動レベル (L_V) [dB]	最大速度振幅 (V) [cm/s]	学説	Langefors (スウェーデン)	Edwards (カナダ)	Bu.of MINES (米国)	E.Banik (ドイツ)	米国土木学会
120			大きな亀裂発生	被害発生	大きな被害 亀裂の発生 壁土崩落	大きな被害	構造物が危険
110	10		亀裂発生		軽い被害		
100			微細な亀裂 要注意	要注意	要注意	被害発生	10～35 Hz 構造物要注意
90			目に見える被害なし	安全	安全 40 Hz 以上 要注意 40 Hz 以下	ごく軽い被害	10～30 Hz 機械の安全限界
80	1				安全	要注意	
70			人体にはよく感じるが，構造物の被害なし				
60	0.1		一般に多くの人々が振動を感じる				
50			非常に敏感な人々が振動を感じる				
40	0.01		人体に感じない				
30							
	0.001						

※最大速度振幅と振動レベルの換算式 $L_V = 20 \log V + 83$

図 4.16 発破振動に対する最大速度振幅 (V) による許容振幅[14]

---

14) 日本火薬工業会：あんな発破 こんな発破 発破事例集，p.6, 2002.

表 4.6 発破振動の民家に対する影響

最大速度振幅 [cm/s]	影　響
0.2 以下	まず問題ない
0.2 〜 0.5 程度	感覚面では振動を感じても，民家に被害を及ぼすことはまずない（あえていえば震度 1 程度）
0.5 〜 1.0 程度	ある特定の弱い部分に限ってみれば小さな被害が発生する場合もあるが，補修困難なほどの大きな損傷は発生しないと考えられる（あえていえば震度 2 程度）

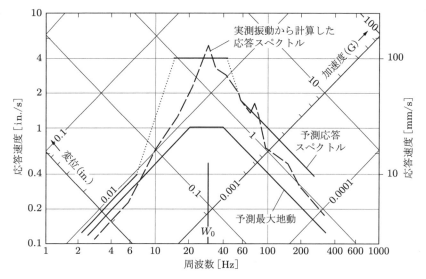

図 4.17　予測された応答スペクトルと地盤振動から計算された実際の応答スペクトルの比較

4.5.3　水平振動による物理的影響

　後藤[83]による周期が 1 〜 10 秒（周波数 0.1 〜 1 Hz）の長周期の水平振動に対する各種反応例を，図 4.18 に示す[84]．振動加速度レベルが約 65 dB に達すると，真鍮の球がスイングを開始し，70 dB を超えると球が転がり始める．周期が 3 秒以上（0.3 Hz 以下）の振動に対しては，振動加速度レベルが 75 dB になると照明器具の揺れ幅が 20 mm に達し，注水作業のこぼれ水量が 4 倍になる．

　水平振動による物理的影響を，ISO 6897:1984 の平均知覚閾（図 4.18 の Ⓒ）

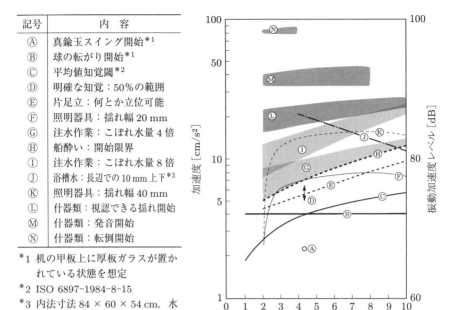

図 4.18　水平振動に対する各種反応例[15)]

と比較すると，平均知覚閾よりも振動が大きい範囲で物理的影響が多く認められている．

4.5.4　微振動による精密機械への影響

　レーザー加工や NC 旋盤などを用いた精密加工，半導体工場での集積回路製作工程，電子顕微鏡を使用する作業，レーザー光を用いた精密測定などでは，振動により各種作業が妨害され，生産性が低下することから，振動がきわめて小さい環境が望まれている．

　精密機器には振動の許容値が設定されていることがあり，この許容値を超えると正常な状態で作業ができなくなり，製品の歩留まり率が悪くなると考えられる．振動の許容値の目安は，各種提案されているが，その代表例として精密機器の振動許容値[85]を図 4.19 に，福原[86]による精密天秤の鉛直振動の許容限界を図 4.20 に示す[87]．微振動が電子顕微鏡の画像に与える影響に関して，

---

15) 後藤剛史：長周期大振幅複合振動に対する構造物及び人体の応答に関する研究，昭和 61・62・63 年度，平成元年度科学研究費補助金（一般研究(A)）研究成果報告書，pp.80-98, 1991.

74　第4章　人体および建築物における地盤環境振動の影響

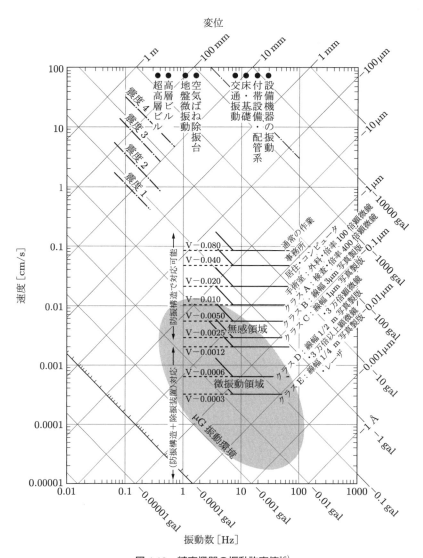

図 4.19　精密機器の振動許容値[16]

---

16) 櫛田裕：環境振動工学入門―建築構造と環境振動―，pp.151-153，理工図書，1997.

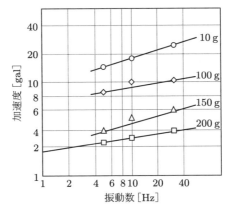

図 4.20 精密天秤の鉛直振動許容限界[17]

竹下ら[88]の発表がある．また，LSI 工場等の許容値は，常時振動変位で 0.1 〜 1 μm，振動加速度で 0.1 〜 1 gal（40 〜 60 dB）以下が目安となっている．

4.6 家屋の振動増幅特性

振動発生源が住宅の周辺に存在し，地盤環境振動が家屋において問題が懸念される場合には，地盤から伝播してくる振動について，事前に住宅の周囲や住宅構造に防振対策を講じることによって，住宅の振動増幅を低減することが望ましい．しかし，一般には予測・評価が難しいこともあり，住宅建築前に構造的に振動の影響を低減する方策の実施はほとんど行われていないため，問題が生じてからの対策を検討・実施する場合が多い．

建築基準法，同施行令および同施行細則において，木造建築物の構造強度に関する規程として，法律 20 条，施行令 36 条 〜 49 条のうち，構造的影響，振動増幅に関連するものを以下に示す．

① 施行令 42 条（土台と基礎）：基礎は布基礎とし，土台はアンカーボルトなどで布基礎に緊結すること．
② 施行令 43 条（柱の小径）：柱の小径の寸法は，土台，胴差し，梁，桁など構造耐力上，主要な部分である横架材の相互間の垂直距離との割合で決められている．柱の小径 d と垂直距離 H の比は，壁と屋根の重量，柱

---

17) 福原博篤：微振動の計測と評価，騒音制御，Vol.10, No.2, pp.8-15, 1986.

の間隔，建物/用途および階数により変わる．
③ 施行令45条（筋交い）：筋交い（地震力や風圧力に抵抗する部材）の端部は，柱と横架材の仕口の近くで，ボルト，かすがいおよび釘などの金物で緊結する．
④ 施行令46条（構造耐力上必要な軸組など）：木造建築物は，工法上，在来工法，ツーバイフォー工法，集成材などを使ったラーメン構造に分けられる．
⑤ 施行令47条（継手または仕口）：構造耐力上，主要な部分の継手や仕口は，力が部材から部材へと有効に伝わるように緊結し，場合によっては補強する．

2階建て以上の住宅では，図4.21に示すとおり，少なくとも地盤下3.5 m

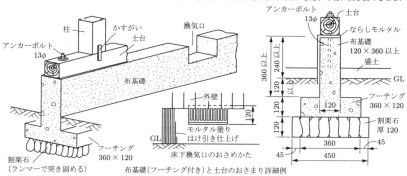

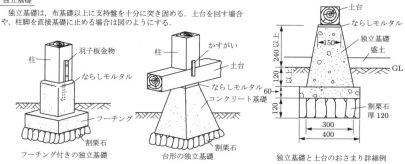

図 4.21　木造住宅の基礎[18)]

18) 筋野三郎，畑中和穂：おさまり詳細図集〈1〉木造編，理工学社，1972．

以上の深さのフーチング付き布基礎や独立基礎が必要である[89]. また, 公的な戸建て住宅における基礎は, 表4.7に示すとおり, 最低限遵守しなければならない義務基準があり, 公庫住宅等基礎基準第11条において, 木造住宅に限定して耐久性に関する基準の一つとして規定されている[90]. 住宅構造について共通した基礎の変遷[91]は, 表4.8に示すとおりである[92]. 地盤の状況にかかわらず, 鉄筋コンクリート造のフーチング布基礎となっていれば, 振動発生源から伝播する地盤環境振動が, 住宅基礎を伝達して住宅全体を揺れ動かして, 住宅内で生活している人に不安を感じさせるような振動障害を少なくすることが可能である.

表4.7 建築基準法と住宅金融公庫義務基準等との比較

	基礎の形態	基礎の寸法	床下換気口
建築基準法	コンクリート造または鉄筋コンクリート造の布基礎	規定なし	$\geq 300 \text{ cm}^2$ /5 m
① 公庫住宅等基礎基準〈義務基準〉	規定なし	地盤から24 cm以上	規定なし
② 基準金利適用住宅(バリアフリータイプ・省エネルギータイプ)	鉄筋コンクリート造の布基礎	地盤から30 cm以上	規定なし
③ 高耐久性木造住宅・高規格住宅・基準金利適用住宅(耐久性タイプ)〈耐久性基準〉	鉄筋コンクリート造の布基礎 浴室周りは腰高布基礎(ユニットバスは除く)	地盤から40 cm以上	$\geq 300 \text{ cm}^2$ /4 m

〈 〉内は略称

地盤環境振動は, 振動発生源が近距離に存在することが多く, 継続時間も間欠的であったり, 繰返し衝撃であったり, 多種多様となっている. このような振動が住宅内に伝達される場合, 基礎を介して入力されるので, 基礎が振動したり揺動したりすることを避けなければならない. 上屋の構造を確固なものにしても, 地盤-基礎の相互作用を考慮しなければ, 地盤環境振動を避けることは難しいものといえる. 住宅全体の問題であるが, 優先順位を付けて考えれば, 基礎自体を検討することが重要である.

図4.22は, 木質系または鉄骨系の2階建て, 3階建てモデル棟に対して, 1/3オクターブバンド中心周波数で整理された戸建て住宅の周波数ごとの振動増幅特性結果である[93]. 家屋近傍地盤を基準として, 統計処理した結果を,

78　第4章　人体および建築物における地盤環境振動の影響

表 4.8　木造住宅にかかわる基礎構造の変遷[19]

年度	おもな改訂内容	年度	おもな改訂内容	年度	おもな改訂内容
昭和 25 年度 (1950)	コンクリート造およびブロック造等の場合のセメント，砂，砂利の調合比のみ記述．基礎の寸法の記述および参考図の掲載はない．	昭和 45 年度 (1970)	建築基準法施行令において，一体の鉄筋コンクリート造または無筋コンクリート造の布基礎の採用が規定される．	昭和 60 年度 (1985)	布基礎の配筋図において，鉄筋の種類を異形鉄筋とした．布基礎の隅角部の鉄筋による補強の仕様を参考図に追加．
昭和 35 年度 (1960)	標準的な布基礎（無筋）の断面を図示し，幅 12 cm 以上，地盤面 24 cm 以上，地盤面下 12 cm 以上等の寸法を明示．	昭和 55 年度 (1980)	建築基準法施行令において，地盤が軟弱な区域においては，鉄筋コンクリート造の布基礎とすることが規定される．	昭和 62 年度 (1987)	高耐久性木造住宅割増融資制度の創設に伴い，同制度の基礎の仕様を追加し，基礎高さ 40 cm 以上とする．
昭和 37 年度 (1962)	2 階建住宅の場合として，底盤を設けた布基礎詳細図（無筋）を追加し，従来の寸法に併せて底盤の幅（32 cm）と厚さ（12 mm）を明示．	昭和 57 年度 (1982)	鉄筋の詳細図を追加し，底盤を設けない無筋の布基礎の図を削除．布基礎の各部寸法を本文に明記し，布基礎の高さについては 30 cm を標準とする．多雪区域および 2 階建以上の住宅の場合，底盤付き布基礎を標準仕様とすることを本文中に明記．腰高布基礎，土間コンクリート床スラブ，床下換気孔周りの補強方法の図を追加．	昭和 63 年度 (1988)	布基礎の配筋図において，鉄筋を追加．ベタ基礎と一体となった布基礎の図を追加．

---

19) 齋藤博昭：各論　公庫融資住宅の基礎について，基礎工，pp.61-65, 1997.

4.6 家屋の振動増幅特性

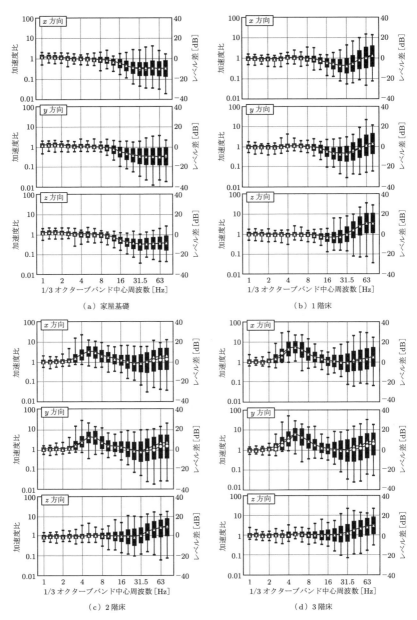

図 4.22 120 棟の調査家屋から得た家屋の周波数ごとの振動増幅量の統計処理結果
○：算術平均値，△：中央値，箱：算術平均値 ± 標準偏差，
ひげ：最大値と最小値の範囲

家屋基礎，1階床，2階床，3階床で整理して示した．図から明らかなように，3方向の振動増幅特性は，家屋基礎，1階床，2階床，3階床で異なり，方向ごとに振動数による振動増幅特性が異なることを示している．とくに，2階，3階床の水平方向（x，y方向）には，家屋の固有振動数による共振と考えられる増幅が4〜10 Hzに見られる．文献内では，構法について，木質系，鉄骨系に大きく分類し，構造別の振動増幅特性の比較および2階建てと3階建ての振動増幅特性の比較を示している．

4.7 全身振動に対する各種評価方法

全身振動の測定・評価としては，たとえば建設機械の座席上の振動など，振動発生源から身体表面を通じて「直接」的に人体に伝わる振動を測定する場合と，地盤環境振動のように，建物や敷地の外にある振動発生源から，地盤を介して建物およびその内部の人へと「間接」的に伝わる振動を測定する場合がある．このような振動発生源から人体に伝わる振動を，①受振点（測定点），②振動の測定方法，③振動の評価方法，④振動暴露の影響評価方法の観点から，国内規格（JIS），国際規格（ISO），国外のおもな評価方法を比較し，評価方法の差異を明確にする．

4.7.1 受振点（測定点）

振動測定の受振点は，前述の区分に従い表4.9に示すとおり，「直接」と「間接」に分けることができる．日本における全身振動に関係するJIS規格は，表に示すとおり2種類（JIS C 1510，JIS Z 8735）である．この規格は，振動規制法で規制された規制基準・要請限度を求めるための振動測定機器と測定方法を規定している．振動規制法は，「間接」的に振動暴露を受ける人の生活環境を保全し，人の健康の保護を目的とするものである．

(1) JIS規格

日本での環境振動評価方法として，振動規制法が1976年6月10日に公布され，同年12月1日に施行されている．振動規制法は，工場・事業場における事業活動に伴う振動，建設工事に伴う振動，道路交通に伴う振動を規制対象として制定されている．

4.7 全身振動に対する各種評価方法

表 4.9　全身振動に対する各種評価の比較

人体振動受振点区分			周波数範囲 国内	周波数範囲 ISO	測定点 国内	測定点 ISO	測定方法 国内	測定方法 ISO	評価方法 国内	評価方法 ISO	加速度の範囲 国内	加速度の範囲 ISO	影響評価方法 国内	影響評価方法 ISO
直接	乗り物	自動車等	—	0.5 ~ 80 Hz	座席上	座席上の人体接点	JIS C 1510 / JIS Z 8735	ISO 2631-1 / ISO 10326-1	振動レベル	振動加速度レベル	80 ~ 100 dB	0.1 ~ 1.3 m/s² r m s	日本産業衛生学会による全身振動の許容基準	健康 快適性 感覚閾値 影響評価 / ISO 2631-1
直接	乗り物	建設機械	—	0.5 ~ 80 Hz	座席上	座席上の人体接点	JIS C 1510 / JIS Z 8735	ISO 2631-1 / ISO 7096	振動レベル	周波数補正振動加速度実効値 (r.m.s.) MTV VDV	100 ~ 120	0.1 ~ 2.8	日本産業衛生学会による全身振動の許容基準	
直接	乗り物	農業機械	—	0.5 ~ 80 Hz	座席上	座席上の人体接点	JIS C 1510 / JIS Z 8735	ISO 2631-1 / ISO 5007 / ISO 5008	振動レベル		100 ~ 120	0.2 ~ 1.8	日本産業衛生学会による全身振動の許容基準	
直接	乗り物	産業機械	—	0.5 ~ 80 Hz	座席上	座席上の人体接点	JIS C 1510 / JIS Z 8735	ISO 2631-1	振動レベル		100 ~ 120	0.4 ~ 2.8	日本産業衛生学会による全身振動の許容基準	
直接	乗り物	二輪、バイク	3 ~ 30 Hz / 0.1 ~ 1.0 Hz	0.5 ~ 80 Hz	座席上	座席上の人体接点	JIS C 1510 / JIS Z 8735	ISO 2631-1	振動レベル		120 ~ 140	2.0 ~ 15.0	日本産業衛生学会による全身振動の許容基準	
直接	乗り物	鉄道	?	0.5 ~ 80 Hz	床	床、人体近傍	JIS C 1510 / JIS Z 8735	ISO 2631-4 / ISO 10326-2	振動加速度レベル	r.m.s.	80 ~ 100	0.2 ~ 0.5	?	ISO 2631-4
直接	船舶	居住環境	1 ~ 80 Hz	0.5 ~ 80 Hz	床	床、人体近傍	JIS C 1510 / JIS Z 8735	ISO 6954 / ISO 4667	振動加速度レベル	r.m.s.	?	0.1 ~ 10	?	ISO 2631-2
直接	船舶	船酔い	?	0.5 ~ 0.63 Hz	床	床	—	ISO 2631-1	振動加速度ピーク値	MSDV motion dose	?	1 ~ 250	?	嘔吐率 / ISO 2631-1
直接	船舶	海洋構造物	?	0.063 ~ 0.1 Hz	?	床、人体近傍	日本建築学会指針	ISO 6897	ピーク振幅変位、加速度	r.m.s.	?	0.7 ~ 16	日本建築学会指針	ISO 6897
直接	建物	機器	?	0.5 ~ 250 Hz	機器上	機器上、近傍	?	ISO 8569	ピーク振幅変位、加速度	ピーク加速度	?	0.01 ~ 1	日本建築学会指針	ISO 8569
間接	建物	居住者	1 ~ 80 Hz	1 ~ 80 Hz	床（鉛直） 床（水平）	床、人体近傍	JIS C 1510 / JIS Z 8735	ISO 2631-2	振動レベル	r.m.s.	60 ~ 100	0.01 ~ 1	振動規制法による基準値	ISO 2631-2
間接	建物	工場	1 ~ 80 Hz	1 ~ 80 Hz	敷地境界	床、人体近傍	JIS C 1510 / JIS Z 8735	ISO 2631-2 / ISO 4866	振動レベル	周波数補正振動加速度実効値 (r.m.s.) MTV VDV	60 ~ 100	0.01 ~ 1	振動規制法による基準値	ISO 2631-2
間接	建物	建設工事	1 ~ 80 Hz	1 ~ 80 Hz	敷地境界	床、人体近傍	JIS C 1510 / JIS Z 8735	ISO 2631-2 / ISO 4866	振動レベル		60 ~ 100	0.01 ~ 1	振動規制法による基準値	ISO 2631-2
間接	建物	道路交通振動	1 ~ 80 Hz	1 ~ 80 Hz	敷地境界	床、人体近傍	JIS C 1510 / JIS Z 8735	ISO 2631-2 / ISO 4866	振動レベル L_{10}		60 ~ 100	0.01 ~ 1	各自治体基準値	ISO 2631-2
間接	建物	鉄道振動	1 ~ 80 Hz	1 ~ 80 Hz	敷地境界	床、人体近傍	JIS C 1510 / JIS Z 8735	ISO 2631-2 / ISO 4866	振動レベル ピーク値の平均値		60 ~ 100	0.01 ~ 1	各自治体基準値	ISO 2631-2

JIS C 1510 では，規制基準・要請限度を求めるための振動測定機器（振動レベル計）の規格を規定しており，JIS Z 8735 では，JIS C 1510（振動レベル計）に定める振動レベル計を用いて，公害に関連する地面などの振動レベルを測定する方法について規定している．また，測定器の使い方において，振動測定用のピックアップの設置方法の記述があり，「振動ピックアップは，原則として平坦な硬い地盤など（たとえば，踏み固めた土，コンクリート，アスファルトなど）に設置する．やむを得ず砂地，田畑など軟らかい場所を選定する場合はその旨を付記する」と規定されている．しかし，踏み固める方法なども曖昧であり，測定者により異なるものと判断される．スウェーデン[94]やデンマーク[95]の規格においては，建物外での地盤上の振動ピックアップの設置方法についても，日本の場合より明確に規定されている．

また，日本の JIS 規格は，振動が「間接」的に人体に伝達する場合の振動の測定方法を規定しており，自動車等のシートから「直接」的に振動が人体に伝達するような場合の測定・評価方法については明確にされていない．

(2) ISO 規格

直接的に振動暴露を受ける全身振動を評価する国際規格（ISO 2631）は，1966 年のブリュッセル会議においてはじめて提案され，1974 年に「1 〜 80 Hz の周波数範囲で固い表面から人体に伝わる振動の定量的な暴露限界」が発行された．この国際規格は，1985 年に ISO 2631:1985 として再発行され，1989 年に，間接的に振動暴露を受ける ISO 2631-2「建物内の振動評価方法」が発行されている．

1997 年 7 月の ISO 2631-1 の制定に伴い，ISO 2631-2 の改定作業および ISO 2631-4「固定されたガイドウェイ上を走行する輸送システムの乗客および乗員に対する振動および回転運動の影響を評価するためのガイドライン」の審議が行われた．1998 年 11 月にはドイツのベルリンにおいて，1999 年 6 月にはカナダのモントリオールにおいて，ISO 2631-2 の改定作業に関する会議が開催された．また，ISO 規格では，振動源ごとに全身振動が人体に入る点での振動の測定・評価方法および影響評価方法を規定している．このように，JIS 規格と ISO 規格との人体振動の測定点（受振点）での考え方に大きな相違点がある．

また，ISO 2631:1985 では，図 4.23 に示すように，心臓が座標系の中心に

4.7 全身振動に対する各種評価方法 *83*

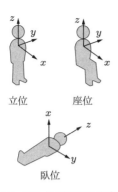
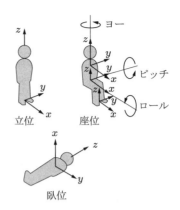

図 4.23　ISO 2631：1985 の座標軸　　　図 4.24　ISO 2631-1：1997 の座標軸

考えられていたが，ISO 2631-1：1997 では，人体の基本中心軸が図 4.24 に示すとおり規定された．この規格では，座位の人に対して三つの主体的な範囲として，支持している座席面，背もたれおよび足部を考えている．支持している座席面上の測定は座骨の結節部の下で行い，背もたれ上の測定は人体の主要な支持の範囲で，足部の測定は足がもっとも支えられる面で行うことが規定されている．また，臥位の人に対しては骨盤，背中および頭部の下の支持している面を考慮することが勧められ，測定の位置はすべて報告することが規定されている．

　ISO 2631-2：2003 においては，建物内の振動や衝撃に対する人の暴露に関して，快適性やアノイアンスの観点から，その測定と評価の方法が規定されている．測定場所は，建物の使用形態を考慮し，着目すべきすべての場所や部屋を選定することとされている．部屋の中での測定場所については，建物構造の適切な床面上で，周波数補正後の振動評価値がもっとも大きくなる場所，あるいは指定された場所とすることが規定されている．

4.7.2　振動測定方法
(1)　JIS 規格
　測定方法に関しては，JIS Z 8735（振動レベル測定法）が規定され，JIS C 1510（振動レベル計）の定める振動レベル計を用いて測定することが明記されている．測定器の使い方，指示の読み方，整理方法および表示方法なども示されている．また，人体振動の測定方法が JIS C 1510 で採用された時定数 0.63

秒を用いた振動レベル計の実効値を求める電気回路による方法ではなく，コンピュータを用いたディジタル計算を中心にした周波数補正加速度値の時間積分等の振動計測が主流になっている．

(2) ISO 規格

ISO 規格では，建物内の人に振動が伝わる点での測定値を問題にし，測定点としては建物内での人体の近傍等での測定を考え，日本で用いてきている振動レベルではなく，周波数補正振動加速度値を測定することになっている．振動が人体に「直接」伝わる場合については，JIS 規格では規定がない．

ISO 規格においては，健康影響を評価する振動計測には，ISO 5008 や ISO 10326-1 で規定された振動加速度ピックアップを用いなければならない．

また，快適性等の影響を評価する振動計測には，ISO 2631-1 で規定されている 12 軸測定を行う必要があるが，この場合の座席上での 6 軸の振動測定を行う振動加速度ピックアップは，ISO 5008 や ISO 10326-1 のように規定されたものが市販されていないので，Griffin[96] や前田[97] が使用したような測定器具を作成して測定方法を工夫する必要がある．

ISO 2631-2:2003 において，振動測定にあたって，時系列データの記録が推奨されている．振動の測定方向としては，直交する並進 3 方向であることは ISO 2631-1:1997 と同様であるが，座標系は人体に対してではなく，建物に対して定義するものとしている．

4.7.3 振動評価方法

(1) JIS 規格

道路交通振動に対する要請限度のような「間接」的な振動の評価には，JIS C 1510 に定める振動レベル計を用い，周波数補正回路には，鉛直振動特性を用いて振動レベルを測定する．測定場所は，道路の敷地境界線（地盤上）とし，測定は JIS Z 8735 に従い，当該道路の代表的交通状況と思われる 1 日について，昼間・夜間の時間の区分ごとに 1 時間あたり 1 回以上の測定を 4 時間以上行うことになっている．

また，振動規制法における振動レベルの決定方法は，振動規制法施行規則においては地盤面上の鉛直振動の振動レベルの時間的変動を測定することが定められており，その変動の特徴から以下の 3 タイプに分けて振動レベルが決定さ

① 測定器の指示値が変動せず，または変動が少ない場合は，その指示値とする．
② 測定器の指示値が周期的または間欠的に変動する場合は，その変動ごとの指示値の最大値の平均値とする．
③ 測定値の指示値が不規則かつ大幅に変動する場合は，5 秒間隔，100 個またはこれに準ずる間隔，個数の測定値の 80％レンジの上端の数値（L_{10}値）とする．

このようにして決定された値が，昼間および夜間の時間の区分ごとの規制基準の値と比較される．

(2) ISO 規格

ISO 規格においては，「間接」振動の評価を行う場合，図 4.24 に示したような人体へ伝わる振動の方向を規定することができる場合には，x，y，z 軸方向の加速度に対して図 4.25 に示す ISO 2631-1:1997 で規定された周波数補正係数を使用することになっている．また，振動の方向を規定できない場合には，図 4.26 に示す ISO 2631-2:2003 で規定された複合周波数補正係数を用いて振動を測定することになっている．

評価は，評価対象とする各方向について対応する周波数補正を施した加速度を求め，方向や測定点，時間にかかわらず最大の補正加速度実効値を用いて行

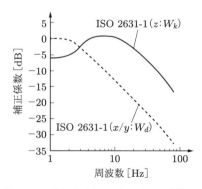

図 4.25 鉛直（z 軸）と水平（x，y 軸）の周波数補正係数（W_k，W_d）
(ISO 2631-1:1997)

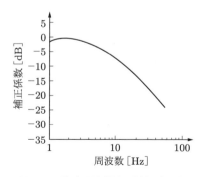

図 4.26 複合周波数補正係数（W_m）
(ISO 2631-2:2003)

われる．補正加速度実効値は，次式で表される．

$$a_w = \left\{ \frac{1}{T} \int_0^T [a_w(t)]^2 dt \right\}^{1/2}$$

ここに，$a_w(t)$ は補正加速度の瞬時値 [m/s^2]，T は計測時間 [s] である．

振動知覚の可能性の評価に関して，おもに適用される周波数補正係数として，姿勢にかかわらず，W_k，W_d，W_m（ISO 2631-2 で規定）が使用される．この基本的な評価法は，クレストファクター（波形のピーク値と実効値の比（ピーク値/実効値）で定義され，「波高率」ともよばれる）が 9 以下の場合の評価方法として規定されている．

補正加速度実効値での評価が振動の影響を過小評価する可能性がある場合（クレストファクターが 9 以上の振動，衝撃を時折含む振動，過渡的振動）に対しては，付加的な評価法として，①短い積分時定数の使用によって，衝撃と過渡振動を考慮に入れる移動加速度実効値の最大値（最大過渡振動値：Maximum Transient Vibration Value, $MTVV$）と，②加速度の瞬時値の 2 乗の代わりに 4 乗を用いることにより，基本の評価法よりピーク値に対して敏感にし，実測時間中の人体への暴露量を求める四乗則暴露量値（Vibration Dose Value, VDV）が規定されている．数式表示では，$MTVV$ および VDV は以下のように表される．

$$MTVV = \max[a_w(t_0)], \quad a_w(t_0) = \left\{ \frac{1}{\tau} \int_{t_0-\tau}^{t_0} [a_w(t)]^2 dt \right\}^{1/2}$$

$$VDV = \left\{ \int_0^T [a_w(t)]^4 dt \right\}^{1/4}$$

ここに，t_0 は観察時点（瞬時的な時間），τ は移動平均の積分時間（1 s を推奨）である．

しかし，算出された値を評価する基準値は規定されていない．Annex C に評価の目安が参考情報として示されている．評価は，測定した 3 方向それぞれに対する評価値のうち，最大となる方向の値のみを対象として評価を行うこととされている．

ISO 2631-1：1997 では，人体に暴露された振動による健康，快適性，知覚および動揺病への影響は振動の周波数に依存するとして，図 4.25 に示した周波数補正係数（W_k，W_d）とは異なる周波数補正係数（W_f，W_c など）が規定され，健康，快適性，知覚および動揺病に関して図 4.27 のような各周波数補

4.7 全身振動に対する各種評価方法

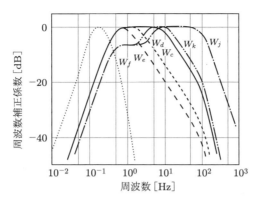

図 4.27　ISO 2631-1:1997 の各種周波数補正係数

表 4.10　ISO 2631-1:1997 の使用項目
(a) 主要補正

周波数補正	条項7 健康	条項8		条項9 動揺病
		快適性	知覚	
W_k	z-座席	z-座席 z-立位 垂直 臥位 x, y, z-足部	z-座席 z-立位 垂直 臥位 —	—
W_d	x-座席 y-座席	z-座席 y-座席 x, y-立位 水平 臥位 y, z-背中	z-座席 y-座席 x, y-立位 水平 臥位 —	—
W_f	—	—	—	z

(b) 付加補正

周波数補正	条項7 健康	条項8		条項9 動揺病
		快適性	知覚	
W_c	(x-背中)	x-背中	x-背中	—
W_e	—	r_x, r_y, r_z-座席	r_x, r_y, r_z-座席	—
W_j	—	垂直 臥位 （頭部）	垂直 臥位 （頭部）	—

正係数と，それらの使用方法（表 4.10）が規定されている．

ISO 2631-2:2003 においては，建物内で生じる振動および衝撃について，その種類を問わずすべて評価対象としている．評価については，ISO 2631-1:1997 と同様，周波数補正振動加速度実効値による評価が規定されている．すなわち，周波数補正後の加速度の実効値，最大過渡振動値（$MTVV$），四乗則暴露量値（VDV）を用いることになる．その際，振動の測定方向に関係なく周波数補正係数 W_m の使用が推奨されている．また，建物内での人の姿勢が決められる場合には，ISO 2631-1:1997 で定義されている周波数補正係数が適用できることも記述されている．

4.7.4 振動暴露の影響評価方法

日本における振動暴露の影響評価方法としては，振動規制法に基づく「間接」的な基準値の考え方と，日本産業衛生学会などによる「直接」的な全身振動の許容基準の考え方がある．振動規制法では，工場振動，建設作業振動，道路交通振動について，それぞれの振動発生形態の特性を考慮しつつ，地域性および時間帯および家屋による振動増幅量を考慮し，敷地境界における鉛直方向成分の基準値を設定している．この基準値の設定は，昼間については振動による健康障害および日常生活に支障を与えないこと，夜間については睡眠妨害等の影響を生じないことを基本的な考え方として決められている．

一方，全身振動の許容基準については，日本産業衛生学会が ISO 2631-2:1989 の全身振動の許容基準の考え方を取り入れ，振動暴露の影響評価方法としていたが，ISO 2631-1:1997 の制定により見直され，2012 年に改正基準が提案されている．改正後の全身振動の許容値は，0.35 m/s^2（x, y, z 軸の 3 方向の合成振動値の 8 時間等価周波数補正加速度実効値）となっている[98]．

ISO 2631-1:1997 では，旅行，作業およびレジャー活動の間に全身振動に暴露される健康な人に対して，周期的，不規則的および過度的な振動が健康，快適性，動揺病に及ぼす影響の評価方法が示されている．健康に対する振動暴露の影響評価方法は，座位の人に対して，座席の座面上の x, y, z の 3 軸の周波数補正加速度実効値を測定し，図 4.28 に示す健康指針警戒区域と比較し，振動が健康面に影響を与えるかどうかを評価する．

次に，快適性に対する振動暴露の影響評価方法は，座位の人に対して，座席上での 6 軸の振動の周波数補正加速度実効値および背もたれと足部における 3

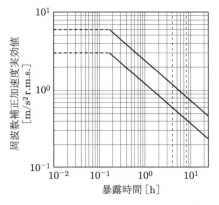

図 4.28　ISO 2631-1:1997 による健康警戒区域

軸の振動の周波数補正加速度実効値をそれぞれ測定し，これらの12軸の値から，種々の条件に対して定められた評価方法により一つの値を求める．公共交通機関に対して起こり得る快・不快に関する尺度は，表4.11 に示すとおりである．

表 4.11　ISO 2631-1:1997 による公共交通機関に対して起こり得る快・不快

評価値 [m/s^2]	快・不快の影響
0.315 未満	不快でない
0.315 〜 0.63	少し不快
0.5 〜 1	やや不快
0.8 〜 1.6	不快
1.25 〜 2.5	非常に不快
2	極度に不快

ISO 2631-2:2003 では，評価の際には振動発生源に基づいて振動を分類することが推奨されている．これは，異なる分類の振動に対しては，許容される振動評価値が異なることが予想されるためであり，①連続的過程（例：工場振動），②恒久的間欠的活動（例：交通振動），③短期的（非恒久的）活動（例：建設工事）の三つの分類が定義されている．また，許容基準値の設定にあたっての留意事項が示されており，たとえば，住居区域の建物内の振動に対する苦情は，振動の大きさが人の知覚閾値を少しでも超える場合に発生することなど

が挙げられている．ただし，振動の許容基準値については，国際規格として設定するには，見込まれる値のばらつきが大きすぎるため，規定されなかったことが記述されている．

4.7.5 環境振動評価方法の比較とまとめ

おもな環境振動評価方法の比較結果を，表 4.12 に示す．振動規制法のように，評価対象の振動源を限定するものと，ISO 2631-2:2003 のように，振動源を限定しないで評価方法を規定しているものがある[99]．振動源を限定する理由は，振動規制法の場合，法規制の対象を明確にする必要があることが大きい．日本建築学会による居住性能評価指針については，一定の技術・研究成果が得られている振動源のみに対して評価方法を提示するものとされている．一方，振動源を限定しない場合には，ISO 2631-2:2003 では振動特性の時間変化に従い異なる評価量を用いる方法，DIN 4150-2:1999 では評価量に対して振動源別に異なる統計処理を用いる方法が採用されている．また，BS 6472-1:2008 では発破による振動以外のすべてについて，1 種類の評価量とそれに対する評価基準のみを規定する評価方法を採用している[100]．

振動規制法と ISO 2631-1:1997，ISO 2631-2:2003 等の振動評価方法とのもっとも顕著な相違点は，振動の測定位置および方向である．振動規制法では屋外の敷地境界線が測定位置であり，評価の対象は鉛直振動のみであるが，ISO 2631-2:2003 等では家屋内に測定位置を設定し，鉛直および水平 2 方向の振動が評価対象となる．振動規制法における家屋外測定値に対する評価基準や要請限度は，家屋増幅を建物の種類に関係なく一律 5 dB と仮定したうえで設定されており，家屋内での振動を考慮しているものの，家屋増幅の仮定の妥当性については確認が必要であることが指摘されている．

また，近年では 3 階建て住宅の増加等に伴い，水平振動に起因すると考えられる環境振動問題の事例が増加しており，水平振動の評価についても検討しなければならない．

評価量については，振動規制法および ISO 2631 ともに周波数補正加速度の実効値を用いた評価法を規定している．ただし，実効値を算出する際の積分時間（時定数）が振動規制法（振動レベル計の時定数は JIS C 1510 において 0.63 秒と規定されている）と ISO 2631（積分時間 1 秒を推奨している）では異なる．また，周波数補正係数 W_m とその他の周波数補正係数（W_k，W_d），JIS 規格

4.7 全身振動に対する各種評価方法

表 4.12 おもな環境振動評価方法の比較[20]

	振動規制法（1976）	日本建築学会居住性能評価指針（2004）	ISO 2631-2（2003）	ISO 2631-2（1989）	DIN 4150-2（1999）	BS 6472-1（2008）
目的	生活環境を保全し，国民の健康の保護に資すること	居住環境としての性能を維持	快適性やアノイアンスに基づく建物振動への人の暴露の評価	ISO 2631-1 の建物振動評価への適用	建築物の振動への人の暴露の評価	建築物の振動に対する人の応答の予測
対象振動源	・工場，事業場 ・建設工事 ・道路交通	・人の動作，設備 ・交通 ・風	振動源は問わない	振動源は問わないが，連続振動と間欠振動のみ（衝撃的な振動の評価は付録）	振動源は問わない（道路交通，鉄道，建設工事に対する評価法の規定あり）	振動源は問わない（定期的な発破による振動については BS 6472-2 に規定）
測定（予測）位置	建物外（敷地境界）	建物内（問題となる位置，評価値が最大になると想定される位置）	建物内（部屋の使用状況を考慮，評価値が最大になると想定される位置）	建物内（人体に振動が伝達する位置の構造床面上）	建物内（対象となる部屋の床，評価値が最大になると想定される位置）	建物内（人体に振動が伝達する位置，評価値が最大になると想定される位置）
測定（予測）方向	鉛直	・鉛直（動作，設備） ・鉛直・水平（交通） ・水平（風）	並進直交3方向（建物を基準）	並進直交3方向（人体の支持面座標系）	並進直交3方向（建物を基準）	並進直交3方向（建物を基準，振動源の方向）
物理量	加速度	加速度	加速度	加速度（速度）	加速度	加速度
周波数	1～80 Hz	・3～30 Hz（動作，設備） ・1, 3～30 Hz（交通） ・0.1～5 Hz（風）	1(0.5)～80 Hz	1～80 Hz	1～80 Hz	0.5～80 Hz
評価量	振動レベル（統計処理を含む）	1/3 オクターブバンドごとの加速度最大値（ピーク値）	〈基本〉 ・補正加速度実効値（3方向のうち最大値） 〈補足〉 ・移動加速度実効値最大値（MTVV） ・四乗則暴露量値（VDV）	・加速度実効値 ・補正加速度実効値	補正速度実効値（KB 値，3方向のうち最大値，統計処理等を含む）	四乗則暴露量値（VDV，3方向のうち最大値）
評価基準	規則基準，要請基準	「性能評価曲線」（知覚確率）	なし	〈付録〉「base curve」あるいは基準値とそれに対する倍率（建物の用途，時間帯を考慮）	住居類における人の振動暴露に対する指針値（加振源ごとの評価方法，区域，時間帯を考慮）	四乗則暴露量値（VDV）に対する居住者の応答に関する基準（時間帯を考慮）

[20] 松本泰尚：環境振動の評価方法，騒音制御，Vol.35, No.2, p.173, 2011.

による基準レスポンスの比較を図4.29に示す．図中において，1976年JIS制定時の補正特性は当時のISO 2631の内容を基に規定されたものであるが，現在はJIS C 1510:1995において，鉛直方向振動感覚補正特性（JIS C 1510:1995，鉛直（V））と水平方向振動感覚補正特性（JIS C 1510:1995，水平（H））が規定されている．

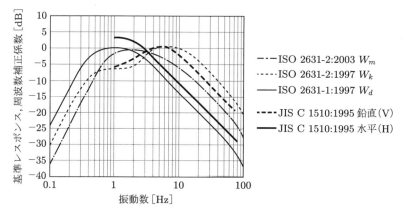

図4.29　ISO 2631‑1:1997およびISO 2631‑2:2003等の各種周波数補正係数

また，ISOで規格化された鉛直全身振動（z軸，座位，立位，仰臥位）用の補正特性（ISO 2631‑2:1997, W_k），水平全身振動（x軸またはy軸，座位，立位，仰臥位）用の補正特性（ISO 2631‑1:1997, W_d），建物内での全身振動（全方向）用の補正特性（ISO 2631‑2:2003, W_m）が示されている．

このように，適用すべき周波数補正についても，振動規制法とISO 2631で異なり，ISO 2631‑1:1997とISO2631‑2:2003でも異なる．

振動規制法（JIS C 1510）での周波数補正は，1997年に改訂される以前のISO 2631‑1:1985で規定されていた周波数補正と基本的に等しく，鉛直特性は人体に対して定義された座標系のz軸（足‑頭方向）に対する補正係数，水平特性は同じ座標系のx軸（背‑胸方向），y軸（左右方向）に対する補正係数に等しい．

一方，ISO 2631‑2:2003の周波数補正係数W_mは，前述のISO 2631‑1:1985のx軸，y軸に対する補正およびz軸に対する補正の複合として定義されたものである．これは，屋内で人体の姿勢が変わることを考慮したものであり，2003年改訂以前のISO 2631‑2:1989の補正係数がそのまま用いられてい

る．

ISO 2631では，振動評価の際の許容基準値は定められていない．振動評価のためのデータ測定,解析および収集方法の統一的な方法のみを規定している．

参考文献

[1] 松本泰尚：新しい評価指針と性能値，第33回環境振動シンポジウム　居住性能評価指針を用いた設計の枠組み，日本建築学会環境工学委員会環境振動運営委員会，pp.11-26, 2015.
[2] 大山正，今井省吾，和気典二：新編感覚・知覚心理学ハンドブック，誠信書房，1994.
[3] 伊藤謙治，桑野園子，小松原明哲：人間工学ハンドブック，朝倉書店，2003.
[4] 日本騒音制御工学会編：地域の環境振動，pp.67-70, 技報堂出版，2001.
[5] Griffin, M. J.：Handbook of Human Vibration. Academic Press, 1990.
[6] 後藤剛史，濱本卓司：わかりやすい環境振動の知識，鹿島出版会，2013.
[7] 赤澤堅造：生体情報工学，東京電機大学出版局，2001.
[8] Dupuis, H., Zerlet, G. 著, 松本忠雄ほか訳：全身振動の生体反応, 名古屋大学出版会，1989.
[9] 鈴木泰三ほか：生理学通論II，pp.39-40, 共立出版，1972.
[10] 鈴木泰三ほか：生理学通論I，pp.48-50, pp.78-88, 共立出版，1972.
[11] 桑原万寿太郎編：感覚情報II，pp.158-162, 共立出版，1968.
[12] 大迫茂人：振動の人体への影響，科学と工業，Vol.57, No.6, pp.209-217, 1983.
[13] Miwa, T.：Evaluation methods for vibration effect, Part 1. Measurements of threshold and equal sensation contours of whole body for vertical and horizontal vibrations. Industrial Health, Vol.5, pp.183-205, 1967.
[14] Miwa, T., Yonekawa, Y.：Evaluation methods for vibration effect, Part 9. Response to sinusoidal vibration at lying posture. Industrial Health, Vol.7, pp.116-126, 1969.
[15] 三輪俊輔，米川善晴：正弦振動の評価法（振動の評価法1），日本音響学会誌，27巻1号，pp.11-20, 1971.
[16] Miwa, T., Yonekawa, Y., Kanada, K.：Thresholds of perception of vibration in recumbent men. Journal of Acoustical Society of America, 75(3), pp.849-854, 1984.
[17] Parsons, K. C., Griffin, M. J.：Whole-body vibration perception thresholds. Journal of Sound and Vibration, 121(2), pp.237-258, 1988.
[18] 石川孝重，野田千津子：広振動数範囲を対象とした水平振動感覚の評価に関する検討，日本建築学会計画系論文集, 506, pp.9-16, 1998.
[19] 岡本伸久，平尾善裕，山本貢平，横田明則，前田節雄：全身振動感覚閾値に関

する検討—姿勢による違いについて—，平成13年度日本騒音制御工学会研究発表会，2001.
[20] Morioka, M., Griffin, M. J. : Absolute thresholds for the perception of fore-and-aft, lateral, and vertical vibration at the hand, the seat, and the foot, Journal of Sound and Vibration, Vol.314, pp.357-370, 2008.
[21] 日本建築学会編：建築物の振動に関する居住性能評価指針・同解説，日本建築学会，2004.
[22] 日本騒音制御工学会編：地域の環境振動，pp.80-86，技報堂出版，2001.
[23] 石川孝重，野田千津子，隈澤文俊，岡田恒男：水平振動感覚を表現する形容詞・用語がもつ意味，日本建築学会計画系論文集，第455号，pp.9-16, 1994.
[24] Reiher, H., Meister, F. J. : Die Empfindlichkeit des Menschen gegen Erschuutterungen, Forschung auf dem Gebiete des Ingenieurwesens, Band 2, Nr.11, pp.382-386, 1931.
[25] Reiher, H., Meister, F. J. : Die Empfindlichkeit des Menschen gegen Stöße, Forschung auf dem Gebiete des Ingenieurwesens, Band 3, Nr.4, p.177, 1932.
[26] Meister, F. J. : Die Empfindlichkeit des Menschen gegen Erschuutterungen, Forschung auf dem Gebiete des Ingenieurwesens, Band 6, Nr.3, pp.116-120, 1935.
[27] 前掲[4]，p.82
[28] 三輪俊輔，米川善晴：複合正弦振動とランダム振動の評価法（振動の評価法2），日本音響学会誌，27巻1号，pp.21-32, 1971.
[29] 三輪俊輔，米川善晴：衝撃振動の評価法（振動の評価法3），日本音響学会誌，27巻1号，pp.33-39, 1971.
[30] 前掲[4]，p.82
[31] 日本建築学会編：建築物の振動に関する居住性能評価指針・同解説，日本建築学会，1991.
[32] 中村敏治，神田順，塩谷清人，長屋雅文：免震建物における地震時振動知覚の統計的調査，日本建築学会構造系論文集，第472号，pp.185-192, 1995.
[33] 石川孝重：建築における環境振動に関する性能評価　現在の研究状況および今後必要な研究内容，第16回環境振動シンポジウム　環境振動における要求性能への対応，日本建築学会環境工学委員会環境振動小委員会，pp.35-42, 1998.
[34] 前掲[4]，p.85
[35] 塩谷清人，藤井邦雄，田村幸雄，神田順：2次元水平ランダム振動の知覚閾に関する研究，日本建築学会構造系論文集，第485号，pp.35-42, 1996.
[36] 前掲[4]，p.85
[37] 野田千津子，石川孝重：視覚が水平振動感覚に及ぼす影響，日本建築学会大会学術講演梗概集（中国）環境工学，pp.307-310, 1999.
[38] 前掲[4]，p.85

- [39] 新藤智, 鈴木健一郎, 鶴巻均, 後藤剛史: 高層建築物における長周期ねじれ振動が振動知覚に及ぼす影響, 日本建築学会大会学術講演梗概集 (中国) 環境工学, pp.311-314, 1999.
- [40] 前掲[4], p.86
- [41] 前掲[4], p.75
- [42] 日科技連官能検査委員会: 新版 官能検査ハンドブック, 日科技連出版社, 1985.
- [43] 田中良久: 心理学的測定法第2版, 東京大学出版会, 1985.
- [44] 前掲[4], p.77
- [45] 前掲[4], p.77
- [46] 櫛田裕: 環境振動工学入門, 理工図書, 1997.
- [47] 後藤剛史: 居住性に観点を置いた高層建築物に生じる振動の評価に関する研究 (その1) 振動に対する人間の各種反応, 日本建築学会論文報告集, 第237号, pp.109-118, 1975.
- [48] 藤本盛久, 大熊武司, 天野輝久, 高野雅夫: 長周期水平振動を受ける居住者の振動感覚に関する研究—その3. 振動感覚の強さ—, 日本建築学会大会学術講演梗概集 (構造系), pp.679-680, 1979.
- [49] 大熊武司, 天野輝久, 田村哲郎, 加藤玲子: 強風時における高層建築物の居住者の振動感覚に関する基礎的研究—長周期水平振動の継続時間が振動感覚に及ぼす影響—, 日本建築学会大会学術講演梗概集 (構造系), pp.1171-1172, 1982.
- [50] 小野英哲, 横山裕, 吉岡丹, 川村清志: 居住性からみた人間の動作により発生する床振動の評価手法に関する研: 究—その2. 振動発生者と受振者が同じ場合の床振動の評価指標, 評価方法の提示—, 日本建築学会大会学術講演梗概集, pp.721-722, 1987.
- [51] 石川孝重, 野田千津子: 広振動数範囲を対象とした水平振動感覚の評価に対する検討, 日本建築学会計画系論文集, 第506号, pp.9-16, 1998.
- [52] 林真行, 田村明弘, 横島潤紀: 新幹線沿線住民の振動に対する評価を構成する要因について (その1), 日本建築学会大会学術講演梗概集, pp.297-298, 1996.
- [53] 横島潤紀, 田村明弘, 林真行: 新幹線沿線住民の振動に対する評価を構成する要因について (その2), 日本建築学会大会学術講演梗概集, pp.297-300, 1996.
- [54] 横島潤紀, 大塚定男, 田村明弘: 新幹線沿線住民の振動に対する評価を構成する要因について (その3), 振動に対する総合評価を構成する要因, 日本建築学会大会学術講演梗概集 (環境工学Ⅰ), pp.253-254, 1997.
- [55] 中村敏治, 神田順, 塩谷清人, 長屋雅文: 免震建物における地震時振動知覚の統計的調査, 日本建築学会構造系論文集, 第472号, pp.185-192, 1995.
- [56] 町田信夫: 低周波全身正弦波水平振動の人体影響の評価に関する研究 水平左右方向振動の生理学的・心理学的影響について, 日本建築学会計画系論文報告

集，第462号，pp.1-8, 1994.
[57] 石川孝重，野田千津子，隈澤文俊，岡田恒男：水平振動感覚を表現する形容詞・用語がもつ意味，日本建築学会計画系論文報告集，第455号，pp.9-16, 1994.
[58] 石川孝重，野田千津子，隈澤文俊，岡田恒男：鉛直振動に対する感覚評価とその表現に関する研究，日本建築学会計画系論文報告集，第437号，pp.1-10, 1992.
[59] 野田千津子，石川孝重：視覚が水平振動感覚に及ぼす影響に関する研究，日本建築学会計画系論文集，第525号，pp.15-20, 1999.
[60] 一力ゆう，石川孝重，野田千津子：高層住宅の居住性をふまえた揺れ感覚に関する調査研究―その2 揺れに関する満足度合の意識構造―．日本建築学会大会学術講演梗概集（環境工学），pp.97-98, 1993.
[61] 日本騒音制御工学会編：地域の環境振動，pp.71-74, 技報堂出版，2001.
[62] Schmitz, M. A., Boettcher, C. A. : Some physical effects of low-frequency, high-amplitude vibration, ASME-Publ. Paper No.60-PROD-17, pp.1-5, 1960.
[63] Muller. E. A. : Die wirkungsinusformiger vertical schuwingungen auf den sitzenden und stehenden menschen. Arbeitsphysiologie Vol.10, No.5, pp.459-476, 1939.
[64] Hood. W. B. et al. : Cardiopulmonary effects of whole-body vibration in man, Journal of Applied Physiology, Vol.21, pp.1726-1731, 1966.
[65] Dupuis, H. : Uber den einflush stochastisher mechanischer schwingungen auf physiologische und psychologische funktionen sowie auf die subjektive wahrnehmung, Wehrmed Monatsschr, Vol.18, No.7, pp.193-204, 1974.
[66] Dupuis, H., Hartung, E. : Belastung durch Ganz-Korper schwingungen in Kraftfahrzeugen und Arbeitsmaschinen. Report TBG, pp.1-43, 1974.
[67] Yonekawa, Y. : Evaluation of whole-body transient vibration by finger-tip plethysmogram, Industrial Health, Vol.16, pp.55-71, 1978.
[68] Gaeuman, J. V. et al. : Oxygen consumption during human vibration exposure, Aerospace Med., pp.469-474, 1962.
[69] Huang, B. K., Suggs, C. W. : Vibration studies of tractor operators, Am. Soc. Agr. Eng. Med. Pap, No.65-610, pp.1-10, 1965.
[70] Sassor, H. J., Krause, H. : Auswirkungen mechanischer schwingungen und den menschen, RKW-Serie Arbeitsphysiologie Arbeitspsycholo-Gie, Beuth, pp.3-87, 1966.
[71] Adey, W. R. et al. : EEG in simulated stresses of special reference to problems of vibration, Electroencephalogr Clin. Neurophysiol., Vol.15, pp.305-320, 1963.
[72] Miwa, T. et al. : Measurement and evaluation of environmental vibrations,

Industrial Health, Vol.11, pp.185-196, 1973.
[73] Rosseger, R., Rosseger, S. : Arbeitsmedizimsche erkenntnisse beim schlepperfahercn, Arch. Landtechn. Vol.2, pp.3-65, 1960.
[74] Schmidt, U. : Veigleichende untersuchungen an schwerlastwagenfahren und buroangestellen zur frageder berufsbedingtenverschlei B-scahden an der wirbelsaule und den gelenken der oberen extremitaten, Dissatation, Humboldt-University, Berlin,GDR, 1969.
[75] 山崎和秀：振動と睡眠，騒音制御，Vol.6, No.3, p.21, 1982.
[76] Goethe, H. : Die Kinetose, Eine Uber eigene Untersuchungen mit kritisher Betrachtung Der Literatur, pp.1-129, 1973.
[77] Hartung, E. : Untersuchung zur beeinflusung der visuellenn leistung des menschen unter einwirkung mechanischer schwingungen, Dissertation, University of Bremen, 1983.
[78] 前掲[4], p.87-90
[79] 日本騒音制御工学会編：発破による音と振動，山海堂，1996.
[80] 日本火薬工業会総務部会分科会小冊子作成委員会編：あんな発破こんな発破発破事例集，日本火薬工業会，2002.
[81] 雑喉謙：発破振動の周辺への影響と対策，鹿島出版会，1984.
[82] Dowding, C. H. : Blast Vibration Monitoring and Control, Prentice Hall, 1985. 佐々宏一監訳，中川浩二，三浦房紀，井清武弘，国松直共訳，発破振動の測定と対策，山海堂，1995.
[83] 後藤剛史：長周期大振幅複合振動に対する構造物及び人体の応答に関する研究，昭和61・62・63年度，平成元年度科学研究費補助金（一般研究(A)）研究成果報告書，pp.80-98, 1991.
[84] 前掲[4], p.88
[85] 前掲[4], p.89
[86] 福原博篤：微振動の計測と評価，騒音制御，Vol.10, No.2, pp.8-15, 1986.
[87] 前掲[4], p.90
[88] 竹下章治，早津昌樹，浅見欽一郎，藤田隆史：微振動の制御技術の現状，日本建築学会第12回環境振動シンポジウム「環境振動の制御技術の現状」，pp.19-24, 1994.
[89] 前掲[4], p.91
[90] 筋野三郎，畑中和穂：おさまり詳細図集①木造編，理工学社，1972.
[91] 齋藤博昭：各論　公庫融資往宅の基礎について，基礎工，pp.61-65, 1997.
[92] 前掲[4], p.92
[93] 平尾善裕，国松直，東田豊彦：地盤振動に起因する木質系・鉄骨系戸建て住宅の振動増幅特性，日本建築学会技術報告集，第19巻，第42号，pp.631-634, 2013.

[94] SIS Swedish Standard : Vibration and shock-method of measurement and guidance levels for the evaluation of comfort in buildings, SS 460 48 61, 1992.
[95] NORDTEST, BUILDINGS : Vibration and shock, evaluation of annoyance, NT ACOU 082, 1991.
[96] Griffin, M.J. : Handbook of Human Vibration, Academic Press, pp.456-458, 1990.
[97] 前田節雄,大門静史郎：乗り心地の評価に関する検討,自動車技術会学術講演会前刷集,pp.189-192, 1995.
[98] 日本産業衛生学会：許容濃度等の勧告（2015年度），X.全身振動の許容基準,産業衛生学雑誌,57巻,pp.167-168, 2015.
[99] 松本泰尚：環境振動の評価方法,騒音制御,Vol.35, No.2, pp.171-177, 2011.
[100] 松本泰尚,国松直：環境振動評価に関する国際的な動向―ISOを中心として―,日本騒音制御工学会平成21年春季研究発表会講演論文集,pp.45-48, 2009.

第5章 地盤環境振動対策の分類と事例

　地盤環境振動対策は，物理的な手段を用いて振動を遮断・低減するハード的対策と，振動発生源の運用改善や対話による心理的ストレス軽減などのソフト的対策に大別され，さらに，それぞれ振動の発生源対策，伝播経路対策，受振部対策に分類される．本章では，これらの対策手段の分類について述べる．とくに，ハード的対策については，道路交通振動，鉄道振動，建設工事振動，工場振動に分けて，それぞれの概要を述べる．また，伝播経路対策に着目して，その工法を分類し，それぞれ具体的な事例を紹介するとともに，各工法の概略的な比較を行う．最後に，地盤環境振動の対策工法の検討手順についてまとめる．

5.1 ハード的対策

　地盤環境振動対策は，図5.1に示すように，①振動の発生源における対策，②振動の伝播経路における対策，③振動の受振部における対策に分類される．振動発生源によってその特徴も大きく異なるため，ここでは発生源ごとの対策工法に関する知見について紹介する．

　また，このようなハード的対策が実施できないケースが多い現状も踏まえ，次節においてソフト的対策についても紹介する．

5.1.1 道路交通振動対策[1]

　道路交通による地盤環境振動の発生は，ばね-マス系からなる移動荷重（自動車）が，凹凸のある路面を走行する際に路面に加えられる加振力によって引き起こされる．表5.1に，道路交通振動による振動対策の概要を示す．振動対策を実施した部位により「発生源」，「伝播経路」，「受振部」に大別し，それぞれについて，道路構造別に対策内容と対策意図を示した．

　発生源対策でもっとも効果のある方法は，加振力を低減することにある．道

100 第5章 地盤環境振動対策の分類と事例

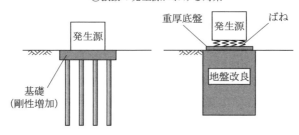

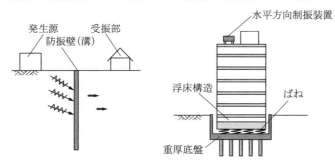

図 5.1 地盤環境振動対策の分類（ハード的対策）

路構造側で実施されている対策には，路面の凹凸や段差を解消するための路面平滑化や，高架道路ではジョイント部の段差解消のためのノージョイント化，弾性支承が採用されている．また，道路構造から地盤への振動伝達低減や加振力を低減するため，基礎周辺や路盤下の地盤改良により基礎の有効質量を増大させることや，地盤と改良部分のインピーダンス比を大きくするなどしている．さらに，高架構造物の桁振動を対象として，TMD（tuned mass damper，動吸振器）による反力を利用した振動低減対策が実施されている．

次に，伝播経路対策では，平面道路や高架道路などの道路構造によらず，振動遮断壁による振動伝達率の低減対策がおもに実施されている．振動遮断壁としては，空溝は試験的に実施されることはあっても常設することが困難であるため，EPS（expanded polystyrene，発泡スチロール）などの弾性体を利用したものと，コンクリートやソイルセメント杭などを利用した剛体壁，弾性材と剛体を組み合わせた複合壁が採用されている．振動遮断壁の遮断効果は，設置場所の地盤性状のほかに壁の構成材料，幅と深さ，発生源と受振点の位置関

表5.1 道路交通振動対策の概要

対策項目			対策内容	対策意図
発生源	高架	凹凸，段差の解消	路面の平滑化，ノージョイント化，弾性支承	加振力の低減
		TMD	桁への動吸振器の設置	反力による桁の振動低減
		地盤改良	基礎の有効質量の増大	加振力の低減
			基礎から地盤への振動伝播の低減	振動伝達率の低減
	一般	凹凸，段差の解消	路面の平滑化	加振力の低減
		地盤改良	路盤構造の改変	加振力・振動伝達率の低減
			支持地盤の改良	振動伝達率の低減
伝播経路	全般	遮断壁	空溝・弾性体壁の設置	振動伝達率の低減
			剛体・複合壁の設置	
受振部	高架	TMD	構造物への動吸振器の設置	反力による構造物の振動低減
		剛性補強	構造物への筋交い等の設置	固有周期変更による応答倍率の低減
	一般	基礎改良	防振・免振基礎，布基礎など	振動伝達率の低減
		地業	コラム，土のう	

係によっても変化する．事業者側が施工する場合は，通常は道路敷地内に設置されるが，たとえば嫌振機器を設置する工場などにおいて，その敷地内に設置する場合もある．適用にあたっては，有限要素法（FEM）解析などによって効果を検証したうえで，設置場所に見合った振動遮断壁の設計が必要である．

最後に，受振部対策は主として高架道路を対象としたものと，道路全般を対象としたものに分けられる．前者は，大型車をばね－マス系とした際の加振周波数と高架構造物（桁）の固有振動数，近傍建物の固有振動数が一致したり，きわめて近接して共振状態にある際にとくに問題となっている．このような場合に問題となるのは，大半が建物の水平振動であり，3 Hz 前後の振動数となることが多い．対策としては，水平方向のTMDを建物上部に設置して，反力による振動低減を図る方法や，木造家屋では筋交いや構造合板を設置して，剛性補強により建物の固有振動数を高い振動数にシフトさせて，共振状態を避ける方法がある．また，後者では，地盤から建物基礎に伝わる振動伝達を軽減

する対策として，基礎構造を変更する方法と，基礎下の地業を改善する方法が取られている．前者には精密工場などで採用されている防振・免振基礎や布基礎・べた基礎が，後者ではコラム壁や土のうなどが挙げられる．

5.1.2 鉄道振動対策[2, 3]

　鉄道振動は，列車が軌道上を走行することにより，各車両が軌道・構造物・地盤の連成系を加振し，その連成系の応答が地盤への加振源となって地盤に発生する振動（波動）が伝播するものである．したがって，鉄道振動の対策を検討する場合は，本来ならば，車両から軌道・構造物・地盤までの全体を一つの系として捉え，各部位の対策の効果が全体系の中でどのように現れるかを議論する必要がある．しかし，鉄道振動の現象は非常に複雑で，全体系を議論するためのモデルを構築するのは容易ではないことから，これまでの対策に関する検討は，おもに発生源対策として車両，軌道，路盤，構造物での対策と，伝播経路対策として地盤での対策が個別に行われ，各対策の全体系の中での効果は，最終的には現地施工試験により確認するという方法がとられてきた．なお，受振部対策はほとんど行われていない．表5.2に鉄道振動対策の概要を示す．

5.1.3 建設工事振動対策[4]

　建設工事による地盤環境振動の対策概要を表5.3に示す．ここでは，発生源対策，伝播経路対策および受振部対策に分けて記述しているが，建設工事の性格上，受振部対策はあまり一般的でない．

　建設工事における振動対策の基本は，加振力の低減および地盤への振動伝達の低減による発生源対策であり，伝播経路対策は次善の策と考えるべきである．

　発生源対策では，現場周辺の状況や施工方法など，現場条件に合った工法，使用機械の選定が重要となる．施工計画の策定にあたり，振動規制法や条例などの規制基準から目標とする振動レベルを設定し，これを満たす工法，機械を選定する．施工位置や地盤条件などから，振動レベル評価点までの距離減衰を算定し，目標値を満足しない場合は，その施工エリアでの工法，機械の変更，または伝播経路対策を検討する．

　同一工種でも，工法，機械および作業方法などが異なれば，発生振動に違いが生じる．類似事例での実測結果を基に選定することが望ましい．

　また，とくに大きな振動が発生するバックホウとバイブロハンマでは，低振

5.1 ハード的対策　103

表 5.2 鉄道振動対策の概要

種別	手法	工法	研究開発状況	説明
発生源対策	車両軽量化	軸重軽減	◎	高速車両の開発において車両軽量化が進められている。おもに車体部の軽量化。
	車軸配置変更		△	現行の車軸配置を変更し、地盤振動の周波数特性を変化させることで、オーバーオールレベルの低減を狙うもの。
	低ばね化	低ばね定数レール締結装置	○	スラブ軌道においてレールとスラブ間の弾性支承部のばね定数を小さくする対策。
		弾性マクラギ	◎	マクラギ下に弾性材を取り付ける対策。有道床軌道用に有動床弾性マクラギ、スラブ・無道床軌道用に防振直結軌道などがある。
		バラストマット	○	有道床軌道のバラストの下に弾性マットを敷く対策。
		防振直結軌道	◇	マクラギを弾性材で支持して路盤に固定。
軌道		フローティング軌道	◇	おもにトンネル区間での対策。軌道を含むスラブ全体を弾性支持装置で支える対策。
	高剛性化	重軌条化	◇	線路方向の軌道の曲げ剛性を増加する対策。レールのグレードアップが一つの工法。
		高剛性軌道	◇	線路方向の軌道の曲げ剛性を増加するため、既存のマクラギを線路方向に鋼材で締結する工法（マクラギ締結工）。
	重量化	マクラギ増設化	◇	マクラギ間隔を狭くして単位長延長あたりのマクラギ数を増加。
		マクラギ重量化	◇	マクラギの重量を増加。
	走行路平滑化	レール削正	◇	レールの表面を削ることにより、走行路を平滑化する対策。
		レール更換	◇	波状摩耗等が発生したレールを更換することにより、走行路の平滑性を回復する対策。
	路盤改良	EPSブロック	◇	発泡スチロールブロックをマクラギ下路盤内に敷き詰める対策。
路盤		立体補強材	◇	立体補強材を軌道下路盤内に敷き強化。
		注入	◇	マクラギ下路盤にセメント・水・土を混合した改良材を注入材より強化。
		撹拌杭	◇	マクラギ下路盤にセメント・水・土を混合した改良土による杭（撹拌杭）を構築して路盤を強化。
構造物	剛性増加	部材剛性増	◇	柱や梁などの構成部材をブレース等で結合し構造物の剛性を増加させる対策。構造物の剛性を高める。
		高架橋部材付加	○	高架橋の橋脚をブレース等で結合し構造物の剛性を増加させる対策。橋脚を橋軸方向、橋軸直角方向に結合するもの。隣り合う高架橋の橋脚を結合するものなどがある。

表5.2（つづき）

種別		手法	工法	研究開発状況	説明
発生源対策	構造物	ゴム支承化		△	桁橋の桁支承部を弾性支持する対策.
		ダンパー	粘性ダンパー	△	構築物にダンパーを取り付けて振動を減衰させる対策.
		動吸振器	TMD	△	錘とばねとダンパーを組み合わせ, ある特定の周波数の振動を吸収する装置. 対象とする構造物の固有振動数に同調させて用いるものをTMDとよぶ.
		アクティブ制御・ハイブリッド制御		△	外部加振装置によって構造物の振動を制御するものをアクティブ制御, TMDとアクティブ制御の組み合わせをハイブリッド制御とよぶ.
伝播経路対策	地盤	溝	空溝	○	振動源と対象物との間に溝を設ける対策.
			各種埋め戻し材	◇	空溝を保持するために内部を軽量骨材等で埋め戻す.
			鋼矢板	○	振動源と対象物の間に鋼矢板を打設.
			コンクリート壁	○	コンクリート壁を打設.
		地中壁	PC壁体	◇	中空のPC杭(70 cm×70 cm程度の断面)を連続的に壁状に打設.
			EPS壁体	◇	EPSブロックを壁状に埋設.
			発泡ウレタン壁	◇	発泡ウレタンブロックを壁状に埋設. 現場発泡により壁体を構築することも可能.
			改良土壁	◇	セメント・水・土を混合した改良土により壁体を構築.
			ガスクッション防振壁	○	ガスクッション防振壁またはガスクッション防振壁に鋼矢板を付加したハイブリッド遮断壁を構築.
			EPSビーズ混合ソイルセメント壁	△	発泡スチロールビーズ混合ソイルセメント壁を打設.
		その他		◇	廃ゴム材など新しい材料で壁体を構築.
		地盤改良	地盤改良	◇	振動源周辺もしくは振動源と対象物間の地盤を改良する工法.
			コラム	△	振動源周辺もしくは振動源と対象物間の地盤内にある深さに高剛性のブロックを埋没させるか, その部分の地盤の剛性を強化する工法. 新幹線での実績があるが, その他での実績が少ない, または実績がない. 振動遮断ブロックとよばれている.

◎: 評価方法はほぼ確立, ○: 新幹線での施工実績があり評価方法の検討段階, ◇: 新幹線での実績がない, その他での実績あり, △: 解析・実験段階

表 5.3 建設工事振動対策の概要

対策方法		対策内容
発生源対策	加振力の低減	現場条件に合った工法,機械の選定(最適な工事進捗の実現) 低振動型機械の採用(発生振動の低減) 機械の整備(異常振動の発生防止) 適切な機械操作(適切な運転,走行速度の実現) 機械の制振,防振(不要な機械振動の低減)
	地盤への振動伝達の低減	機械の防振支持(廃タイヤ,防振ゴムなど) 路面,地盤面の平滑化(不陸発生防止,走行振動の低減)
伝播経路対策	振動伝達率の低減	空溝(防振溝) 弾性体壁(ガスクッション,廃タイヤ,EPSなど) 剛体壁(コンクリート,鋼矢板など) 複合壁(剛体と弾性体の複層構造)
受振部対策	建物への振動伝達の低減	建物周辺の地盤改良(土のう,コラムなど) 建物基礎の剛性増加など

動型建設機械の指定制度があるので,これを活用することにより地元への宣伝効果も期待できる.

　実際の施工時には,機械の整備および適切な機械操作にも留意する必要がある.機械は使用年数の経過とともに,機械各部に緩みや摩擦が生じやすくなり,その結果,大きな振動が発生することがあるので,適切な整備を行うことで異常な振動の発生を防止する.また,発生振動に合わせて運転負荷をコントロールする,走行速度を順守するなど,適切な機械操作も運用上重要な要素となる.

　定置機械であれば防振ゴムの挿入,移動機械であれば廃タイヤや鉄板などを積層した防振作業台の設置による機械の防振支持,および現場周辺道路,現場への進入路などの整備による地盤面への振動伝達の低減も発生源対策として有効である.

　伝播経路対策としては,空溝(防振溝),ガスクッションや廃タイヤ,EPSなどの弾性体壁,コンクリートや鋼矢板による剛体壁,剛体と弾性体を組み合わせた複合壁の設置がある.いずれも地盤と異なるインピーダンスをもつ障害物を伝播経路途中に設置することにより,振動伝達率を低減するものである.

5.1.4 工場振動対策[5]

　工場の振動源から発生する振動の性状は,定常的な振動あるいは衝撃的な振

動がある．発生源対策では，これらの振動性状に適合する方法を基本的に考慮する必要がある．表5.4に，その方法の概要を示す．

振動源から発生する振動数に応じて，適切な方法を検討する必要がある．各種の防振方法と適用可能な振動数は，表5.5に示すとおりである．

表5.4 定常振動と衝撃振動における振動対策の方法と違い

振動性状	防止方法	振動防止の処理方法	適用条件
定常振動	防振	防振ゴム 金属ばね，空気ばね オイルダンパ ばね付きダンパ併用	振幅が一定 振動数が一定 ／ 現象的には定常振動
衝撃振動	絶縁	ばねとオイルダンパの組合せ 吊り基礎 浮き基礎	衝撃力の大きさ，過度振動の振幅や振動 振幅の最大値が処理方法に影響する．

表5.5 各種の防振方法

防振方法	適用可能な振動数	防振効果の特徴
防振パッド	15 Hz 以上	小型機械・設備・装置の高振動数に適している． レベルアジャスター付きもあり，フレキシビリティがある．
防振ゴム	4 Hz 以上	約10 Hz 以上の機械・整備・装置等はサージングが少ない． 荷重範囲が広く比較的安価．ただし，防振設計が必要．
コイルゴム	4 Hz 以下	あらゆる機械・設備・装置に適している． 低振動数に有効であるが，サージングが発生しやすい． 直列に防振ゴムを併用する．
皿ばね	4 Hz 以下	衝撃的な振動数をもつ重量機械で多く利用している． 防振設計・計算により，適正な防振効果が期待できる．
空気ばね	3 Hz 以下	衝撃振動源に適しており，固有振動数を十分低くすることが可能である． 防振効果はきわめて大きいが，付帯設備にコストがかかる．
吊り基礎	3 Hz 以下	時間が短く衝撃力のある鍛造機械やプレス機械に適用． 皿ばね併用で使用． 防振設計・計算を十分に行う必要がある．
浮き基礎	3 Hz 以下	時間が短く衝撃力のある鍛造機械やプレス機械に適用． 水の浮力や空気の弾性を利用．
基礎改良	振動数は広い	防振設計・計算を十分に行う必要がある．

工場・事業場における振動防止には，費用対効果の面から，伝播経路対策および受振部対策は実施が困難な傾向にある．したがって，基本的には発生源対策が主流となっている．

5.2 ソフト的対策

地盤環境振動のソフト的対策の分類を，図 5.2 に示す．

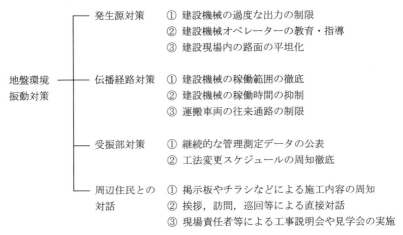

図 5.2　地盤環境振動対策の分類（ソフト的対策）

(1) 発生源対策
　① 建設機械の過度な出力の制限：施工条件によっては，各種建設機械のユニットにより複数台が同時稼働することから，適切な稼働出力による振動発生のエネルギー合成を抑制する．
　② 建設機械オペレーターの教育・指導：建設機械から発生する振動の大きさは，そのオペレーターの技術に左右されることから，過度な稼働の繰返しや，過度に地盤等を打撃しないように徹底した教育・指導を行う．
　③ 建設現場内の平坦化：建設作業により地盤面の凹凸や段差ができたり土石等が散乱したりする現場内を，建設機械が走行することで振動が発生するため，そのような可能性がある地盤面を平坦化する．

(2) 伝播経路対策
① 建設機械の稼働範囲の徹底：施工現場境界線での稼働は，小型定置式建設機械を使用することで，大型移動式建設機械の稼働範囲を限定的にする．
② 建設機械の稼働時間の抑制：施工スケジュールから，できるだけ周辺住宅や住民に影響を与える時間帯を最小限にして行う．また，施工現場内外に駐車する建設機械および運搬車両については，学校の始業・終了時を避け，交通安全にも気を配る．
③ 運搬車両の往来通路の制限：建設機械や土石等の排出入の運搬には，公道を利用する．また，施工現場の中心部内で作業することで，往来通路の複線化をできるだけ避ける．

(3) 受振部対策
① 継続的な管理測定データの公表等：周辺住宅に近接している境界線上に騒音計や振動レベル計を設置して自動計測を実施し，常時管理をしながら測定データを記録して，施工スケジュールに合わせて公表する．やむを得ない騒音・振動発生時に，影響があったと思われる住宅等に出向いて，その内容・原因・具体的対応等を説明する．
② 工法変更の周知徹底：施工スケジュールの変更により，工法変更や使用建設機械の変更等について，掲示やチラシ配布あるいは影響がありそうな住宅等には出向いて説明する．

(4) 周辺住民との対話
① 掲示板やチラシ配布などによる施工内容の周知：施工スケジュールの変更，工法変更や使用建設機械の変更等について，施工内容がどのように変わるかを掲示板やチラシ配布などにより周知徹底する．
② 挨拶，訪問，巡回等による直接対話：施工開始時や通勤時間帯等を主体に，できるだけ挨拶，訪問，巡回等により周辺住民と直接対話して，苦情等の芽があるかどうかを判断する．
③ 現場責任者等による工事説明会や見学会の実施：どのような施工が行われ，どのような建設機械が使用されるかを現場責任者が自ら説明し，周辺住民にも協力をしてもらう．施工スケジュールの検討から，適正な時期に周辺住民に対して見学会を計画し実行する．

5.3 伝播経路対策工法の分類と事例

5.3.1 伝播経路対策の分類

伝播経路対策に関しては，図5.3に示すように，空溝（防振溝）や地中壁（防振壁）などを設けて振動を遮断する方法が考えられ，その防振効果に関する研究は古くから行われている[6]．このうち，もっとも大きい防振効果が期待できるのは十分な深さをもつ空溝であるが，安全性や維持管理面に課題があり，あまり現実的な対策とはいえない．そのため，各種の地中壁についての研究が多くなされてきており，例として，鋼矢板壁[7, 8]，コンクリート壁[9]，ソイルセメント壁[10, 11]，PC柱列壁[12, 13]，EPS防振壁[14]，土のう積層体[15]，廃タイヤ防振壁[16]などが挙げられる．しかし，地中壁については，高周波振動に対してはある程度の防振効果が期待できるものの，地盤環境振動とよばれる低周波振動に対してはあまり期待できないことが多い[17]．また，地中壁の防振効果の現れ方は，地盤条件や振動の周波数特性，あるいは地中壁の材質，規模，位置などに大きく依存し複雑なため，防振効果を定量的に評価する簡便な手法は，まだ確立されていないのが現状である[18]．

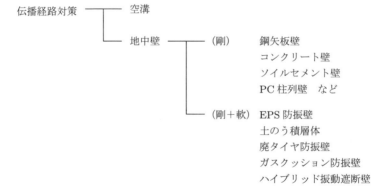

図5.3　伝播経路対策の分類

一方，空溝については，対象となる波長の1/2程度以上の深さを確保できれば，低周波振動に対しても防振効果は大きいと考えられるが，深い位置までの施工が困難であり，上述したように，溝の養生方法やメンテナンス，地震時を含めた長期的安全性にも問題があり，恒久的対策としては課題が多い．そこ

で，ガスクッションとよばれる振動遮断材料をソイルセメント壁で被うことにより，空溝に近い性能を有する防振壁（ガスクッション防振壁）が，1980年代にスウェーデンのMassarsch[19, 20]によって提案されている．また，国内では，このガスクッションに鋼矢板を付加した防振壁（ハイブリッド振動遮断壁[21-23]）が開発・実用化されている．

5.3.2 伝播経路対策の事例

伝播経路対策としてもっとも効果的なのは十分な深さをもつ空溝であるが，安全面に問題があり現実的な対策ではない．ここでは，各種の材料を用いた地中壁の検討事例や対策事例について紹介する．

(1) 空 溝[6]

空溝の防振効果に関する代表的な研究事例としては，模型実験や実規模実験による研究，数値シミュレーションによる研究および理論的研究がある．早川[6]は，これらの研究を図5.4のようにまとめている．一般に，空溝の防振効果（振幅比 γ）は，式(5.1)に示すように，空溝背後における空溝がある場合の振動値と空溝がない場合の振動値との比で表されている．

$$\gamma = \frac{空溝がある場合の振動値}{空溝がない場合の振動値} \tag{5.1}$$

振幅比と振動低減量の関係は式(5.2)で表される．

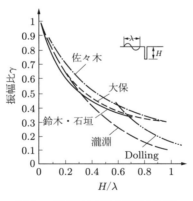

図5.4 空溝による防振効果の比較

$$\text{振動低減量} = 20 \log_{10} \frac{1}{\gamma} \ [\text{dB}] \tag{5.2}$$

図5.4からも明らかなように，空溝の防振効果は，空溝の深さ H と波長 λ との比 H/λ に依存し，H/λ が大きいほど大きくなる．したがって，空溝の深さが深いほど，あるいは波長が短いほど，防振効果は大きくなるものと考えられる．ただし，H/λ が 0.6 以上になると，既往の研究成果には効果の傾向に相違が出ているので注意が必要である．

(2) 鋼矢板壁[8]

在来線鉄道による地盤振動を対象に，鋼矢板を用いた地中壁（鋼矢板壁）を施工し，施工段階ごとの列車走行時の振動計測により，鋼矢板壁の防振効果を確認するとともに，3次元数値解析による防振メカニズムの定量的評価が試みられている．鋼矢板壁と振動計測点の位置関係は，図5.5に示すとおりである．

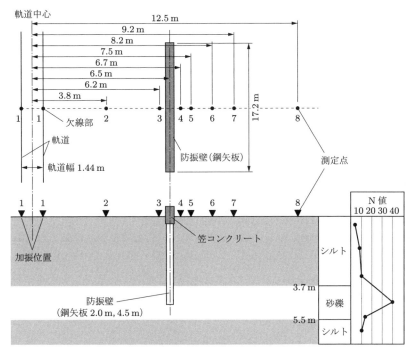

図 5.5 鋼矢板壁と振動計測点の位置関係

鋼矢板はSPⅡ型を使用し，設置延長は軌道方向と平行に17.2 mで，圧入深度は4.5 m（N値30以上）である．振動計測では，軌道欠線部から軌道と直角方向に測線が設けられ，鉛直方向の加速度が測定された．

振動計測結果を，図5.6に示す．計測結果は，数列車の平均値をオールパス値で示したものであり，測点No.2での結果が無対策時と同値になるように，各段階の結果を平行移動して補正している．図より，鋼矢板壁の背面直後（測点No.4）では，無対策に対して2.0 m打設時で6 dB，4.5 m打設時で12 dB程度低減し，支持層まで貫入すると防振効果が顕著に認められることがわかる．また，笠コンクリートの設置により効果が若干増大することもわかる．しかし，鋼矢板壁の背後で，無対策時と同程度の振動が観測されるなど，振動の増幅現象が生じていることも確認されている．

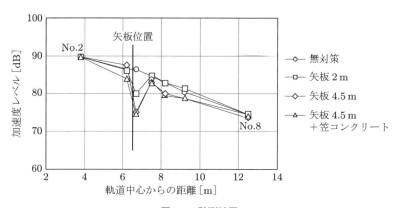

図5.6　計測結果

次に，鋼矢板壁前後の周波数分布を図5.7に示す．図の左側は計測値で，右側は解析値である．図より，卓越周波数は40～60 Hz帯域であり，防振効果は10～31.5 Hz帯域で顕著に認められ，40 Hz付近では逆に増幅される特徴があることがわかる．

さらに，鋼矢板敷設方向の曲げ変形を考慮した場合と考慮しない場合の解析結果を，図5.8に示す．図に示すように，鋼矢板敷設方向の曲げ変形を考慮することにより，鋼矢板壁背後での地盤環境振動の増幅現象が的確に検証され，曲げ変形を考慮しないと背後での増幅現象が抑えられることがわかる．すなわち，防振効果を継続的に高めるためには，鋼矢板壁の敷設方向の曲げ変形を拘

5.3 伝播経路対策工法の分類と事例

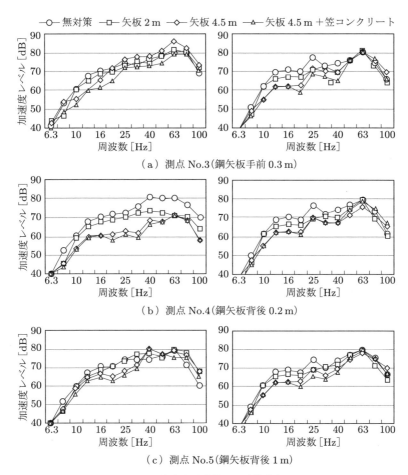

（a）測点 No.3（鋼矢板手前 0.3 m）

（b）測点 No.4（鋼矢板背後 0.2 m）

（c）測点 No.5（鋼矢板背後 1 m）

図 5.7　鋼矢板壁前後の周波数分布
（左：計測値，右：解析値）

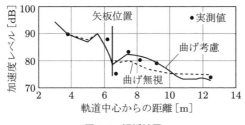

図 5.8　解析結果

束する必要性がある．

(3) コンクリート壁[9]

これまでに新幹線沿線で行われたコンクリート振動遮断工（コンクリート壁）の実物試験結果（8事例）が以下のようにまとめられている．

① 遮断工の後側で急に振動低下が生じる．その程度は遮断工の直後が最大

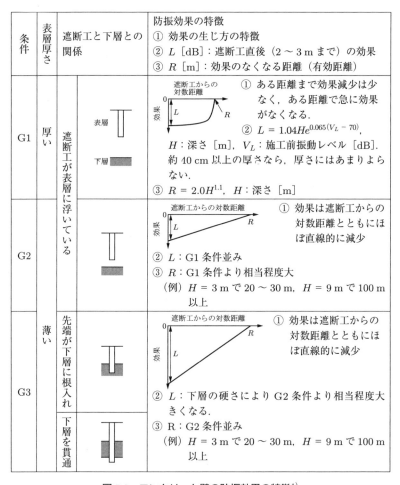

図5.9 コンクリート壁の防振効果の特徴[1]

---

1) 吉岡修，芦谷公稔：コンクリート振動遮断工の防振効果，鉄道総研報告，Vol.5, No.11, pp.37-46, 1991.

で，そこから離れるほど減少し，ある距離（有効距離）でほとんどゼロになる．遮断工の手前ではしばしば振動増加が生じるが，それは狭い範囲だけにしか起こらない．
② 施工前の振動値が大きいほど効果が大きい（非線形型効果）．
③ 効果は地盤条件に大きく関係し，とくに遮断工が堅い地盤に固定されているか否かが重要な要素となる．下層との関係から，遮断工にとっての地盤条件はおおむね図5.9のように分類でき，効果の現れ方がそれぞれ異なる．たとえば，表層（軟弱層）が薄く遮断工が下層（基盤層）に固定されると大きな効果が得られる．また，有効距離は遮断工の深さに強く影響を受ける．
④ 効果を周波数ごとに見ると，施工前に卓越する周波数帯域での効果が大きい．

(4) ソイルセメント壁[10, 11]

織布工場周辺の民家への振動による影響を低減させるため，工場の敷地境界から1m内側にソイルセメントによる地中壁（ソイルセメント壁）を構築した事例について述べる．工場，地中壁および民家の位置関係を図5.10，地盤

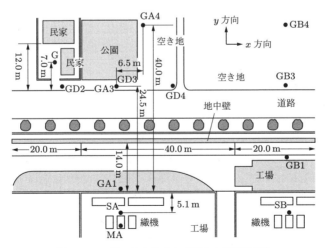

図5.10 工場，地中壁および民家の位置関係[2]

---

2) 橋詰尚慶，長瀧慶明，若命善雄：地中壁による振動低減対策―その1 振動調査と対策法の立案―，第28回土質工学研究発表会発表講演集，pp.1245-1246, 1993.

調査結果を図 5.11 にそれぞれ示す．本事例では，2 次元 FEM 解析により地中壁の防振効果が予測され，ソイルセメント壁の仕様は全長 80 m，深さ 11 m，厚さ 1 m，ソイルセメントの弾性係数は粘土（原地盤）の約 20 倍（一軸圧縮強さで 100 kN/m² 程度）と決定されている．

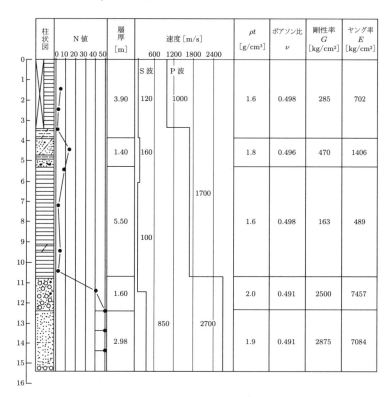

図 5.11 地盤調査結果[3]

地中壁構築前後に行われた鉛直方向の振動計測結果から，敷地境界線では，構築前の振動レベル 57 〜 63 dB が構築後に 52 〜 56 dB に低減した．また，民家の地盤では，構築前の振動レベル 56 dB が構築後に 53 dB に低減した．さらに，二つの計測ライン（測線 A：工場中央部，測線 B：工場右端）における振動の距離減衰特性は，図 5.12 に示すとおりである．図より，地表面の振動レベルは地中壁直後で急激に減少し，その後方ではなだらかに減少してい

---

[3] 橋詰尚慶, 長瀧慶明, 若命善雄：地中壁による振動低減対策—その 1 振動調査と対策法の立案—，第 28 回土質工学研究発表会発表講演集, pp.1245-1246, 1993.

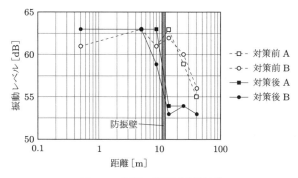

図 5.12 振動の距離減衰特性[4]

ることがわかる．なお，敷地境界地盤での卓越周波数は 8.4 Hz で，織布機械の稼働に基づくものであった．

(5) PC 柱列壁[13]

PC 壁体を地中に連続的に構築する柱列壁（PC 柱列壁）の防振性能を確認するため，実物大の試験体を用いて，打設深度および中空部の大きさを変えた起振機実験が行われ，3 次元数値解析による防振メカニズムの解明が試みられている．図 5.13 に，実験に用いた PC 壁体（外幅 800 mm，内径 620 mm）を示す．ここで，PC 壁体とはプレストレスコンクリート杭の一種で，正方形断面の中心に円形の中空部をもつ壁材料であり，これまでに土留め壁等として

図 5.13 PC 壁体[5]
（外幅 800 mm，内径 620 mm）

4）橋詰尚慶，長瀧慶明，若命善雄：地中壁による振動低減対策―その 2 対策工法の実施と効果の確認―，第 28 回土質工学研究発表会発表講演集，pp.1247-1248, 1993.

5）神田仁，石井啓稔，吉岡修，平川泰行，川村淳一，西村忠典：起機実験および数値解析による PC 柱列壁の防振性能，物理探査，Vol.58, No.4, pp.377-389, 2005.

多くの施工実績がある．なお，PC壁体を地中に設置する際は，中掘工法（中空部にオーガースクリューを挿入し，杭先端部の地盤を掘削して発生土を排出しながら杭を埋込む方法）が採用され，既設構造物の近傍地盤を緩める心配が少ない．実験場所の地盤概要を図5.14，実験条件を表5.6，さらに起振機を用いた振動計測の概要を図5.15に示す．表層より20m近くまでがシルト主体の軟弱地盤であり，PC柱列壁の設置深度は6mまたは12m，設置延長は10.4m（800mm×13本）であった．

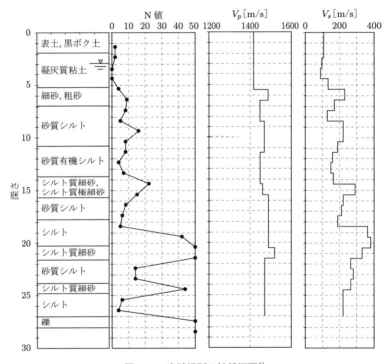

図5.14　実験場所の地盤概要[6]

計測結果（5〜25Hz）を，図5.16に示す．実験条件2〜3の結果より，打設深度に着目すると，5〜10Hzでは差異が認められるが，15〜25Hzでは大きな差異は見られない．また，実験条件3〜5の結果より，中空部の大小に着目するとその差異は小さいが，平均的な防振効果としては内径350mm

---

6) 神田仁，石井啓稔，吉岡修，平川泰行，川村淳一，西村忠典：起機実験および数値解析によるPC柱列壁の防振性能，物理探査，Vol.58, No.4, pp.377-389, 2005.

5.3 伝播経路対策工法の分類と事例

表 5.6 実験条件

番号	PC 柱列壁の条件
1	PC 柱列壁構築前
2	深度 6 m，内径 620 mm（空孔率 47%）
3	深度 12 m，内径 620 mm（空孔率 47%）
4	深度 12 m，内径 350 mm（空孔率 15%）
5	深度 12 m，中空部なし（空孔率 0%）

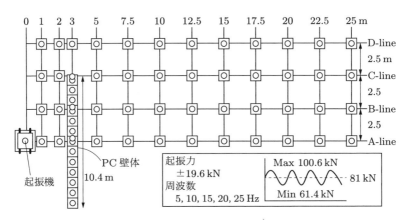

図 5.15 振動計測の概要[6]

＞620 mm ＞0 mm の順である．これは中空部による防振効果に加え，壁自体の剛性や重量の影響を受けているものと推察できる．

また，図 5.17 に示す 3 次元 FEM モデルを用いて，実験条件 3 における起振機から 10 m（壁裏 7 m）での振動レベルの増減量を整理したものを図 5.18 に示す．図より，解析値および実測値とも，高い周波数（15 〜 25 Hz）の方が低い周波数（5 〜 10 Hz）に比べて防振効果が大きいという結果が得られ，両者が定量的によく一致していることがわかる．

(6) EPS 防振壁[14]

交通振動の伝播経路対策として，EPS ブロックを用いた地中壁（EPS 防振壁）が実在の鉄道区間で施工されている．施工場所は，検車区構内の車庫線軌道であり，この区間は営業線と同等の軌道構造である．砕石バラストの厚さは，枕木直下において 23 〜 25 cm である．EPS 防振壁の仕様は，図 5.19 に示す

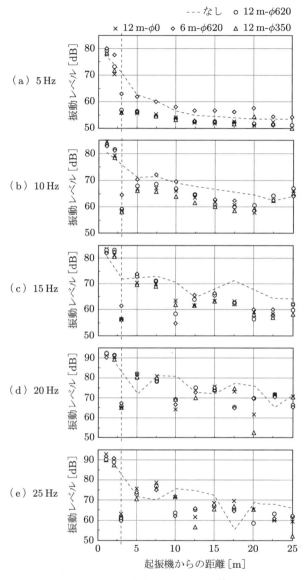

図 5.16 計測結果（5 ～ 25 Hz）[7]

---

7) 神田仁, 石井啓稔, 吉岡修, 平川泰行, 川村淳一, 西村忠典：起機実験および数値解析による PC 柱列壁の防振性能, 物理探査, Vol.58, No.4, pp.377-389, 2005.

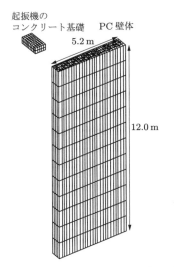

図 5.17 3次元 FEM モデル[7]

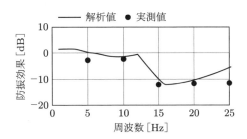

図 5.18 解析結果（5 〜 25 Hz）[7]

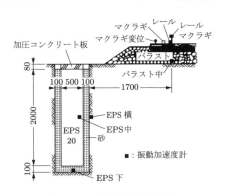

図 5.19 EPS 防振壁の仕様

ように，幅 50 cm，深さ 2 m，施工延長 8 m（レール継目を中心に前後 4 m）であり，EPS 上部には加圧コンクリート板を敷設している．

図 5.20 は，EPS 防振壁施工前後の地表面の振動加速度に関して，レール継目部における軌道直角方向の距離減衰を比較したものである．施工前の 36 m までの距離減衰の傾向は，$-12 \text{ dB}/2d$（測定側のレール中央からの距離が 2 倍になると 12 dB 減衰）の直線で近似される．このことは，レール継目部を点振源とした実体波の距離減衰特性を意味している．全体的な傾向としては，3.6 〜 6.1 m までの防振効果が大きく，振動低減量 4 〜 6 dB である．これ以

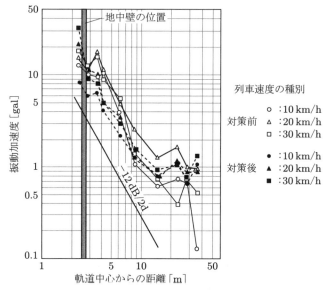

図 5.20　振動加速度の距離減衰

遠では，隣接継目部から発生する波動の影響を受けて防振効果が低下している．

また，EPS 防振壁の防振効果を評価するため，図 5.21 に示すように，波動の伝播経路を土 - EPS - 土の 3 層モデルとし，1 次元波動透過理論によって求められる振動低減量を実測値と比較したものが図 5.22 である．図中の実測値は，防振壁施工前後の 1/3 オクターブバンドの中心周波数ごとの振動加速度レベルの差である．図より，4 〜 500 Hz の周波数領域において，実測値は地盤の S 波速度を 50 〜 100 m/s とした計算値とよく一致している．

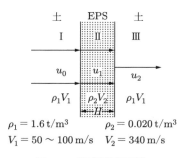

図 5.21　波動透過モデル

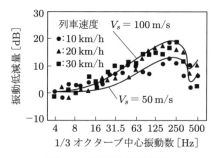

図 5.22　振動低減量の比較

(7) 土のう積層体[15]

　土のうは，土のう袋により土を完全に包み込むことによって，中詰めされた土粒子の粒子間力を大きくし，粒子間摩擦力も大きくしたものである．土のうは，わずかなしなやかさを有するので，目には見えない微小な袋の伸縮によって，交通振動や地震動のエネルギーを，中詰め土の粒子間の摩擦エネルギーとして消散させる．

　道路交通振動対策として，土のう積層体を用いた防振工の有効性が確認されている．土のう積層体は，そのしなやかさにより振動エネルギーを吸収するとともに，土のう間の不連続面によって，隣接する土のうへの振動を伝えにくくする特異な振動低減効果を有するといわれている．

　土のう積層体が試験的に設置された現場の平面図を図5.23に示す．試験施工の対象は，平面道路および高架道路が併設された約150 m区間である．振動調査箇所は沿道の路肩部から約14 m（測点A〜D）である．当該地盤は軟弱層が23 m堆積しており，道路交通振動の波長は10 m以上と推定された．しかし，道路交通量確保の関係から，土のう積層体の施工範囲は，図5.24に示すように，幅2 mの路肩部分と深さ方向約1 mまでと表層の一部に限定された．

　土のう積層体施工前後の振動調査結果は，図5.25に示すとおりである．ここでは，大型車単独走行時の振動加速度波形から，①測線直前通過時，②各測点最大値（平面段差含む），③高架道路ジョイント部の三つの振動に対する評

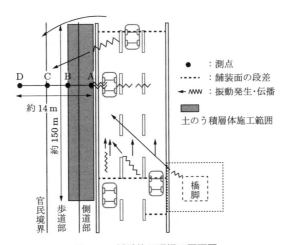

図5.23　試験施工現場の平面図

124　第5章　地盤環境振動対策の分類と事例

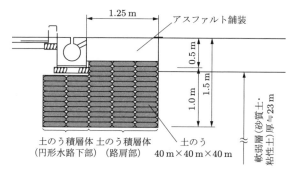

図 5.24　土のう積層体の設置断面図

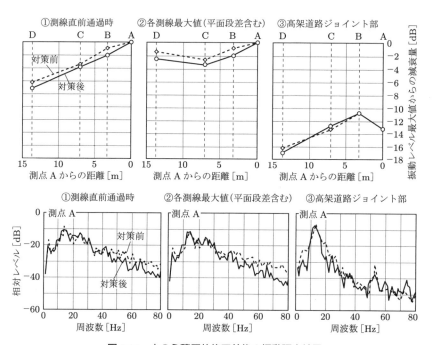

図 5.25　土のう積層体施工前後の振動調査結果

価が行われた．振動レベルの減衰量に関しては，①および②の各測点において1 dB程度の低減効果が確認された．また，周波数特性に関しては，平面道路通過時における測点Aの大型車単独走行時の周波数分析結果（中央値）より，対策後に5 Hz前後と40 Hz以上の周波数領域で低減効果が確認された．しかし，地盤の卓越周波数（16 Hz）付近においては，対策前後でほとんど変化は

見られなかった．

(8) 廃タイヤ防振壁[16]

スクラップタイヤを用いた地中振動遮断壁（廃タイヤ防振壁）についての実物大フィールド実験が行われている．まず，第1実験では原形のタイヤを利用した原形型遮断壁が埋設され，重錘の落下による衝撃加振および重機の走行による定常加振により，防振効果が確認されている．次に，第2実験では原形のタイヤを鉛直方向に圧縮した圧縮型遮断壁（芯材としてPHC杭または鋼管杭を使用）が埋設され，重錘落下による衝撃加振によりその効果が確認されるとともに，3次元数値解析による予測・評価も行われている．

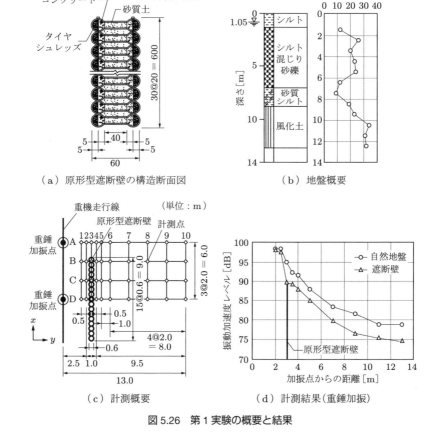

図 5.26　第 1 実験の概要と結果

第5章 地盤環境振動対策の分類と事例

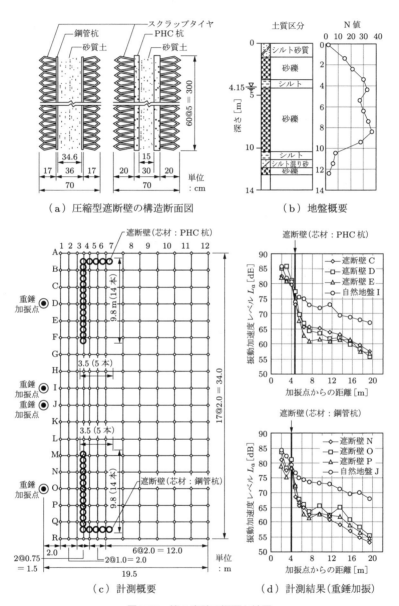

図 5.27 第2実験の概要と結果

廃タイヤ防振壁に関する第1実験の概要と結果を図5.26に，第2実験の概要と結果を図5.27にそれぞれ示す．原形型遮断壁では3〜4dB，圧縮型遮断壁では5〜12dBの防振効果が観測されるとともに，廃タイヤ防振壁による防振効果が，波動の透過効果とタイヤのばね効果の二つの効果の相互作用で評価できることが示されている．

(9) ガスクッション防振壁[19, 20]

1980年代にスウェーデンのMassarschによって提案されたガスクッション防振壁は，伝播経路対策としてもっとも高い効果が期待できる空溝を志向した防振壁（空溝志向型地中壁）である．地盤中におけるガスクッションの概念図を図5.28に示す．ガスクッションは，内部にガスを注入したチューブが交互に配置された構造となっている．泥水で満たされた溝に取り付けられると，周辺圧力の影響により，下方に行くに従いガスクッションの体積が減少するとともに，浮力により上方へもち上げられる．そのため，ガスクッションの設置時には，下端を重量物で固定する必要がある．また，設置後に自硬性のセメントベントナイトに置き換えることで，地下水の浸透を防ぐとともに，圧力の低減により体積減少を抑えることができる．

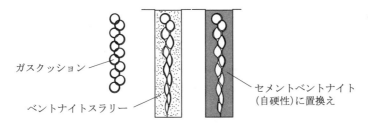

図5.28 ガスクッション壁の概念図

ガスクッションに作用する圧力に関しては，図5.29に示すような室内実験が行われている．ゴム風船をガスで膨らますと，風船内の圧力が増加して，風船の体積は増加する（図(a)）．時間とともにガスが拡散し風船から漏れ始めると，風船内の圧力が低下し，その体積は減少する（図(b)）．外圧を増加させた場合も同様に，圧力の平衡により，風船の体積が減少することになる．このとき，風船に張力は作用しない．また，ガスの拡散を減らすために，風船の代わりに，ガスをほとんど通さない金属箔（アルミニウム）を用いた場合も同様

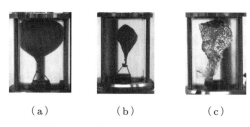

(a) (b) (c)

図 5.29 ガスクッションの室内試験

の結果となる（図(c)）．ガスクッションの気密性は重要な要素となるため，ガスクッションの材質は，食料品のパックなどに用いられるような，非常に薄くて柔軟なプラスチック・アルミラミネート構造となっている．

(10) ハイブリッド振動遮断壁[23]

　ガスクッション，ソイルセメント壁，鋼矢板で構成される防振壁（ハイブリッド振動遮断壁）が開発・実用化されている．ハイブリッド振動遮断壁は，伝播経路対策としてもっとも効果的な空溝とほぼ同等の防振効果を期待するもので，地盤条件，施工スペース，空頭制限などに応じて最適な施工方法が選択でき，広大な箇所で効率的な施工が可能な「標準施工型」と，狭隘な箇所でも施工が可能な「狭隘地対応型」に分類される．ガスクッションの施工限界深度は 15 m 程度である．壁の構造概念を図 5.30，ガスクッション材を図 5.31，各施工概念図を図 5.32，5.33 に示す．

　工場敷地内において，標準施工型によりハイブリッド振動遮断壁が設置された事例について，工事箇所の地盤概要と各遮断壁の仕様を図 5.34 に示す．試験工事区間（施工延長 20 m）と本工事区間（施工延長 84.5 m）に分けて工事

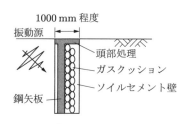

図 5.30 ハイブリッド振動遮断壁の構造概念図

図 5.31 ガスクッションと保護カバー

5.3 伝播経路対策工法の分類と事例   129

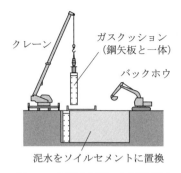

図 5.32 標準施工型の施工概念図

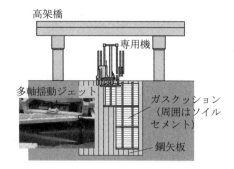

図 5.33 狭隘地対応型の施工概念図

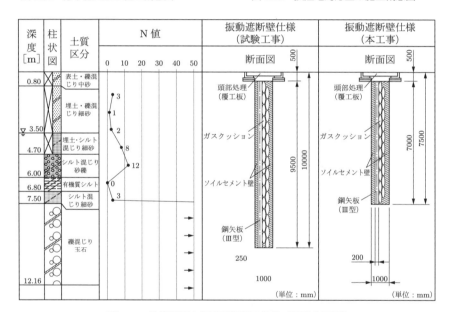

図 5.34 地盤概要と振動遮断壁の仕様（標準施工型）

が行われ，試験工事区間では玉石層（N 値 > 50）に 2.5 m 根入れするように，オールケーシング掘削により深度 10 m まで遮断壁を設置し，本工事区間ではバックホウ掘削により深度 7.5 m（玉石層上端）まで遮断壁を設置した．
試験工事区間において実施された可変式起振機（6 〜 25 Hz）による現場計測位置を図 5.35，計測結果を図 5.36 に示す．図には，狭隘地対応型の試験結果[21]および空溝の防振効果[6]も併せて示すが，ハイブリッド振動遮断壁の防振効果が空溝とほぼ同等であることがわかる．また，本工事区間の端部において，

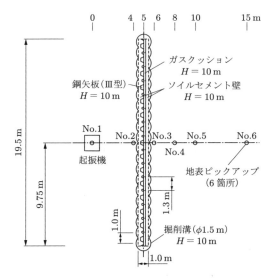

図 5.35　現場計測位置（試験工事区間）

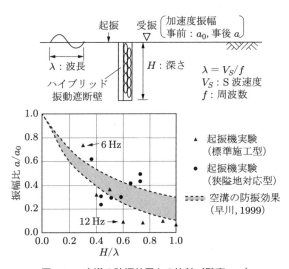

図 5.36　空溝の防振効果との比較（壁裏 1 m）

近接する在来線の列車走行時の鉄道振動を利用した現場計測も行われており，現場計測位置を図 5.37，計測結果の一例を図 5.38，5.39 に示す．測線 B および C の壁裏 1 m（No.2）では，加速度振幅が大幅に低減し，ハイブリッド振動遮断壁による防振効果が顕著に現れていることがわかる．さらに，当該地区

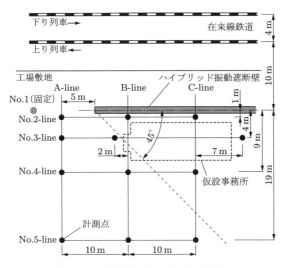

図 5.37 現場計測位置（本工事区間）

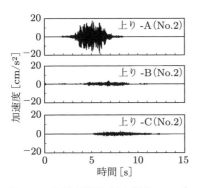

図 5.38 加速度波形（上り列車：No.2）

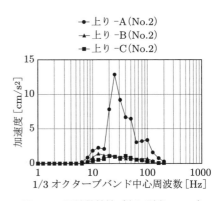

図 5.39 周波数特性（上り列車：No.2）

における在来線鉄道振動の卓越周波数領域（20～60 Hz 付近）で，振動を大幅に低減していることも観察できる．

5.4　伝播経路対策工法の比較

5.2 節で挙げた各種の伝播経路対策工法の一覧を表 5.7 に示す．ここでは，各種対策工法について，施工方法（あるいは施工機械），適用深度，概要図（あるいは防振材料），防振効果，周辺への影響，維持管理の必要性，さらには対

表 5.7 伝播経路対策工法の比較

対策工法	施行方法／機械	適用深度	概要図／防振材料	評価			対策費用
				防振効果	周辺影響	維持管理	
空溝	掘削／バックホウ等	2m程度		もっとも効果的	施工時の変位に留意	必要（仮設向き）	もっとも安価
鋼矢板壁	圧入／サイレントパイラー等	20m程度		低周波域での効果は小さい	とくに問題なし	不要	比較的安価
コンクリート壁	地中連続壁工法	10m程度		空溝より効果は低い	施行時の変位に留意	不要	比較的高価
ソイルセメント壁	原位置攪拌／TRD等	20m程度（最大60m）		低周波域での効果は小さい	とくに問題なし	不要	比較的安価
PC柱列壁	掘削置換／オーガー等	12m程度		空溝より効果は低い	施工時の変位に留意	不要	比較的高価

表5.7 （つづき）

対策工法	施行方法／機械	適用深度	概要図／防振材料	防振効果	周辺影響	維持管理	対策費用
EPS防振壁	掘削置換／オーガー等	8m程度		空溝より効果は低い	施工時の変位に留意	不要	比較的高価
土のう積層体	掘削置換／人力	2m程度		発生源や受振部にも適用可	とくに問題なし	不要	安価
廃タイヤ防振壁	掘削置換／オーガー等	6m程度		空溝と同程度	施工時の変位に留意	不要	高価
ガスクッション防振壁	トレンチ工法	15m程度		空溝と同等	施工時の変位に留意	不要	高価
ハイブリッド振動遮断壁	掘削置換／バックホウ等　圧入／揺動ジェット（専用機）	15m程度		空溝と同等	施工時の変位に留意	不要	高価

策費用に関する概略的な比較を行った．ただし，対策費用に関しては，施工深度，施工方法，用いる材料の規格，周辺環境などにより大きく変動することが想定されるため，概念的な記述に留め，第7章で道路交通振動，鉄道振動，建設工事振動，工場機械振動に分けて，対策事例とともに具体的に述べる．

防振効果に関しては，もっとも効果的（理想的）な対策工法は十分な深さを有する空溝であるが，設置後の安全性や維持管理面に課題があり，本設としての適用は現実的に不可能である．鋼矢板壁やソイルセメント壁については，比較的安価な対策であるが，低周波振動に対する防振効果があまり期待できないと考えられる．コンクリート壁，PC柱列壁，EPS防振壁，廃タイヤ防振壁については，同じ深さの空溝と比較すると効果は小さいが，防振効果は大きいものと考えられる．ガスクッション防振壁，ハイブリッド振動遮断壁については，非常に高価な対策であるが，防振効果は同じ深さの空溝と同等で，もっとも高い防振効果が期待できると考えられる．また，土のうに関しては，発生源対策や受振部対策としても適用可能であるとともに，非常に安価な対策であることから，伝播経路対策として十分な効果が期待できれば，費用対効果の優れた対策工法といえるであろう．

また，施工方法にもよるが，空溝，コンクリート壁，PC柱列壁，EPS防振壁，廃タイヤ防振壁，ガスクション防振壁，ハイブリッド振動遮断壁など設置時に掘削を伴う場合には，施工時の周辺地盤の変位（変形）について十分留意する必要がある．

5.5 地盤環境振動対策工法の検討手順

地盤環境振動対策工法の検討手順をまとめると，図 5.40 のようになる．地盤環境振動問題が生じたら，まず，事前調査として地盤調査，振動調査，施工環境調査などを実施し，対象地盤の特性（土層構成，伝播速度），地盤振動の伝播特性（振動源の特徴，振動の大きさ，周波数特性，距離減衰など），施工条件（施工ヤード，空頭制限，周辺環境など）を把握する必要がある．そのうえで，対策目標を設定し，最適な対策方法について検討する．

地盤環境振動対策工法（ハード的対策）としては，①発生源対策，②伝播経路対策，③受振部対策に大別されるが，これらを併用することも可能である．中でも，伝播経路対策の仕様について詳細な検討を行う場合，おもな検討項目

5.5 地盤環境振動対策工法の検討手順

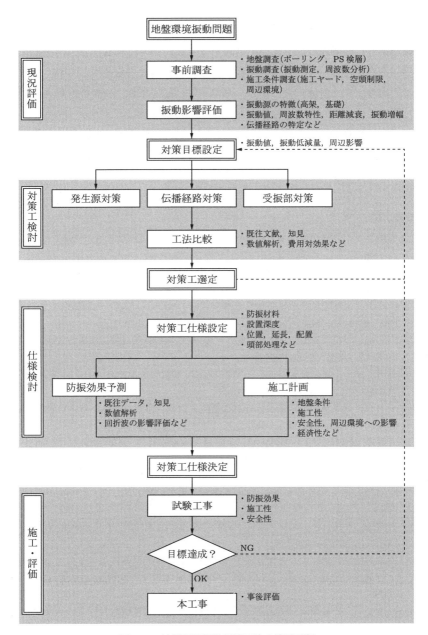

図 5.40 地盤環境振動対策工法の検討手順

としては，①防振効果，②施工計画などが挙げられる．具体的には，防振材料，設置深度，設置位置，設置延長，配置形式，頭部処理方法などを設定し，防振効果をある程度予測したうえで，費用対効果についても検討する．防振効果の予測にあたっては，できれば回折波による影響についても考慮しておくべきである．また，施工計画に関しては，地盤条件，施工条件，安全性，周辺への影響，経済性などを踏まえ，最適な施工方法を検討する．

対策工の仕様や施工方法が選定できれば，試験工事を実施し，防振効果，施工性，安全性などについて評価し，目標値を達成できるかどうかの見通しを立てたうえで，本工事を実施すべきと考えられる．

参考文献

[1] 内田季延：道路交通における振動対策工法，地盤環境振動対策工法講習会講演資料, pp.37-44, 地盤工学会, 2011.
[2] 横山秀史：鉄道振動における振動対策工法，地盤環境振動対策工法講習会講演資料, pp.29-36, 地盤工学会, 2011.
[3] 鉄道総合技術研究所 鉄道技術推進センター：列車走行に伴う地盤振動対策の手引き, pp.11-25, 2007.
[4] 山本耕三：建設工事における振動と対策，地盤環境振動対策工法講習会講演資料, pp.9-18, 地盤工学会, 2011.
[5] 塩田正純：工場振動における振動対策工法，地盤環境振動対策工法講習会講演資料, pp.19-28, 地盤工学会, 2011.
[6] 早川清：地盤振動の伝搬過程における防止対策の背景と動向，日本音響学会誌, 55巻6号, pp.449-454, 1999.
[7] 吉岡修, 芦谷公稔：起振機実験による鋼矢板振動遮断工の防振効果，鉄道総研報告, Vol.4, No.8, pp.51-58, 1990.
[8] 早川清, 原文人, 植野修昌, 西村忠典, 庄司正弘：鋼矢板壁による地盤振動の遮断効果と増幅現象の解明，土木学会論文集 F, Vol.62, No.3, pp.492-501, 2006.
[9] 吉岡修, 芦谷公稔：コンクリート振動遮断工の防振効果，鉄道総研報告, Vol.5, No.11, pp.37-46, 1991.
[10] 橋詰尚慶, 長瀧慶明, 若命善雄：地中壁による振動低減対策―その1 振動調査と対策法の立案―, 第28回土質工学研究発表会発表講演集, pp.1245-1246, 1993.
[11] 長瀧慶明, 橋詰尚慶, 若命善雄：地中壁による振動低減対策―その2 対策工法の実施と効果の確認―, 第28回土質工学研究発表会発表講演集, pp.1247-1248, 1993.

[12] 早川清，橋本佳奈，可児幸彦：PC壁体の振動対策事例および遮断メカニズムに関する実験的考察，第47回地盤工学シンポジウム論文集，pp.349-356, 2002.
[13] 神田仁，石井啓稔，吉岡修，平川泰行，川村淳一，西村忠典：起振機実験および数値解析によるPC柱列壁の防振性能，物理探査，Vol.58, No.4, pp.377-389, 2005.
[14] 早川清，松井保：EPSブロックを用いた交通振動の軽減対策，土と基礎，Vol.44, No.9, pp.24-26, 1996.
[15] 芦刈義孝，門田浩一，船本恵一，松岡元：土のう積層体を用いた道路交通振動の伝搬経路での低減対策について，土木学会第60回年次学術講演会講演概要集，pp.359-360, 2005.
[16] 中谷郁夫，早川清，樫本孝彦，西村忠典，庄司正弘：スクラップタイヤを用いた地中振動遮断壁の提案とその振動低減効果の評価，土木学会論文集G, Vol.64, No.1, pp.46-61, 2008.
[17] 公害防止の技術と法規編集委員会，経済産業省産業技術環境局：二訂・公害防止の技術と法規（振動編），pp.96-101, 産業環境管理協会，1996.
[18] 芦谷公稔：振動遮断工の防振効果の評価手法，物理探査，Vol.58, No.4, pp.351-362, 2005.
[19] Massarsch, K. R. : Ground Vibration Isolation using Gas Cushions, Second International Conference on Recent Advances in Geotechnical Earthquake Engineering and Soil Dynamics, St. Louis, Missouri, Vol.2, pp.1461-1470, 1991.
[20] Massarsch, K. R. : Vibration Isolation using Gas-Filled Cushions, Soil Dynamics Symposium to Honor Prof. Richard D. Woods (Invited Paper), Geofrontiers 2005, Austin, Texas, 2005.
[21] 日置和昭，櫛原信二，坪井英夫，西村忠典：都市部における低周波振動問題とガスクッションを用いたハイブリッド遮断壁の提案，土と基礎，Vol.53, No.10, pp.17-19, 2005.
[22] 日置和昭，櫛原信二，野津光夫，坪井英夫，西村忠典，庄司正弘：現場計測と3次元数値解析によるガスクッション製防振壁の防振性能評価，土木建設技術シンポジウム論文集，pp.59-66, 2006.
[23] 櫛原信二，大塚誠，深田久，早川清：地盤環境振動対策へのハイブリッド振動遮断壁の適用性に関する考察，土木学会論文集G, Vol.64, No.3, pp.276-288, 2008.

第6章 地盤環境振動問題と地盤・地形条件

　本章では，地盤を伝播する振動と地盤の種別や地形による振動伝播特性の違いについて述べる．一般には，振動源から遠ざかると振動レベルは減衰するため，地盤環境振動問題は振動源により近い所で顕在化する．しかし，条件によっては，振動低減量が想定より小さいために遠方まで振動が伝播して問題となることや，また，振動源から近い所より遠方で振動レベルが大きくなるような逆転現象が生じる場合もある．そこで，まず，地盤種別と距離減衰の特性を示すとともに，極値（波打ち現象）を伴う距離減衰についても言及する．次いで，通常の距離減衰とは異なる応答が発生するような地形条件についての事例を紹介する．最後に，振動対策を検討するために実施する事前調査事項における留意点について整理する．

6.1 地盤環境振動問題と地盤条件

　一般に，地盤環境振動問題の発生原因としては，鉄道交通および道路交通による振動，建設作業における振動，工場・事業場の振動などが挙げられる．
　また，それぞれの発生源の敷地境界における振動レベルの平均値は，建設作業が 64 dB，工場・事業場が 59 dB，道路交通が 51 dB となっており，建設作業によるものがもっとも大きく，次に工場・事業場，道路交通の順である．これらの地盤環境振動問題は，上述した発振源により発生した振動が地盤を介して伝播し，受振点（家屋等）に到達する結果として発生している．したがって，地盤環境振動問題の対応を行う場合，振動を伝達する媒体である地盤条件と振動伝播特性との関係を把握することが重要となる．

6.1.1　地盤特性と距離減衰

　地盤への振動伝播過程では，地表面に発生する変位振幅は，振動源からの距離に伴い減衰することが知られており，次式で表される[1]．

$$x = x_0 e^{-\lambda r} r^{-n} \tag{6.1}$$

$$\lambda = \frac{2\pi h f}{V_R} \tag{6.2}$$

ここに,　x：振動源から距離 r [m] の点の変位振幅
　　　　x_0：振動源近傍の基準点の変位振幅
　　　　r：振動源からの距離 [m]
　　　　h：土の内部減衰定数
　　　　λ：土の減衰係数 [1/m]
　　　　f：伝播波動の振動数 [Hz]
　　　　V_R：表面波の伝播速度 [m/s]
　　　　n：表面波の場合には $n = 0.5$

これより，伝播する振動の距離減衰は，地盤を伝播する波動特性 (f) と地盤特性 (h, V_R) にも依存することがわかる．

(1) 振動源の振動特性[2-7]

道路交通振動，鉄道振動，建設工事振動，工場・事業場振動の振動特性について，その代表例を表6.1に示す．建設作業振動，工場・事業場振動については，ここに示した事例以外にその他様々な振動が想定されるものの，地盤環境振動問題として対象とする振動数は，おおむね数 Hz ～ 70 Hz の範囲にある．

表6.1　各振動源の振動特性（代表例）

振動源			振動数
道路交通振動※	平面道路		10 ～ 30 Hz
	高架橋		5 Hz 以下
鉄道振動	在来線		10 Hz，65 Hz
	新幹線	列車速度 200 km/h	16 ～ 20 Hz
		列車速度 250 km/h	20 ～ 25 Hz
建設工事振動	バイブロハンマ		10 ～ 20 Hz
工場・事業場振動	プレス機械		5 ～ 30 Hz

※ダンプなどの大型車の振動数：後輪ばね上 3 Hz，後輪ばね下 11 Hz[6] である．

(2) 地盤の振動特性

前述した振動の距離減衰は，減衰係数 λ の大きさにより異なる．λ は多くの事例から 0.02 〜 0.04 の範囲とされているが，地盤との関連では表 6.2 のようになる[8]．

表6.2 地盤種別と減衰係数

地盤名	レイリー波速度 V_R [m/s]	密度 [t/m^3]	N 値	減衰比 h	減衰係数 λ [× 10^{-5}/m]
軟質粘土・シルト	100 〜 190	1.60	$N < 15$	0.03	$(100 \sim 200)f$
硬質粘土・シルト	190 〜 290	1.70	$N > 15$	0.02	$(40 \sim 70)f$
砂・砂礫	140 〜 240	1.75	$10 < N < 50$	0.01	$(30 \sim 50)f$
締まった砂・砂礫	240 〜 330	1.80	$N < 50$	0.01	$(20 \sim 30)f$

地盤種別と波動伝播速度や減衰比の関係から，地盤特性と振動減衰との関係については，以下のように考えられる．

① 波動の伝播速度が小さいほど，減衰が大きい．つまり，地盤が軟らかいと波動の伝播速度が小さくなるので，地盤が軟らかい方が減衰が大きい．

② 土の内部減衰が大きいほど減衰が大きい．つまり，地盤が軟らかいと土の内部減衰が大きくなるので，減衰が大きい．

一方，地盤を伝播する振動数と減衰の関係については，振動数が高いほど減衰が大きいといえる．言い換えると，振動数が低いほど遠くまで伝播することがわかる．

ここで，λ をパラメータとした距離減衰との関係を，図 6.1 に示す．これは，表 6.1 に示した地盤のうち，相対的に軟弱地盤とみなせる軟質粘土・シルトおよび相対的に硬質地盤とみなせる硬質粘土・シルト地盤を対象にして，地盤伝播の波動振動数が 3 Hz と 60 Hz の場合について示したものである．

伝播する振動数が 3 Hz の場合には，軟質粘土・シルト地盤と硬質粘・シルト地盤の距離減衰にはあまり差が見られないが，伝播する振動数が高い場合には地盤による距離減衰の差が顕著になっている．

これらより，以下の事項がわかる．

① 伝播する振動数が高い場合には，地盤種別による距離減衰の大きさが顕著になり，相対的に軟らかい地盤では振動が遠くには伝わりにくい．

② 伝播する振動数が低い場合には，地盤種別による距離減衰の差は少なく，

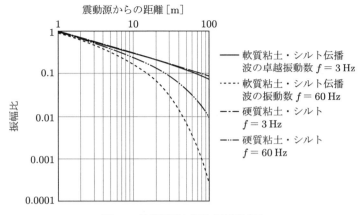

図 6.1 地盤種別と振動の距離減衰

軟らかい地盤においても遠くまで伝播する．
③ 振動の伝播には，地盤の硬軟および伝播する振動数の両方を考慮する必要がある．

(3) 共振を考慮した振動特性

強制振動による地盤の応答（地盤の変形）は次式で与えられる[8]．この強制振動による地盤の応答を式(6.1)に代入して，強制振動による共振を考慮した場合の距離減衰を求めることができる．そこで，これらの関係式を用いて地盤特性と伝播振動の振動数の関係について整理してみる．

$$x = x_0 \sin(\omega t - \theta)$$

$$x_0 = \frac{a_0}{\sqrt{(1 - \omega^2/\omega_0^2)^2 + (2h\omega/\omega_0)^2}} \tag{6.3}$$

$$\tan \theta = \frac{2h\omega/\omega_0}{1 - \omega^2/\omega_0^2}, \quad a_0 = \frac{F_0}{k}$$

ここに，x：強制振動による応答変位
x_0：初期変位
ω：加振角振動数
t：時刻
θ：位相
a_0：静的変位

ω_0：固有角振動数

h：減衰定数

F_0：強制外力

k：剛性

地盤の特性としては，道路橋示方書等による地盤種別を想定してⅠ種地盤，Ⅱ種地盤，Ⅲ種地盤の3種類を設定する．ここでは，地盤の層厚を10 m として，Ⅰ～Ⅲ種の地盤相当になるように考え，地盤のS波速度を，それぞれ，300 m/s，100 m/s，60 m/s とする．そして，それぞれの地盤に対して振動数が1 Hz，3 Hz，10 Hz の3種類の強制振動を与えた場合の応答を比較する．

ここで，静的変位 $a_0 = F_0/k$ は入力荷重 F_0 と振動系（ここでは地盤）の剛性により定まるものである．したがって，入力 F_0 が同じであれば，剛性 k が小さいほど，言い換えると地盤が軟らかいほど静的変位 a_0 は大きくなる．ここでは $a_0 = 1.0$ として，共振現象が距離減衰に及ぼす影響を試算する．

共振現象が距離減衰に及ぼす影響を比較した結果を図 6.2 に示す．これより，以下の事項が指摘できる．

① 強制振動（地盤を伝播する振動）の振動数と地盤の卓越振動数が近いほど応答が大きくなる．

そのため，地盤伝播の波動振動数と応答との大小関係は以下のようになる．

・（ケース 1）地盤伝播の振動数が 1 Hz の場合：Ⅲ種地盤 ＞ Ⅱ種地盤 ＞ Ⅰ種地盤

・（ケース 2）地盤伝播の振動数が 3 Hz の場合：Ⅱ種地盤 ＞ Ⅰ種地盤 ＞ Ⅲ種地盤

・（ケース 3）地盤伝播の振動数が 10 Hz の場合：Ⅰ種地盤 ＞ Ⅱ種地盤 ＞ Ⅲ種地盤

② このことより，強制振動による地盤の応答の大小関係は，必ずしも地盤の硬軟によらず，地盤の固有振動数と強制振動の振動数との共振性が高いほど，地盤の応答が大きくなることがわかる．

③ ただし，本試算においては静的変位を 1.0 で正規化している．実際の応答は本試算結果に静的変位量を乗じた大きさになる．したがって，ケース 2，3 の場合においては，地盤の剛性によってはⅢ種地盤の応答が大きくなる場合も想定されるので注意が必要である．

④ 上記試算では，地表面を点加振する場合の応答を1自由度系の強制振動

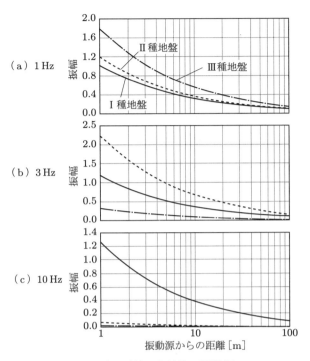

図 6.2 振を考慮した地盤の距離減衰

による応答として実施したものであり，その適用性については今後の検証が必要である．

ここで，参考として道路交通振動において問題となる卓越振動数の事例を紹介する．

図 6.3 は大型車走行による地盤振動の卓越振動数と表層地盤の平均 N 値との関係を示したものである[4]．地盤振動の卓越振動数は，おおむね $N < 10$ の粘性土地盤では 20 Hz 以下で，$N > 10$ の砂地盤では 20〜30 Hz となっている．

図 6.4 は，高速道路沿道の地表面の卓越振動数と振動レベルのピーク値との関係を示したものである[9]．上部構造形式 11 種類，下部構造形式 6 種類の 26 橋脚を対象として，大型車が自由走行する早朝 5〜6 時において調査された結果である．水平方向では卓越振動数が 3 Hz 付近を中心に分布している．一方，鉛直方向では 4 Hz を中心にする分布と 10 Hz 付近を中心とする分布になっている．このように，道路交通振動においては比較的低周波数域の振動が

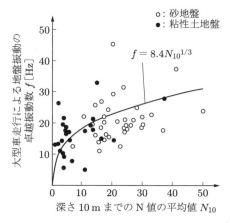

図6.3 大型車走行による地盤振動の卓越振動数[1]

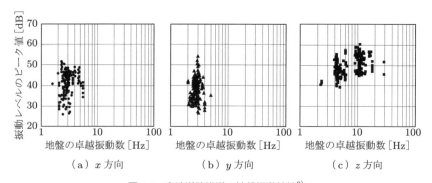

図6.4 高速道路沿道の地盤振動特性[2]

問題となっている.

図6.5は,高架橋における道路交通振動を事例とした場合の伝播振動と応答との関係を模式的に示したものである.前述したように,伝播する振動による地盤の応答には,伝播する振動の振動数と地盤の卓越振動数との共振が要因の一つとして考えられる.高架橋においては,3 Hz付近の振動が問題となる場合が多い.仮に表層厚さを10 mとすると,地盤の固有周期が3 HzとなるN値は3〜4と推定される.つまり,$N = 3 〜 4$程度の沖積地盤においては,

---

1) 交通工学研究会編,金安公造編著:交通工学実務双書10 道路の環境, p.143,技術書院, 1988.
2) 徳永法夫,西村昴,日野泰雄,藤原敏彰:高架道路沿道家屋の振動特性の推定と共振現象に関する研究, 第18回交通工学研究発表会論文報告集, pp.97-100, 1998.

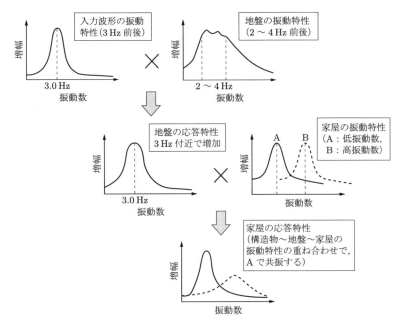

図 6.5 振動伝播における地盤応答のイメージ

高架橋において発生する卓越振動数と地盤の卓越振動数との共振により振動が大きくなる可能性がある．

さらに，受振側が木造家屋の場合には，家屋の固有振動数が 3～7 Hz 程度にあることが多く，そのため建物内での振動増幅特性が加わり，問題がより複雑になるので注意が必要である．

6.1.2 合成波による振動

2 層地盤を伝播する波動は，図 6.6 に示すように極値（波打ち現象）を伴いながら距離減衰する．ここで，山と山の間隔 ΔS は次式により算出される[10]．

$$\Delta S = S_{n+1} - S_n = \frac{\pm 1}{f\left(\dfrac{1}{V_1} - \dfrac{1}{V_2}\right)} \tag{6.4}$$

ここに，ΔS：合成波の極値間距離
　　　　　S_{n+1}：$n+1$ 番目の極値を与える振源からの距離
　　　　　S_n：n 番目の極値を与える振源からの距離

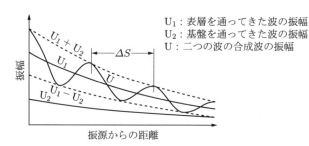

図 6.6 2 層地盤の地表面における振動特性

f：伝播波動の振動数
V_1：表層の波動速度
V_2：基盤の波動速度

　この式を用いて，2 層地盤の波動伝播速度と波動の振動数をパラメータにし，地表面における合成波の極値間距離の関係を試算して表 6.3 に示す．

　これより，波動の振動数が小さくなると極値間距離が長くなる傾向を示し，基盤の波動速度と表層の波動速度の比が大きくなると，極値間距離が長くなる傾向を示すことがわかる．

　つまり，相対的に軟らかい地盤においては，低周波の波動が伝播する場合には極値間距離が長くなるため，より遠方で増幅が生じる可能性があることが推察される．

表 6.3 2 層地盤における波動速度と極値間距離の関係

表層の波動速度 V_1 [m/s]	基盤の波動速度 V_2 [m/s]	V_1/V_2	波動の振動数 f [Hz]	合成波の極値間距離 ΔS [m]
120	300	0.4	20	10
			10	20
			5	40
150	300	0.5	20	15
			10	30
			5	30
180	300	0.6	20	22.5
			10	45
			5	90

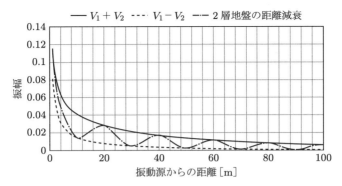

図 6.7 2 層地盤の地表面における振動特性
($V_1 = 120$ m/s, $V_2 = 300$ m/s, $f = 10$ Hz)

なお，図 6.7 には，2 層地盤の距離減衰の一例を示す（表 6.3 における $V_1 = 120$ m/s, $V_2 = 300$ m/s, $f = 10$ Hz の場合）．

6.2 地盤環境振動と地形条件

一般に振動源から遠ざかると振動程度は減衰するため，地盤環境振動の問題は振動源により近い所で顕在化する．しかし，地形条件によっては，振動低減量が想定より小さいためにより遠方まで振動が伝播して問題となることがある．また，振動源から近い所より遠方の方が振動程度が大きくなるような逆転現象が生じる場合もある．

本節では，このように通常の距離減衰とは異なる応答が発生するような地形条件について述べる．

6.2.1 台地・丘陵地に近接した低平地の応答特性[11]

距離と振動レベルの関係に逆転現象が生じた在来線鉄道の地盤環境振動問題について，鉄軌道騒音振動実態調査報告書[12]のデータを対象として，地形・地質要因を視野に置いて振動レベルとの関係を分析した結果を以下に述べる．

これは，大阪府内の主要路線における地盤振動状況の把握を目的として 8 会社 22 路線（全 58 地点）で調査を実施したもので，とくに苦情箇所を抽出した調査ではない．振動レベルの測定は，軌道中心から 12.5 m，25 m，50 m の 3 ポイントで実施された．表 6.4 には，各地点ごとの 12.5 m 位置における最

表 6.4　最大振動レベルの平均値

（軌道中心から 12.5 m 位置）

最大振動レベル（平均値）[dB]	地点数	最大振動レベル（平均値）[dB]	地点数
		55	3
		54	4
64	1	53	5
63	1	52	5
61	1	51	3
60	2	50	1
59	6	49	2
58	6	48	4
57	6	47	3
56	5	合計	58

大振動レベルの算術平均値（dB）と地点数を示す．全測点での最大振動レベルは 64 dB を示すが，新幹線振動対策勧告値（70 dB）あるいは新幹線名古屋高裁受忍限度値（64 dB）を超えるものはない．

地形・地質要因と最大振動レベルの関係を分析するため，全 58 地点を沖積平野と洪積台地に大分類し，それぞれの最大振動レベルの算術平均値を求めて表 6.5 に示す．この表よりわかるように，軌道中心から 12.5 m 位置における最大振動レベルの平均値については，沖積平野では洪積台地より約 3 dB 大きい．これは，軟弱地盤である沖積平野では，洪積台地に比べて振動レベルが大きいという有意な差がある．

表 6.5　地形・地質要因による最大振動レベルの平均値

地形・地質要因	地点数	最大振動レベル（平均値）[dB]
沖積平野	32	56.0
洪積台地	26	53.1

そこで，表 6.4 の中の最大振動レベルの大きい 3 地点を選定し，それぞれを順に A，B，C 地点として，明治から大正の旧地形図に記載して図 6.8 に示す．また，大阪地盤図より抽出したそれぞれの計測点付近のボーリング柱状図を図 6.9 に示す．

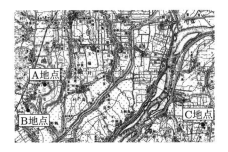

図 6.8 A ～ C 地点の旧地形図

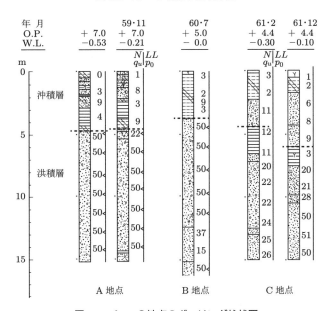

図 6.9 A ～ C 地点のボーリング柱状図

　A ～ C 地点はいずれも沖積平野に立地しているが，沖積層は表層の 3 ～ 5 m 程度で，以深は洪積砂や洪積砂礫が主体の地盤である．したがって，3 地点とも軟弱な沖積層が厚く堆積している軟弱地盤ではない．さらに，明治後期，大正から昭和にかけた地形図を調査したが，A ～ C 地点付近には溜池などの特異な旧地形は存在していない．
　そこで，沖積平野と洪積台地をより詳細な地形・地質要因により分類し，最大振動レベルとの相関を見てみる．A ～ C 地点の地形・地質の特徴として，台地や丘陵地に近い沖積平野に立地していることから，地形・地質要因として，

「台地・丘陵地に近接した低平地」を加え，細分類した各地形・地質要因ごとの最大振動レベルの平均値を表6.6に示す．沖積平野の「台地・丘陵地に近接した低平地（A_1）」，「旧河道（A_3）」，「埋没谷地形（A_4）」，ならびに洪積台地の「台地の縁辺部（T_c）」は，ほかに比べて振動レベルが大きい傾向にある．

表6.6 詳細な地形・地質要因による最大振動レベル

	地形・地質要因	記号	地点数	最大振動レベル（平均値）[dB]	最大振動レベル（補正値）[dB]
沖積平野	台地・丘陵地に近接した低平地	A_1	12	58.7	56.5
	自然堤防	A_2	7	54.4	51.1
	旧河道	A_3	1	58.0	—
	埋没谷地形	A_4	1	60.0	—
	低平地	A_5	11	53.5	51.9
洪積台地	台地丘陵地	T	13	51.1	47.9
	台地の縁辺部	T_c	6	57.3	51.2
	台地・丘陵地内の谷筋低地	T_t	7	53.3	51.9

(注) 最大振動レベル（補正値）：走行速度60 km/hに補正した値

次に，関西の某私鉄において，平成13年から同16年の間で沿線から地盤環境振動の苦情が寄せられた全40地点の地盤振動データを基に，地形・地質要因との相関分析を行った結果を表6.7に示す．なお，分析項目は表6.6の詳細な地形・地質要因と同様である．表6.7よりわかるように，「台地・丘陵地

表6.7 詳細な地形・地質要因による苦情発生地点数

	地形・地質要因	記号	苦情発生地点数
沖積平野	台地・丘陵地に近接した低平地	A_1	18
	自然堤防	A_2	—
	旧河道	A_3	—
	埋没谷地形	A_4	3
	低平地	A_5	7
洪積台地	台地丘陵地	T	1
	台地の縁辺部	T_c	11
	台地・丘陵地内の谷筋低地	T_t	—

に近接した低平地（A_1）」で半分近い苦情件数を占めており，次いで「台地の縁辺部（T_c）」でも苦情が多い．このように，従来，比較的良好といわれていた地盤，たとえば，「台地・丘陵地に近接した低平地」，「旧河道」，「埋没谷地形」，「台地の縁辺部」などにおいても振動レベルが大きく，「台地・丘陵地に近接した低平地」では，苦情の発生件数も顕著であることが確認できた．これらのことは，地形・地質要因が地盤環境振動問題に大きく影響していることを示している．

6.2.2 お椀状地形における振動の増幅

供用中のモノレール交通近傍の住宅地で，地盤環境振動問題が生じた[13-16]．この住宅地は高架橋構造のモノレール軌道から約 30 ～ 100 m の範囲に位置している．このモノレール軌道から同様な位置関係にある住宅地はほかにもあるが，それらの住宅地では振動問題が生じていない．したがって，このケースは特定の住宅地における地盤環境振動問題であり，その原因としてモノレール軌道から住宅地にかけた地形や地質要因の影響が考えられた．

対象の住宅地は，図 6.10 に示す平面道路に挟まれた高架橋構造のモノレール軌道に隣接している．モノレール軌道から住宅地にかけての振動測定を行い，モノレール交通と道路交通の振動特性を明らかにするとともに，振動レベルと地形・地質要因との関係について検討して考察した．

図 6.10　モノレール軌道

図 6.11 は，橋脚 P129 ～ P135 におけるモノレール軌道の構造概要と，軌道より 30 m ほど離れた軌道に平行な地盤断面を示している．また，モノレール軌道の基礎部は杭基礎構造であり，直径 1 m，長さ 13 ～ 15 m の場所打ち杭が橋脚あたり 6 本打設され，良好な洪積砂層に 1.0 m 以上根入れされている．

152　第6章　地盤環境振動問題と地盤・地形条件

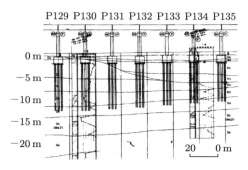

図 6.11　モノレール軌道の構造概要と軌道に平行な地盤断面

　図 6.12 は，モノレール軌道と対象住宅地および振動計測位置の平面図である．P131 を通る軌道直角方向の地盤断面を図 6.13 に，測線 B から測線 C 間の地盤断面を図 6.14 に示す．

　図 6.13, 6.14 からわかるように，モノレール軌道から住宅地にかけて良好な洪積砂層である O_{S1} 層と O_{S2} 層が分布している．注目すべき事項は，住宅地直下において軌道直角方向に良好な洪積層が旧谷地形としてお椀状に削られ，最大層厚約 10 m にわたり盛土が堆積していること，およびモノレール軌道の橋脚から，お椀状堆積土にかけて厚さ約 2 m の盛土層が連続していることが挙げられる．

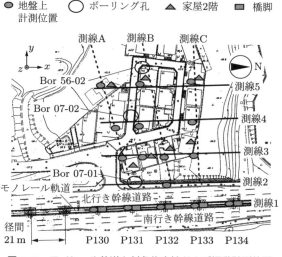

図 6.12　モノレール軌道と対象住宅地および振動計測位置

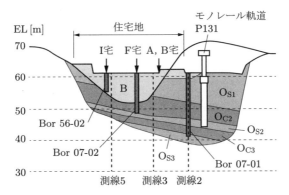

図 6.13 P131 を通る軌道直角方向の地盤断面

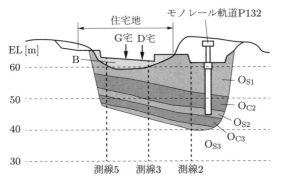

図 6.14 測線 C に沿う地盤断面

　測線 A ～ C 上の宅地地盤の各測点における道路から測定位置までの距離と，北行き，南行き方向走行時のモノレール交通による振動レベルの距離減衰を，水平方向（y 方向）と鉛直方向（z 方向）について，それぞれ図 6.15 に示す．また，図 6.16 は振動源と D 宅，G 宅の振動加速度の時刻歴波形を比較したものである．

　道路端からの距離がほぼ 33 m で，測線 4 と測線 C の交点に位置する G 宅の地盤上においては，水平方向，鉛直方向ともに一般的な振動の距離減衰傾向に反して，振動レベルが増幅されていることがわかる．

　一般的には，振動の主要な成分である表面波の幾何減衰では，点振源の場合には倍距離 3 dB の減衰とされているが，逆に増幅現象が見られた．同様に，測線 3 と測線 B の交点付近に位置する B 宅，C 宅の地盤上における鉛直方向

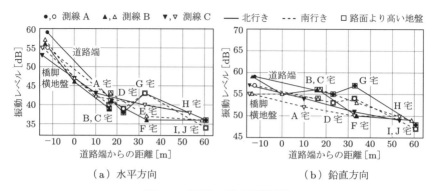

(a) 水平方向　　　　　　　　　　(b) 鉛直方向

図6.15　振動レベルの距離減衰

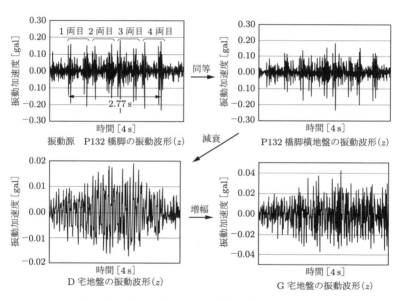

図6.16　振動源から民家（D宅，G宅）までの振動加速度

の振動レベルにも，振動増幅現象が見られ，距離減衰傾向に逆転現象が生じている．

6.2.3　伝播地層が帯状に分布する場合（旧河道）

本事例での当該地は，図6.17に示すように周辺の複数の河川が蛇行を繰り返しながら，当該地区一帯に沖積砂層（A_{s1}）を運搬した過程で形成された（図

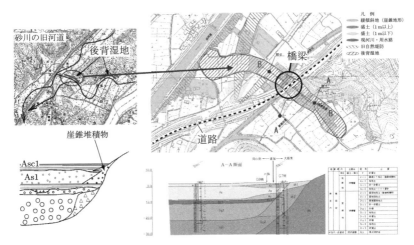

図 6.17 後背湿地堆積物が帯状に分布する地形において振動問題が発生した事例

の左上および左下参照）．さらに，ごく表層部には，これらの川が蛇行する過程で形成された緩い粘性土より構成される後背湿地性の堆積物（A_{SC1}）が帯状に分布している．この後背湿地の帯は，橋梁より振動が伝播する方向（橋軸直角方向）に分布している（図右上参照）．また，山地縁部には斜面の崩壊により供給された崖錐堆積物が分布している（図右下参照）．当該地区にある多くの家屋は，この後背湿地性堆積物の上に位置している．

このような地形形状においては，図 6.18 に示すように発振源から離れた場所においても問題が発生する場合があるので注意が必要である．振動問題発生のメカニズムを以下に示す．

- 高架橋を走行する大型車両が発振源となり，桁およびジョイント部に振動が伝わり，橋脚，基礎を介して地盤に振動が伝播し，最終的に受振点（家屋）の振動を励起する．
- 伝播する波と地盤の卓越振動数が近いことから，その帯域の振動が遠くまで伝播する．
- 地盤の卓越振動数である 3 Hz 付近をピークとした 2～4 Hz 帯域の振動が家屋へ入力される．
- 家屋側にこの振動帯域に同調する固有の振動特性が存在していれば，地盤では微小な振動（要請限度以下）であるものが，家屋の応答特性（共振現象）により大きな振動となる．

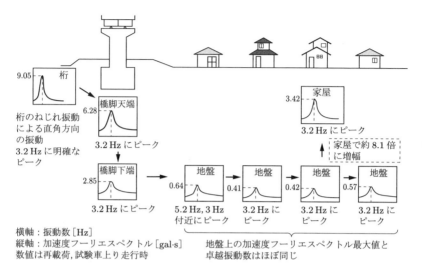

図 6.18　橋梁〜家屋間の振動伝播メカニズム

6.2.4　ノルウェーの氷河地盤での地盤環境振動の予測[17]

　海外における GIS を用いた地盤環境振動対策に対する先進的な事例として，ノルウェーの NGI (Norwegian Geotechnical Institute) が開発した VibMap[18, 19] が挙げられる．ノルウェーの人口は平野部に集中しているが，その平野部は軟弱な粘土地盤であり，地盤環境振動が非常に遠くまで伝播するため，地盤環境振動が騒音問題と同じく問題視されてきている．騒音問題が減少傾向にあるのに対して，地盤環境振動問題は深刻化している．

　NGI で開発された VibMap は，列車や自動車による地盤環境振動に関する膨大な計測結果をデータベース化し，GIS に組み込んでいる．また，半経験式ではあるが，地盤環境振動の予測式[20] が組み込まれており，軌道からの距離の関数として地盤環境振動の影響範囲を表示することができる．地盤条件，建物，住民数のデータベースも組み込まれており，現時点における地盤環境振動の影響範囲および影響を受ける建物や住民数を予測することができる．

　さらに，ノルウェーやスウェーデンにおける鉄道の新規建設の際に，環境影響評価や路線の代替案検討にも利用されている．また，地盤環境振動対策が必要な地域をピンポイントで表示することができ，対策工事の範囲を最小限度にできるため費用便益を向上することができる．このように，VibMap はノル

ウェーの高速鉄道の建設にあたって，主要な鉄道で利用されている．

上述したように，VibMap は地盤条件を考慮した振動予測法と GIS を組み合わせることによって，高速鉄道による周辺住民への環境インパクトを地盤情報も考慮しながら評価できる．図 6.19 は，路線選定における環境インパクトについて評価した事例を示したものである．路線の代替案を検討する際に，高速鉄道による影響を受ける住民の数を瞬時に把握することができ，もっとも環境インパクトの少ない路線を選定することができる．

図 6.20 は，VibMap を用いて地盤条件による地盤環境振動の影響範囲の分布を示している．軟弱な地盤ほど地盤環境振動の影響範囲が広いことが視覚的に捉えられる．VibMap では地盤条件を Group 1（粘土 S_u = 0.25 kPa，基盤

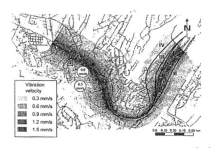

図 6.19 代替案選定のための GIS の利用[3], [4]

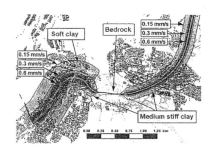

図 6.20 地盤条件を考慮した地盤環境振動の影響範囲[3], [4]

---

3) S. Lacasse, G. Breedveld, S. Hermann, T. Kvalstad, V. Kveldsvik and C. Madshus : Geotechnical Challenges in the Design, Construction and Maintenance of Infrastructure, Proceedings of the 15th Southeast Asian Geotechnical Conference, Vol.1, pp103-123, 2004.

4) L. Harvik and H. Heyerdahl : GIS ― a useful tool to map vibration from transportation, Proceedings of the 13th European Conference on Soil Mechanics and Geotechnical Engineering, Vol.2, pp.607-614, 2003.

岩が深い位置にある）から Group 7（岩）までに分類し，とくに粘土層については せん断強度と基盤岩の深さを考慮して4グループに分けている．これは，地盤が軟らかい場合，低周波振動が鉄道から 300 m 以上離れた場所で問題になった事例があるためである．

VibMap に組み込まれている地盤環境振動予測式を式(6.5)に示す．

$$V = f_v(S, D, T) \cdot f_R \cdot f_B \tag{6.5}$$

ここに，V：振動速度，$f_v(S, D, T)$：列車速度 S，軌道からの距離 D，車両のタイプ T による関数，f_R：軌道や盛土の質を考慮した係数，f_B：建物内の振動増幅を考慮した係数である．

各パラメータは，関連する場所において実測された結果を回帰することにより決定する．NGI では，2万箇所以上の地点において実測した鉄道振動の測定結果を収めてデータベース[19]を構築している．

ここでは，NGI が開発した VibMap を例として紹介したが，様々な機能を有した GIS は道路や鉄道を設計する際，種々の段階において非常に有力な設計ツールとなる．道路や鉄道の建設計画の初期段階では，地盤環境振動が問題とならない地域を地盤条件から抽出・選考することが可能である．また，路線の代替案を検討する際には，地盤環境振動により影響を受ける地域・範囲および建物や住民数を評価することができる．今後，GIS を用いた地盤環境振動問題への取り組みがますます重要になるものと考えられる．

6.2.5 地質と道路交通振動の関係

同一道路沿道で，地質は異なるが交通条件はほとんど変化しない箇所で測定された道路交通振動の振動レベルの違いを，図 6.21 に示す．振動の大きさに与える地質の影響がわかる[20]．

6.2.6 地層構成と応答特性

同一の路線において，硬い地盤，軟弱な地盤，きわめて軟弱な地盤の3種類の地盤において実施された道路交通振動の測定結果を図 6.22 〜 6.24[21, 22]に示す．図 6.22 は最大速度応答値の距離減衰を示したものである．これより，地盤が軟らかいほど振幅が大きくなることがわかる．次いで，図 6.23 は各地盤で発生した振動波形の一例を示したものである．地盤種別により特徴的な応答波形が得られることがわかる．最後に，図 6.24 は道路端から 20 m の位置

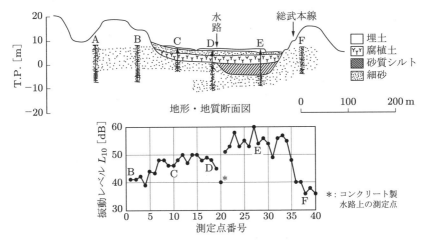

図 6.21 地質と振動レベル (L_{10}) の関係

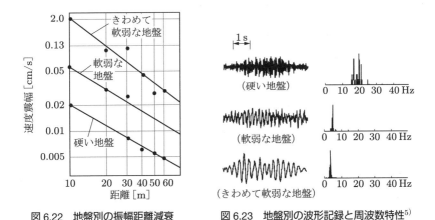

図 6.22 地盤別の振幅距離減衰　　図 6.23 地盤別の波形記録と周波数特性[5]

における地盤振動の周波数特性を示したものである[21]．各地盤の卓越振動数は，地盤の硬い順に約 20 Hz，5 Hz，3 Hz となっている．表層地盤が硬い地盤（S 波速度 V_S が大きい）では卓越振動数が大きくなり，逆に軟らかい地盤（S 波速度が小さい）では卓越振動数が小さくなる傾向を示すことがわかる．つまり，地層構成が地盤の振動特性に影響することがわかる．

一方，図 6.25 は地層構成が地盤振動の距離減衰に及ぼす影響を数値シミュ

---

5) 国松直，北村泰寿：地盤振動の伝搬特性，騒音制御，Vol.35, No.2, pp.148-152, 2011.

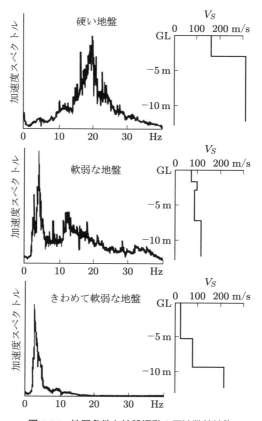

図 6.24 地層条件と地盤振動の周波数特性[6]

レーションにより調べたものである[22]．表層が砂質土で相対的に硬い地盤（ケース1，ケース3）に比べ，表層が粘土地盤で相対的に軟弱な地盤（ケース2）の振動が大きくなっている．このことから表層地盤の硬軟が振動レベルに大きく影響することがわかる．

このように，とくに表層地盤の硬軟が，地盤振動の卓越振動数や振動レベルに大きく影響することに留意する必要がある．

---

6) 国松直，北村泰寿：地盤振動の伝搬特性，騒音制御，Vol.35, No.2, pp.148-152, 2011.

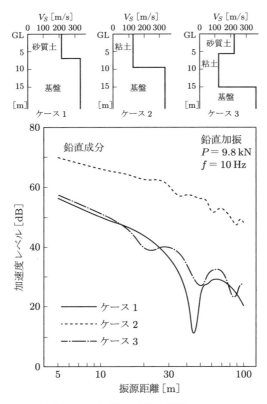

図 6.25　距離減衰に及ぼす地層の影響（数値シミュレーション）[6]

6.3 対策を検討するうえでの事前調査事項

　適切な対策工を検討するためには，まず，現状における振動発生メカニズムを把握することが重要である．前述したように，地盤環境振動問題における要因の一つには伝播する波動特性と伝播経路である地盤の振動特性が挙げられる．そのため，発振源と伝播経路である地盤の振動特性を正確に把握することが重要となる．

　振動発生メカニズムを把握するために必要となる事前調査事項を以下に示す．

(1)　発振源の特性把握
- 発振源の特定：振動発生位置ならびに対象となる受振点との位置関係を

把握する.
- 発振源の振動特性の把握：問題となる振動を特定する．そのため，振動レベル，振動の方向（鉛直，水平）成分，周波数特性を把握する．

(2) 伝播経路である地盤の特性把握
- 地層構成の把握：支持層および表層地盤の地層構成を把握する．
- 地盤物性値の把握：N 値，S 波速度 V_S，密度を把握する．
- 地盤振動特性の把握：固有振動数を把握する．

(3) 振動伝播メカニズムの把握

発振源および地盤の特性を把握したうえで，振動伝播メカニズムを把握する必要がある．そのために，発振源から受振点間で伝播する振動を測定する．

一般に，発振源と受振点の地表面に適切な間隔で振動計を設置して，振動レベルの距離による変化および周波数特性を測定し，距離減衰特性や伝播過程において問題となる周波数特性等より振動伝播メカニズムを検討する．このとき，常時微動測定を実施し，地盤の固有振動数を把握しておくと，振動伝播メカニズム把握のうえで有効である．

(4) 振動測定方法

測定方法は測定現場の状況により異なるが，通常は対象となる発振源から振動が発生している状態で実施する．建設機械の稼働状態，工場・事業場の機械の稼働状態，大型車両通過時，列車通過時等に実施する．外力と応答との関係を明確にしたい場合は，大型車両走行試験や起振機実験を実施する．

図 6.26 は，起振機実験による振動測定事例を示したものである．本事例では，地中にも振動測定器を設置して，より詳細に振動伝播状況を把握している．また，図 6.27 は道路高架橋における振動測定状況を示したものである．

図 6.28 は，距離減衰の理論解（式(6.1)参照）と振動測定による距離減衰の状況を比較して，測定結果を予測解析にフィードバックした事例である．実測された距離減衰は，理論解に比べて小さい結果となっている．2 次元有限要素法（FEM）解析により対策効果を確認することがあるが，その場合，この実測値を使用した再現解析を実施して解析モデルを精査することが重要である．

図 6.29 は，上部構造が鋼単純鈑桁（支間長 30 m），固定側が鋼製支承，可

6.3 対策を検討するうえでの事前調査事項 163

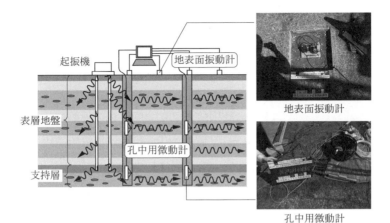

図 6.26 振動測定例

図 6.27 道路高架橋の振動計測状況

164　第6章　地盤環境振動問題と地盤・地形条件

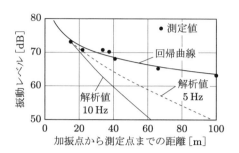

図 6.28　理論解と測定値による距離減衰の比較

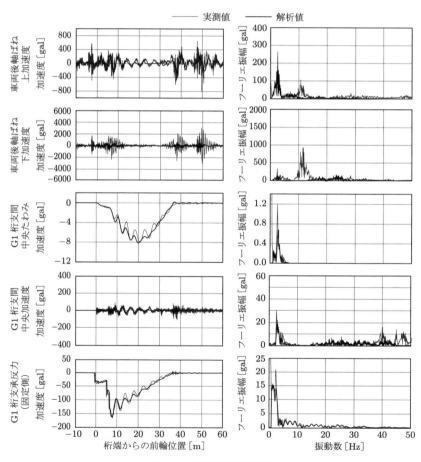

図 6.29　橋梁の振動測定例

動側がゴム支承の橋梁における振動測定結果を示したものである．高架橋では橋梁で発生する振動が基礎を通じて地盤に伝播することになる．したがって，周辺への影響を検討するためには，橋梁における伝播過程での振動特性を把握することが重要になる．振動伝播メカニズムを把握するためには，発生源である車両，伝播経路である桁，支承等の変位，加速度波形の時刻歴およびその周波数特性等を対比できるような測定を実施して，総合的に評価する必要がある．

参考文献

[1] 計測管理協会編：騒音と振動の計測, pp.36〜38, コロナ社, 1992.
[2] バイブロハンマ工法技術研究会：バイブロハンマ設計施工便覧, p.136, 2006.
[3] 騒音制御工学会編：騒音制御工学ハンドブック（資料編）, p.136, 技報堂出版, 2001.
[4] 日本騒音制御工学会編：地域の環境振動, pp.104-105, 技報堂出版, 2001.
[5] 石田理永：自動車交通振動の振動特性, 地盤環境振動の予測と対策の新技術に関するシンポジウム発表論文集, pp.25-26, 地盤工学会, 2004.
[6] 橋梁振動研究会編：橋梁振動の計測と解析, p.191, 技報堂出版, 1993.
[7] 公益法人鉄道技術研究所：「鉄道講座」鉄道沿線環境概論, 2010.
[8] 櫛田裕：環境振動工学入門, pp.48-49, pp.169-170, 理工図書, 1997.
[9] 徳永法夫ほか：高架道路沿道家屋の振動特性の推定と共振現象に関する研究, 第18回交通工学研究発表会論文報告集, pp.97-100, 1998.
[10] 山原博：環境保全のための防振設計, pp.353-359, 彰国社, 1974.
[11] 門田浩一，鍋島康之，本田周二：環境振動問題と地盤・地形, 都市域における環境振動の実態と対策講習会, 社団法人土木学会関西支部, pp.83-89, 2005
[12] 大阪府環境農林水産部交通公害課：鉄軌道騒音・振動実態調査報告書, 2002, 2003, 2004.
[13] Katsuya Tanaka, Kiyoshi Hayakawa, Tamotsu Matsui, Hiroaki Fujimoto, Jin Watanabe : Case history of ground vibration caused by monorail traffic, ISOPE2009, pp.216-223, 2009.
[14] Katsuya Tanaka, Kiyoshi Hayakawa, Tamotsu Matsui, Hiroaki Fujimoto, Jin Watanabe : Vibration Behavior of the Ground and Houses caused by Monorail Traffic, Journal of Civil Engineering and Architecture, 04/03, pp.26-35, 2010.
[15] K. Hayakawa, K. Tanaka, S. Honda : Relation Between the Ground Vibration and the Geographical Features and Geology Conditions for the Railroad Vibration, Proceedings of the 4th International Symposium on Environmental Vibrations, pp.11-16, 2009.
[16] K. Tanaka, K. Hayakawa, T. Matsui, S. Honda : Influences of the Geographical

Features and Geology Features on the Environmental Ground Vibration Caused by the Railway, GESTS International Transactions on Computer Science and Engineering, Vol.57, No.1, pp.93-102, 2009.
[17] 前掲[11], pp.92-95
[18] S. Lacasse, G. Breedveld, S. Hermann, T. Kvalstad, V. Kveldsvik and C. Madshus : Geotechnical Challenges in the Design, Construction and Maintenance of Infrastructure, Proceedings of the 15th Southeast Asian Geotechnical Conference, Vol.1, pp103-123, 2004.
[19] L. Harvik and H. Heyerdahl : GIS -a useful tool to map vibration from transportation , Proceedings of the 13th European Conference on Soil Mechanics and Geotechnical Engineering, Vol.2, pp.607-614, 2003.
[20] 樋口茂生ほか：道路交通振動の振動レベル（L_{10}）および周波数特性と地質構造との関係（Ⅰ），千葉県公害研究所報告，1987.
[21] 松岡達郎：地盤の特性と道路交通振動について，騒音制御，Vol.3, No.2, pp.20-23, 1979.
[22] 国松直，北村泰寿：地盤振動の伝搬特性，騒音制御，Vol.35, No.2, pp.148-152, 2011.

第7章 地盤環境振動対策工法の費用対効果

　地盤環境振動の発生源には，道路，鉄道などの交通車両，建設工事で用いられる建設機械や資機材の運搬車両，発破，工場の機械設備などがある．鉄道振動を除く地盤環境振動に対しては，振動規制法により敷地境界での規制基準が定められており，これらの施設や建設工事を計画する場合には，事前に振動発生源を想定して敷地境界で規制基準を超えないように配慮するとともに，周辺の住宅や学校等の環境保全施設において，振動レベルの大きさを予測し，対策の要否を判断して振動の苦情が発生しないよう十分留意する必要がある．

　本章では，地盤環境振動のおもにハード的対策を中心として，対策工法の分析視点や振動対策効果の指標，費用の算出方法について述べる．さらに，道路交通振動・鉄道振動・建設工事振動・工場機械振動を対象として，最近の対策事例も含めて地盤環境振動対策の実施例を収集・分析することにより振動対策効果と費用の関係を整理し，今後の地盤環境振動対策の実施にあたっての判断材料を提供する．

7.1　地盤環境振動対策工法の費用対効果の分析概要

7.1.1　地盤環境振動の対策工法の概要

　地盤環境振動の対策には，①振動の発生源における対策，②振動の伝播経路における対策，③振動の受振部における対策がある．とくに，ハード的な伝播経路対策に関しては，鋼矢板壁や防振壁（地中壁）などを設けて振動を遮断する従来の対策工法とともに，ガスクッション，スクラップタイヤ振動遮断壁等の比較的新しい対策工法が採用されている．

　発生源対策としての主要な対策工法は，以下のとおりである．

① 道路高架構造物のジョイント近傍の段差補修・主桁連結ノージョイント化・床版補強・支承交換等

② 発生源直下へのEPS（発泡スチロール）の敷設，道路の路面平坦性の改

良
③ 発生源直下への土のう工法等
④ 鉄道の有道床弾性マクラギ，バラストマット
伝播経路対策としての主要な対策工法は，以下のとおりである．
① 鋼矢板壁
② EPS 等を用いた地中防振壁
③ ガスクッション壁
④ スクラップタイヤ振動遮断壁
⑤ 柱列式地中連続壁
また，受振部におけるハード的対策は一般には行われないが，家屋の直下に鉄道振動対策が実施された事例が報告されている．

7.1.2　地盤環境振動対策工法の費用対効果の分析視点

　道路・鉄道などの交通機関，建設工事および工場機械を発生源とし，地盤を介して住環境に不快な影響を及ぼす地盤環境振動は，鉄道を除いて振動規制法により敷地境界での振動レベルに対して上限値が定められている．したがって，建設工事の実施や各種施設を計画する場合には，発生源からの振動レベルを予測し，敷地境界や住宅立地地点での対策の要否を判断して必要な対策を講じるべきである．
　しかし，振動予測値には地盤条件をはじめとして多くの不確実性が含まれるため，その信頼性が低いこと，対策工法の効果の予測についても信頼性が低いこと，対策費が高額になる場合もあることなどから，事前に十分な検討が行われていない場合もある．
　このため，振動対策は計画・設計段階から検討して，建設工事の実施前・施設の供用前に対策工法が実施される場合と，施設の供用後に発生した問題に対処するための対症療法的に実施される場合がある．
　対策工法について事前に検討する場合には，制約条件も比較的少なく施設の建設と一体的に実施できるため工事費が比較的安価になるが，条件が類似するところの振動値から類推するなど対策を実施しない場合の振動が推定値であることから，対策効果の正確な値は得られない．一方，供用後の対策については，対策工事の制約が多いため大規模な対策工事も困難であるが，一般には工事費が高価になる．ただし，振動対策効果については実測値として把握することが

できる．

　地盤環境振動の対策が必要な場合には，振動の予測値やその精度に応じて，適用可能な事前対策と事後対策を検討し，費用対効果を熟考して判断することになる．

　前述したように，地盤環境振動対策は発生源対策，伝播経路対策，受振部対策の三つに分類できるが，このうち受振部対策は，ハード的対策としては一般的に行われない．個々の状況に応じて費用も大きく異なるため，本章の分析対象からは受振部対策を除いている．

7.1.3　振動対策効果の指標および費用の算出方法
(1)　振動対策効果の指標

　「公共事業評価の費用便益分析に関する技術指針（共通編）」（平成 21 年 6 月，国土交通省）によると，新規の公共事業の採択時には，事業の投資効率性を評価する手法として，費用便益分析を実施することとされている．その手法としては，純現在価値，費用便益比，経済的内部収益率が一般的に用いられている．技術指針では，費用とともに便益についても「可能な限り貨幣化を行い，便益を整理する」とされている．

　費用対効果の分析において，費用便益比を求める場合には両者の単位を貨幣（円単位）でそろえる必要がある．このためには，地盤環境振動の低減によって得られる効果，たとえば法令による規制値を下回った，苦情が発生しなくなった，苦情が減少した，製品の不良率が低下した等の振動対策効果を円単位で表す必要がある．しかし，製品の不良率など経済活動と直接つながっている場合を除いて，一般にこれらの対策効果を貨幣化することは困難である．そこで，対策効果の貨幣化は今後の課題として，その前段階の指標としての振動低減量に着目する．

　地盤環境振動の低減量については，振動規制法や環境行政で用いられる振動レベルを対象とし，振動対策効果を「（対策前の振動レベル）－（対策後の振動レベル）」で低減量を表すことにする．

(2)　費用の算出

　振動対策の実施による振動低減効果は，多くの文献において公表されているが，その対策費用について言及している文献はほとんどない．また，対策費用

の推察に必要な対策工事の規模についても明らかでない文献が多く，対策費用を公表している事業者はほとんどいないのが現状である．

費用対効果という観点から，地盤環境振動対策を検討することは重要なテーマである．事業者にとっては，対策費用は対策の実施を判断するうえで重要な基準であり，対策効果の期待が大きい対策でもその費用が莫大な場合には実施することは難しい．

地盤環境振動の対策費用は，新規工事での振動対策と，苦情発生等により事後の振動対策を実施する場合とでは，費用の精度がまったく異なってくる．新規工事の場合には，一般に環境対策部分を分離して費用を把握することは難しく，実績から抽出した対策費用の精度には限界がある．また，事後対策の場合には，一般に供用しつつ振動対策工事を進めるため，工事時間帯が夜間に限定される等，費用負担が大きくなる可能性がある．

文献調査および聞き取り調査により地盤環境振動の対策費用を把握するとともに，市販されている「建設物価」等の資料や工事歩掛等からわかる一般的な施工費用を参考に，各種の対策工法の費用対効果を分析した．その結果を，振動の発生源別に次節以降で述べる．ここでは，振動対策費用は，工事経費を含む全体額を想定している．地盤環境振動の対策費用は，小規模な実例が多いため一般に割高になると考えられるが，この割増率は工事の規模によって大きく異なるため，注意が必要である[1]．

7.2 道路交通振動の対策工法およびその費用対効果

7.2.1 発生源対策の事例

道路交通振動の発生源対策として，交通量制御（大型車の都市内流入を回避するための物流システムの改善，環状道路の整備等），速度規制，重量違反車の排除といった交通制御が挙げられるが，これらの対策は関係機関との協議が必要であり，道路管理者だけで実施できるものではない．

道路管理者が対応する一般道路の振動対策としては，路面の平坦性の改良がもっとも効果がある．アスファルト舗装の補修基準値（3 m プロフィルメーターで縦断方向の凹凸（σ）が 5.0 mm）から σ を 2.0 mm に改良した場合には 5 dB 以上の振動レベルの低減が見込まれる．一方，アスファルト舗装のオーバーレイは，工事費込みで 1 m^2 あたり 2,000 円程度，厚さ 5 cm 程度の切削

オーバーレイは 1 m² あたり 2,500 円程度であり，工事費用に対する振動低減効果は大きいものと考えられる．

都市内高速道路等の高架道路における発生源対策の事例を表 7.1[2] に示す．すべての構造物・地盤・家屋条件，すべての振動数帯域に対して，振動低減効果が得られる対策工法はないのが現状である．振動対策を検討する際には，苦情発生箇所の周辺を十分調査したうえで，適切な工法を選定するとともに，場合によっては複数の対策を組み合わせることも考える必要がある．

具体的な発生源対策としては，交通制御のほか，構造物対策としての路面の平滑化，上部構造対策，下部構造対策が一般的といえるが，下部構造対策（柱の補強，梁の補強，橋脚への吸振器設置）については，固有振動数が若干変わる可能性があるものの振動低減効果は少ないといえる．これに対して，主桁を連結するノージョイント化工法は，都市内高速道路で顕著な振動低減効果を上げている．

阪神高速道路東大阪線では，振動などによる道路高架橋の損傷を抑えるために，桁と床版を連結して一つにまとめた支承で受ける主桁連続化工事が，平成 24 年 11 月 26 日から 12 月 4 日に実施された．10 〜 15 m スパンを 1 径間としていた I 桁を約 100 m の区間にわたって一体化しており，振動による損傷の再発防止だけでなく，振動の低減，騒音の低減，走行性の向上にも効果がある．主桁連続化工事の工事前の状態，鋼桁，鋼床版，支承の撤去およびそれらの一体化と一支承化，工事後の状態の概要を，図 7.5(a) に示す．図 7.5(b) に示す施工箇所の側面詳細図から明らかなように，12 箇所について連続化工事が行われ，その総工費は約 5 億 7 千万円となっている[2]．

7.2.2　伝播経路対策の事例

道路交通振動の伝播経路対策の事例を表 7.2[2] に示す．道路交通振動の伝播経路は地盤であることから，その対策としては距離減衰を目的とする環境施設帯，伝播経路において振動低減を目的とした地盤対策がある．いずれの対策工法も，道路敷地外の伝播経路で大規模に行われる対策であり，一般に用地確保の観点から実施されることは困難なことが多い．道路構造物が供用中であるための様々な制約や，全体の費用対効果等の経済性から，場合によっては受振部対策が現実的であることもある．

表7.1 道路交通振動の発生源対策の事例[1]

対策工の種類	対策内容	振動レベルの低減効果	対策費
①ジョイントの近傍2m程度の段差補修	・自動車走行によって劣化するジョイントや舗装の凹凸による段差を補修・取替等により対処する.	・頻繁に実施されている工法で,路面段差の解消分だけ,振動低減に効果があるが,明確には計測されていない.	ジョイント部の舗装打ち換え補修 6,700円/m²
②ジョイント前後10m程度の緩やかな凹凸の改善	・伸縮装置周辺で急激なすり付けを行わず,周辺10mでの舗装の凹凸に注意し,滑らかな縦断変化となるよう補修する.	・車両のばね上振動の実測や,橋脚直下での振動レベルピーク値,あるいは解析による橋脚下端反力などでは,振動低減効果が認められる.	
③主桁連結ノージョイント化	・隣り合う単純桁同士の主桁をつないで連続化し,併せて支承をゴム支承に取り替え,同時に橋面舗装を打ち換える(図7.1).	・11径間連続化の中央径間の官民境界では振動レベル VL (L_{10}) が2dB,ピーク値 VL (L_{max}) が7dB低減した(実測値). ・6径間連結化の中央官民境界では,振動レベル VL (L_{10}) が1～2dB,ピーク値 VL (L_{max}) が3～4dB低減した(実測値). ・10Hz以上の衝撃的な振動については効果があるが,3～5Hzの低い振動数では効果が少ない.	剛性桁の連結の場合,1橋脚あたり40,000千円
④その他のノージョイント化	・埋設型伸縮装置を用いた簡易連続舗装(図7.2)や床版連結工法によるノージョイント化がある.	—	埋設型の場合,1橋脚あたり17,000千円
⑤端横桁補強	・箱桁の主桁間隔が広い場合,端横桁の弾性沈下により伸縮装置に段差が生じる.端横桁への支承設置,端横桁の補強により剛性を強化して段差を軽減し,振動低減を図る.	・主桁間隔の広い箱桁(横桁支間 = 11.4m)で官民境界における地盤振動の L_{10} の平均が1.7dB低下した事例がある.	—

---

1) 中村一平,有馬伸広:道路交通振動の対策技術,環境技術,Vol.29, No.11, pp.40-45, 2000.

7.2 道路交通振動の対策工法およびその費用対効果

表7.1 （つづき）

対策工の種類	対策内容	振動レベルの低減効果	対策費
⑥床版補強	・床版の剛性強化により振動低減を図るもので，RC床版の下面に鋼板を接着する等の工法がある（図7.3）．	・既往の事例調査においては，地盤（上下・水平）および橋体において増加または変化なしと報告されている事例がある．	60千円/m²
⑦支承交換	・ゴムの衝撃吸収性能を利用して振動の軽減を図るもので，鋼製支承をゴム支承に替えた例がある（図7.4）．	—	2,500千円/個

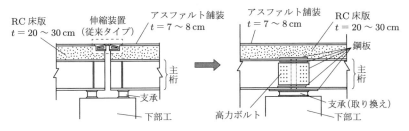

図7.1 主桁連結ノージョイント化

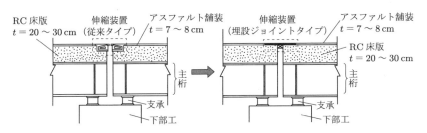

図7.2 埋設ジョイントによるノージョイント化

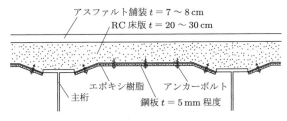

図7.3 床版補強（下面鋼板接着工法）

174　第7章　地盤環境振動対策工法の費用対効果

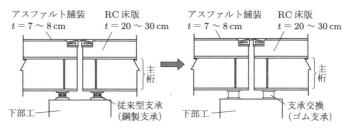

図 7.4　鋼製支承からゴム支承への支承交換

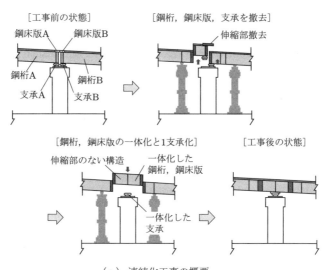

（a）連続化工事の概要

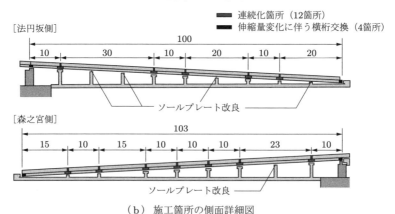

（b）施工箇所の側面詳細図

図 7.5　阪神高速道路東大阪線主桁連続化工事の概要[2]

7.2 道路交通振動の対策工法およびその費用対効果

表 7.2 道路交通振動の伝播経路対策の事例[3]

対策工の種類	対策内容	振動レベルの低減効果	対策費
①EPS等を用いた地中防振壁	・振動発生源となる橋脚・基礎周辺の地盤に発泡スチロールを設置し，地盤振動を反射する． ・その他ウレタン材と鋼矢板を組み合わせた地中防振壁も提案されている．	・平面道路に対する既往の事例によれば，幅80cm，深さ3.5mのEPS防振壁を設定した場合，壁の後方30～35mの位置で2～12dBの効果があるとしている．	平面道路の左記事例の直接工事費70千円/m
②空溝	・振動発生源となる橋脚・基礎周辺の地盤に空溝を施工し，地盤振動を反射する．	・①の施工段階（3段切梁工鋼矢板締め切り）の状態で，EPSとほぼ同様の効果が認められた．	高さ・幅2mのU型プレキャストカルバートの直接工事費180千円/m
③地盤改良材による地中防振壁	・ソイルコラム工法による地中防振壁で，地盤振動を遮断する．	・同上 ・①の隣接箇所における実測では，EPS・空溝とほぼ同様の効果が認められた．	径1m，深さ10mの深層混合処理の直接工事費50千円/m
④PC中空壁体	・壁体ないしは既往コンクリートパイルを地中に壁状に打設し，振動伝播を抑制しようとするもの，あるいは地盤改良材を遮断層として期待するもの．	・既往コンクリートパイルを壁状に打設した既往の事例によれば，打設位置より26m後方の位置で施工前に6～8galあった振動が1galに軽減されたとしている．	口500，深度12mのPC壁体を中掘圧入方式で設置する場合の直接工事費は640千円/m
⑤環境施設帯の設置	・高速道路の沿道を買い上げ植樹したり，オープンスペースとする．	・施設帯として確保した幅分だけ減衰効果が見込める． ・施設帯の地盤を伝わる振動が高周波ほど，また粘土より砂地盤の方が，振動の距離減衰が大きくなるため効果が大きい．	用地費を除いて50千円/m^2

（注）総工事費は，直接工事費の1.5倍程度

---

2) 加藤光男：損傷対策で支障をまとめ桁を一体化（阪神高速道路東大阪線構造改良工事（大阪府）），日経コンストラクション 2013年1月28日号，pp.6-11, 2013.
3) 中村一平，有馬伸広：道路交通振動の対策技術，環境技術，Vol.29, No.11, pp.40-45, 2000.

7.2.3 最近の対策工法

(1) 土のう工法とD・BOX工法[4-7]

(a) 土のう工法

　土のう積層体 (5.3.2 項 (7) 参照) は高減衰の減振装置としての機能を果たし，交通振動については数 dB ～ 10 dB 程度の振動低減が観測されている．

　土のうの仕上がりの大きさは，1 個あたり 400 × 400 × (80 ～ 100) mm であり，平均すると 1 m² あたり 6.3 個設置するが，3 段程度積み上げる方が振動低減効果があるため，1 m² あたりの土のうは約 19 個必要になる．3 段積み施工の 1 m² あたりの価格は，土のうの製作費，敷設費として約 11,300 円である．この施工単価は，新設道路の場合であり，また運搬費等の間接費を含んでいない．さらに，既設道路に土のうを敷設する場合には，別途舗装部の掘削・復旧費，路床の上部掘削費等が加算される．

　交通量が非常に多く基礎地盤の軟弱さのため，沿道住民から交通振動に対して苦情が発生していた交差点 (片側の道路幅約 12 m) の事例では，対策工として，路床部の上層に土のう 3 段 (総高さ：約 20 cm) が施工されるとともに，振動伝播を極力防ぐために歩道寄りのコンクリート製側溝との接点に土のうが 2 段多く配置され，施工延長は 22 m で約 5,000 袋の土のうが使用された[6]．土のうによる防振対策を実施した結果，車道端での振動レベルの最大値は，67 dB から 12 ～ 13 dB 低減しており，歩道幅の 4 m 離れた官民境界での振動レベルの最大値は，57 dB から 9 ～ 11 dB 低減している．文献には，対策費用が示されていないため正確にはわからないが，1 m² あたり 11,300 円程度と想定すると，約 300 万円の土のう設置費が必要となり，舗装切削，路盤掘削，上層路盤，基層，表層舗装等の施工費を合わせると，対策費は 900 万円程度になるものと考えられる．

(b) D・BOX 工法

　D・BOX とは区画分割された箱状の単位 (Divided Box) を意味し，土のうと同様に，中詰めした土の粒子間の摩擦で振動のエネルギーを消散させる．いわば現代版土のう工法であり，「土のう」とよべないほど進化しているため，新たに名づけられたものである．

　D・BOX は箱状の袋であり，上面は完全に開口するので，現場で中詰め材の投入が容易に行える．

7.2 道路交通振動の対策工法およびその費用対効果

　D・BOX には，D・BOX-SS と D・BOX-LS がある．D・BOX-SS は，袋内部にガイドゲージというプラスチック製の連結治具を設けた小型 D・BOX で，重機の搬入が困難な現場等でも使用できる機動性をもち，ガイドゲージにより構造物に合った正確な寸法で設置できる．D・BOX-LS は，袋内部にトラスバンドという補強バンドを有する吊り上げ設置式の大型 D・BOX であり，中央のリフトバンドを吊り上げることによって，内部の土を強固に拘束し直方体形状を維持したままで吊り上げ移動ができる．

　D・BOX-SS および D・BOX-LS を設置した場合の振動実験結果によると，振源を地盤上に直接置いた場合から，D・BOX-SS45（450 × 450 × 80 mm），D・BOX-SS90（900 × 900 × 80 mm）を3段積層したものは約 10 dB，D・BOX-LS100（1000 × 1000 × 250 mm），D・BOX-LS150（1500 × 1500 × 450 mm）1段のものは約 11～12 dB 低減している．SS45 や SS90 において通常の土のうよりも大幅に振動が低減しているのは，内蔵されているプラスチック製のガイドゲージによる拘束効果と連結効果のためと考えられている．

　また，大型の D・BOX-LS100 や LS150 において1段でも 10 dB 以上の振動低減効果が確認されているのは，袋の微小なしなやかさに基づく振動低減のメカニズムが卓越していることに起因するものと考えられている．したがって，D・BOX は，振動エネルギーの消散メカニズムを内蔵する高減衰の減衰装置と考えられる．

　D・BOX-SS および D・BOX-LS の設計単価，直接工事費は，表 7.3 に示

表7.3　D・BOX-SS および D・BOX-LS の参考単価[4]

種　類	設計単価/袋 [円]	直接工事費（材工含む） [円/m^2]
D・BOX-SS45	600	12,000
D・BOX-SS90	2,000	8,920
D・BOX-LS100	6,000	7,220
D・BOX-LS150	12,000	7,420

（注1）直接工事費は SS45，SS90 がそれぞれ3段積み
（注2）LS100，LS150 は1段で施工した場合の価格

---

4) 松岡元，野本太：現代版土のう工法としての D・BOX 工法とその「一石"多"鳥」効果〈下〉―地盤補強・振動低減・凍上防止―（NETIS 登録番号：KT-100098），土木コスト情報，pp.2-6, 2011.

すとおりである．D・BOX-SS の 3 段積みおよび D・BOX-LS の 1 段積みの場合，1 m² あたりの直接工事費は，約 8,900 ～ 12,000 円（SS），約 7,200 ～ 7,400 円（LS）である．

セメントによる路床改良を行ったにもかかわらず，住民による道路交通振動に対する強い苦情が発生した区間で，地盤改良・振動低減工法として D・BOX 工法の LS100（100 × 100 × 25 cm）が 100 m の施工区間で採用された．軟弱地盤上での D・BOX の敷設状況（原則 1 段）および敷設後のローラによる転圧状況を図 7.6 に示す[4, 5, 7]．振動の低減量は，振動加速度レベルで 10 dB 程度であり，D・BOX の敷設幅を 6 m とすると，D・BOX の設置費用は約 430 万円程度と想定される．これに，舗装切削，路盤掘削，上層路盤，基層，表層舗装等の施工費を合わせると，対策費は 1,800 万円程度になるものと考えられる．

D・BOX の敷設状況　　　D・BOX 敷設後の転圧状況

図 7.6　D・BOX の敷設状況[5]

(2) ハイブリッド振動遮断壁[8]

ハイブリッド振動遮断壁（5.3.2 項(10)参照）は，1980 年代にスウェーデンの Massarsch によって提案されたガスクッション防振壁に，ソイルセメント壁，鋼矢板を付加して構成された防振壁であり，道路交通振動の伝播経路対策としても採用されている．

ダンプトラック走行時の振動加速度レベルは，表 7.4 に示すとおりハイブリッド振動遮断壁（ガスクッション 5 m 深さ，鋼矢板（Ⅲ型）6.5 m 深さの併

5）松岡元，山本春行，野本太：現代版土のう工法としての D・BOX 工法とその局所圧密効果および振動低減効果，平成 22 年度ジオシンセティックス論文集第 25 巻，国際ジオシンセティックス学会日本支部，pp.19-26, 2010.

表 7.4 ハイブリッド振動遮断壁の対策効果と費用

工事区分	試験工事
施工方法	狭隘地対応型
施工機械	専用機（サイレントパイラー，揺動ジェット）
対象地盤	粘性土，砂質土（N値：2～5）
施工深度	5.5 m
施工延長	9.6 m
概算施工単価（直接工事費）	20万円/m^2
振動発生源	道路交通振動
卓越振動数	10～25 Hz
対策効果	9 dB（壁から1 m地点）
直接工事費	約1,000万円

用）の設置により，9 dB 低減した事例があり，その設置費用（直接工事費）は延長9.6 m で約1,000万円となっている．

7.3 鉄道振動の対策工法およびその費用対効果

7.3.1 発生源対策の事例[1, 9-22]

鉄道振動の発生源対策の事例を表7.5 に示す．車輪削正，滑走検知，バラスト軌道の整備，レール削正，レール継目部の補修，軌道の低ばね化，有道床弾性マクラギ，バラストマット，軌道スラブ用せん断型レール締結装置，マクラギ埋込式防振直結軌道，フローティングスラブ，弾性マクラギ直結軌道，ジオ

表 7.5 鉄道振動の発生源対策の事例

対　策	概　要
①車輪削正	車両の減速時にレール上を車輪が滑走した場合に，車輪が局部的に摩耗して円局面であるべき車輪の一部に平面部（車輪フラット）が生じ，以後の走行時に衝撃的な振動が発生するため，車輪を円局面に削ってこの車輪フラットをなくすことによって発生する振動を抑える方法．
②滑走検知	車輪のレール上の滑走を検知してブレーキを緩めて，車輪フラットの発生を防止する方法．

表 7.5 (つづき)

対　策	概　要
③バラスト軌道の整備	マクラギ周辺のバラストを密に締め固めることにより，列車通過時のレールの変位を小さくして振動を低減する方法であり，多くの事業者が重点的に実施している．効果が長く続かないため，近年大規模改良時には，新型軌道構造（コンクリート道床とマクラギ間に弾性材を挿入した軌道構造）が採用されている．
④レール削正	レール上の凹凸を削正して振動の発生を抑える方法．6.5 m 地点で最大 6 dB 低下したという事例もあり，費用対効果の評価は高い．
⑤レール継目部の補修	レール継目等のレール欠損部では，衝撃的な振動が発生する．各事業者は，レール欠損部が構造的に生じる分岐器，信号回路を構成するうえで必要となるレール間絶縁箇所の欠損部等において，新たな対策を講じている．ロングレール化や新型の分岐器により，レール継目からの衝撃的な振動を低減する方法については，多くの事業者が採用し，費用対効果で高い評価を得ている． ただし，ロングレール化は，発生源であるレールの継ぎ目を溶接してなくす対策であるが，半径 300 m 以下の曲線部では採用が難しい．絶縁部の対策としての斜接着絶縁継目は，直近で振動が 5 dB 低減したという事例がある．分岐器については，欠損部の乗り移りに伴う衝撃を低減するために，材料および接合方法が検討されており，新しい対策型の分岐器が試験導入されている．
⑥軌道の低ばね化[6]	レールと構造物との間のばね値を小さくして，車輪からの衝撃的な振動が構造物に伝わることを抑える方法．スラブ軌道においてレール締結装置のばね値を小さくする方法，バラスト軌道においてコンクリートマクラギに弾性材を巻いてバラストとコンクリートマクラギとの間のばね値を小さくする方法，バラスト下面にゴム製のバラストマットを敷いてバラストと構造物との間のばね値を小さくする方法などがある． 低ばね係数レール締結装置／軌道スラブ／有道床弾性マクラギ／バラスト／バラストマット

---

6) 富田健司：走行車両により発生する振動の特徴と対策の動向—Ⅱ．鉄道沿線の振動—，第 2 回振動制御コロキウム講演論文集 PART A 構造物の振動制御 (2)　(1993. 8)，土木学会構造工学委員会振動制御小委員会編，p.171, 1993.

7.3 鉄道振動の対策工法およびその費用対効果

表7.5 （つづき）

対　策	概　要
⑦有道床弾性マクラギ[7]	軌道の低ばね化のためにバラスト軌道用のPCマクラギをゴム製の弾性材で被覆したもの．
⑧バラストマット[8]	軌道の低ばね化のために，バラストと構造物との間に設けるゴム製のマット．ゴム系あるいはポリウレタン系などの材料が用いられている．
⑨軌道スラブ用せん断型レール締結装置[9]	スラブ軌道の低ばね化を目的として，レールへの荷重をゴムのせん断変形を介して軌道スラブに伝えようとするレール締結装置．
⑩軌道スラブ用圧縮型レール締結装置[10]	スラブ軌道の低ばね化を目的として，レール底面と軌道スラブの間にゴムを設けて，その圧縮により荷重を伝達するレール締結装置．
⑪マクラギ埋込式防振直結軌道[9]	あらかじめ製作工場で弾性マクラギブロックを軌道スラブに埋め込み，スラブ軌道の施工性と弾性マクラギ直結軌道の軌道ばね値の低減効果を併せもつもの．

---

7) 東憲昭，上山旦芳，大井清一郎，甲斐総治郎，佐々木英夫，関雅樹，長藤敬晴，早瀬藤二，山本章義：軌道構造と材料—軌道構造の設計と維持管理—，交通新聞社，p.460, 2001.

8) 土性清隆，早川清，野村勝家：地下鉄軌道での防振マットの低減効果確認試験，第2回振動制御コロキウム PART B 講演論文集，p.144, 1993.

9) 安藤勝敏，熊崎弘，堀池高広：新しい防振軌道構造の性能試験，鉄道総研報告，Vol.8, No.6, p.45, 1994.

10) 堀池高広，熊崎弘，安藤勝敏：防振レール締結装置の開発，土木学会第49回年次学術講演会（平成6年9月），第Ⅳ部門，pp.550-551, 1994.

表7.5 （つづき）

対　策	概　　要
⑫フローティングスラブ[11]	軌道を直接支持するコンクリートスラブを構造物から弾性材を介して支持するもの．
⑬弾性マクラギ直結軌道[12]	コンクリートマクラギと道床コンクリートとの間に弾性材を設けるもの． （a）B型弾直軌道　（a）D型弾直軌道

---

11) 安藤勝敏, 吉岡修：振動を減らす軌道構造, RRR 1995年9月号, pp.14-17, 1995.
12) 安藤勝敏, 堀池高広, 須永陽一, 半坂征則：着脱式弾性まくらぎ直結軌道（D型弾直軌道）の開発, RRR 2002年1月号, pp.10-13, 2002.

表 7.5 （つづき）

対　策	概　要
⑭ジオセル補強路盤[13]	バラスト軌道において，バラストと土路盤との間にハニカム状のジオセルを設けてこの中に砕石を入れ，さらにジオテキスタイルを敷いて，とくに軟弱な地盤への振動伝達を抑えようとする路盤.
⑮攪拌混合改良路盤[14]	土路盤を攪拌混合杭で強化したもの.
⑯生石灰杭改良路盤[14]	土路盤を生石灰杭で改良して強化したもの.

---

13) 関根悦夫，村本勝巳：軟弱な路盤の線路は手が掛かる―路盤を強くするには―，RRR 1994 年 8 月号，1994.
14) 関根悦夫，早川清，松井保：講座 粘性土の動的性質 3. 粘性土の動的問題に関するケース・ヒストリーと現象のメカニズム，土と基礎，46-9, p.43-48, 1998.

表 7.5 （つづき）

対　策	概　要
⑰生石灰・セメント改良杭路盤[15]	土路盤を生石灰とセメントの混合物で改良強化したもの．
⑱EPS 路盤[16]	路盤に発泡スチロールを設けて，振動伝播を抑えようとするもの．

セル補強路盤，攪拌混合改良路盤，生石灰杭改良路盤等があり，レールに関する対策，弾性材で被覆した対策，レール締結装置による対策，路盤改良による対策等に分類できる．

7.3.2 伝播経路対策の事例

鉄道振動の伝播経路対策の事例を，表 7.6 に示す．鋼矢板振動遮断壁，二重鋼矢板振動遮断壁，発泡材振動遮断壁が用いられている．

---

15) Mehdi Bahrekazemi, Anders Bodare, Bo Andreasson, Alexander Smekal : MITIGATION OF TRAIN-INDUCED GROUND VIBRATION ; LESSONS FROM THE LEDSGARD PROJECT, Fifth International Conference on Case Histories in Geotechnical Engineering, No.4.08, p.3, 2004.

16) 澤武正昭，早川清ほか：地盤振動制御における EPS 活用に関する研究(2), 日本騒音制御工学会技術発表会講演論文集, pp.245-248, 1990.

7.3 鉄道振動の対策工法およびその費用対効果

表 7.6 鉄道振動の伝播経路対策の事例

対　策	概　要
① 鋼矢板振動遮断壁[17]	軌道に沿って地中に鋼矢板を設けて振動を遮断しようとするもの．構造物からの振動の遮断に用いることもある． （防音壁，民家，防音壁基礎兼笠コンクリート，1.2 m，鋼矢板Ⅱ型，6 m）
② 二重鋼矢板振動遮断壁[17]	軌道に沿って地中に鋼矢板を二重に設け，その間に砕石などを入れて振動を遮断しようとするもの．構造物からの振動の遮断に用いることもある． （4 m〜6 m，民家，5 m，4 m，鋼矢板Ⅱ型，鋼矢板Ⅱ型，砕石，コンクリート，0.8 m）
③ 発泡材振動遮断壁[18]	軌道に沿って地中に発泡ウレタン等の壁を設けて振動を遮断しようとするもの．二重鋼矢板の間に発泡ウレタンを挟む方法もある．地平を通る鉄道のレール継目の近傍に設けて効果を挙げている事例がある．発泡ウレタン壁深さ 3 m，厚さ 0.8 m（延長 30 m）の場合，壁近傍で 8 dB，高架橋の柱から 7〜27 m 地点において 2〜5 dB の振動低減効果が得られている． （深さ 3 m（B タイプ），深さ 2 m（C タイプ），4.0，3.0，0.4，3.0，2.0，0.4，5.2，4.6，27.2 22.2 17.2 13.2 9.7 7.3 5.5（単位：m），発泡ウレタン，矢板）

---

17) 斎藤聡，小泉昌弘：津軽線における地盤振動対策，SED, No.7, pp.58-63, 1996.
18) 縄田昌弘，辻本賀一，原口寛，芦谷公稔，発泡ウレタンを用いた地盤振動遮断工現地試験，土木学会第 49 回年次学術講演会（平成 6 年 9 月），第Ⅳ部門，pp.546-547, 1994.

7.3.3 最近の対策工法

(1) 土のう工法[26]

鉄道路盤部に土のう積層体を設置し，土のう積層体の路盤部と隣接する通常の路盤部において，供用後の鉄道振動を対象に振動の伝播状況が調査されている．土のう積層体には，路盤部に砕石（粒径 40 mm 以下）を中詰め材とした土のう（40 × 40 × 8 cm）が 4 段，幅約 4m，延長約 40 m 敷設されている（図 7.7）．

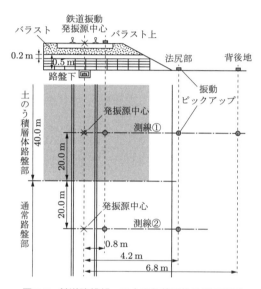

図 7.7　鉄道路盤部への土のう積層体の施工概要

軌道中心から 4.2 m 地点（法尻）の振動レベルの最大値は，土のう積層体路盤部が通常路盤部に比べて 4 dB 低減している．直接工事費は 240 万円程度と想定される．

(2) ハイブリッド振動遮断壁

鉄道振動に対するハイブリッド振動遮断壁の適用事例を表 7.7 に示す．在来線の近接側軌道中心から 10 m の位置に，ハイブリッド遮断壁（設置深さ 10 m，施工延長 20 m）を設置した場合，遮断壁から 19 m 地点において 5 dB 程度の低減効果が得られた[8]．その設置費用（直接工事費）は，3,600 万円程

表7.7 ハイブリッド振動遮断壁の対策効果と費用

	事例1	事例2	事例3
施工方法	狭隘地対応型	標準施工型	標準施工型
施工機械	専用機（サイレントパイラー＋揺動ジェット）	オールケーシング掘削＋クレーン	ケコム掘削＋クレーン
対象地盤	粘性土（N値＝1〜3）	礫混じり玉石（N値＞50）	玉石混じり砂礫（N値＞50）
施工深度	5 m	10 m	12 m
施工延長	36 m	20 m	20 m
概算施工単価（直工費）	220 千円/m²	180 千円/m²	250 千円/m²
卓越周波数	6〜10 Hz	10〜60 Hz	8〜10 Hz
防振効果	7〜9 dB（壁から1 m地点）	11 dB（壁から1 m地点）	8 dB（壁から2 m地点）
直接工事費	約4,000万円	約3,600万円	約6,000万円

度である．

(3) スクラップタイヤ振動遮断壁[27]

設置延長が約120 m，設置深さが約6 m，防振材 ϕ800 mm，施工本数約150本のスクラップタイヤ振動遮断壁による地盤環境振動対策事例（図7.8）では，振動低減効果は鉛直方向で最大4 dB，直交方向で最大4.5 dBとなって

図7.8 スクラップタイヤ振動遮断壁の設置状況

おり，振動対策工事費は約5,600万円（発生残土・泥水処分費，アスファルト舗装，樹木，上空・地中障害にかかわる撤去・復旧費および安全対策費を除く）と計上されている．

7.4 建設工事振動の対策工法およびその費用対効果[28]

7.4.1 発生源対策の事例

発生源対策としては，低振動型の建設機械の採用や低振動型の施工方法の採用があるが，対策費用が高くなるものがあり，ハード的およびソフト的対策を有機的に組み合わせることが重要である．

ハード的対策の一つとして，敷き鉄板の下に敷設するだけで防振効果の大きい防振マットが開発されている．NETIS（新技術情報提供システム）に登録されているセルダンパー防振マット[29]は，敷き鉄板上をバックホウやコンクリートミキサー車が走行した場合の地盤の振動レベルは10 dB程度，バックホウの掘削作業時の振動レベルは5 dB程度，それぞれ低減効果があることが確認されている（図7.9）．製品サイズは，1.5×3 mで厚さは50 mm，重量36 kgであり，18 m²あたり約32万円と計上されている[30]．

また，建設機械の下に土のうを設置した場合，振動レベルが低減している事例がある（図7.10，バックホウ：4 dB低減，振動ローラ：8 dB低減，振動コンパクタ：3 dB低減）[31, 32]．

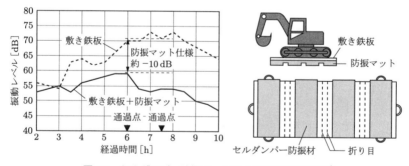

図7.9 セルダンパー防振マットによる振動低減事例[19]

---

19) 株式会社イノアックコーポレーション：セルダンパー防振マット，日経コンストラクション 2015年7月27日号広告別冊 NETIS 登録技術 2015, p.11, 2015.

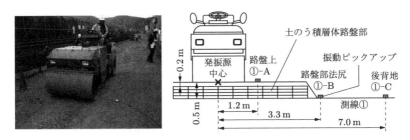

図 7.10 振動ローラの下に土のうを敷いた振動低減確認調査

7.4.2 伝播経路対策の事例

軟弱地盤地域では，軟弱地盤対策として連続遮断壁や鋼矢板が打設されるが，鋼矢板等の背後面ではその副次効果として 8 〜 12 dB 程度の振動低減効果が見られた事例も報告されている（図 7.11）．対策費用は，軟弱地盤対策費として計上されている．

図 7.11 地中連続壁および応力遮断壁による軟弱地盤対策

軟弱地盤の程度，工事の規模等により，対策費用は相当な幅があるが，N 値が 10 以下の粘性土の場合の直接工事費は，鋼矢板遮断壁（10 〜 20 m 程度の深さで延長 100 m 程度）の場合 2 万円/m^2 程度，SMW（土（soil）とセメントスラリーを原位置で混合・攪拌（mixing）し，地中に造成する壁体（wall）の略称）地中連続壁（10 〜 20 m 程度の深さで延長 100 m 程度）の場合，3 〜 4 万円/m^2 程度である．

7.5　工場機械振動の対策工法およびその費用対効果[1, 33]

　工場機械の振動対策の基本は，費用対効果を考慮すると発生源対策である．振動発生源での対策として防振ゴム，金属ばね，空気ばね，浮き基礎，吊り基礎など，図 7.12 に示すとおり機械の基礎部において対策する事例が多い．プレス機の対策工法として，空気ばねを用いた事例では 12 〜 27 dB の低減効果が報告されており，その対策費用は 100 万円程度から 1,000 万円以内の事例が多い．図(a)では振動レベルが 13 dB 低減，総額約 65 万円であり，図(b)では振動レベルが 27 dB 低減，総額約 800 万円となっている．

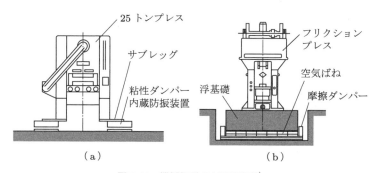

図 7.12　機械振動の対策事例[20]

　また，発生源対策のみでは振動低減の困難な場合や，振動発生源の立地条件によって発生源対策の実施が困難な場合には，伝播経路に防振壁等を施工することがある．

7.6　ソフト的対策

　建設工事では振動の発生期間が限られていることから，その振動対策の採用には慎重な検討が必要である．とくに，周辺住民とのコミュニケーションとして，①掲示板およびチラシによる建設工事内容の周知（図 7.13），②挨拶，見回り巡回，訪問等による周辺住民との直接対話，③現場責任者等による建設工事説明会（図 7.14）や見学会の実施等のソフト的対策は，適切なハード的対

---

20) 日本騒音防止協会：振動防止技術指針（工場・事業場編）策定調査　平成 13 年度環境省委託業務報告書，p.48-52, 2001.

図7.13 掲示板による工事内容の周知　　図7.14 建設工事説明会の開催状況

策と併せて実施することにより対策効果が大きいと評価されている．これらのソフト対策は，ハード対策と比較して直接の対策費用が安価であり，費用対効果は非常に大きいものである．

その他のソフト的対策としては，①看板や速度警報装置による制限速度の周知，②建設機械オペレータへの教育徹底，③建設機械オペレータの固定化，④振動モニタリングによる建設機械オペレータへのリアルタイムでの警告等があり，①～③については費用的に安価な対策といえる．④の振動モニタリングシステムの設置・維持費用は，振動計・騒音計・表示器を5台とモニタリングシステム，ネットワークシステム（事務所で監視等）を合わせて，1年間あたり1,000万円程度と考えられる（図7.15）．

図7.15 振動モニタリングシステムの一例

7.7 費用対効果の分析と考察

　地盤環境振動対策の具体的な効果についての記述がある文献から事例を抽出し，費用対効果の分析と考察を行った結果を示す．文献から対策効果を抽出する場合には，以下の方法によった．
① 複数の測点で対策前後の効果を測定している場合には，敷地境界付近または振源からおおむね 10 m 程度離れた地表面の上下動（鉛直方向）のデータを採用した．
② 効果が幅をもって示されている場合には，デシベル表示における最大と最小の算術平均を代表値とした．
③ 特定の周波数の加振実験による効果の事例は，採用しなかった．
④ 当初から対策したため，効果の比較対象と条件が近似しているかが確認できない事例は採用しなかった．
⑤ 振動源と選択した対策によって施工規模がおおむね決まってしまうため，総費用で比較した．

　また，文献から対策方法を抽出するにあたって，形状・寸法，施工延長など，工事費を算出するために必要な数量が記述されていない事例は，これが推定できる場合を除いて採用しなかった．これらの結果，抽出した事例は表 7.8 に示すとおり 36 事例である[1]．

表 7.8　対策工法による費用対効果分析の事例

発生源	対　策	振動レベルの代表低減効果 [dB]	出　典
道路	舗装の切削，オーバーレイ	8.5	[34]
道路	ゴム支承付きコンクリート版	14	[35]
道路	路床部に土のう	11	[6]
道路	道路直下に EPS	7	[36]
高架道路	ノージョイント化（11 径間連続化）	9.9	[37]
高架道路	鋼 I 形桁のジョイントレス化	1	[38]
高架道路	橋脚近傍に中空 PC 杭	5	[39]
新幹線	有道床弾性マクラギ	3	[40]
地下鉄	バラストマット	11.5	[41]

表7.8 (つづき)

発生源	対策	振動レベルの代表低減効果 [dB]	出典
高速鉄道	軌道直下にセメント柱列杭	3.5	[42]
鉄道	レール継目の直下にEPS	6	[43]
在来線	鋼矢板Ⅱ型	3.5	[44]
在来線	鋼矢板Ⅱ型笠コン付き	5	[45]
新幹線	鋼矢板Ⅱ型	4	[46]
新幹線	鋼矢板Ⅱ型	1	[47]
新幹線	鋼矢板Ⅱ型	2	[48]
新幹線	コンクリート地中壁	4	[49]
新幹線	鋼矢板Ⅱ型2列とコンクリート地中壁	12.5	[50]
新幹線	無筋コンクリート地中壁	10	[51, 52]
鉄道	レール継目近傍にEPS壁	5	[53]
新幹線	鋼矢板Ⅱ型2列とコンクリート地中壁	5	[54]
新幹線	ウレタン地中壁	3.5	[55]
建設機械	ケーソン作業床にばね防振	16.5	[56]
プレス機	空気ばね	19.0	[57]
プレス機5台	空気ばね(ダンパー内蔵)	12.0	[58]
プレス機	空気ばね(ダンパー内蔵)	17.0	[59]
プレス機	多段積層ゴム式防振装置	18.0	[60]
プレス機	空気ばね(ダンパー内蔵)	20.0	[61]
プレス機	多段積層ゴム式防振装置	10.0	[62]
プレス機	空気ばね	12.0	[63]
プレス機	空気ばね	13.0	[64]
プレス機	防振ゴム	12.0	[65]
プレス機	空気ばね	27.0	[66]
ミル	防振ゴム	10.0	[67]
紙打抜き機	多段積層ゴム式防振装置	13.0	[68]
紙破砕機2台	コイルばね+粘性ダンパー	17.0	[69]

文献から抽出した対策前後の効果の記述がある36事例について，13事例は円単位の費用の記述があった．2事例では外貨での記述があったので，円に換算した．その他については，聞き取り調査，物価本，歩掛からの積算，ほかの事例からの推定などの方法により，工事単価を設定して対策費用が求められた文献[1]の結果を用いている．

また，最近の地盤環境振動対策工法による費用対効果の分析事例は表7.9に示すとおりであり，文献調査および聞き取り調査により，対策効果，対策費用が把握できた，D・BOX，ハイブリッド遮断壁，スクラップタイヤ振動遮断壁など8事例を追加している．

費用と対策効果を図7.16〜7.18に示す．ただし，次の点に留意する必要がある．

表7.9 最近の地盤環境振動対策工法による費用対効果分析の事例

発生源	対　策	振動レベルの代表低減効果 [dB]	出　典
道路	D・BOX工法	10	[4-7]
道路	ハイブリッド遮断壁	9	[8]
鉄道	ハイブリッド遮断壁	8	[8]
鉄道	ハイブリッド遮断壁	11	[8]
鉄道	ハイブリッド遮断壁	8	[8]
工場機械	ハイブリッド遮断壁	4.5	[8]
鉄道	路盤部に土のう	4	[26]
鉄道	スクラップタイヤ振動遮断壁	4	[27]

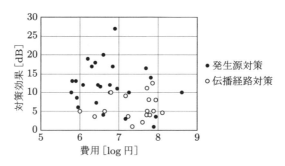

図7.16 対策箇所別の費用対効果の関係

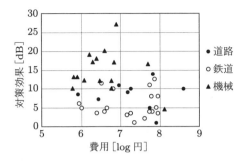

図 7.17　振動源別の費用対効果の関係

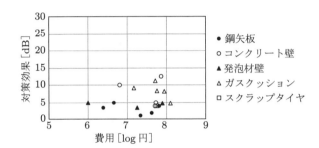

図 7.18　防振壁の種類別の費用対効果の関係

- データ量が十分ではない．
- 効果は代表値で示しているが，実際には幅をもっている．
- 施工条件が不明確で施工規模が小さく，一部の施工数量に推定を含むため費用の精度は高くない．
- 対策効果を円単位としないでデシベル（dB）とした結果，同じ振動低減効果がある場合でも受益者が多い場合には，本来便益が大きくなることが考慮されていない．

図 7.16 に示す対策箇所別の費用対効果の関係から，発生源での対策の場合，費用が安価で効果が大きいとも読めるが，図 7.17 に示すように発生源対策の大部分が機械振動対策の事例であるため，機械振動対策では比較的少ない費用で大きな対策効果が得られているといえる．

これは，機械振動においては，発生源が固定された点振動源であり，その周波数特性が比較的明確で，それに合わせて発生源近傍の機械の基礎部で対策が実施されているためと考えられる．これに対して，道路と鉄道では発生源が線

振動源であり，移動荷重が原因であるため，その振動対策費用が高額になっていることがわかる．道路と鉄道の費用対効果のデータからは，対策費用が増加するにつれて対策効果が大きくなる事例があるが，そのばらつきも大きくなる傾向が読み取れる．

図 7.18 に示す防振壁の種類別の費用対効果の関係からは，防振壁は十分な振動低減効果があり，とくにコンクリート壁では効果が顕著な例も見られる．これは，土とコンクリートの弾性係数が大きく異なる（剛性の相違による）ためと考えられる．また，鋼矢板に対してコンクリート壁の曲げ剛性は数十倍以上あることも影響しているものと考えられる．鋼矢板壁の効果が費用の違いに対して差が少ないことから，深さや対策延長など鋼矢板壁の規模を変えても，振動低減効果にあまり差がないことが想定される．

発泡材を用いた振動遮断壁は，鋼矢板壁に比べて振動低減効果が確実に得られるが，対策費用も高価になっている．ただし，地平部（素地）を走行する鉄道において，レール継目の近傍のみに発泡材を用いた振動遮断壁を設けることによって，少ない費用で比較的大きな振動低減効果を挙げている事例がある．

参考文献

[1] 長山喜則，芦刈義孝，内田季延，藤森茂之ほか：環境振動対策の費用対効果分析の試み，都市域における環境振動の実態と対策講習会，社団法人土木学会関西支部，pp.98-117, 2005

[2] 日経コンストラクション編集部：損傷対策で支障をまとめ桁を一体化（阪神高速道路東大阪線構造改良工事（大阪府）），日経コンストラクション 2013 年 1 月 28 日号，pp.6-11, 2013

[3] 中村一平，有馬伸広：道路交通振動の対策技術，環境技術，Vol.29, No.11, pp.40-45, 2000.

[4] 松岡元，野本太：現代版土のう工法としての D・BOX 工法とその「一石多鳥」効果〈上〉—地盤補強・振動低減・凍上防止—（NETIS 登録番号：KT-100098，土木コスト情報，pp.1-5, 2011.

[5] 松岡元，野本太：現代版土のう工法としての D・BOX 工法とその「一石多鳥」効果〈下〉—地盤補強・振動低減・凍上防止—（NETIS 登録番号：KT-100098），土木コスト情報，pp.2-6, 2011.

[6] 松岡元，村松大輔，木田勝久，北村一男，安藤裕之：「土のう」を用いた道路交通振動の低減法，第 39 回地盤工学研究発表会，pp.2343-2344, 2004.

[7] 松岡元，山本春行，野本太：現代版土のう工法としての D・BOX 工法とその局所圧密効果および振動低減効果，平成 22 年度ジオシンセティックス論文集第

25巻，国際ジオシンセティックス学会　日本支部，pp.19-26, 2010.
- [8] 櫛原信二：ガスクッションによる地盤環境振動対策—ハイブリッド振動遮断壁工法（HGC工法）—，地盤環境振動の対策技術に関する講演会講演資料集，財団法人災害科学研究所，pp.45-57, 2012.
- [9] 平川良浩：在来線鉄道振動の評価と対策の現状，環境技術，Vol.36, No.7, pp.15-20, 2007.
- [10] 富田健司：走行車両により発生する振動の特徴と対策の動向（Ⅱ．鉄道沿線の振動），第2回振動制御コロキウム講演論文集 PART A，構造物の振動制御（2）(1993.8)，土木学会構造工学委員会振動制御小委員会編，p.171, 1993.
- [11] 東憲昭，上山旦芳，大井清一郎，甲斐総治郎，佐々木英夫，関雅樹，長藤敬晴，早瀬藤二，山本章義：軌道構造と材料—軌道構造の設計と維持管理—，交通新聞社，p.460, 2001.
- [12] 土性清隆，早川清，野村勝義：地下鉄軌道での防振マットの低減効果確認試験，第2回振動制御コロキウム PART B 講演論文集，p.144, 1993.
- [13] 安藤勝敏，熊崎弘，堀池高広：新しい防振軌道構造の性能試験，鉄道総研報告，Vol.8, No.6, p.45, 1994.
- [14] 堀池高広，熊崎弘，安藤勝敏：防振レール締結装置の開発，土木学会第49回年次学術講演会（平成6年9月），pp.550-551, 1994.
- [15] 前掲[13]，p.45
- [16] 安藤勝敏，吉岡修：振動を減らす軌道構造，RRR 1995年9月号，pp.14-17, 1995.
- [17] 安藤勝敏，堀池高広，須永陽一，半坂征則：着脱式弾性まくらぎ直結軌道（D型弾直軌道）の開発，RRR，2002年1月号，pp.10-13, 2002.
- [18] 関根悦夫，村本勝巳：軟弱な路盤の線路は手が掛かる—路盤を強くするには—，RRR 1994年8月号，1994.
- [19] 関根悦夫，早川清，松井保：講座 粘性土の動的性質 3.粘性土の動的問題に関するケース・ヒストリーと現象のメカニズム，土と基礎，46-9, p.45, 1998.
- [20] 前掲[19]，p.44
- [21] Mehdi Bahrekazemi, Anders Bodare, Bo Andreasson, Alexander Smekal : MITIGATION OF TRAIN-INDUCED GROUND VIBRATION ; LESSONS FROM THE LEDSGARD PROJECT, Fifth International Conference on Case Histories in Geotechnical Engineering, No.4.08, p.3, 2004.
- [22] 澤武正昭，早川清ほか：地盤振動制御における EPS 活用に関する研究(2)，日本騒音制御工学会技術発表会講演論文集，pp.245-248, 1990.
- [23] 斎藤聡，小泉昌弘：津軽線における地盤振動対策，SED, No.7, p.62, 1996.
- [24] 前掲[23]，p.58
- [25] 縄田昌弘，辻本賀一，原口寛，芦谷公稔，発泡ウレタンを用いた地盤振動遮断工現地試験，土木学会第49回年次学術講演会（平成6年9月），第Ⅳ部門，

pp.546-547, 1994.
[26] 松岡元，門田浩一，芦刈義孝：土のう積層体を用いた鉄道路盤の振動低減特性，土木学会第62回年次学術講演会，第Ⅶ部門，pp.343-344, 2007.
[27] 樫本裕輔：スクラップタイヤ振動遮断壁の適用事例，地盤環境振動の対策技術に関する講演会講演資料集，財団法人災害科学研究所，pp.59-67, 2012.
[28] 藤森茂之，早川清ほか：軟弱地盤での建設工事振動対策の体系化及び効果評価，環境技術，Vol.39, No.4, pp.37-45, 2010.
[29] (株)イノアックコーポレーション：セルダンパー防振マット，日経コンストラクション 2015年7月27日号広告別冊 NETIS 登録技術 2015, p.11, 2015.
[30] NETIS（新技術情報提供システム）：セルダンパー防振マット
[31] 門田浩一，芦刈義孝，松岡元，久保真一：土のう積層体を用いた鉄道路盤工事における振動低減確認調査，第41回地盤工学研究発表会，pp.1091-1092, 2006.
[32] 芦刈義孝，門田浩一：振動調査結果に基づく土のう積層体の振動低減効果検討，土木学会第65回年次学術講演会，第Ⅶ部門，pp.275-276, 2010.
[33] 日本騒音防止協会：振動防止技術指針（工場・事業場編）策定調査 平成13年度環境省委託業務報告書，pp.48-52, 2001.
[34] 早川清，後藤和廣，中村貞芳，門田浩一，伊藤正純，芦刈義孝：道路交通振動対策及び対策効果の評価事例（その2），第37回地盤工学研究発表会，pp.1921-1922, 2002.
[35] Paolo Clemente, Dario Rinaldis : Protection of a monumental building against traffic-induced vibrations, Soil DynEarthqEng, Vol.17-5, pp.289-296
[36] 早川清：EPS 防振壁による地盤振動対策の設計・施工事例，基礎工，Vol.30, No.1, pp.93-95, 2002.
[37] 徳永法夫：高架道路の交通振動に関する特性分析・評価方法・対策手法の研究，p.138, 1998.
[38] 讃岐康博，梶川康男，新開正英，岩津守昭：ジョイントレス工法の防振対策工としての妥当性の検討，第2回振動制御コロキウム PART B 講演論文集，p.153, 1993.
[39] 可児幸彦，早川清，漆畑勇ほか：中空杭による振動軽減対策，基礎工，Vol.30, No.1, pp.84-86, 2002.
[40] 宮本秀郎，松浦範夫：有道床弾性マクラギの敷設効果、日本鉄道施設協会誌，p.314, 1991.
[41] 前掲[12], p.146
[42] 前掲[21], p.3
[43] 前掲[36], p.95
[44] 前掲[23], p.60

[45] 前掲[23], p.60
[46] 吉岡修, 石崎昭義：空溝・地中壁による地盤振動低減効果に関する研究―東海道新幹線大草高架橋区間―, 鉄道技術研究報告, No.1147（施設編第502号）, p.67, 1980.
[47] 前掲[46], p.67
[48] 前掲[46], p.67
[49] 鉄道総合技術研究所：平成15年度環境省環境管理局請負調査 新幹線鉄道振動対策手法検討調査報告書, p.30, 2004.
[50] 前掲[46], p.67
[51] 前掲[49], p.83
[52] 吉岡修, 芦谷公稔：コンクリート振動遮断工の防振効果, 鉄道総研報告, Vol.5, No.11, p.40, 1991.
[53] 前掲[36], p.95
[54] 前掲[52], p.389
[55] 前掲[25], p.546
[56] 小林博章, 長島幹, 児島龍介, 真保正吾：圧入ケーソン立杭掘削時の振動防止対策, トンネルと地下, Vol.28-8, p.12, 1997.
[57] 前掲[33], p.29
[58] 前掲[33], p.33
[59] 前掲[33], p.35
[60] 前掲[33], p.39
[61] 前掲[33], p.41
[62] 前掲[33], p.43
[63] 前掲[33], p.46
[64] 前掲[33], p.48
[65] 前掲[33], p.50
[66] 前掲[33], p.52
[67] 前掲[33], p.76
[68] 前掲[33], p.106
[69] 前掲[33], p.109

第8章 道路交通振動の特徴と対策

　道路交通振動は，身近な環境問題の一つである．大型車の通行量の多い幹線道路等では，舗装の打継や道路のひび割れ，局所的なくぼみなどにより振動が発生する．局所的な段差により突発的な振動が発生し，苦情につながることも多い．これらの多くは舗装の修繕によって解決できるが，場合によっては大規模な修繕が必要になることもある．

　本章では，上記のような道路交通振動に着目して，法規制の状況，測定方法，予測方法，評価方法について述べるとともに，道路構造と振動の特徴，発生源・伝播経路として考えられる因子，道路交通振動の伝播特性について解説する．また，道路交通振動の対策を概括し，発生源対策，伝播経路対策，受振部対策について，対策内容，振動レベルの低減効果等を事例とともに述べる．

8.1　道路交通振動の現状

8.1.1　法規制の状況
(1)　振動規制法[1]

　振動規制法は，工場・事業場における振動の規制，建設工事に伴って発生する振動の規制，道路交通振動にかかわる要請等を定めることにより，住民の生活環境を保全し，健康の保護に資することを目的として，1976年6月10日法律第64号として公布され，同年12月1日から施行されている．

　このうち，道路における振動については，個々の自動車から発生するものというより，道路という施設から発生すると考えるのが適切である．そこで，市町村長は，指定地域内における道路交通振動が環境省令で定める限度を超えていることにより，周辺の生活環境が著しく損なわれていると認めるときは，道路管理者（国土交通省や都道府県の道路部局）に対し，当該道路の部分につき道路交通振動の防止のための舗装，維持または修繕（未舗装道路の舗装，路面整正，路面被覆，段差部分のすり合わせ，舗装の打換え等）の措置をとるべき

ことを要請するとされている．また，同様に交通管理者（都道府県公安委員会）に対しては，交通規制を要請することになっている．

ここで，環境省令で定める限度は，表 8.1 に示すとおりである．また，区域の区分および時間の区分については，表 8.2 ～ 8.3 の区分により都道府県知事が定めることになっている．

表 8.1　振動の大きさの限度

区域の区分	昼　間	夜　間
第 1 種区域	65 dB	60 dB
第 2 種区域	70 dB	65 dB

(注1) 学校，病院等とくに静穏を必要とする施設の周辺の道路における限度は，より良好な生活環境を保全する観点から，上記値以下，当該値から 5 dB 減じた値以上とすることができる．

(注2) 振動規制法の施設の際現に存する道路法（昭和 27 年法律第 180 号）第 3 条に定める一般国道または主要地方道（同法第 56 条の規定により建設大臣が指定する主要な都道府県道もしくは市道をいう）の区間であって，当該区間の 1 日あたりの自動車の交通量が 5,000 台以上のものであり，この区間の全部または一部で地盤が軟弱のため，舗装，維持または修繕の措置を十分に講じても夜間の第 1 種区域の限度を満足することが困難であり，かつ，その機能維持上，交通規制の措置をとることが困難なものについては，都道府県知事，道路管理者および都道府県公安委員会の三者の協議により，夜間の第 1 種区域の限度を夜間の第 2 種区域の値とすることができる．

表 8.2　区域の区分

第 1 種区域	良好な住居の環境を保全するため，とくに静穏の保持を必要とする区域および住居の用に供されているため，静穏の保持を必要とする区域
第 2 種区域	住居の用に併せて商業，工業等の用に供されている区域であって，その区域内の住民の生活環境を保全するため，振動の発生を防止する必要がある区域および主として工業等の用に供されている区域であって，その区域内の住民の生活環境を悪化させないため，著しい振動の発生を防止する必要がある区域

表 8.3　時間の区分

昼間	午前 5 時，6 時，7 時または 8 時から午後 7 時，8 時，9 時または 10 時まで
夜間	午後 7 時，8 時，9 時または 10 時から翌日の午前 5 時，6 時，7 時または 8 時まで

(2) 道路交通振動と建設工事振動および工場・事業場振動の違い

振動規制法による発生源別の規制状況などを表 8.4 に示す[2]．規制基準・要請限度の評価量である振動レベル（dB）の決定方法は，発生源によって異なる．建設作業と工場・事業場の場合には，観測される振動が定常的であるか，周期的あるいは間欠的であるかなど，振動の大きさの時間変動性状に応じた振動レベルの決定方法が示されている．一方，道路交通振動では，振動レベルの 80 % レンジの上端値（L_{10}）に限定されている．また，地域指定も工場・事業場と道路交通は第 1 種区域と第 2 種区域に分類され，昼間と夜間の時間区分の開始時刻は自治体によって選択することができる．建設作業では第 1 号区域（おおむね工場などにおける第 1 種および第 2 種区域に相当）と第 2 号区域で異なるが，同じ区域内では時間帯は 1 種類となっている．次に，規制基準と要請限度を見ると，工場・事業場の場合は，たとえば，第 1 種区域の昼間は 60 dB 以上 65 dB 以下，夜間は 55 dB 以上 60 dB 以下と時間帯ごとに上下限値が示され，地域状況に応じて規制基準値を設定できるが，建設作業振動と道路交通振動は一義的に定められている．

(3) 交通振動による苦情と法規制の関係

各種の地盤環境振動に起因する苦情が発生する時間帯は，図 8.1 に示すとおりである[2]．道路交通振動は，苦情の発生する時間帯が終日との指摘が 50 % と，ほかの振動要因と比較して著しく多い．これは，夜間や早朝には平均車速が速くなり，幹線道路では物流関係の大型車混入率が高くなるため，交通量が減少しても苦情になる振動発生が生じていることがうかがえる．

規制基準・要請限度と振動苦情実態の関係の調査事例を図 8.2 に示す[2]．図の横軸は敷地境界での振動レベルを 5 dB ピッチでみた値である．縦軸は各振動レベルの頻度を表している．図は，振動規制法が規定している道路交通，建設作業，工場・事業場の各振動に対する調査結果であり，調査件数 N，振動レベルの平均値 m，標準偏差 σ を図中に示す．また，図中の ------ は，もっとも厳しい地域条件での規制基準値・要請限度値を示す．

調査件数 N と振動レベルの平均値 m は発生源により異なるが，標準偏差 σ はおおむね 8 〜 10 dB の範囲であり，発生源によらず $m \pm 5$ [dB] の振動レベルの範囲で，苦情実態の 6 〜 7 割を占めている．とくに，道路交通振動の苦情実態の平均振動レベルは 51 dB であり，工場・事業場および建設作業よ

表 8.4　振動規制法による規制基準等の状況

発生源 時間帯	道路交通		特定建設作業		工場・事業場	
	第1号区域	第2号区域	第1号区域	第2号区域	第1号区域	第2号区域
0:00	60 dB	65 dB			55 dB 以上 60 dB 以下	60 dB 以上 65 dB 以下
1:00						
2:00						
3:00						
4:00						
5:00						
6:00						
7:00						
8:00	65 dB	70 dB	75 dB	75 dB	60 dB 以上 65 dB 以下	65 dB 以上 70 dB 以下
9:00						
10:00						
11:00						
12:00						
13:00						
14:00						
15:00						
16:00						
17:00						
18:00						
19:00						
20:00						
21:00						
22:00	60 dB	65 dB			55 dB 以上 60 dB 以下	60 dB 以上 65 dB 以下
23:00						
振動レベルの決定方法	昼間および夜間の区分ごとに1時間あたり1回以上の測定を4時間以上行う．5秒間隔，100個またはこれに準ずる間隔，個数の測定値の80パーセントレンジの上端値を，昼間および夜間の区分ごとにすべてについて平均する．		①指示値が変動せず，または変動が少ない場合はその指示値 ②周期的または間欠的に変動する場合は，その変動ごとの指示値の最大値の平均値 ③指示値が不規則かつ大幅に変動する場合は5秒間隔，100個またはこれに準ずる間隔，個数の測定値の80パーセントレンジの上端値とする．			

第8章 道路交通振動の特徴と対策

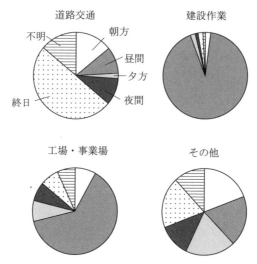

図 8.1 苦情が発生する時間帯

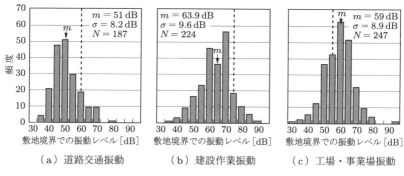

(a) 道路交通振動　　(b) 建設作業振動　　(c) 工場・事業場振動

図 8.2 振動苦情実態調査

り，それぞれ 8 dB，13 dB も小さくなっている．工場・事業場では，平均振動レベルは，もっとも厳しい規制基準値の 55 dB を超える 59 dB であり，苦情全体の約 8 割で規制基準値を超え，振動規制法に準拠した法的対応が可能である．一方，建設作業振動と道路交通振動は，ほぼ 8 割で規制基準値を超えないため，振動規制法に準拠した法的対応はできない状況にある．

振動規制法の定める限度値以下であっても，苦情の申し立てがあった場合には，地方公共団体は，公害紛争処理法第 49 条や条例等に従い，苦情の適切な処理に努めなければならないとされている．具体的には，公害苦情相談員を置

き，①住民の相談に応じる，②苦情の処理のために必要な調査，指導および助言をする，③関係行政機関への通知その他苦情の処理のために必要な事務を行うとしている．解体工事など，振動規制法で規制される特定建設作業以外の工事振動による苦情や，道路の局所的な著しい路面変状（部分陥没や段差）による振動苦情に対する緊急的な対応が必要な場合の法的根拠になり得る．

実際に振動を感じるのは，おもに家屋内であるため，敷地境界の地面上で規定されている振動規制法ですべての振動苦情に対応するには無理がある．現状の道路交通振動の対策は，法的要請によるものというよりは，道路近傍の住民からの苦情に対応して局所的に実施されているものが多い．

8.1.2 測定方法
(1) 振動規制法に準拠した測定[3]

振動の測定は，JIS C 1510 に定める振動レベル計またはこれと同程度以上の性能をもつ測定器を用いて，振動感覚補正回路は鉛直振動特性，動特性は振動用の特性を用いる．

振動の測定場所は，道路の敷地の境界線とし，当該道路にかかわる道路交通振動を対象としている．当該道路交通振動の状況を代表すると認められる1日について，昼間および夜間の区分ごとに1時間あたり1回以上の測定を4時間以上行うものとする．具体的には，5秒間隔で連続して測定して得た値（当該測定点を通過する自動車の交通量が1時間あたり200台程度未満である場合において，自動車が当該測定点を20秒以上通過しないときにあっては，自動車が当該測定点を通過した時点の前後5秒以内において測定して得た値以外の値を除く）を100個得ることになる．なお，振動の大きさが測定器の可能最小指示値(当該測定器の指示計器が指示することができる最小の値をいう)以下の場合にあっては，当該可能最小指示値をもって測定値とする．

振動レベルの算出は，5秒間隔，100個またはこれに準ずる間隔，個数の測定値の80％レンジの上端の数値を，昼間および夜間の区分ごとにすべてについて平均した数値とする．

(2) 苦情対応のための測定[4]

日本騒音制御工学会では，振動により苦情が発生し，かつ振動規制法による対応では問題の解決が困難な場合に，①家屋内部で苦情者が暴露されている振

動の特性，②家屋による振動の増幅特性，③地盤振動の伝播特性を評価するための測定手法（マニュアル）を示している．本マニュアルの活用により，問題解決に向けた振動対策に資する技術資料を作成することができ，さらに，④評価指標に関する将来的な改善に備え，振動特性に関する詳細なデータを蓄積することが可能になるとしている．測定目的によっては①～③すべての振動特性を測定するのではなく，目的に応じて選択することも可能である．測定方法の概要を表8.5に示す．

表8.5 測定方法[1]

測定量	・振動加速度波形の記録を基本とする． ・記録データを用いて1/3オクターブバンド振動加速度レベルおよび振動レベルを算出する． ・1/3オクターブバンド振動加速度レベルでは，中心周波数が1～80 Hzのバンドを対象とする．
測定機器	・鉛直方向および水平2方向，計3方向の振動加速度の時刻歴変動を同時に記録ができるデータレコーダを用いる． ・JIS C 1513:2002"音響・振動用オクターブおよび1/3オクターブバンド分析器"に適合するもの，またはパーソナルコンピュータ等のソフトウェアで1/3オクターブバンド分析が可能なものを用いる． ・1/3オクターブバンド振動加速度レベルでは，中心周波数が1～80 Hzのバンドを対象とする．
測定位置　家屋振動特性の把握	・家屋内部（3点），家屋近傍地盤および敷地境界の計5点を基本とする． ・これら5点での測定は同時に行うことが望ましい． ・家屋内測定点Aを以下の地点に設置する． 　ア）家屋内部の居住空間（居間，食堂，寝室等）において，振動によってもっとも迷惑を受けるところ，あるいは振動をもっとも不快に感じるところに設定する． 　イ）測定点Aが和室の場合は，畳を一時的に取り除き，その直下の床面に振動ピックアップを設置する． 　ウ）測定点Aが洋間の場合は，椅子直下または足元の位置に振動ピックアップを設置する．対象となる床にカーペット等が敷かれている場合には取り除き，その直下の床面に振動ピックアップを設置する． 　エ）畳やカーペット等を取り除くことが一時的にも不可能な場合は，それぞれの同一居住空間内において，もっとも近く硬い床面に振動ピックアップを

---

[1] 日本騒音制御工学会環境振動評価分科会：振動測定マニュアル（ver.1），pp.23-33, 2014.（分科会URL：http://www.ince-j.or.jp/subcommittee/kankyoshindohyoka，マニュアルダウンロードページURL：http://www.ince-j,or.jp/subcommittee/download）

設置する.
オ) 対象となる居住空間での測定が難しい場合は,別の居住空間に測定点を設定する.苦情者から測定点に関する明確な回答が得られない場合には,測定者の判断によって測定点を設定する.

・家屋内測定点Bを以下の地点に設置する.
ア) 測定点Aに準拠して測定点Aとは別の階で,振動によってもっとも迷惑を受ける場所,あるいは振動をもっとも不快に感じる場所に設定する.
イ) 測定点A以外には振動によって迷惑を受ける場所,あるいは振動を不快に感じる場所がない場合には,測定点Aを設定する階とは異なる階の居住空間を測定者が任意に選び,その居住空間に測定点Bを設定し選定理由を詳細に記録する.
ウ) 平屋の戸建住宅,集合住宅のように,単数階で構成されている家屋の場合には,測定点Bを測定点Aと同一の階の居住空間に設定する.
エ) 測定点Bについて,居住空間に設定できない場合には設定しない.

・家屋基礎測定点を以下の地点に設置する.
ア) 玄関測定点のたたきなどに設置する.

・家屋近傍の地盤測定点を以下の地点に設置する.
ア) 原則として家屋基礎から道路方向へ1m離れた位置に振動ピックアップを設置する.
イ) 家屋基礎から道路境界までの距離が2m未満の場合には,家屋近傍地盤での測定点を設定せず,道路境界の測定点を家屋近傍地盤の測定点としてもよい.
ウ) 振動ピックアップは,①緩衝物がなく,かつ十分踏み固め等の行われている場所(表面が軟弱な土,芝生,草地,砂地などを避け,踏み固められた土,コンクリート,アスファルトなど),②傾斜および凹凸がない水平面を確保できる場所,③温度,電気,磁気等の外囲条件の影響を受けない場所に設置する.
エ) やむを得ず軟弱な表面に設置する場合には,設置共振の影響を低減させるため,十分に踏み固めるか,あるいはピックアップ支持具を利用する.

・道路境界の測定点を以下の地点に設置する.
ア) 苦情の内容,住宅の立地状況,障害物の有無など当該測定場所の状況を十分に考慮して,道路境界の測定点を決定する.
イ) 振動規制法に基づいた測定における測定点と同一の位置であることが望ましい.

・道路から対象家屋の方向へ直線(測線)を設定し,測線上に,測定点を5点配置する.
・測定点1では,振動の発生状況を把握するとともに,ほかの測定点で計測される振動の加振源を同定するために,車道端に設定する.たとえば,路肩(側溝がない場合),縁石,または通行の妨げとならない歩道(なるべく道路に近接するところ)に測定点1を設定する.また,測定点1の周辺に溝蓋あるいはグ

測定位置	伝播特性の把握	・レーチング等がある場合には，これらがガタつくことにより大きな振動を発生するおそれがあるので，ガタつきの有無を必ず確認する． ・測定点2～測定点5については，振動の地盤伝播特性を把握できるように配置する．平面道路の場合には，車道端の測定点1を起点（0 m）とし，測定点1から各測定点までの距離が倍距離の関係となる位置に配置することが望ましい． ・振動発生源を起点とする地盤伝播特性を求めるためには，各車線の中心線から測定点1までの距離を正確に把握することが重要である．また，路面の段差，マンホールなどで苦情の原因となる振動が発生している場合には，それらの地点から各測定点までの距離を計測する必要がある． ・高架構造，盛土構造および掘割構造の道路では，車道端に測定点1が設定できない可能性が高い．その場合には，道路境界に測定点1を設定する．地下構造道路では，道路中心の直上に測定点1を設定する．
	測定方向	・すべての測定点において，水平・直角2方向と鉛直方向の計3方向の振動を測定する． ・水平方向に関しては，家屋内部，道路境界および家屋近傍地盤の測定点において，対象家屋を基準に方向を定める． ・道路交通振動の伝播方向（対象道路と直交する方向）に近似する家屋の軸方向をy方向，y方向に直交する方向をx方向とする．
測定条件	測定時間帯	・振動によって苦情者がもっとも迷惑を受ける時間帯，あるいは苦情者が振動をもっとも不快に感じる時間帯を含むことを原則とする． ・伝播経路の測定では，暗振動の影響が少ない時間帯を勘案して測定を行う．
	測定方法	・可能な限り苦情者に立ち会いを求めるとともに，道路の交通状況が確認できる位置（不可能な場合には歩道など）と家屋内部をトランシーバ等で連絡できる体制を整え，問題となっている振動を発生する車両の走行状況（車種，走行時刻，走行車線など）を特定する． ・苦情者の指摘が明確でない場合は，家屋内部での振動と車両の走行状況との対応を把握する． ・交通量の多い道路では，現場でメモ等を記録することは難しいことから，道路を見渡せる位置にビデオカメラ等を設置して，後に車両の走行状況と振動記録とを照合する方法が有効である． ・家屋内部での測定に立ち会えない場合には，地盤上と家屋内部のすべての測定点を，時刻で同期させて振動を記録することが必要となる．その後，家屋近傍地盤と家屋内部の振動レベル等の時刻歴変動を対応させることにより，測定対象以外の振動を除外する．
		・家屋の振動特性を把握するための測定では，測定点Aでの3方向振動加速度の時刻歴変動のうち，測定点Aが設定された居住空間において，苦情者が明確に苦情原因であると指摘した振動データを抽出する． ・地盤振動の伝播特性を把握するための測定では，車道端または道路境界での3方向

測定結果の算出方法

- 振動加速度の時刻歴変動のうち，測定点Aが設定された居住空間において，苦情者が明確に苦情原因であると指摘した振動のデータを抽出する．
- 1/3オクターブバンド分析器を用いて，抽出された振動データを1/3オクターブバンド振動加速度レベル記録（中心周波数は1〜80 Hz）および振動レベル記録に変換する．
- 抽出された振動の振動レベルの最大値を読み取る．その最大値のうち上位10個のデータについて，1/3オクターブバンド振動加速度レベルおよび振動レベルの最大値の算術平均値を算出する．なお，抽出された振動データが10個未満の場合には，その個数の算術平均値を算出する．
- 苦情者の立ち合いがなされなかった，または指摘が明確でない場合には，測定点A，車道端または道路境界での3方向振動加速度の時刻歴変動のうち，振動レベルの変動ごとの最大値の上位10個の振動データを抽出する．そのデータについて，1/3オクターブバンド振動加速度レベルおよび振動レベルの最大値の算術平均値を算出する．なお，抽出された振動データが10個未満の場合には，その個数の算術平均値を算出する．
- 測定点A，車道端または道路境界以外の測定点では，測定点A，車道端又は道路境界での最大値の算術平均値の算出に用いた同時刻の振動データを抽出する．それらの1/3オクターブバンド振動加速度レベルおよび振動レベルの最大値の算術平均値を測定点ごとに算出する．

8.1.3 予測方法

(1) 旧建設省土木研究所提案式

環境アセスメント等の実務における道路交通振動の予測では，旧建設省土木研究所提案式を基本とする道路環境整備マニュアル[5]や道路環境影響評価の技術手法[6]に記載の予測手法が，一般的に利用されてきた．旧建設省土木研究所提案式と予測式において使用する係数および補正値は，文献[5]と文献[6]を対比する形で整理すると，表8.6に示すとおりである[8]．この式は，振動規制法における道路交通振動の規制基準値が，振動レベルの80%レンジ上端値L_{10}を評価量としていることから，L_{10}の実測結果を重回帰分析して係数と補正値を定め，統計量であるL_{10}を直接推定する予測式となっている．

係数と補正値を変更するだけで，同じ式を用いて様々な道路構造および地盤性状の道路交通振動を予測できることから，INCE/J RTV-MODEL 2003[7]の発表後でも，環境アセスメントでは道路環境影響評価の技術手法に示されている予測手法が利用されてきた．ただし，統計解析によって係数や補正値を決定しているため，参照文献年度によっては係数や補正値が異なる．これは，適

表8.6 道路交通振動の予測式（土木研究所提案式）

(a) 土木研究所提案式

$$L_{10} = L_{10}^* - \alpha_l, \quad L_{10}^* = a\log_{10}(\log_{10}Q^*) + b\log_{10}V + c\log_{10}M + d + \alpha_\sigma + \alpha_f + \alpha_s$$

$$\alpha_l = \beta\frac{\log_{10}(l/5+1)}{\log_{10}2}, \quad Q^* = \frac{500}{3600} \times \frac{1}{M} \times (Q_1 + kQ_2)$$

L_{10}：振動レベルの80%レンジ上端値の予測値 [dB]
L_{10}^*：基準点での振動レベルの80%レンジ上端値の予測値 [dB]
Q^*：500秒間の1車線あたりの等価交通量 [台/500秒/車線]
Q_1, Q_2：小型車、大型車時間交通量 [台/h]
k：大型車の小型車への換算係数
V：平均走行速度 [km/h]
M：上下車線合計の車線数
α_l：距離減衰値 [dB]
$\alpha_\sigma, \alpha_f, \alpha_s$：路面の平坦性、地盤卓越振動数、道路構造による補正値 [dB]
a, b, c, d：道路交通振動の実測結果の重回帰分析によって決定される係数
l：予測基準点から予測地点までの距離 [m]

(b) 土木研究所提案式における道路構造別の係数の出典による違い

道路構造	k		a		b		c		d	
	文献[5]	文献[6]	文献[5]	文献[6]	文献[5]	文献[6]	文献[5]	文献[6]	文献[5]	文献[6]
平面道路	12	$100<V\leq140$ km/h のとき 14, $V\leq100$ km/h のとき 13	65	47	6	12	4	3.5	35	27.3
盛土道路										
切土道路										
掘割道路										
高架道路に併設の平面道路			54				2	7.9	1本橋脚 18, 2本以上橋脚 20	1本橋脚 7.5, 2本以上橋脚 8.1
高架道路									29	21.4

8.1 道路交通振動の現状 211

表 8.6 (つづき)

(c) 土木研究所提案式における道路構造別の補正値の出典による違い

道路構造	α_0 文献[5]	α_0 文献[6]	α_f 文献[5]	α_f 文献[6]	α_s 文献[5]	α_s 文献[6]	β 文献[5]	β 文献[6]
平面道路	アスファルト舗装: $\sigma \geq 1.0$ のとき, $14\log_{10}\sigma$, $\sigma < 1.0$ のとき 0	アスファルト舗装: $8.2\log_{10}\sigma$ コンクリート舗装: $19.4\log_{10}\sigma$	$f \geq 8$ のとき $-20\log_{10}f$, $4 \leq f < 8$ のとき -18, $f < 4$ のとき $-10\log_{10}f - 24$	$f \geq 8$ のとき $-17.3\log_{10}f - 18$, $f < 8$ のとき $-9.2\log_{10}f - 7.3$	0	0	粘土地盤: $0.060L_{10}^* - 1.6$ 砂地盤: $0.119L_{10}^* - 3.2$	粘土地盤: $0.068L_{10}^* - 2.0$ 砂地盤: $0.130L_{10}^* - 3.9$
盛土道路					$-1.4H - 1.3$	$-1.4H - 0.7$	$0.077(L_{10}^* + \alpha_s) - 1.8$	$0.081L_{10}^* - 2.2$
切土道路					$-0.87H - 1.7$	$-0.7H - 3.5$	$0.134(L_{10}^* + \alpha_s) - 3.2$	$0.187L_{10}^* - 5.8$
掘割道路					$-4.7H - 5.9$	$-4.1H - 6.6$	$0.058(L_{10}^* + \alpha_s) - 1.6$	$0.035L_{10}^* - 0.5$
高架道路に併設の平面道路	$18\log_{10}\sigma$, $\sigma < 1.0$ のとき 0							
高架道路	$0.4\log_{10}H_p$	$1.9\log_{10}H_p$	$f \geq 8$ のとき $-5\log_{10}f$, $4 \leq f < 8$ のとき -4.5, $f < 4$ のとき $-2.5\log_{10}f - 6$	$f \geq 8$ のとき $-6.3\log_{10}f$, $f < 8$ のとき -5.7	0	0	$0.072L_{10}^* - 2.2$	$0.073L_{10}^* - 2.3$

σ: 3 m プロファイルメータによる路面凹凸の標準偏差 [mm], f: 地盤卓越振動数 [Hz], H: 盛土・切土・掘割の高さ [m], H_p: 伸縮継手部より ±5 m 範囲内の最大高低差 [mm]

用条件の変更だけでなく，最新の実測データを追加して係数と補正値の見直しを行っていることによる．

係数や補正値は，必ずしも物理的な整合性に従って定められたものではなく，実測結果の重回帰分析によって定められているため，係数や補正値の個々の値を議論することには，あまり意味はない．現在，文献[6]による予測式が一般に用いられているが，実用に際して，複数の文献や既存資料を参照する場合には，同じ条件であるかを確認したうえで利用する必要がある．

(2) 道路交通振動の予測提案式（INCE/J RTV-MODEL 2003）[7]

日本騒音制御工学会では，道路交通振動予測計算方法（INCE/J RTV-MODEL 2003）[7] を提案している．この予測式は，現状では平面道路のみを対象としているが，土木研究所提案式の検証の意味もあり，道路以外の事業に伴う環境アセスメントにおける道路交通振動評価でも適用され始めている[8]．

日本騒音制御工学会による道路交通振動の予測提案式 INCE/J RTV-MODEL 2003 の式構造と定義，振源と予測地点の位置関係などは表 8.7 に示すとおりである．INCE/J RTV-MODEL 2003 も，最終的には振動規制法での評価量の L_{10} での予測を可能としているが，式の構築過程において，振動加速度レベルおよび振動レベルのエネルギー的な平均値として，等価振動加速度レベル L_{Vaeq} および等価振動レベル L_{Veq} を定義し，道路交通振動を等価振動レベルで予測している点に特長がある．

表 8.7 道路交通振動の予測式（INCE/J RTV-MODEL 2003）

L_{10}：振動レベルの 80% レンジ上端値の予測値 [dB]

$$L_{10} = L_{Veq} + \Delta L_{10} = L_{Vaeq} + \Delta L_A + \Delta L_{10}$$
$$= 10 \log_{10} \sum_{m=1}^{M} 10^{L_{Vaeq,j}/10} + \Delta L_A + \Delta L_{10}$$

L_{Veq}：等価振動レベルの予測値 [dB]

L_{Vaeq}：等価振動加速度レベルの予測値 [dB]

ΔL_{10}：等価振動レベルから振動レベルの 80% レンジ上端値を補正する際の補正値（= 3 dB）

ΔL_A：等価振動加速度レベルから等価振動レベルに補正する際の補正値[dB]（ローム地盤：-5.0，砂礫地盤：-9.1，沖積地盤：-(4.7 - 0.1r)，r は車道端から予測地点までの距離 [m]）

8.1 道路交通振動の現状　213

表 8.7　（つづき）

等価振動レベルおよび等価振動加速度レベルの定義
$L_{Veq} = 10 \log_{10}\left[\dfrac{1}{t_2 - t_1} \int_{t_1}^{t_2} \dfrac{a_w(t)^2}{a_0^2} dt\right]$, $L_{Vaeq} = 10 \log_{10}\left[\dfrac{1}{t_2 - t_1} \int_{t_1}^{t_2} \dfrac{a(t)^2}{a_0^2} dt\right]$ $a_w(t)$：振動感覚補正を行った振動加速度瞬時値 [m/s^2] $a(t)$：振動加速度瞬時値 [m/s^2] a_0：基準振動加速度（$= 10^{-5}$ m/s^2）
$L_{Vaeq, j}$：車線 j を通過する車両による等価振動加速度レベル [dB] $L_{Vaeq, j} = 10 \log_{10}(10^{L_{Vaeq, h, j}/10} + 10^{L_{Vaeq, k, j}/10})$
$L_{Vaeq, h, j}$：車線 j を通過する大型車による等価振動加速度レベル [dB]（2 番目の添え字は h のとき大型車，k のとき小型車を表す） $L_{Vaeq, h, j} = 10 \log_{10} \sum_{i=1}^{N} (10^{L_{Va, i, h, j}/10} \cdot \Delta t_{i, h}) + 10 \log_{10} \dfrac{Q_{h, j}}{3600}$ $L_{Va, i, h, j}$：車線 j の i 番目の区間に大型車が位置する場合の予測地点における振動加速度レベル [dB] $\Delta t_{i, h}$：車線 j の i 番目の区間に大型車が存在する時間 [s] $Q_{h, j}$：車線 j を通過する大型車の時間交通量 [台/h]
$L_{Va, i}$：点振源 i による予測地点での振動加速度レベル [dB] $L_{Va, i} = L_{Va, REF} - 20 \log_{10} r_i - 8.68\alpha(r_i - 1) + 20 \log_{10} f(\theta_i)$　$(r_i < r_T)$ 　　　　$= L_{Va, REF} - 20 \log_{10} r_T - 10 \log_{10} \dfrac{r_i}{r_T} - 8.68\alpha(r_i - 1) + 20 \log_{10} f(\theta_i)$ 　　　　　　　　　　　　　　　　　　　　　　　　　　　　　$(r_i \geqq r_T)$ r_i：点振源 i から予測地点までの距離 [m] r_T：実体波的な減衰特性から表面波的な減衰特性への変化点までの距離（$= 15$ m） α：内部減衰係数 [1/m]（ローム地盤：0.014，砂礫地盤：0.031，沖積地盤：0.020） $f(\theta_i)$：振動伝播の指向特性，$f(\theta_i) = 1 - 0.0083\theta_i$ θ_i：点振源 i と予測地点を結ぶ直線と道路垂線のなす角度 [deg]
$L_{Va, REF}$：基準点の振動加速度レベル [dB] $L_{Va, REF} = 60 + 23.3 \log_{10} \sigma - 19.1 \log_{10} T_A + 28.8 \log_{10} V + C_V + C_g$ σ：路面の平坦性 [mm]（3 m プロフィルメータによる路面凹凸の標準偏差） T_A：路盤舗装の等値総厚 [cm] V：平均走行速度 [km/h] C_V：車種別の定数 [dB]（大型車：0，小型車：-8） C_g：地盤別の定数 [dB]（ローム地盤：-6.0，砂礫地盤：-5.8，沖積地盤：-10）
点振源 i と基準点および予測地点の位置関係： 　対象車線の中央に点振源が位置するとして，1 m 離れた点を基準点としている．また，予測地点方向に距離 r_T 離れた地点が，実体波的な減衰特性から表面波的な減衰特性への変化点である（$r_T < r_i$）．点振源 i と予測地点を結ぶ直線と道路垂線のなす角度 θ_i を図 8.3 のようにとる．

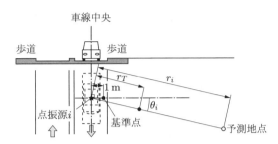

図 8.3 振源，基準点および予測地点の位置関係

エネルギーベースであることから，加算，減算の検討が可能であり，たとえば通過車両における大型車の影響と小型車の影響を分離して評価することや，車速や路面構造，路面平坦性が異なる複数の車線の影響を評価することも可能としている．なお，式の使用にあたっては，不確定要因による補正値として +2 dB が推奨されている．

(3) 旧建設省土木研究所提案式と INCE/J RTV-MODEL 2003 の比較結果[8]

旧建設省土木研究所提案式と INCE/J RTV-MODEL 2003 による予測結果の比較は，図 8.4, 8.5 に示すとおりであり，両者は比較的よく一致している．一方，実測値との対応を見ると，夜間の走行車両が少なく，車が走っていない時間が長くなる時間帯（一部は予測式の適用条件の交通量を下回る）を除いて，ほぼ ±3.6 dB の範囲に入っている．この範囲での実測値に対する INCE/J RTV-MODEL 2003 による予測値（+2 dB）は，実績のある土木研究所提案式とほぼ同等の推定結果を示しており，ばらつきの程度も同様である．

旧建設省土木研究所提案式での条件：

・地盤種別：砂質土

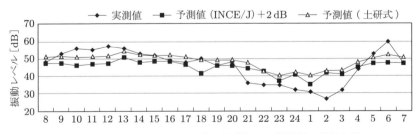

図 8.4 時間ごとの道路交通振動の実測値および予測値の比較事例

8.1 道路交通振動の現状　*215*

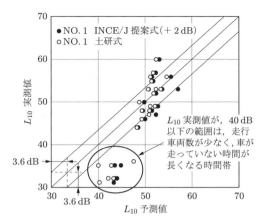

図 8.5　道路交通振動の実測値と予測値の比較結果

- 道路構造種別：平坦道路
- 路面舗装仕様：アスファルト舗装
- 3 m プロフィルメータ標準偏差：3.57
- 地盤卓越振動数：12.1 Hz
- 基準点から予測地点までの距離：2.3 m

INCE/J RTV-MODEL 2003 予測式での条件：
- 等値総厚：24
- 路面平坦性：4.125
- 予測地点から道路端までの最短距離：0 m
- 計算車線中央から道路端までの距離：7.3 m
- 地盤別の定数：-10
- 地盤の内部減衰係数：0.014

8.1.4　評価方法[9]

道路交通振動の評価方法は，以下のとおりである．

(1)　回避または低減にかかわる評価

調査および予測の結果，ならびに環境保全措置の検討を行った場合には，その結果を踏まえ，自動車の走行にかかわる振動に関する影響が，事業者により実行可能な範囲内でできる限り回避され，または低減されており，必要に応じ

その他の方法により環境の保全についての配慮が適正になされているかどうかについて，見解を明らかにすることにより行う．

(2) 基準または目標との整合性の検討

国または関係する地方公共団体による環境保全の観点からの施策によって，基準または目標が示されている場合には，当該基準または目標と調査および予測結果との間に整合が図られているかどうかを評価する．

道路交通振動について整合を図る基準は，「振動規制法施行規則（昭和51年11月10日総理府令第58号）による道路交通振動の限度」（表8.1～8.3参照）である．

8.2 道路交通振動の特徴

8.2.1 道路構造と振動の特徴[10]

道路交通振動は，道路構造によって振動の発生・伝播のメカニズムが異なり，道路の構造種別ごとの特徴は，以下のとおりである．

(1) 平面道路

道路面とその周辺の地表面の高さに差がない道路であり，舗装が直接地盤に接する構造である．主要な振動源は，路面の凹凸によることが多いが，マンホール等の地下構造物との段差や舗装の打継，破断による段差によることもある．

(2) 盛土・切土道路

周辺の地形等により道路面の計画高さが現状の地盤高さと異なる場合がある．この場合には，道路は土を盛ったり（盛土），地盤面を掘削（切土）して建設される．道路から発生する振動は，直線的に伝播するのではなく，法尻（法面の下）や法肩において回り込みが生じる．また，用地の制約から擁壁が設置されることがある．掘割構造とは，切土のうち法面が擁壁により垂直になっている箇所をいう．

(3) 高架道路

都市内の高架道路は，桁の多い高架橋であり，材料としては鋼鉄製，コンク

リート製があり，橋脚の形状としてはT形，門形などがある．高架道路から発生する振動は，高架構造物の固有振動の影響を受け，特定の振動数が卓越する．その性状は高架道路の構造により異なるが，以下の傾向を示すことが多い．

① 床版の固有振動により，3～5 Hzが卓越する．
② ジョイントを通過する際に発生する衝撃振動の影響が大きいことが多い．
③ スパン中央部を走行する際の振動の影響が大きいこともある．

床版の1次固有振動は，鉛直方向のたわみ振動であることが多いが，高次のたわみや，ねじれ振動モードが主となっているケースもある．また，支間が比較的長く，たわみ振動が大きいと考えられる構造については，水平方向の振動の影響が大きいこともある．高架道路では，橋脚の中心部から離れた箇所にかかる鉛直加振力により，水平振動が生じることがあり，ジョイント通過時の衝撃振動については水平方向の力が含まれている．床版などの部材がたわんだ場合，端部等には水平変形が発生し，この方向にも振動が生じる．高架道路の近傍においては，水平振動（道路直角方向）が大きくなることがあり，振動対策にあたっては十分注意しなければならない．

(4) トンネル道路

トンネル構造では，振動が伝播過程で十分減衰するため問題が発生することは少ないが，①高層の建築物の支持杭等の基礎がトンネルに隣接する場合，②トンネル上に精密機械工場が立地する場合，③土かぶりが少ない場合など，その影響について検討しなければならない場合がある．

8.2.2 発生源として考えられる因子[10]

(1) 荷重によるたわみの移動

自動車の荷重によるたわみが移動することにより，振動が発生する．自動車の走行に伴う振動発生要因は，車両関係としての移動荷重以外に車両ばねの共振が挙げられる．また，高架構造物の場合には高架橋桁の共振がある．

(2) タイヤと路面間の凹凸

路面には凹凸があり，タイヤがこれを乗り越えることにより振動が発生する．また，タイヤのトレッドパターンと路面の接触によっても，主として数百 Hz 以上の帯域の振動が発生する．路面の凹凸には，路面の平坦性，わだち掘れ，

ピッチがあり，平面道路や盛土・切土構造の道路ではとくにこの影響が大きい．さらに，舗装の打継部やマンホール，高架橋のすり付け部等の路面の段差を自動車が走行するときの振動は非常に大きい．

(3) ジョイントなどの段差

高架道路においては，構造物の熱伸縮による応力を緩和するため，ジョイントが設置されている．加振力が衝撃により発生するため，低い振動数から高い振動数までの成分をもっている．

8.2.3　伝播経路として考えられる因子[11]
(1)　振動伝播に影響を及ぼす要因[11]

地盤振動の伝播特性（距離減衰など）に影響を及ぼす要因として，地質，地層（成層性），地形などの地盤特性と，建築物や埋設物などの障害物が考えられる．一般の発振源（加振源）は，調和的加振力（正弦波加振力）の重畳で表される．発振原が周波数特性をもつことから，伝播経路での特性では，振幅とともに，周波数特性にも注目しなければならない．

(2)　距離減衰の経験式[11]

発振源から伝播する地盤振動は，振動エネルギーが無限の領域へ広がっていくことによる幾何減衰（地下逸散減衰）と，土粒子の摩擦等による内部減衰により，距離とともに減衰していく．内部減衰のない一様地盤（半無限弾性体）の表面を鉛直方向に正弦波加振したとき，地表面振動の距離減衰は図8.6に示すようになる[12]．計算条件は図中に示すとおりであり，Pは加振力，fは加振振動数，V_SはS波の伝播速度である．図において，実線は厳密に求められた加速度レベルであり，内部減衰のない一様地盤（半無限弾性体）でも鉛直成分，水平成分ともに単調な減衰を示さないことがわかる．しかし，距離減衰の状況は，破線で示したとおりレイリー波（表面波）の減衰でほぼ表せるとみることもできる．図のレイリー波の減衰は幾何減衰のみであるため，距離の平方根に反比例して減衰し，-3dB/倍距離の減衰となる．実務では，発振源からの距離xに対する振動レベルの減衰に，減衰係数αの内部減衰を表す指数項$\exp(-\alpha x)$を付加した経験式が用いられており，ボルニッツ（Bornitz）式とよばれ，実測された距離に対する振動レベルの値を用いて，幾何減衰項と内部減

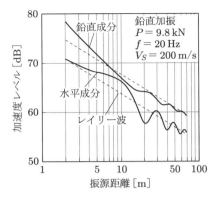

図 8.6 表面波の距離減衰 (数値シミュレーション)[2]

衰項の係数を回帰分析し，予測に使用することが行われている．

(3) 伝播経路[11]

(a) 地 質

図 8.7 は軟弱粘土地盤と砂礫地盤において試験車を用いた振動測定結果であり，軟弱粘土地盤の方が距離減衰が小さい[13]．その原因として，砂より粘土の減衰定数が小さいこと，砂礫地盤の方が軟弱粘土地盤より卓越振動数が高いことなどが指摘されている．

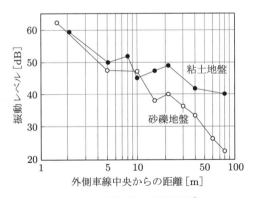

図 8.7 地質条件と距離減衰[3]

---

2) 日本騒音制御工学会編：騒音制御工学ハンドブック (基礎編)，技報堂出版，p.327, 2001.
3) 日本騒音制御工学会編：地域の環境振動，技報堂出版，p.104, 2001.

(b) 地層

6.2.6 項で示したように，地層構成は地盤振動の振動数に大きなかかわりをもっている．図 6.24 には，3 種類の地盤における道路交通振動の周波数特性の比較が示されている[14]．地盤の S 波の伝播速度（V_S）を地盤の硬さとみなすことができるので，図から判断して地表近くの V_S が小さく軟弱になれば，低い振動数成分が卓越することがわかる．

図 6.25 には，地層構成が地盤振動の距離減衰に及ぼす影響について，数値シミュレーションで調べた結果が示されている[15]．砂質土では粘土よりも大きな減衰定数が設定されている．砂質土と基盤のケース 1 と，粘土が砂質土と基盤に挟まれたケース 3 での振動の距離減衰にはほとんど差はないが，粘土と基盤のケース 2 での振動がケース 1，3 に比べて大きくなっていることから，表層の硬さが地表面の振動に大きく影響することがわかる．なお，距離減衰曲線に波打ち現象が見られるが，成層地盤のため複数のモードの表面波が重なり合って起こるものと考えられる．

実地盤では，水平の平行成層地盤とみなせる地層は限られており，地盤環境振動の伝播特性はさらに複雑なものとなる．

(c) 地形

崖のような地形では，波動の反射と回折が生じ，崖の近傍では地盤振動が増幅する可能性がある．掘割道路構造も段違いの地形に近いものと考えられるが，掘割道路では構造体としての取扱いが入ってくるため，現象はより複雑になるといわれている．

(d) 障害物

鉄筋コンクリート造等の規模の大きな建築物の近くでは，地盤振動はその影響を受けて距離減衰が大きくなる可能性がある．これは，建築物底面の大きさによって入射波動の自由な運動が拘束されること（入力損失効果）および建築物と地盤の動的相互作用によって生じる現象である．

また，地中埋設物が地盤振動に及ぼす影響は，埋設物の大きさによって，地盤の自由な動きがどれくらい拘束されるのかにかかっている．建築物の場合と同様に，埋設物による入力損失効果と埋設物と地盤の動的相互作用に着目する必要がある．

(4) 道路交通振動の伝播特性[10]

道路交通振動の伝播特性は，以下のとおりである．
① 道路端での振動レベルが大きいほど距離減衰は大きい．
② 内部減衰は，地盤が軟らかく伝播速度が遅いほど大きいが，表8.6に示した実測結果の重回帰分析から求められた旧建設省土木研究所提案式の距離減衰では，砂地盤の方が粘土地盤に比べて距離減衰が大きい[5]．
③ 振動数が高いほど距離減衰は大きい．

また，建築物への伝播については，2階建て住宅の水平振動では4〜8 Hzで共振し，30 dB増幅した事例もある．道路交通振動は，平面道路，盛土・切土道路の場合，この帯域に成分をもっており，とくに軟弱地盤の場合にはこの成分が大きくなることが多い．また，地盤環境振動としては問題のないレベルでも，建築物での増幅により問題が発生することがある．

とくに，高架道路では道路構造の共振により，固有振動数が一致した建築物だけに問題が発生することがある．

8.3 道路交通振動の対策

8.3.1 道路交通振動対策の概要

道路交通に起因する振動の発生要因と対策例は，表8.8に示すとおりである[8]．振動の発生要因は大きく分けて，路面状態に起因するものと，走行車量と道路構造に起因するものに大別され，発生源対策もこれらの要因に応じて実施されている．路面状態に起因する振動発生は，路面の凹凸などの連続的な要因と，段差のように単発なものに別れる．路面凹凸は，舗装面の改修が一般的な対策であるが，実際の大型車交通量が設計交通量を大幅に上回る状態が続く場合には，設計自体が交通量に対応していないため，路盤構造から改良する必要がある．

一方，おもに高架道路や橋梁の構造に起因する振動対策では，構造物の固有振動数を変更するか，減衰を付加する対策として，補強による剛性増加やTMD（動吸振器）による減衰付加が行われているが，いずれも大変大掛かりな対策となる．とくに高架道路の場合は，低周波音の低減を主眼として，これらの振動対策を実施している事例がある．

次に，伝播経路での対策は振動遮断と振動減衰に大別される．振動遮断では，

表 8.8　道路交通に起因する振動発生要因と対策例

項　目	路面状態に起因		車両走行・道路構造に起因
	連　続	単　体	
発生要因	路面の凹凸 ・路面平坦性 ・わだち掘れ ・ピッチ	路面の段差 ・舗装打ち継ぎ部 ・マンホール ・橋梁すり付け部 ・高架橋ジョイント	車両関係 ・移動荷重 ・車両ばね共振 構造物関係 ・高架橋桁の共振
発生源対策	・路面切削 ・アスファルト打ち直し ・下層地盤の改良 ・土のう ・コラム	・すり付け高さ調整 ・ノージョイント化 ・弾性ジョイント化	・桁の剛性増加 ・地盤改良 ・TMD
伝播経路対策	・振動遮断：地中壁（EPS，中空壁体，コンクリートなど） ・振動減衰：地盤改良		
受振部対策	・地盤改良（表層改良，深層混合処理など） ・基礎改良（杭打設，土のう） ・建物改良（剛性補強，減衰付加，免震化） ・振動低減装置（TMD）		

　伝播経路の途中や高架橋の支柱基礎近傍に，EPS（発泡スチロール）壁体や中空壁体など地盤とインピーダンスの異なる材料による地中壁を設置して，壁背後への振動伝播を低減している．しかし，有限長の壁の側方からの回り込みと，壁の下を潜り抜ける振動の影響があるため，壁から離れると効果は減少する．また地盤改良は，単位長さあたりの距離減衰を増すことが期待されるが，軟弱地盤などその地盤性状に効果が左右される．これらの対策効果の詳細検討では，FEM などの数値解析が利用されている．

　最後に，受振部対策では基本的に揺れにくくする対策が行われている．地盤や基礎の改良では，地盤改良や地中構造体，土のうも利用されている．また，建物自体の対策では，筋交いや金物による剛性補強や高減衰ダンパーによる減衰付加，さらには戸建免震などの地震対策を兼ねた振動対策も利用されている．このほか，住宅メーカーの中には，おもに 3 階建て住宅を対象に，道路交通振動や強風による水平振動対策専用の TMD を商品化している事例もある．

　図 8.8 は，大型車混入率と交通振動の関係を，旧建設省土木研究所による予

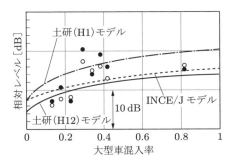

図 8.8 大型車混入率と発生振動の関係

測式(以下「土研式」という)と日本騒音制御工学会(INCE/J)による予測式を利用して見たものである[2]．土研式では，多数の実測結果から重回帰分析によって予測式の係数を決定しているため，発表年次によって影響度合いが異なる．解析は，路面平坦性：3.5 mm，平均速度：40 km/h，交通量：500 台/h として，大型車混入率を変えて算定した L_{10} の値を比較している．図中には，実測結果から，ほぼ同条件に一致するものをプロットした．大型車混入率が高い場合には，若干混入率が下がっても大差ないが，混入率が小さいときは，大型車を通過させない施策により数 dB の低減効果が期待される．

図 8.9 は，路面平坦性と道路交通振動の関係を見たものである[2]．図中の予測式の解析では，平均速度：40 km/h 交通量：500 台/h，大型車混入率：15% として，路面平坦性を変えて算定した L_{10} の値を比較している．図中には，文献から得た路面補修効果の結果を併せて示した．補修前後の実測値の傾向は，

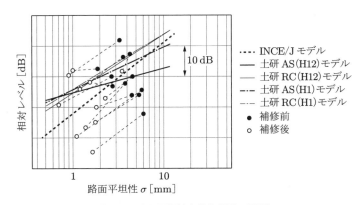

図 8.9 路面平坦性と発生振動の関係

INCE/J モデルや土研 (H12) モデルと同様の傾向を示しており，路面平坦性を半減させることで，L_{10} で評価した振動レベルを 2.5～7 dB 低減できるものと期待される.

図 8.10 は，平均車速と道路交通振動の関係を見たものである[2]．図中での予測式の解析は，路面平坦性：3.5 mm，交通量：500 台/h，大型車混入率：15% として，平均速度を変えて算定した L_{10} の値を比較している．予測式から，たとえば平均速度を 40 km/h から 30 km/h に 10 km/h 遅くすることで，L_{10} で評価した振動レベルを 1.5～2.4 dB，同様に 60 km/h から 40 km/h に 20 km/h 遅くすることで，2～3 dB 低減できるものと期待される．

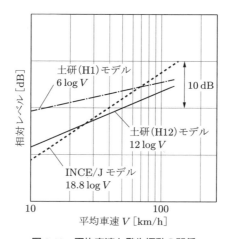

図 8.10　平均車速と発生振動の関係

8.3.2　道路交通振動の発生源対策

道路交通振動の発生源対策の事例は，表 8.9 に示すとおりであり，すべての構造物・地盤・家屋条件，および振動数帯域において振動低減効果が得られる振動対策工法がないのが現状である[16]．振動対策を検討する際には，苦情発生箇所の周辺を十分調査したうえで，適切な振動対策工法を選定するとともに，場合によっては複数の対策を組み合わせることも考える必要がある．

交通量制御（大型車の都市内流入を回避するための物流システムの改善，環状道路の整備等），速度規制，重量違反車の排除といった交通制御による対策は，関係機関との協議が必要であり，道路管理者だけで実施できるものではない．

8.3 道路交通振動の対策

表 8.9 道路交通振動の発生源対策の事例[4]

種類	対策内容	振動レベルの低減効果	問題点と課題
①交通量制御	・大型車の都市内流入を回避するため物流システムを改善する。	・大型車交通量が半減すれば、官民境界の振動レベル (L_{10}) で2～3 dBの低減効果がある。	・振動レベル (L_{10}) は低減できるが、ピーク値 (L_{max}) にはほとんど効果がない。
②速度規制	・自動速度監視システムを苦情多発地域に重点配置する。	・走行速度が10 km/h低下すれば、官民境界の振動レベルピーク値 (L_{max}) で1 dBの低減効果がある。	・運転者の協力が必要になる。
③重量違反車の排除	・高速道路の入路において軸重違反車を排出路に排除する。自動計測システム等による取り締まり強化を図る。	・軸重違反車の徹底排除をすれば、官民境界の振動レベルピーク値 (L_{max}) で3～9 dBの低減効果がある。	・一般道路への軸重違反車を迂回させる場合、ほかの道路管理者との協議調整が必要になる。
④路面平坦性の確保[17]	・路面補修工事により路面平坦性を確保することで、振動の低減を図る。	・アスファルト舗装を補修すると3～4 dB、コンクリート舗装を補修すると約10 dBの効果が平均的に認められる。	・アスファルト舗装の路面平坦性については耐久性に問題がある。
⑤舗装構造の改善[17]	・国土交通省国土技術政策総合研究所では、道路交通振動の軽減に効果のある舗装材料を用いた3種類の振動軽減型舗装を開発し、振動低減効果を報告している。	・荷重を加振源とした振動レベルのピーク値 (z方向)の密粒舗装との比較の結果、ゴム支承を用いたタイプでもっとも効果が大きく8 dBの振動低減が見られ、12.5 Hz付近より高周波の部分で振動が軽減されていた。	・その他の2種類については、1～3 dB振動低減が見られ、特定の周波数帯の振動が軽減しているのではなく、全体的にわずかな軽減が見られた。
⑥土のうの敷設(路床の上層)[18]	・路床の上層に3段を設置する。施工延長は22 mで5,000袋の土のうが使用されている。	・車道端での振動レベル最大は、67 dBから12～13 dB低減。官民境界での振動レベル最大値は、57 dBから9～11 dB低減している。	・D・BOXに比べて振動レベルの低減効果は少ない。

---

4) 中村一平, 有馬伸広:道路交通振動の対策技術, 環境技術, Vol.29, No.11, pp.40-45, 2000.

表 8.9（つづき）

種類	対策内容	振動レベルの低減効果	問題点と課題
⑦ D・BOX 工法の敷設[18]	・D・BOX（LS100, 100 × 100 × 25 cm）を 100 m の区間で設置する。	・振動の低減量は、振動加速度レベルで 10 dB となっている。	・とくになし。
⑧ジョイントの近傍 2 m 程度の段差補修	・自動車走行によって劣化するジョイントや舗装の凹凸による段差を補修・取替等により対処する。	・頻繁に実施されている工法で、路面段差の解消分だけ、振動低減に効果があるが、明確には計測されていない。	・舗装やジョイントの劣化は経年的に発生するものであるため、新しい材料の開発が望まれる。
⑨ジョイント前後 10 m 程度の緩やかな凹凸の改善	・伸縮装置周辺で急激なすり付けを行わず、周辺 10 m での舗装の凹凸に注意し、滑らかな縦断変化となるように補修する。	・車両のばね上振動の実測や、橋脚直下での振動レベルピーク値、あるいは解析による橋脚下端反力などでは、振動低減効果が認められる。	・現在の舗装技術では、緩やかなすり付けが難しい。
⑩主桁連結ノージョイント化	・隣り合う単純桁どうしの主桁をつないで連続化し、併せて支承をゴム支承に取り替え、同時に橋面舗装をも打ち換える。	・11 径間連続化の中央径間の官民境界では振動レベル VL (L_{10}) が 2 dB、ピーク値 VL (L_{max}) が 7 dB 低減した（実測値）。 ・6 径間連結化の中央の官民境界では、振動レベル VL (L_{10}) が 1～2 dB、ピーク値 VL (L_{max}) が 3～4 dB 低減した（実測値）。 ・10 Hz 以上の衝撃的な振動については効果があるが、3～5 Hz の低い振動数では効果が少ない。	・衝撃的な振動の場合には、対策工としても有効である。 ・連結化端部には伸縮装置が残り、さらに大きな伸縮装置となる可能性があり、その橋脚付近の振動が減少しないため、連結化端部の配置は沿道環境に配慮すべきである。 ・構造的に適用できる箇所が限られている。 ・防振対策の面からは、単に主桁を連結しただけでは効果がなく、橋面舗装を連続して打ち換えた後に効果を発揮する。

表 8.9 （つづき）

種類	対策内容	振動レベルの低減効果	問題点と課題
⑪その他のノージョイント化	・埋設型伸縮装置を用いた簡易連続舗装や床版連結工法によるノージョイント化がある。	・振動レベルの低減効果について把握できていない。	・埋設型伸縮装置は耐久性に問題がある。・構造的に適用できる箇所が限られている。
⑫端横桁補強	・桁の主桁間隔が広い場合，端横桁の弾性沈下により伸縮装置に段差が生じる。端横桁への支承設置，端横桁の補強により剛性を強化して段差を軽減し振動低減を図る。	・主桁間隔の広い箱桁（横桁支間 11.4 m）で沿道民境界における地盤振動の L_{10} の平均が 1.7 dB 低下した事例がある。	
⑬床版補強	・床版の剛性強化により振動を低減する。RC 床版の下面に鋼板を接着する等の工法がある。	・既往の事例調査では，地盤（上下・水平）および橋体において増加または変化なしと報告されている事例がある。	・単独では防振対策工として期待できない。
⑭支承交換	・ゴムの衝撃吸収性能を利用して振動の軽減を図るもので，鋼製支承をゴム支承に替えた例がある。	・振動レベルの低減効果について把握できていない。	・振動レベルを低減できるゴム支承の耐久性に問題がある。
⑮主桁へのTMD	・ねじり振動の低減を目的とし，弾性ばねと粘性減衰機構を備えた付加質量を橋梁に設置し，その連成振動によって主桁の振動系の振動減衰を図る。	・TMD の固有周期（主桁の固有周期）だけの低減であり，オーバーオールレベルでは期待できない。	・起振器によるピークをもつ振動を対象とした検討結果であり，TMD の制振影響範囲は，対象とする周波数の ±0.005～0.10 Hz に限られている。・複数のピークをもつ道路交通振動に対する効果は期待できない。

表 8.9（つづき）

種 類	対策内容	振動レベルの低減効果	問題点と課題
⑯その他の上部構造対策	・桁の箱桁化 ・桁端ダンパーの設置	・オールパスの振動レベルでは期待できない。	・単独では防振対策工として期待できない。
⑰下部構造対策	・柱の補強 ・梁の補強 ・橋脚への吸振器設置	・オールパスの振動レベルでは期待できない。	・橋脚の変化モードや固有振動数が若干変わる可能性があるが，一般に橋脚の変化は地盤振動に大きなウエイトを占めていないため，振動低減効果は少ないといえる。
⑱基礎構造対策	・増し杭 ・フーチング増厚	・モデルの解析結果では振動低減効果が少ない。	・増し杭の場合は施工が大規模になり，工事費も過大となる可能性が高い。 ・活荷重変形が大きいなど特殊な形状の橋脚では効果が期待できる。

発生源対策としてもっとも効果のある対策は，加振力を低減することであり，道路構造側で実施されている対策としては，路面の凹凸や段差を解消するための路面平坦化がある．

道路管理者が対応する一般道路の振動対策としては，路面の平坦性の改良がもっとも効果があり，アスファルト舗装の補修基準値（3 m プロフィルメーターで縦断方向の凹凸（σ）が 5.0 mm）から，σ を 2.0 mm に改良した場合には，5 dB 以上の振動レベルの低減が見込まれる．

また，最近では舗装の下に土のう，D・BOX を敷設して，振動を低減している事例も見られる（7.2.3 項参照）．

都市内高速道路等の高架道路における道路交通振動の発生源対策としては，交通制御によるほか，ジョイント部の段差解消等の構造物対策としての路面の平滑化，上部構造対策，下部構造対策が一般的な対策方法といえるが，下部構造対策（柱の補強，梁の補強，橋脚への吸振器設置）については，固有振動数が若干変わる可能性があるものの振動低減効果は少ないといえる．これに対して，主桁を連結するノージョイント化工法は，都市高速道路で顕著な振動低減効果を上げている．

8.3.3 道路交通振動の伝播経路対策

道路交通振動の伝播経路対策の事例は，表 8.10 に示すとおりである[16]．道路交通振動の伝播経路は，地盤であることから，その対策としては振動遮断壁による振動伝達率の低減，伝播経路における振動低減を目的とする地盤対策，距離減衰を目的とする環境施設帯の設置がある．

振動遮断壁としての空溝は，試験的に実施されることはあっても常設することは困難であるため，EPS などの弾性体を利用するもの，コンクリートやソイルセメント杭などの剛体壁を利用するもの，弾性体と剛体を組み合わせた複合壁を利用するものがある．振動遮断壁の効果は，設置場所の地盤性状，遮断壁の構成材料，幅と深さ，発生源と受振点の位置関係によって変化する．

いずれの対策工法も，道路敷地外の伝播経路で大規模に行われる対策であり，一般に用地確保の観点から実施されることは困難なことが多い．

8.3.4 その他の対策

道路構造物が供用中であるための様々な制約や，全体の費用対効果等の経済

表 8.10 道路交通振動の伝播経路対策の事例[5]

種類	対策内容	振動レベルの低減効果	問題点と課題
①EPS 等を用いた地中防振壁	・振動発生源となる橋脚・基礎周辺の地盤に発泡スチロールを設置し、地盤振動を反射する。 ・その他ウレタン材と鋼矢板を組み合わせた地中防振壁を提案をされている。	・高架道路で低い振動数が卓越する地盤では、オーバーパスの効果が少ない。 ・平面道路に対する既存の事例によれば、幅80 cm、壁、深さ 3.5 m の EPS 壁を設置した場合、壁の後方 30～35 m の位置で 2～12 dB の効果があるとしている。 ・深さ 8 m、厚さ 1 m の EPS 地中防振壁実験結果では、10 Hz 以上の振動数帯域のみに橋軸直角方向と鉛直方向で 5 dB 程度の低減効果が認められた。	・10 Hz 以上の高い振動数が卓越している場合には、振動対策として期待できる。 ・防振壁を設ける場合には、設置地点の地盤条件や卓越振動数あるいは基礎構造を考慮したうえで、もっとも適切と考えられる構造、位置、深さを採用するのがよい。
②空溝	・振動発生源となる橋脚・基礎周辺の地盤に空溝を施工し、地盤振動を反射する。	・高架道路で低い振動数が卓越する地盤では、オーバーパスでの効果が少ない。 ・①の施工段階（3 段切梁工鋼矢板締め切り）の状態で、EPS とほぼ同様の効果が認められた。	・空溝を設ける場合は溝の維持、安全性への留意が必要となる。 ・その他の留意点は EPS 地中壁と同じである。
③地盤改良材による地中防振壁	・ソイルクラム工法による地中防振壁で、地盤振動を遮断する。	・②と同様 ・①の隣接箇所における実測では、EPS・空溝とほぼ同様の効果が認められた。	・施工事の建設機械等の振動に十分留意しなければならない。
④地盤改良	・橋脚周辺の地盤を締め固め、振動を伝わりにくくさせる。 ・地表付近を厚さ 50cm 程度貧配合コンクリートで置き換える。	・既存の事例の中で直径 0.4 m のケミコパイルを 10～2m×30 m 打ではぼ効果大としているが、定量的に把握できない。	・解析では高振動数成分に効果があるとされているが、実証されていない。 ・計測事例は少ない。

---

5) 中村一平, 有馬伸広：道路交通振動の対策技術, 環境技術, Vol.29, No.11, pp.40-45, 2000.

8.3 道路交通振動の対策　231

表 8.10 （つづき）

種類	対策内容	振動レベルの低減効果	問題点と課題
⑤PC中空壁体	・壁体ないしは既存コンクリートパイルを地中に壁状に打設し、振動伝播を抑制しようとするもの、あるいは地盤改良材を遮断層として期待するものである。	・既往コンクリートパイルを壁状に打設した既往の事例によれば、打設位置より26m後方の位置で施工前に6〜8 galあった振動が1 galに軽減されたとしている。	・①と同様にその地域の地盤条件にあった施工法の検討が必要である。
⑥軟弱地盤改良（ケミコパイル）[17]	・国土交通省では、ケミコパイル（生石灰杭工法）による軟弱地盤改良に伴う振動低減効果を把握している。	・ケミコパイルによる軟弱地盤改良では10 Hz以下の低周波の振動の低減が確認されており、地盤改良の幅は振動低減効果に大きく影響しない。ただし、地盤改良の深さ、地盤の剛性増加は、振動低減効果に大きく影響することから、十分な検討が必要である。	・地盤改良の深さ等について十分な検討をする必要がある。
⑦ガスクッション工法[17]	・ガスクッション、ソイルセメント壁に鋼矢板を付加したハイブリッド振動遮断壁が考案されている。	・ハイブリッド振動遮断壁（ガスクッション5 m深さ、鋼矢板（Ⅲ型）6.5 m深さの併用）の設置により、ダンプトラック走行時の加速度レベルが9 dB低減した事例がある。	・施工工事の変位に留意する必要がある。
⑧環境施設帯の設置	・高速道路の沿道を買い上げ植樹したり、オープンスペースとするものである。	・施設帯として確保した幅分だけ効果が見込める。 ・施設帯の地盤を伝わる振動が高周波のまた粘土より砂地盤の方が、振動の距離減衰が大きくなるため効果が大きい。	・街造りという都市計画との整合性、沿道地域住民の合意を考慮する必要がある。

表 8.11　道路交通振動の受振部対策の事例[6]

種類	対策内容	振動レベルの低減効果	問題点と課題
①建築物(家屋)の防振補強	・地盤から基礎, 床組に至るまでの伝播経路で振動を増幅させる弱点をなくし, 地盤に対する建築物の振動増幅を抑制するものである。 ・水平方向の振動に対しては, 筋交いなどの耐震壁の増強・増設による建築物の骨組の剛性増加や, 内壁材・外壁材の取付方法の改善による水平剛性や減衰性能の向上がある。	・鉄道沿線の木造家屋や鉄骨造家屋に対し実施された鉛直方向振動対策事例によれば, VL (L_{max}) で3～10 dB (鉛直振動) の低減効果が認められた。 ・水平方向の振動に対しては, 3階床での解析だけであるが, VL (L_{max}) に対して, 水平剛性を10%向上すれば1～2 dB, 水平剛性を2倍にすれば最大10 dBの低減効果がある。 ・鉛直方向の振動は, 床組の固有振動数 (10 Hz以上) で低減効果がある。 ・水平方向は, 家屋の固有振動数 (3～6 Hz程度) と地盤の固有振動数が一致している場合には低減効果が大きい。	・道路に関しては制度化されていない。
②建築物(家屋)への制振装置の設置	・建物にTMD等の制振装置を付加し, 建物の共振による水平方向の振動増幅を抑制するものである。	・出路付近の高架下壬建物 (2階建て) に適用した事例によると, 建物の地盤に対する加速度振幅比率はTMD設置前後で半減している。 ・シミュレーションでは, 家屋の減衰定数が小さい場合に VL (L_{max}) で2～7 dBの振動低減効果がある。 ・水平方向の家屋の固有振動数 (3～6 Hz程度) で水平方向に共振している場合にのみ振動低減効果がある。	・建物に明瞭な共振現象が見られる場合, 対策工として期待できるものと思われる。
③沿道整備	・沿道法を活用したり, 地域計画の見直しにより家屋を移転する。	・緩衝建築物や揺れに強い建築物に変わることにより, 大きな効果が望める。 ・RC建物の振動増幅は少ない。	・地方自治体・国・地域住民の合意などに困難な問題がある。

---

6) 中村一平, 有馬伸広：道路交通振動の対策技術, 環境技術, Vol.29, No.11, pp.40-45, 2000.

性を検討すると，受振部対策が現実的である場合がある．受振部対策の事例は表8.11に示すとおりであり，建築物に対する防振補強，建築物への制振装置の設置，防振建物の沿道への誘導などの沿道整備があるものの，受振部対策は道路管理者が積極的に行える対策ではない[16]．

8.3.5 道路交通振動対策の選定[16]

道路交通振動に対する苦情は，90％以上が規制基準値内で発生しており[6]，振動問題は道路構造，地盤性状，家屋構造などの発生している場所によって千差万別となっている．このため，道路交通振動対策の選定にあたっては，可能な限りその振動低減効果の予測を行うことが重要である．

道路交通振動対策の実施計画の策定にあたっては，以下の点に十分留意する必要がある．

① 道路敷地内で施工できること
② 振動低減効果の永続性があること
③ 振動低減効果が大きいこと
④ 施工費が低廉であること
⑤ 施工が容易であること
⑥ 場合によっては，複数の対策の組み合わせを考えること

8.4 道路交通振動の対策事例

8.4.1 路面凹凸の改良による対策事例[20]

路面の平坦性は，横断凹凸，段差（コンクリート舗装の目地，マンホールを含む）およびわだち掘れの3種類とされている．通常，路面の平坦性は，舗装基準に従ってプロフィルメーターにより得られる路面凹凸の標準偏差σで示されている．路面平坦性標準偏差σを1 mm減少させることにより，振動レベルを3～4 dB低減できる．

8.4.2 ノージョイント化による対策事例[21]

阪神高速道路公団（現阪神高速道路株式会社）では，隣り合う単純桁の主桁を連結してゴム支承に交換することでノージョイント化を図り，現地での振動調査結果から振動対策効果を検討している．11径間連続化工事後の官民境界前

後での振動レベルの変化を,図8.11に示す.官民境界は橋脚中心から17.8 mの位置にあることから,振動レベルの80%レンジ上端値(L_{10})では2 dB,ピーク値では7 dB 低減されている.また,6径間＋6径間連続化工事について,官民境界での振動レベルが表8.12のように与えられている.この結果から,L_{10} では1～2 dB,ピーク値では3～4 dB の低減効果が示されている.

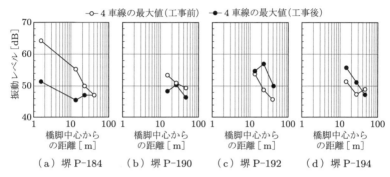

図8.11　11径間連続ノージョイント化工事による振動対策効果[7]

表8.12　6径間＋6径間連続化工事前後の振動レベルのピーク値の平均値の比較

橋　脚	工事前 [dB]			工事後 [dB]			備　考
	x 方向	y 方向	z 方向	x 方向	y 方向	z 方向	
P-200	38	44	46	39	40	47	端部
P-203	40	40	45	35	39	42	区間中央
P-206	40	42	45	33	42	45	端部
P-209	36	40	43	33	39	40	区間中央
P-212	39	42	42	34	40	45	端部

ノージョイント化による振動対策で特筆されることは,10 Hz以上の衝撃的な振動については効果的であるが,3～5 Hzの低い振動数では大きな効果が期待できない点である.

---

7) 徳永法夫,西村昂,日野泰雄,藤原敏彰：高架道路橋の11径間連続ノージョイント化とアンケート調査結果,交通工学,Vol.33, No.6, pp.28-35, 1998.

8.4.3 道路下地盤の改良による対策事例
(1) 軟弱地盤の地盤改良による対策事例[22]

建設省（現国土交通省）では，鳥取県において実施した振動低減対策法を報告している．この事例では，振動対策として直径 40 cm，深さ 12 m のケミコパイル（生石灰杭）を 90 cm 間隔で打設して軟弱地盤を改良している．この

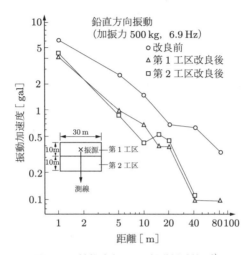

図 8.12 地盤改良による振動低減効果[8]

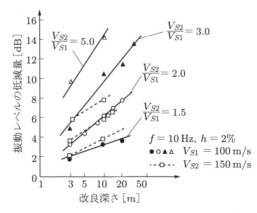

図 8.13 地盤改良による振動低減効果の予測[8]

---

8) Taniguchi, E. and Okada, S. : Reduction of Ground-Vibrations by Improving Soft Ground, Soils and Foundations, Vol.21, No.2, pp.99-113, 1981.

対策法による振動低減効果を図 8.12 に示す．また，改良前後の地盤の S 波速度比 (V_{S2}/V_{S1}) をパラメータとした振動低減効果の予測値を，図 8.13 に示す．この結果から，地盤の改良幅を増加させても地盤振動の低減効果に与える影響はあまり見られず，地盤の改良深さの方が与える影響が大きいことがわかる．

(2) EPS ブロックを用いた対策事例[23, 24]

EPS ブロックを道路下に埋設し，バスの踏板走行実験による振動調査を行った結果を，図 8.14 に示す．対策工施工前後の舗装構造は図 8.15 に示すとおりモデル化され，波動透過理論を用いた計算結果と実測結果の比較は図 8.16 に示すとおりである．これらのことから，振動低減量は 4〜10 dB 程度であり，この防振工による振動低減量の評価は，この理論によって 4〜200 Hz の振動数領域で可能となることが確認される．

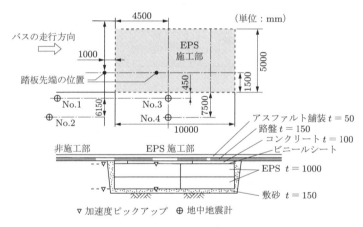

図 8.14 EPS の施工断面および測定計器の配置

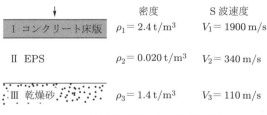

図 8.15 波動透過理論による計算モデル

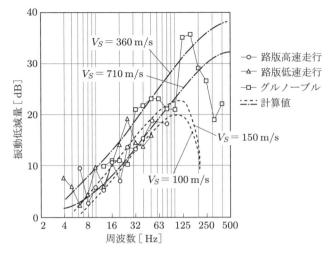

図 8.16 波動理論による振動低減量（地表面）

(3) 路体の剛性増加による対策事例[25]

舗装，路盤および路床の剛性増加により，道路を耐振動的な舗装構造とした場合の振動低減効果が，現地振動実験および数値解析によって検討されている．いくらかの低減効果が見られた報告例もあるが，現状では効果量が明確ではなく，改善区間が長い場合は経済的にも高価になり，実施は簡単ではないと考えられる．

このような方法による同様な対策が，カナダで実施されている．改良前後の舗装断面を図 8.17 に示す．また，コンクリート舗装厚さが 10 cm および 65 cm の場合の計算結果を図 8.18 に示す[26]．これらの現地振動実験および有限要素法（FEM）解析により，①舗装と路床の剛性比，②コンクリート壁の振動低減効果，③地盤改良による振動低減効果が検討されている．

この結果，①道路構造物の剛性と質量の増加は，あまり振動低減に有効ではないこと，②コンクリート壁で振動低減効果を生じるには，かなりの深さが必要とされること，③地盤改良による対策では，地盤の剛性率を少なくとも 2 倍以上とし，かつ，約 8 m の改良深さが必要であることがわかっている．

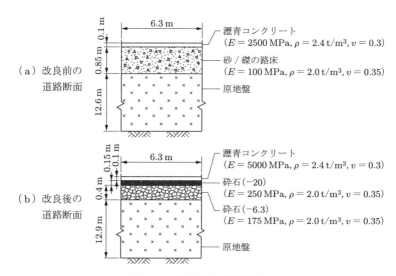

図 8.17 改良前後の道路断面

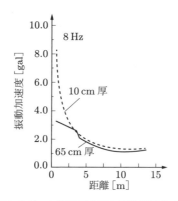

図 8.18 コンクリート舗装面上での振動加速度（鉛直方向）

8.4.4 建物側での振動対策事例[27, 28]

道路交通振動により，振動障害のクレームが生じている建物の振動対策として，高橋，宮野ら[27] は，TMD 適用の有効性を，①建物正弦波加振試験，②常時微動測定，③建物と TMD をそれぞれ 1 質点系と考えた解析モデルによるシミュレーション，により検討している．

TMD 固定時と作動時における建物 4 階の変位および加速度の常時微動波形を 10 分間測定し，1 階から 4 階への伝達特性を求めた結果が図 8.19 である．

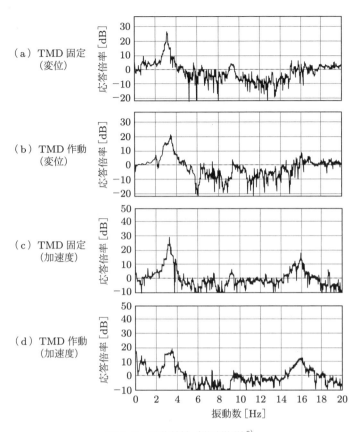

図 8.19　建物特性（常時微動）[9]

これからわかるように，TMD の設置により目標としている 3 Hz 付近の道路交通振動が約 50% に低減されている．同様な TMD による高架道路の振動対策事例は，金治ら[28] によっても報告されている．

参考文献

[1] 振動法令研究会：振動規制の手引き，pp.13-18, pp.82-85, 2003.
[2] 内田季延：道路交通における振動対策工法, 地盤工学会「地盤環境振動対策工法」講習会パワーポイント印刷資料, p9, 2009.
[3] 振動法令研究会：振動規制の手引き，p.84, pp.162-177, 2003.

---

9) 髙橋典男, 宮野宏：交通振動対策用 TMD, 三菱製鋼技報, Vol.30, pp.39-45, 1996.

[4] 日本騒音制御工学会環境振動評価分科会：振動測定マニュアル(ver.1)，pp.23-33，2014．(分科会 URL：http://www.ince-j.or.jp/subcommittee/kankyoshindohyoka，マニュアルダウンロードページ URL：http://www.ince-j,or.jp/subcommittee/download)
[5] 日本道路協会：道路環境整備マニュアル，pp.152-169, 1989．
[6] 国土交通省国土技術政策総合研究所，独立行政法人土木研究所：道路環境影響評価の技術手法，(平成 24 年度版)，pp.6-1-14 - 6-1-26, 2013．
[7] 日本騒音制御工学会道路交通振動予測式作成分科会：道路交通振動予測計算方法(INCE/J RTV-MODEL 2003)，騒音制御，Vol.28, No.3, pp.207-216, 2004．
[8] 内田季延：道路交通振動の予測・評価・対策，環境技術，Vol.36, No.7, pp.8-14, 2007．
[9] 道路環境研究所：道路環境影響評価の技術手法，第 2 巻，pp.317-318, 2007．
[10] 佐野泰之：道路交通振動の特性，騒音制御，Vol.35, No.2, pp.117-122, 2011．
[11] 国松直，北村泰寿：地盤振動の伝搬特性，騒音制御，Vol.35, No.2, pp.148-152, 2011．
[12] 日本騒音制御工学会編：騒音制御工学ハンドブック (基礎編)，p.327, 技報堂出版，2001．
[13] 日本騒音制御工学会編：地域の環境振動，技報堂出版，p.104, 2001．
[14] 松岡達郎：地盤の特性と道路交通振動について，騒音制御，Vol.3, No.2, pp.20-23, 1979．
[15] 日本騒音制御工学会編：騒音制御工学ハンドブック (基礎編)，p.330, 技報堂出版，2001．
[16] 中村一平，有馬伸広：道路交通振動の対策技術，環境技術，Vol.29, No.11, pp.40-45, 2000．
[17] 森尾敏，藤井豊，満藤弘：道路交通振動の予測・対策の最新動向，都市域における環境振動の実態と対策講習会，土木学会関西支部，pp.45-57, 2005．
[18] 松岡元：土のう (soil bag) による地盤環境振動対策工法，平成 22 年度地盤環境振動対策工法講習会講演資料，地盤工学会，pp.45-59, 2010．
[19] 櫛原信二：ガスクッションによる地盤環境振動対策—ハイブリッド振動遮断壁工法 (HGC 工法)—，地盤環境振動の対策技術に関する講演会講演資料集，災害科学研究所，pp.45-57, 2012．
[20] 清水博，足立義雄，辻靖三，根本守：道路環境，pp.212-237, 山海堂，1987．
[21] 徳永法夫，西村昂，日野泰雄，藤原敏彰：高架道路橋の 11 径間連続ノージョイント化とアンケート調査結果，交通工学，Vol.33, No.6, pp.28-35, 1998．
[22] Taniguchi, E. and Okada, S. : Reduction of Ground-Vibrations by Improving Soft Ground, Soils and Foundations, Vol.21, No.2, pp.99-113, 1981．
[23] 早川清，竹下貞雄，松井保：EPS ブロックによる道路交通振動の軽減対策とその評価，土質工学会論文報告集，Vol.31, No.2, pp.226-234, 1991．

[24] 早川清，松井保：EPSブロックを用いた交通振動の軽減対策，土と基礎，Vol.44, No.9, pp.24-26, 1996.
[25] AL-Hunaidi, M. O. and Rainer, J. H. : Remedial Measures for Traffic-Induced Vibrations at A Residential Site. Part 2 ; FEM Simulations, Canadian Acoustics, Vol.19, No.2, pp.11-20, 1991.
[26] 徳永法夫，森尾敏，柳原純夫，家村浩和，早川清：EPS（発泡スチロール）を防振材とした地中防振壁の交通振動低減効果について，第33回地盤工学研究発表会講演集，pp.1053-1054, 1998.
[27] 高橋典男，宮野宏：交通振動対策用TMD，三菱製鋼技報，Vol.30, pp.39-45, 1996.
[28] 金治英貞，馬場茂，井上隆二，完山利行：高架橋からの交通振動を受ける実建物のTMDによる制振，土木学会第48回年次学術講演会，Ⅰ-278, pp.704-705, 1993.

第9章 鉄道振動の特徴と対策

列車の走行に伴って沿線に生じる環境振動（鉄道振動）は，列車が重力を受けつつ走行路の凹凸等による強制変位を受けて移動していくことが主たる原因となっている．列車荷重による地上への影響は列車接近とともに大きくなり，列車が遠ざかれば小さくなる．すなわち，走行する列車の影響は地上に対しては変動する力となるため，沿線に振動が発生することとなる．このように，車両の移動で生じる環境振動であるという点で，鉄道振動には道路交通振動と共通する部分がある．

一方，鉄道振動と道路交通振動には，鉄道固有の条件に起因する相違点がいくつかある．まず，鉄道車両の車軸は規則的に配置されているため，鉄道振動は道路交通振動よりも加振力の周期性・規則性が高いと考えられる．また，車両側と地上側の接触点は，通常の鉄道の場合は鋼製の車輪とレールであり，道路よりも剛な接触となっている．さらに，高架橋などの土木構造物と車両の間にレールやマクラギ，道床バラストなどの軌道構造が介在している．

これらの違いにより，鉄道振動には道路交通振動とは異なった特性がある．本章では，主として新幹線鉄道振動を対象として，基本的な特性や過去に実施された鉄道振動対策等を紹介する．

9.1 鉄道振動の現状

9.1.1 鉄道振動の現状

新幹線鉄道振動の現状を把握するため，平成 22 〜 24 年前後の期間を対象に自治体がインターネット等で公表している情報を整理した結果を表 9.1 に示す．測定主体は各自治体で異なっているが，後述する環境庁勧告の方法に準じて測定，評価が行われたデータであり，一定の均質性が保たれていると考えられる．ここに示す値は，すべて鉛直方向の振動レベルである．

集計結果によると，12.5 m 地点における各線区の平均振動レベルは 53 〜

表 9.1 新幹線沿線の振動レベル

		軌道中心からの距離		
		12.5 m	25 m	50 m
東海道	調査点数	40	55	37
	平均振動レベル [dB]	58	56	53
山陽	調査点数	7	15	15
	平均振動レベル [dB]	58	52	48
東北	調査点数	11	41	0
	平均振動レベル [dB]	55	52	
上越	調査点数	0	35	8
	平均振動レベル [dB]		52	48
北陸	調査点数	0	20	4
	平均振動レベル [dB]		53	50
九州	調査点数	41	47	1
	平均振動レベル [dB]	53	49	51
全体	調査点数	99	213	65
	平均振動レベル [dB]	56	53	51

出典：自治体による公表資料．対象は愛知県，名古屋市，広島県，浜松市，西宮市，岩手県，宮城県，花巻市，盛岡市，仙台市，埼玉県，長野県，群馬県，新潟県，岡山市，高崎市，佐賀県，熊本県，鹿児島県，北九州市，鹿児島市

58 dB で，環境庁勧告指針値 70 dB を大きく下回っており，各調査地点別の結果においても指針値を超過した地点はなかった．また，線区別の比較では，東海道，山陽など建設年代が古い線区の振動レベルがやや大きい傾向が見られた．

次に，在来線鉄道振動の測定結果の公表事例として，自治体による測定結果のうち鉄道構造物の種別ごとに整理された名古屋市および大阪府の測定結果を表 9.2 に再整理して示す[1, 2]．12.5 m 点における振動レベル（平均）は名古屋市の測定結果では 54 dB，大阪府では 55 dB である．ただし，測定地点によるばらつきは非常に大きい．また，構造物の種別ごとに比較するとばらつきは非常に大きいが，平地・平坦地の振動がほかの箇所よりもやや大きく，高架橋と盛土はほぼ同程度となる傾向が見られる．

表 9.2 在来線鉄道振動測定結果（振動レベル）
(a) 名古屋市

構造物	地点数	12.5 m 点の振動レベル [dB]		25 m 点の振動レベル [dB]	
		平均	最小～最大	平均	最小～最大
平地	12	57	52～68	53	47～65
高架橋	23	51	40～61	49	39～58
盛土	7	56	52～60	50	38～57
直擁壁	6	53	43～64	50	41～59
堀割	3	50	48～51	47	47～48
コンクリート橋	1	53	53～53	53	53～53
鉄橋	4	57	55～60	55	51～58
全体	56	54	40～68	50	38～65

(b) 大阪府

構造物	地点数	12.5 m 点の振動レベル [dB]	
		平均	最小～最大
平坦	28	56	47～64
高架	17	54	48～60
盛土	15	53	47～61
全体	60	55	47～64

9.1.2 振動規制の状況

　列車走行により生じる振動については，戦前から様々な測定や文献調査がなされていたが，それらは，鉄道関係の設備に対する振動の影響がおもな調査対象であった．戦後は，線増工事や輸送対象の変化（農産物 → セメント）などに伴う沿線の地盤振動の調査事例が次第に多くなり，列車による地盤振動の基本的な性質を把握するための調査・報告などがなされるようになった．鉄道振動の調査・研究が精力的に進められる契機となったのは，1964 年の東海道新幹線開業である．新幹線の走行に伴う沿線の地盤環境振動が社会問題として取り上げられるようになり，沿線の振動の実態調査や現象解明，地盤環境振動対策の開発などが進められた．

　国による法的規制については，1967 年に制定された公害対策基本法で振動が典型 7 公害の一つと位置づけられたことなどを背景に，1973 年 11 月に中央

公害対策審議会に対して，①振動公害にかかわる法規制を行うにあたっての基本的考え方，②振動規制を行うにあたっての規制基準値，測定方法等はいかにあるべきか，③環境保全上緊急を要する新幹線鉄道振動対策について当面の措置を講ずる場合のよるべき指針はいかにあるべきか，の3項目について諮問が行われた．この諮問に対し，1973年12月に振動規制を行うにあたっての基本的考え方等について答申が出された．この答申では工場振動および建設振動，自動車の走行に伴う振動の規制等を行うために「振動規制法（仮称）」を制定するとともに，鉄道振動については，別途騒音対策とともに総合的な対策によって措置するものとすると位置づけられた[3]．

その後，1976年3月に中央公害対策審議会の答申を受けて振動規制法案が閣議決定されるとともに，環境庁長官から運輸大臣宛てに「環境保全上緊急を要する新幹線鉄道振動対策について（勧告）」（環大特32号，昭和51年3月12日公布．以下「環境庁勧告」という）が出された[3]．鉄道振動については公的な規制値は設定されておらず，この勧告に示された評価方法や指針値（70 dB）が新幹線鉄道振動の指針となっている．在来線についてはとくに値が示されていない．

9.1.3 測定・評価方法
(1) 環境庁勧告に基づく測定・評価方法

新幹線鉄道振動の測定・評価にあたっては，前述の環境庁勧告の方法に準じて行われることが多い．次に，全国での鉄道振動の測定方法を確認するため，都道府県や政令指定都市が定める環境影響評価時の調査方法の技術指針について，公表資料を整理した結果を表9.3に示す．この表より，自治体においても同勧告の方法を参照している例がもっとも多いことが確認できる．次に多いのは，振動規制法施行規則別表第2備考4および7に示された測定方法であるが，この方法はごく基本的な測定方法を示したものであり，測定結果の整理と評価は環境庁勧告に準じて行われることが多い．

環境庁勧告では，上下列車を合わせて，原則として連続して通過する20本の列車について，各列車が通過するときの鉛直方向の振動レベルの最大値（ピークレベル，図9.1）を測定することとなっている．また，評価は振動レベルの最大値の大きさが上位半数のものを算術平均した値で行われる．なお，振動規制法や環境庁勧告等の基礎となった中央公害対策審議会振動専門委員会報告の

表 9.3　環境影響評価技術指針に示された鉄道振動の測定方法

測定方法	都道府県	政令指定都市[※]
「環境保全上緊急を要する新幹線鉄道振動対策について(勧告)」に定める方法	18	7
「振動規制法施行規則別表第2備考4および7」に規定する振動の測定の方法	17	2
現地調査による情報の収集ならびに当該情報の整理および解析	5	1
記述なし	7	4

※政令指定都市は，インターネットで技術指針を入手可能であった札幌市，仙台市，さいたま市，千葉市，横浜市，新潟市，名古屋市，京都市，大阪市，堺市，神戸市，広島市，北九州市，福岡市の集計である．

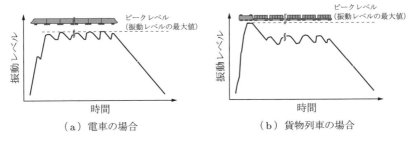

図 9.1　振動レベルの最大値（ピークレベル）

うち，添付資料「工場，建設作業，道路交通，新幹線鉄道の振動に係る基準の根拠等について」では，

- ただし，運行回数が少ないため 4 時間程度測定しても通過列車が 20 本に満たない場合には，その時間内に測定できる本数について測定することとしてもよいと考えられる[4]（後略）

旨のただし書きがあり，地盤振動の測定マニュアル等（たとえば文献[5]）においてもこれを踏襲している例がある．この場合，測定した列車のうち上位半数の算術平均により評価することとしている[4]．

環境庁勧告における測定・評価方法は以下のとおりである．
(1) 測定単位は，補正加速度レベル（単位デシベル）を用いること．
(2) 測定条件は，次のとおりとすること．
　(ア) 振動ピックアップの設置場所は，緩衝物がなく，かつ，十分踏固め等の行われている堅い場所とすること．

（イ）振動ピックアップの設置場所は，傾斜または凹凸のない場所とし，水平面を十分確保できる場所とすること．
　　（ウ）振動ピックアップは，外囲条件の影響を受けない場所に設置すること．
　　（エ）指示計器の動特性は緩（Slow）とすること．
（3）測定は，上りおよび下りの列車を合わせて，原則として連続して通過する20本の列車について，当該列車ごとの振動のピークレベルを読み取って行うものとすること．なお，測定時期は，列車速度が通常時より低いと認められる時期を避けて選定するものとすること．
（4）振動の評価は，(3)のピークレベルのうちレベルの大きさが上位半数のものを算術平均して行うものとすること．

補正加速度レベルは計量法に規定された振動加速度レベルと基本的に同じ測定単位であるが，勧告は振動レベル計のJIS規格制定前に出されたため，(2)エのように旧規格を前提とした記述が一部に残っている．また，測定方法についても基本的な部分の記述に留まっているため，測定時にはJIS Z 8735や文献[5]などを参照することが多い．

(2) 振動測定マニュアル

2014年8月に日本騒音制御工学会環境振動評価分科会は，平成20年度環境省「振動評価手法及び規制手法等検討調査」において作成された振動測定マニュアル（案）を基に，振動測定マニュアルを公開した．このマニュアルは，道路交通，鉄道，建設作業，工場・事業場からの振動で発生した苦情に対し，振動規制法による対応では苦情の解消が困難な場合を対象に，振動対策のための技術資料を作成することを目的としている．測定および評価方法については，以下の4項目が対象となっている．

① 家屋内部で苦情者が暴露されている振動
② 家屋による振動の増幅特性
③ 地盤振動の伝播特性
④ 評価指標に関する将来的な改善に備えるための詳細データの蓄積

マニュアルでは，中心周波数1～80 Hzの1/3オクターブバンド振動加速度レベルおよびJIS C 1510:1995 "振動レベル計"で規定する振動レベルを測定量としている．測定にあたっては振動加速度レベル波形を記録することを基

本とし，記録したデータを用いて測定量を算出する．測定方向は鉛直および水平2成分の計3成分で，線路と直交する方向に近い向きの家屋の軸方向を y 方向，それに直交する方向を x 方向とすることとしている．測定結果の評価には，各列車ごとに1/3オクターブバンド振動加速度レベルの最大値および振動レベルの最大値を読み取り，表9.4に示す本数について算術平均を求めた値を用いる．

表9.4 測定結果の評価に用いる列車数

単線/複線	測定列車数	評価値の算出対象
単線	10列車以上	上位5列車
複線	上下各10列車以上（計20列車以上）	上位10列車
複々線	各線路でそれぞれ5列車以上（計20列車以上）	上位10列車

設定する測定位置については，評価対象（①〜④）ごとに示されている．①，②を対象とした家屋振動特性の把握のための測定では，家屋内部に3点，鉄道の敷地境界と家屋近傍地盤に1点ずつの計5点を基本としている．また，③の評価のための測定では，線路から対象家屋の方向に設定した直線状の測線に5点の測定点を，線路にもっとも近い測定点（測定点1）から倍距離の関係となるように配置することや，測定点1を鉄道の敷地境界付近に設定することなどを推奨している．

9.2 予測手法

9.2.1 予測手法の概要

鉄道振動の予測には確立した方法がないため[6]，予測の目的等に応じて様々な方法がとられている．これまでに用いられてきた鉄道振動の予測方法を大別すると，次のようになる[6]．
① 過去の統計データなどに基づく予測
② 類似箇所の測定結果に基づく予測
　・測定結果の直接的引用
　・予測箇所の地盤特性等による補正
③ 実測データと解析等の組合せ

・実測値と距離減衰式の組合せ
・等価起振力法
④ 解析的予測

現状の実務では，実測データに基づく予測法（①～③）が主として用いられていると考えられる．

①の過去の統計データなどに基づく予測法の代表例としては，旧帝都高速度交通営団の予測式（以下営団式）がある[6]．営団式では，トンネルからの距離 X [m]，トンネル重量 Y [t/m]，列車速度 Z [km/h] をパラメーターとして，地表面の振動レベル L をトンネル形式別に求めた式により予測する．次式は，複線箱型トンネルの場合の予測式である．

$$L = K - 20 \log \frac{X}{3} - 24 \log \frac{Y}{40} + 20 \log \frac{Z}{40} \tag{9.1}$$

ここで，定数 K は実測値から統計的に求めた値で，トンネル形式および軌道構造別に求められている．

統計予測式は，平均的な振動の予測に有用であるが，統計式作成には多量の測定データが必要である．また，地盤性状や列車速度等の条件が基礎データを取得した箇所と大きく異なる場合には，そのまま適用できないため，当該条件での実測データを用いた確認や修正が必要となる．このため，営団式など既往の統計予測式の形を踏襲しつつ，予測対象とする箇所と地質条件などが類似している箇所の実測データに基づいて，パラメーターを予測箇所に適合するように修正したうえで用いられる場合もある[6]．

②の類似箇所の測定結果に基づく予測法は，車両・軌道・構造物・地盤等の諸条件が予測対象箇所と類似していると考えられる箇所において地盤振動を測定し，その測定結果を用いて振動を予測する方法である．その際，測定結果をそのまま予測値とする方法と，予測箇所の地盤振動伝播特性等に関する補正を加えたうえで予測値を求める方法が考えられる（図9.2）．

類似箇所の測定結果に基づく予測の場合，類似箇所の選定基準がないことや，類似箇所として選定した調査箇所と予測対象箇所の類似度の確認・保証が困難である点が問題と考えられる．また，地盤振動は測定結果のばらつきが大きいため，予測にあたっては複数の箇所で調査した結果を用いることが望ましい．

③の実測データと解析等の組合せによる予測法の例としては，実測値と Bornitz の式などの距離減衰式の組合せによる方法や，等価起振力法とよばれ

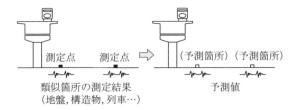

(a) 測定結果の直接的引用

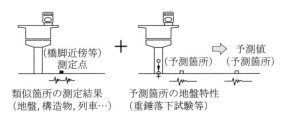

(b) 予測箇所の地盤特性等による補正

図 9.2 類似箇所の測定結果に基づく予測

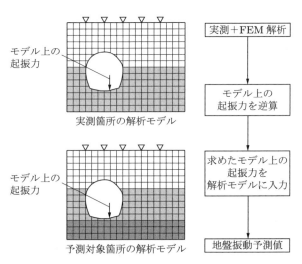

図 9.3 等価起振力法による振動予測

る方法（図 9.3）[7] などがある．後者は，車両や軌道等の条件が予測箇所と類似した箇所で地盤振動測定を行うとともに，実測箇所，予測箇所の双方を対象に有限要素法（FEM）解析を行って地盤振動を予測する方法で，実測箇所と予測箇所の構造物や地盤条件の違いを数値解析により補正するものである．

④の解析のみによる予測方法についても様々なモデルが検討されており，鉄道振動の相対値の評価（たとえば，振動対策工の振動低減効果など）についてはある程度可能となっている[8]．また，鉄道振動の絶対値の予測についても，複数の動的解析モデルの組合せによる方法が提案されており，実測結果をある程度再現できるようになっている（たとえば文献[9, 10]など）．しかし，パラメーターの設定方法や予測精度の検証などに課題が残っていることから，現状では鉄道振動の現象解明や振動対策の開発など，研究開発のツールとしての利用が主体と考えられる．

これらの分類は，主としてこれまでに日本国内で実施された予測方法を対象としたものである．海外における鉄道振動の予測方法を概観するため，ISO規格における分類を見てみると，鉄道振動に関する国際規格 ISO 14837-1 では，予測モデルを Parametric models, Empirical models, Semi-empirical models に大別している[11]．Parametric model に分類されているのは，Algerbaic model（代数的モデル）と Numerical model（数値モデル）であり，数値モデルについては FEM や有限差分法（FDM），境界要素法（BEM）などが例示されている．Empirical model は実測値に基づく方法で，Single site model と Multiple site model に大別されている．Semi-empirical model は Parametric model と Empirical model を組み合わせたモデルで，経験式の構成要素ないしパラメーターのいくつかを，数値モデルや部分的に完成した構造物（たとえば，軌道敷設前のトンネル等）を用いた計測等で置き換える方法である．前述の①，②は Empirical model，③は Semi-empirical model，④は Parametric model に対応していると考えられる．

9.2.2 環境影響評価等における鉄道振動の予測・評価法

都道府県等が定める環境影響評価の技術指針に示された鉄道振動の予測法を集計した結果を表 9.5 に示す．鉄道振動については，記述があっても「一般的に適用し得る手法は確立されておらず，類似事例の実測データから，回帰式を作成するなどの方法により予測する」とのみ記述されており，具体的な方法は示されていない状況である．その他は，「事例の引用または解析」や「適切な方法を選択」という記述に留まっている．「適切な方法を選択」については，事例の引用等を含め，

- 伝播理論計算式による方法

表9.5 技術指針に示された予測法の分類

予測方法	都道府県	政令指定都市
類似の実測事例や回帰式等を参考として予測	9	4
事例の引用または解析	14	7
対象事業の種類・規模および，建物の状況等を勘案して，適切な方法を選定	19	3
記述なし	5	6
計	47	20

- 経験的回帰式による方法
- 模型実験による方法
- 実地実験による方法
- 類似事例の参照による方法
- その他適切な方法

等が挙げられている．このように，実務では基本的に予測実施者の裁量にゆだねられている状況である．

次に，環境影響評価の技術指針に示された評価方法について見てみると，技術指針で鉄道について記述されている場合，在来線鉄道振動についても環境庁勧告に準拠して行うと示されているものが多く，都道府県が6件，政令指定都市が5件となっている．このため，在来線についても同勧告の指針値である70 dBが一つの目安となっている．環境庁勧告以外の方法については，一般的な評価方法として「影響の回避，低減にかかわる評価」と「国または県等が実施する環境保全施策との整合性」との記述に留まっている技術指針が多い状況である．

9.3　鉄道振動の特徴

9.3.1　振動レベル波形

新幹線が通過する際の沿線地盤における振動レベルの時間変化の例を図9.4に示す．新幹線の振動レベル波形は，通常は台形に近い形状となる．振動レベル計の動特性の影響や，地盤までの伝播経路の影響などがあるため，沿線で観測される振動レベル波形では隣接する車軸（先頭および最後尾の台車では2

9.3 鉄道振動の特徴

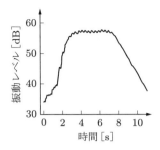

図 9.4　新幹線のレベル波形例

軸，その他は隣接 2 台車の 4 軸分）の通過による振動が一つの山として現れるのが特徴である（図 9.1(a) 参照）．在来線の電車の場合も，基本的には新幹線の場合と類似の台形に近い形状となる場合が多いが，貨物列車などの場合は，図 9.1(b) のように先頭の機関車が通過するときに振動レベルの最大値が現れるのが一般的である．

9.3.2　振動レベルの周波数特性

新幹線の高架橋区間における地盤振動の 1/3 オクターブバンドスペクトルの平均的な形状[12]を図 9.5 に示す．この図は，ある新幹線の高架橋区間の約 100 箇所で得られた，構造物から 10 m 程度離れた地点における周波数ごとの補正加速度レベル（振動レベル）の平均値と標準偏差を示す．列車速度は 200 km/h 程度である．実測された補正加速度レベル（振動レベル）のオール

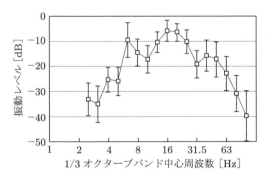

図 9.5　新幹線沿線の振動レベルの 1/3 オクターブバンドスペクトル例[1)]

---

1) 吉岡修：新幹線鉄道振動の発生・伝播モデルと防振対策法への応用，鉄道総研報告，特別第 30 号，p.66, 1999.

パス値を 0 dB に正規化したうえで平均してある．

　これによると，6.3 Hz 付近，16～20 Hz 帯域および 40～50 Hz 帯域におのおののピークがあり，とくに 16～20 Hz 帯域がもっとも卓越している．また，暗振動等の影響で不明瞭ではあるが，2～2.5 Hz 付近にもピークが現れている．これは，列車速度 200 km/h 程度の場合の高架橋区間での新幹線鉄道振動に共通した特徴である．卓越する周波数は列車速度とともに高くなり，270 km/h 前後では，31.5 Hz 帯域が卓越する．

　新幹線鉄道振動の特徴的な卓越周波数は，車軸配置などの車両条件と列車速度の関係で説明できると考えられており[8]，車両長 25 m の繰返しによって現れる周波数の整数倍の周波数にピークが現れる．ピークが現れる周波数は，列車速度と車軸配置（固定軸距（一つの台車に固定された 2 本の車軸間の距離）2.5 m，台車中心間隔 17.5 m，車両長 25 m の組合せ）により変化する．また，40～50 Hz 帯域の振動は，固定軸距 2.5 m の繰返しによる振動の 2 倍の高調波のほか，車輪とレールの連成振動に起因する振動など複数の要因が関係していると考えられる．

　このように，ピークの現れる周波数帯域については車両条件による影響が大きいが，おのおののピークのうちどの周波数帯域が卓越するかは，構造物や地盤などの特性により異なる[13]．たとえば，トンネル区間においては高架橋区間よりも高い 40 Hz 以上の帯域が卓越することが多い．

　また，270 km/h 程度までの列車速度では上記の 3 帯域に主要なピークが現れるが，近年の 300 km/h 超での速度向上試験結果によると，場所によってはさらに低周波数（3.15～4 Hz 程度）の帯域にピークが現れることもある[13]．このピークは車両長 25 m の繰返し効果に対応している．

　在来線鉄道振動については，新幹線鉄道振動のように多数の測定点の結果に基づく平均的なスペクトルの検討例は少ない．これは事業主体が多く，車両の種類が多様であることが理由の一つと考えられる．文献[14, 15]に示された明かり区間における地盤振動の周波数分析結果によると，速度 80～90 km/h 程度の列車の測定例では 10～12.5 Hz 付近に[14]，速度 115 km/h 以上の列車の測定例では 16 Hz 付近にピークを生じている[15]．これらの周波数帯域は列車速度と在来線電車の代表的な固定軸距 2.1 m の比で決まる周波数に対応しており，在来線鉄道振動の周波数特性についても，新幹線鉄道振動と同様に車軸配置と列車速度の影響が大きいと考えられる．また，地下鉄等のトンネル区間の

周波数分析結果などでは，新幹線の場合と同様に 40 Hz 以上の帯域が卓越することが多いと報告されている[16]．

9.3.3　振動レベルの列車速度依存性

鉄道沿線の振動レベルは，平均的には列車速度とともに大きくなる傾向がある（図 9.6）．振動レベル VL が列車速度とともにどの程度増加するかを定量的に示す方法として，次式で直線近似した場合の傾き n の値（速度べき乗係数）を用いることが多い[13]．

$$VL = VL_0 + 10 \log_{10}\left(\frac{V}{V_0}\right)^n = VL_0 + 10n \log_{10}\left(\frac{V}{V_0}\right) \text{ [dB]} \tag{9.2}$$

ここで，V は列車速度 [km/h]，V_0 は基準とする列車速度 [km/h]，VL_0 は基準速度での振動レベル値 [dB] である．

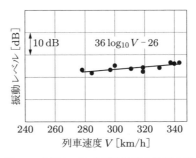

図 9.6　振動レベルと列車速度の関係の例

新幹線について過去の測定データから速度べき乗係数 n の値を求めた結果によると[13]，線区ごとの n の平均は 2.2 〜 3.4 の範囲となる．ただし，同じ線区内でもばらつきは非常に大きい．ここで，n 値が 3 の場合，3 割程度の列車速度向上により，振動レベルは 3 dB 程度増加する．また，速度べき乗則に基づく在来線鉄道振動の予測式を見ると[6]，n の値として営団式では 2.0 を採用している．また，都営地下鉄 12 号線の予測式では試運転列車の測定で得られた値（2.0 〜 2.9）の平均値として 2.5 を採用している．

9.4　鉄道振動の対策工法と対策事例

　鉄道車両は同一形式の車両が連結されて走行するため，道路交通振動よりも加振力の周期性・規則性が高いと考えられる．また，車両側と地上側の接触点に着目すると，道路交通ではゴムタイヤと舗装の組合せであるのに対し，通常の鉄道の場合は鋼製の車輪とレールであり，道路よりも剛な接触となっている．さらに，高架橋などの土木構造物と車両の間にレールやマクラギ，道床バラストなどの軌道構造が介在している．このように，鉄道振動には，道路交通振動等のほかの地盤環境振動と異なる特徴があり，対策についても，車両や軌道での対策のように鉄道振動特有のものと，一般の地盤環境振動と共通の対策とがある（図9.7）．

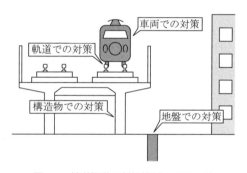

図9.7　鉄道振動の対策箇所のイメージ

　鉄道や道路等で実施された振動対策の研究開発成果等を，学協会等で公表されている文献より収集し，対策の種別によって「車両対策」，「軌道・路盤対策」，「構造物対策」，「地盤対策」に大別し[17]，鉄道に限って見ると，軌道・路盤対策の文献がもっとも多く，次いで地盤対策となっている．振動対策の文献調査結果を基に対策工法を分類したものを表9.6に示す．この表には，工法の開発状況に加え，その対策を実用化するうえで課題となる事項を併せて示した．以下ではおもな対策工法について特徴などを紹介する．なお，鉄道振動については車両条件や軌道・地盤等の地上条件によるばらつきが大きいため，ここでは目安として既往の事例で得られた対策効果を示す．

9.4 鉄道振動の対策工法と対策事例

表 9.6 対策工法の概要[2]

種別	手法		研究開発状況	説明
車両	軽量化		◎	高速車両の設計に反映．おもに車体部の軽量化 軸重 W_1 から W_2 への変更時の効果： $\Delta L \approx 20 \log_{10}(W_2/W_1)$ [dB]
軌道	低ばね化	低ばね定数レール締結装置	◎	スラブ軌道においてレールとスラブ間の弾性支承部のばね定数を小さくする対策
		弾性マクラギ	◎	マクラギ下に弾性材を取り付ける対策．新幹線の有道床軌道の高架橋区間では，場所により 0〜4 dB，平均約 2 dB の振動低減を想定
		バラストマット	◎	有道床軌道の道床バラストの下に弾性マットを敷く対策．新幹線の有道床軌道の高架橋区間では，場所により 0〜4 dB，平均約 2 dB の振動低減を想定
		弾性直結軌道	◇	マクラギを弾性材で支持して路盤に固定．在来線の新設線で実用化．新幹線では試験的な敷設あり
		フローティング軌道	◇	おもにトンネル区間での対策．軌道を含むスラブ全体を弾性支持装置で支える対策．新幹線の高速区間では適用例なし
	高剛性化		◇	線路方向の軌道の曲げ剛性を増加する対策．軟弱地盤上の在来線で 50 kg レールから 60 kg レールへの変更で約 2 dB の低減事例あり
	軌道不整の低減	軌道整備，レール交換，レール削正	○	軌道整備やレール交換，レール削正等により軌道不整を低減させる．軌道不整の影響が大きい場合には有効
	重量化	マクラギ増設化	◇	マクラギ間隔を狭くして単位延長あたりのマクラギ本数を増加
		マクラギ重量化	◇	マクラギの重量を増加
	路盤改良	注入	◇	マクラギ下路盤を注入材により強化
		撹拌杭	◇	マクラギ下路盤にセメント・水・土を混合した改良土による杭（撹拌杭）を構築して路盤を強化

---

[2] 芦谷公稔，横山秀史：地盤振動対策の研究開発の現状，鉄道総研報告，Vol.16, No.12, p.57, 2002 に加筆．

表 9.6 (つづき)

種別	手法			研究開発状況	説明
構造物	高架橋端部補強工			○	張り出しタイプの高架橋端部を補強する対策．張り出し部のある新幹線線区の高架橋区間で実用化
	部材剛性増			△	構造物の柱や梁などの部材の剛性を増加させる対策
	ダンパー			△	構造物にダンパーを取り付けて振動を減衰させる対策
	TMD（動吸振器）			△	錘とばねとダンパーを組み合わせ，ある特定の周波数の振動を吸収する装置．ビル等の制振では実用化
	アクティブ制御・ハイブリッド制御			△	外部加振装置によって構造物の振動を制御するものをアクティブ制御，TMDとアクティブ制御の組合せをハイブリッド制御とよぶ．
地盤	空溝			○	振動源と対象物との間に溝を設りる対策．3～5m深さで3～8dB程度の低減事例
	地中壁	鋼矢板		○	振動源と対象物との間に鋼矢板を打設．10～20m深さで1～2dB程度の低減事例．在来線の軟弱地盤区間で3～5dB程度の低減事例
		コンクリート壁		○	コンクリート壁を打設．3～10m深さで1～12dB程度の低減事例
		PC壁体		◇	中空のPC杭(70×70cm程度の断面)を連続的に壁状に打設
		発泡ウレタン壁		○	発泡ウレタンブロックを壁状に埋設．現場発泡により壁体を構築することも可能．5m深さで1～8dB程度の低減事例
		改良土壁		◇	セメント・水・土を混合した改良土により壁体を構築
		その他		◇	廃ゴム材，EPSブロックなどで壁体を構築する方法やガスクッション等
	地盤改良			◇	振動源周辺もしくは振動源と対象物の間の地盤を改良する工法

※開発状況の記号の意味はおおむね次のとおり．◎：評価方法ほぼ確立，○：新幹線での施工実績があり評価方法の検討段階，◇：新幹線での実績が少ない，もしくは，新幹線での実績はないが，その他での実績あり，△：解析・実験段階．

9.4.1 車両での振動対策

鉄道の地上設備は非常に延長が大きいため，車両での振動対策ができれば非常に有用である．鉄道車両は，車体や台車などで構成されたばね−質量系が軌道や構造物，地盤などと連成して振動しながら走行しており，地盤環境振動の発生メカニズムは複雑である．車両の軽量化と地盤環境振動の関係についての研究などにより，20 Hz 前後が卓越する新幹線鉄道振動に対しては，車両の総質量が重要な因子であることが明らかとなってきた[8]．

1992 年に始まった新幹線の速度向上の実施にあたっては，速度を向上しても沿線の地盤環境振動を悪化させないための技術開発が行われた．図 9.8 は，新幹線において，軸重（静止状態の車両の 1 輪軸にかかる鉛直荷重）16 t の通常車の車体部を改造して，軸重を 11 t に軽減した試験車両で走行試験を行い，試験車と通常車の地盤環境振動の 1/3 オクターブバンドスペクトルのレベル差を求めたものである[18]．図の縦軸は軸重 16 t 車両に対する 11 t 車両の周波数ごとの補正加速度レベル（振動レベル）の差で，マイナスの値が振動低減効果を表す．

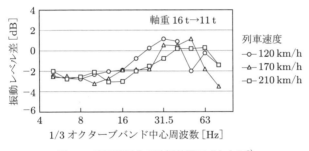

図 9.8　車両軽量化の防振効果スペクトル[3)]

この図より，列車速度 210 km/h では，約 25 Hz 以下の周波数帯域でほぼ一様に 2 〜 3 dB 程度振動が低減していることがわかる．この試験結果を基に開発された軸重 11 t の車両の実測データ（図 9.9）でも，軸重の大きい旧形式の車両に対して図 9.8 と同程度の防振効果が確認されている．

こうしたデータの蓄積から，現在では，車両軽量化の効果はおおむね軸重軽減量に比例すると考えられている．すなわち，対策前の軸重を W_0，軽量化後

---

3) 吉岡修：新幹線鉄道振動の発生・伝播モデルと防振対策法への応用，鉄道総研報告，特別第 30 号，p.117, 1999．

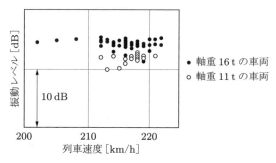

図9.9 軸重の異なる車両の比較（12.5 m点）[4]

の軸重を W_1 とすると，軽量化による振動レベルの低減効果 ΔVL は次式で推定される[18].

$$\Delta VL = 10 \log_{10} \left(\frac{W_1}{W_0}\right)^2 = 20 \log_{10} \frac{W_1}{W_0} \text{ [dB]} \quad (9.3)$$

これらの結果は，300系の開発に適用されたほか，500系，700系，E2系など以降の高速走行車両の開発にも活用されている．

9.4.2 軌道での振動対策

(1) 軌道の低ばね化

軌道での振動対策としては，軌道支持ばね定数を低下させる方法が行われている[19]．軌道低ばね化工法には，主としてスラブ軌道区間が対象の低ばね定数レール締結装置や，有道床軌道区間を対象としたバラストマットや有道床弾性マクラギ（図9.10）がある．また，新規に建設する路線では，防振直結軌道やフローティング軌道などの防振軌道を採用することがある[20, 21]．ただ

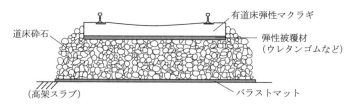

図9.10 有道床軌道での軌道低ばね対策の例

---

4) 吉岡修：新幹線鉄道振動の発生・伝播モデルと防振対策法への応用，鉄道総研報告，特別第30号，p.123, 1999 より作成．

し，軌道支持ばね定数は列車の走行安定性への影響が大きいため，高速列車に対して極端にばね定数を低下させることは困難と考えられる．

低ばね定数レール締結装置は，レールとマクラギや軌道スラブの間に入れる軌道パッドを，通常のものよりもばね定数の小さいタイプにしたもので，過去の試験例では63 Hz以上の高周波数帯域で振動低減効果が見られた．

バラストマットは，道床砕石の下に弾性材のマットを施工する対策である（図9.11）．また，有道床弾性マクラギは，コンクリートマクラギの下に弾性材が付加されたタイプのものである（図9.12）．

図9.11 バラストマットの例

図9.12 弾性マクラギの例

速度200 km/h程度で走行する新幹線で得られた平均的な防振効果の周波数特性を図9.13に示す[19]．新幹線での施工例では，防振効果は施工箇所によって0～4 dB程度の範囲でばらついており，平均的には12.5～25 m点で約2 dBの防振効果である[19]．図9.13より有道床弾性マクラギとバラストマット

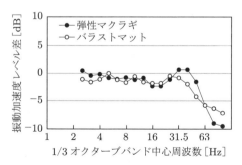
図9.13 バラストマットと弾性マクラギの防振効果スペクトル（速度200 km/h程度）[5]

---

5) 吉岡修，芦谷公稔：軌道の支持ばね係数低下が地盤振動に与える効果，鉄道総研報告，Vol.5, No.9, p.34, 1991.

の防振効果の周波数特性を見ると，20 Hz 程度までの周波数帯域では効果が周波数とともに微増し，20 Hz 前後で約 2 dB の効果である．また，31.5 ～ 40 Hz の帯域では効果がなくなり，50 Hz 以上の高周波数帯域で周波数とともに効果が増大している．

　既設線には適用が困難であるが，新設線の場合には，防振直結軌道やフローティング軌道などの防振軌道構造とする場合があり，地下鉄や在来線で広く適用されている．都市部の新線では騒音・振動対策が建設時から検討されており，文献[22-24]などに示すとおり，軌道構造として弾性マクラギ直結軌道（図 9.14）などの防振軌道が適用される場合が多い．防振軌道については騒音対策のための消音バラストを併用する形式のものなど[24]，様々な形式のものが開発されている．また，軌道が駅ビルに取り込まれた形の建物や[25]，地下鉄駅とホテルや音楽ホール等の入った建物が一体構造となっている箇所など[26]，通常の箇所よりも高い防振効果が必要な場合の振動対策として，フローティングスラブ軌道（図 9.15）を採用した事例が報告されている．

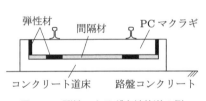

図 9.14　弾性マクラギ直結軌道の例

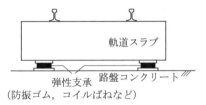

図 9.15　フローティングスラブ軌道の例

(2) 軌道不整の低減

　レール頭頂面の凹凸などに起因する軌道不整は車両に対して強制変位として作用するため，軌道不整の状態や地上側の条件によっては沿線に影響を及ぼす程度の振動を生じることがある．レールの製造工程や列車走行に伴う摩耗等により生じたレールの頭頂面の凹凸が原因と考えられる振動対策として，レール頭頂面の削正やレール交換等を実施し凹凸を除去することで，凹凸の波長に対応する周波数帯域の振動を低減させた事例がある[27, 28]．これらの事例やシミュレーション，現地測定等による検討結果より[29, 30]，軌道不整の振幅がある程度大きく，列車走行により発生する振動全体に軌道不整によって励起される振動が影響している場合には，軌道不整の低減度とほぼ同じ割合で振動が低減す

ると考えられている．

(3) 路盤改良

切取区間や盛土区間などの土構造区間において，軌道保守の観点から軌道下路盤の改良を行うことがある．工法としては，薬液注入や，水・セメント・土の攪拌工法による改良土杭を構築する工法などが行われている[31]．これらの路盤改良が地盤環境振動にどのような影響を与えるかを調査した事例があり，なかには 12.5 m 点において 2 dB 程度の振動低減効果が確認された例もある．まだ施工事例が少ないことや，どのような路盤条件で効果が発揮されるか，また，効果が長年にわたって持続するかなど不明な点も多いことから，引き続き検討していく必要がある．

在来線においては，EPS（発泡スチロール）ブロックや立体補強材を軌道下路盤に施工し，振動低減効果が得られたという報告事例がある[32, 33]．ただし，効果が生じた周波数帯域等の詳細が不明なため，さらに検討を進める必要がある．

9.4.3 構造物での振動対策

鉄道振動を対象とした構造物対策の検討事例は少なく，研究例の大半が数値解析や実験などのレベルに留まっており，鉄道構造物の振動対策に適用するには今後さらに検討が必要な工法が多い．

新幹線鉄道振動の統計解析結果によると，剛性が高い構造物，重い構造物ほど振動が小さい傾向が見られる．山陽新幹線の建設にあたり，国鉄では東海道新幹線の振動の実態調査等に基づいて，振動を減少させる対策を盛り込む形で高架橋の標準設計を定めた．山陽新幹線の建設工事誌によると[34]，振動防止の対策として，軟弱地盤区間では構造物の基礎を十分強固な地盤まで下げて振動を小さくすることとし，基礎の底面積も十分大きくするかまたは杭基礎，剛結基礎工法を採用するとなっている．また，高架橋については，柱を太くしスラブも厚くして，重量が大きくかつ剛性の大きい構造とした．その後の東北・上越新幹線では，小山試験線での試験結果などをもとに，山陽新幹線よりもさらに重量が大きく剛な構造形式が採用された[35]．

これらの対策は，建設当初から実施されており具体的な振動低減量は不明であるが，昭和 61 ～ 62 年度に環境庁（当時）が実施した全国一斉調査結果に

よると，建設年次が新しい線区の方が低振動となる傾向が見られる．また，前述のとおり近年の自治体公表資料（表9.1）においても同様の傾向となっている．なお，こうした知見を参考にして，新幹線ラーメン高架橋区間で，既設高架橋の柱断面を 0.9×0.9 m から 1.2×1.2 m に増加させた場合の振動の変化を調査した事例があるが[36, 37]，この事例では柱断面を増加させても顕著な振動低減効果は得られておらず，構造物の質量や剛性と地盤環境振動の関係についてはさらに検討が必要である．

初期の新幹線ラーメン高架橋では，ブロック端部が張り出し構造になっている場合がある．このような構造の場合，列車走行時の張り出し部の上下振動が地盤環境振動へも影響している可能性が考えられることから，数値解析等に基づいて高架橋端部の補強による振動低減工法を提案し現地試験した事例がある[38]．この事例では，高架橋から 12.5〜25 m 離れた地点で約 2 dB の振動低減効果が得られており，その後類似の構造物における振動対策工法として適用されている（図 9.16）．

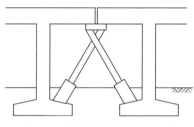

図 9.16　端部補強工法のイメージ

9.4.4　地盤での振動対策[39]

（1）空　溝

地盤環境振動を溝で遮断しようという発想はかなり古くからあり，小規模模型試験や数値解析による空溝の防振効果の検討がなされている．鉄道振動についても模型実験や数値解析のほか，現地での試験施工による検討が行われているが，現地試験についてはコンクリート壁や発泡ウレタン壁等の試験施工に合わせて実施した事例などが多い[40]．鉄道沿線に近接して溝を施工し，維持管理するのは，安全上・保守上も課題が大きく，溝自体を対策工として採用するのは今後とも難しいと思われる．

(2) 地中壁

振動遮断対策としては空溝の効果は大きいが，安全上・保守上の課題から，空溝を周辺地盤との波動インピーダンス比が大きい材料で充填した地中壁が用いられることが多い．地中壁の材質は地盤よりも硬い材質のものと軟らかい（軽い）材質のものに大別される．硬い材質のものとして，鋼矢板，コンクリート壁が一般的であるが，最近はPC壁体や改良土壁なども検討されている．軟らかい材質のものとしては，EPS壁や発泡ウレタン壁などの施工事例がある．

在来線の輸送力の増加に起因する地盤環境振動への対策として，振動低減効果が見込めて，かつ軌道と家屋が近接した狭隘箇所でも，ある程度の用地が確保できれば施工可能な工法として，鋼矢板式遮断工が選択された事例がある[41]．標準工法としては，II型の鋼矢板を支持層まで打ち込み，矢板上部を笠コンクリート（腹起し工）で固める工法が採用され（図9.17），家屋前で約5dB程度の振動低減効果が確認されている[41]．効果があった周波数帯域等の詳細は不明である．

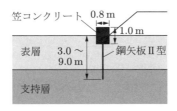

図9.17 鋼矢板式遮断工の施工例

鋼矢板については新幹線における試験施工事例があるが，この事例では深さ10〜20mまで打設した場合の振動レベルの低減効果は12.5m地点で1〜2dB程度である[39, 40]．

コンクリート壁と発泡ウレタン壁については，新幹線沿線での試験施工事例が複数ある[42, 43]．これらの事例で得られた防振効果をまとめたものが図9.18[44]である．凡例は，壁種類/深さ[m]/厚さ[m]/施工延長[m]を示している．壁種別は，C：コンクリート壁，T：溝，U：ウレタン壁を示す．ここで，C/9/0.8/110とT/5/0.8/110，U/5/0.8/110は同一箇所で実施し，C/5/0.4/43，C/5/0.8/43，C/10/0.4/43，U/5/0.4/43は同一箇所で実施している．この図によると，コンクリート壁の効果は事例によって効果がばらついており，深さ4mでも10dB以上の効果が得られた事例があるが，そのほかは深さ3〜5m

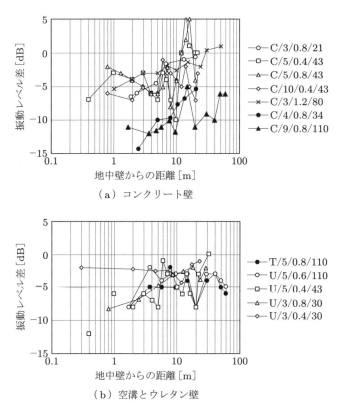

図 9.18　新幹線沿線で試験施工された振動遮断工の防振効果[6]

で1〜7dB程度の範囲で効果がばらついている．一方，ウレタン壁についても深さ3〜5mで1〜8dBの範囲で効果がばらついている[44]．

新幹線以外での事例では，在来線素地区間のレール継目部からの振動対策として，深さ2m，厚さ0.5mのEPS壁を延長8m施工した事例がある[45]．この事例では，壁から3m程度までは4〜6dBの効果があるが，それ以遠では効果が得られていない．

参考文献

[1] 名古屋市環境局地域環境対策部大気環境対策課編：名古屋市の騒音，在来鉄道騒

---

6) 芦谷公稔：列車走行に伴う鉄道沿線の地盤振動に対する振動遮断工の防振効果の評価方法に関する研究（学位論文），p.61, 2008.

音・振動編（平成 23 年度），pp.12-13, 2013.
[2] 大阪府環境農林水産部みどり・都市環境室地球環境課：大阪府環境白書　2012 年，巻末資料 9-7, 2012.
[3] 日本騒音制御工学会編　振動法令研究会著：振動規制の手引き，pp.8-11, 技報堂出版，2003.
[4] 前掲[3], p.339
[5] 福原博篤編著：環境計量証明事業実務者のための振動レベル測定マニュアル　第3版，日本環境測定分析協会，2012.
[6] 日本騒音制御工学会：地域の環境振動，pp.112-115, 128-136, 技報堂出版，2001.
[7] 吉岡修：等価起振力法による列車走行に伴う地盤振動の予測解析，物理探査，Vol.49, No.2, pp., 1996.
[8] 吉岡修，芦谷公稔：新幹線鉄道振動の発生・伝播モデル，物理探査，Vol.48, No.5, pp.299-315, 1995.
[9] 川谷充郎，何興文，白神亮，関雅樹，西山誠治，吉田幸司：高速鉄道高架橋の列車走行時の振動解析，土木学会論文集 A, Vol.62, No.3, pp.509-519, 2006.
[10] 渡辺勉，曽我部正道，横山秀史，山崎貴之：高速鉄道トンネル上の地盤振動に関する解析的検討，鉄道工学シンポジウム論文集，No.18, pp.107-114, 2014.
[11] ISO 2631-1：1997：Mechanical vibration and shock – Evaluation of human exposure to whole-body vibration – Part 1：General requirements, 1997.
[12] 吉岡修：新幹線鉄道振動の発生・伝播モデルと防振対策法への応用，鉄道総研報告，特別第 30 号，pp.65-66, 1999.
[13] 芦谷公稔，横山秀史，岩田直泰：新幹線沿線地盤振動の列車速度依存性の評価方法，地盤工学会・地盤環境振動の予測と対策の新技術に関するシンポジウム論文集，No131, pp.139-144, 2004.
[14] 末岡伸一，庄司匡範：鉄道振動の測定結果について，東京都環境科学研究所年報 2005, pp.215-220, 2005.
[15] 高橋亮一，田中靖幸，江後充喜：在来線におけるレール削正の地盤振動低減効果に関する検討，土木学会第 59 回年次学術講演会講演概要集，4-048, 2004.
[16] 津野究，古田勝，藤井光治郎，長嶋文雄，日下部治：地下鉄シールドトンネルから伝播する広帯域振動の減衰特性，土木学会論文集 No.792/Ⅲ-71, pp.185-197, 2005.
[17] 芦谷公稔，横山秀史：地盤振動対策の研究開発の現状，鉄道総研報告，Vol.16, No.12, pp.55-58, 2002.
[18] 前掲[12], pp.112-125
[19] 吉岡修，芦谷公稔：軌道の支持ばね係数低下が地盤振動に与える効果，鉄道総研報告，Vol.5, No.9, pp.31-37, 1991.
[20] 堀池高広，高尾賢一，須永陽一，安藤勝敏，福井義弘，内田一男：着脱式弾性

まくらぎ直結軌道（D型弾直軌道）の開発，鉄道総研報告，Vol.12, No.6, pp. 25-30, 1998.
[21] 桃谷尚嗣，鈴木健司，名村明，藤井光治郎，安藤勝敏，芦谷公稔，堀池高広：コイルばね防振軌道の性能と評価，鉄道総研報告，Vol.15, No.4, pp.27-32, 2001.
[22] 成田高速鉄道アクセス株式会社：成田新高速鉄道線　環境影響評価書（要約書），p.32, 2005.
[23] 鉄道建設・運輸施設整備支援機構鉄道建設本部：豊かな未来は，ここから始まる，p.32, 2014.
[24] 清水正俊：つくばエクスプレスの概要，日本鉄道施設協会誌，Vol.43, No.9, pp.57-59, 2005.
[25] 大迫勝彦，野澤伸一郎：新たな空間を創出した工事と取り組み，JR EAST Technical Review- No.18, pp.13-18, 2007.
[26] 川久保政茂，杉野清，三輪晋也：フローティングスラブによる地下鉄振動の防振対策例，音響技術，Vol.36, No.2, pp.9-12, 2007.
[27] 岩田直泰・横山秀史・芦谷公稔・斎藤聡：波状摩耗レールの更換による地盤振動特性の変化，鉄道力学論文集，No.10, pp.37-42, 2006.
[28] 田中博文・古川敦・長谷川雅彦・金尾稔：新幹線走行に伴う地盤振動低減のための軌道における対策と効果，土木学会論文集A1，Vol.68, No.3, 2012.
[29] 八代和幸，横山秀史，太田岳洋：地盤振動への軌道不整の影響に関する動的連成解析による検討，土木学会論文集C, Vol.69, No.2, pp.211-225, 2013.
[30] 田中博文，山口剛志，横山秀史，金田淳，木村宣幸，瀧川光伸：新幹線走行時の地盤振動低減のための長波長レール削正及びその効果の検証，鉄道工学シンポジウム論文集，No.19, pp.87-94, 2015.
[31] 藤沢政和：盛土路盤改良施工方法の検討，日本鉄道施設協会誌，Vol.41, No.4, pp.306-308, 2003.
[32] 澤武正昭，村田裕計，中尾浩，平松和祐，奥野裕之，中井督介，吉牟田浩，早川清：地盤振動制御におけるEPS活用に関する研究(1)(2)，日本騒音制御工学会技術発表会講演論文集，pp.241-248, 1990.
[33] 関根悦夫，早川清，松井保：粘性土の動的性質3—粘性土の動的問題に関するケースヒストリーと現象のメカニズム—，土と基礎，Vol.46, No.9, pp.43-48, 1998.
[34] 大阪幹線工事局：山陽新幹線　新大阪・岡山間建設工事誌，pp.235-237，日本国有鉄道，1972.
[35] 新幹線騒音振動防止技術委員会：新幹線騒音振動防止技術委員会　委員会資料編　I～IV，1975-1987.
[36] 岩田直泰，横山秀史，芦谷公稔，庄司正弘，西村忠典：列車振動に伴う地盤振動への構造物補強の影響　その1，第41回地盤工学研究発表会講演集，

pp.2385-2386, 2006.
[37] 芦谷公稔, 岩田直泰, 横山秀史, 庄司正弘, 西村忠典：列車振動に伴う地盤振動への構造物補強の影響　その2, 第41回地盤工学研究発表会講演集, pp.2387-2388, 2006.
[38] 原恒雄, 吉岡修, 神田仁, 舟橋秀麿, 根岸裕, 藤野陽三, 吉田一博：新幹線走行に伴う沿線地盤振動低減のための高架橋補強工の開発, 土木学会論文集, No.766/Ⅰ-68, 325-388, 2004.
[39] 芦谷公稔：列車走行に伴う鉄道沿線の地盤振動に対する振動遮断工の防振効果の評価方法に関する研究（学位論文）, pp.25-32, 2008.
[40] 吉岡修, 石崎昭義：空溝・地中壁による地盤振動低減効果に関する研究—東海道新幹線大草高架橋区間—, 鉄道技術研究報告, No.1147, 1980.
[41] 小泉昌弘：津軽線における騒音・振動対策, 日本鉄道施設協会誌, pp.49-51, 1996.
[42] 吉岡修, 芦谷公稔：コンクリート振動遮断工の防振効果, 鉄道総研報告, Vol.5, No.11, pp.37-46, 1991.
[43] 吉岡修, 熊谷兼雄：振動遮断工による低減効果の目安算定方法について, 鉄道技術研究報告, No.1205, 1982.
[44] 前掲[39], p.61
[45] 澤武正昭, 村田裕計, 伊藤秀行, 早川清, 松井保：鉄道振動の低減対策に関する研究（その4）, 第26回土質工学研究発表会, pp.1063-1064, 1991.

第10章 建設工事振動の特徴と対策

　建設工事では作業内容に応じて，様々な建設機械が使用され，これらの稼働に伴って振動が発生する．建設工事振動は，周辺環境に影響を与える振動の伝播距離がおおむね振動源から 100 m 以内（多くの場合，10 ～ 20 m 程度）と局所的であるが，振動とともに騒音も同時に発生する場合が多く，とくに軟弱な地盤地域に建物が密集する市街地で問題となることが多い．

　本章では，建設工事振動の特徴と振動対策について解説するとともに，各種建設機械の発生振動，振動対策工法の事例を紹介する．

10.1 建設工事振動の現状

10.1.1 法規制の状況

　建設工事に伴い発生する地盤環境振動は，「振動規制法（昭和 51 年 6 月 10 日法律第 64 号）」で定めるところの特定建設作業に該当し，①使用する機械もしくは作業，②振動レベルの大きさ，③作業時間に関して規制されているほか，都道府県条例としても規制基準を定めているところがある．

　以下に，振動規制法および都道府県条例の概要について述べる．

(1) 振動規制法

　振動規制法では，建設工事に伴って発生する振動の中から，とくに著しい振動を発生する四つの作業を特定建設作業として指定し，その振動レベルの大きさと作業時間について規制している．特定建設作業を行うときは，作業開始の 7 日前までに市町村長への届出義務があり，規制基準の違反，虚偽の届出・報告をした場合には，市町村長は事業者に対して改善勧告・改善命令等を行うことができるほか，改善命令に違反した場合には罰則が科せられる．

10.1 建設工事振動の現状

(a) 特定建設作業の種類

振動規制法で定める特定建設作業の一覧を表 10.1 に示す．また，文献[1]に記載されている特定建設作業に該当する作業の例示に，該当する工種を追記して表 10.2 に示す．

表 10.1 特定建設作業一覧（振動）

①	杭打機（もんけんおよび圧入式杭打機を除く），杭抜機（油圧式杭抜機を除く）または杭打杭抜機（圧入式杭打杭抜機を除く）を使用する作業
②	鋼球を使用して建築物その他の工作物を破壊する作業
③	舗装版破砕機を使用する作業（作業地点が連続的に移動する作業にあっては，1 日における当該作業にかかわる 2 地点間の最大距離が 50 m を超えない作業に限る）
④	ブレーカ（手持式のものを除く）を使用する作業（作業地点が連続的に移動する作業にあっては，1 日における当該作業にかかわる 2 地点間の最大距離が 50 m を超えない作業に限る）

表 10.2 特定建設作業に該当する作業の例示

主要工種	使用機械	騒音	振動
土工	ブルドーザ（40 kW 以上のもの）	○※1	×
土工	バックホウ（80 kW 以上のもの）	○※1	×
構造物取壊し工	ハンドブレーカ	○	×
構造物取壊し工	油圧ブレーカ	○	○
構造物取壊し工	コンクリート圧砕機	×	×
基礎工	油圧圧入，ワイヤ圧入	×※2	×
基礎工	プレボーリング工法（アースオーガ + 根固め）	×	×
山留工・仮締切工	バイブロハンマ	○	○
山留工	ダウンザホールハンマ（エアハンマ）	○	○
山留工	地中連続壁工法	×	×

○：特定建設作業，×：特定建設作業外
※1：環境大臣が指定するものを除き，原動機の定格出力が指定以上のもの
※2：杭打機および杭抜機のみ対象，圧入式杭打杭抜機は対象外

(b) 特定建設作業の振動レベル規制値

特定建設作業の振動レベルが，特定建設作業場所の敷地境界線において，75 dB を超えないことと規制されている．

(c) 特定建設作業の作業時間に関する規制

特定建設作業の作業時間に関する規制基準を表10.3に示す．表中の区域の指定は，都道府県知事が行う．第1号区域とは，住居集合地域や病院，学校の周辺など，振動の発生を防止することにより住民の生活環境を保全する必要があると認められる区域のことで，これらの建物からおおむね80mの範囲に適用される．なお，第2号区域とは，第1号区域以外の区域を指す．

表10.3 特定建設作業の作業時間に関する規制基準

作業時間帯	第1号区域	午後7時から翌日の午前7時までは作業禁止
	第2号区域	午後10時から翌日の午前6時までは作業禁止
1日の作業時間	第1号区域	1日10時間を超えて作業を行ってはならない
	第2号区域	1日14時間を超えて作業を行ってはならない
継続日数の制限		連続して6日を超えて作業を行ってはいけない
作業日の規制		日曜日およびその他の休日に作業を行ってはならない

(2) 都道府県条例の事例

条例による規制は，振動規制法で定める規制区域や規制作業の拡大を目的とする場合が多い．規制区域を拡大するのは，振動規制法で指定されている市区町村数が各都道府県で大きく異なっているからと考えられる[2]．一方，対象作業の拡大は，振動規制法で制定されていない建設作業を独自に指定するもので，振動規制法と異なる規制基準値を定めている場合もある．都道府県における「特定建設作業」以外の建設作業の規制状況を表10.4に示す[3]．

10.1.2 測定方法

振動規制法による振動レベルの測定方法を表10.5に示す．

振動の測定でもっとも留意しなければならないのが，振動ピックアップの設置場所である．振動ピックアップと設置場所の間では一つの振動系が作られており，地表面が軟らかい場合などに，振動ピックアップが本来の振動以上に振動する「設置共振」が生じる場合がある．どうしても③に示す条件で測定できない場合は，以下の方法でピックアップを設置する[4]．

- コンクリートブロック等を土中に埋込み，その上に振動ピックアップを設置する．

表10.4 都道府県における特定建設作業以外の建設作業振動の規制状況

都道府県	振動規制法に基づく特定建設作業以外の建設作業					基準
	A	B	C	D	A〜D以外の作業	
山形					・試錐機またはさく井機作業 ・路面切断機作業 ・合計3.5 kW以上のディーゼル・ガソリン機関	人に不快感を与える等により,その生活を妨げまたは物に被害を与えることがないと認められる程度のもの
群馬	15 kW以上					法に同じ
東京	15kW以上	○	○	○	・せん孔機を使用する杭打設作業 ・びょう打ち機またはインパクトレンチを使用する作業 ・削岩機 ・振動ローラ等締固め機械 ・コンクリートプラント（0.45 m³以上）またはアスファルトプラント(200 kg以上)を設けて行う作業 ・コンクリートミキサー車を使用するコンクリート搬入作業 ・原動機使用のはつり作業,コンクリート仕上げ作業 ・動力・火薬を使用する解体・破壊作業	（A）65 dB （B, C）70 dB （Dおよび削岩機）70 dB （せん孔機）70 dB （振動ローラ等）70 dB （動力・火薬）75 dB 以上すべて時間規制あり （びょう打ち機等） （コンクリートプラント等） （はつり作業等） 時間規制のみあり
大阪		○	○			法に同じ

（注）A：空気圧縮機を使用する作業, B：ブルドーザを使用する作業, C：ショベル等掘削機を使用する作業, D：コンクリートカッタを使用する作業

表10.5 振動規制法による振動レベルの測定方法

①	デシベルとは，計量法に定める振動加速度レベルの計量単位である．
②	振動の測定には，計量法第71条の条件に合格した振動レベル計を用い，鉛直方向について行う．なお，振動感覚補正回路は鉛直振動特性を用いる．
③	振動ピックアップの設置場所は，次のとおりとする． ・緩衝物がなく，かつ，十分踏み固め等の行われている堅い場所 ・傾斜および凹凸がない水平面を確保できる場所 ・温度，電気，磁気等の外囲条件の影響を受けない場所

- アルミ板を杭で固定して，その上に振動ピックアップを設置する．
- せっこうで地表面を固めて，振動ピックアップを設置する．

10.1.3 予測方法

(1) 計算式（予測式）による方法[5-7]

杭打作業，掘削・運搬作業，締固め作業，舗装作業，解体作業などから発生する振動伝播の予測に関しては，後述の(a)〜(c)のような予測式が提案されており，これらによって予測点における振動レベルを算出することができる．

(a) 地盤振動の伝播予測

建設作業時の工事機械から発生する地盤環境振動では，通常，地表面の振動源は点振源とみなされる．この場合，地盤振動のエネルギーは各種の波動形態で地盤内に拡散されて減衰するが，同時に地盤内における土の内部摩擦によっても減衰することになる．一般に，このような地盤環境振動の減衰特性は，次式で表される．

$$u = u_0 e^{-\lambda(r-r_0)} \cdot \left(\frac{r}{r_0}\right)^{-n} \tag{10.1}$$

ここに，u：振動源から r [m] 離れた地点での鉛直方向の変位振幅 [m]
u_0：振動源から r_0 [m] 離れた地点での鉛直方向の変位振幅 [m]
λ：地盤の内部減衰係数（地盤の種類によって異なる）
n：振動波の幾何学的な拡散を示す係数（波動の形態によって異なる）
表面波の場合 $n = 0.5$
弾性体内を伝播する実体波の場合 $n = 1$

地表面を伝播する実体波の場合　$n = 2$

λ は対象地盤の内部減衰比 h，波動の振動数 f [Hz]，波動の伝播速度 v [m/s] などに関係しており，次式で表される.

$$\lambda = \frac{2\pi hf}{v} \tag{10.2}$$

式(10.2)からわかるように，地盤の内部減衰係数 λ は振動数に比例し，伝播速度に反比例する．すなわち，振動数が高いほど減衰が大きくなり，また波動の伝播速度が遅い地盤（軟らかい地盤）でも減衰が大きくなる．λ は地盤の性状によっても変化し，関東ローム層，砂礫層では 0.01，粘土，シルト層では 0.02 〜 0.03，軟弱シルト層では 0.04，造成地盤では 0.03 〜 0.04 が，それぞれの標準的な値である.

式(10.1)の第2項で示される波動の拡散による減衰量は，距離が2倍になるごとに，$n = 0.5$ の場合には 3 dB，$n = 1$ の場合には 6 dB，$n = 2$ の場合には 12 dB となる．したがって，地表面上での地盤環境振動に関しては，振動源のごく近傍を除けば表面波が卓越することになる.

(b)　杭打作業などによる地盤環境振動の予測法

建設工事に伴う作業のうち，杭打作業，掘削・運搬作業，発破作業，締固め作業，舗装作業，解体作業などから発生する地盤環境振動の伝播予測法については，一般に，上述の式(10.1)をレベル表示に変換した次式が利用されている.

$$L_{Vr} = L_{V0} - 8.68\left(\frac{2\pi hf}{v_r}\right)(r - r_0) - 20n \log_{10} \frac{r}{r_0} \tag{10.3}$$

ここに，L_{Vr}：振動源から r [m] の距離における振動レベル [dB]
　　　　L_{V0}：振動源から r_0 [m] の距離における振動レベル [dB]
　　　　h：対象地盤の内部減衰比
　　　　f：振動数 [Hz]
　　　　v_r：レイリー波の伝播速度 [m/s]

基準点における振動レベル L_{V0} の実測例は様々な文献に紹介されているが，施工条件の違いによって実測結果にばらつきが生じるため，大きな変動範囲で示されている場合が多い.

(c) 国立研究開発法人土木研究所の提案式

国立研究開発法人土木研究所からは次式が提案されている．

$$L_{Vr} = L_{Vr_0} - 15 \log_{10} \frac{r}{r_0} - 8.68\alpha(r - r_0) \tag{10.4}$$

ここに，L_{Vr}：予測点における振動レベル［dB］
　　　　L_{Vr_0}：基準点における振動レベル［dB］
　　　　r：振動発生源から予測点までの距離［m］
　　　　r_0：振動発生源から基準点までの距離［m］
　　　　α：内部減衰係数（0.01〜0.04）

(2) 予備試験による方法[8]

着工前に，実際の振動源となる機械や，小型の機械を用いて現地で振動の伝播特性を把握する方法で，振動が問題となる地点が明確な場合に有効であり，振動の伝播性状がわかることから，地盤状況に関して有益な情報を得ることができる．

(3) 解析による方法[9]

有限要素法（2次元FEM・3次元FEM）や薄層要素法などを用いて，振動源を含む地盤と建物をすべて数値解析モデルとしてモデル化し，振動源の特性や強制力加振および強制変位加振などで評価し，動的応答解析を行って推定する．

(a) 2次元FEM解析

現象を2次元問題に置換して解析を行う．取り扱いが容易な反面，実際の3次元的な波動伝播特性や形状効果を精度よく評価するのは困難である．

(b) 3次元FEM解析

現象を3次元問題として取り扱うため，直接モデル化が可能であり，波動伝播特性や形状効果を精度よく評価できる．広範囲な地盤をモデル化する場合には解析モデルが大きくなりがちであり，計算時間やディスク容量などの制約が問題となる場合がある．しかし，こうした大規模3次元動的問題に特化したFEM解析システムの研究・開発も行われており[10]，今後，さらなる検証，普及が望まれる．

(c) 薄層要素法 + 3次元 FEM のハイブリッド解析

地盤を薄層要素法でモデル化するため,水平成層地盤しか取り扱えないが,モデル化が容易であり,解析自由度を縮小できるため,従来の3次元 FEM 解析の場合に比べて有効かつ現実的な解析方法である.

(4) 環境アセスメント実施段階での建設工事振動の予測方法[8]

環境アセスメント実施段階では,事業実施区域の位置や,対象事業の工事計画の概要(工事における区分(土工,トンネル,橋梁・高架),位置,延長,施工ヤード,工事用道路の想定位置,工種などの情報を基に,「作業単位を考慮した建設機械の組合せ(ユニット)」により予測する.

(a) 建設機械の稼働にかかわる予測

(ア) 基本的な予測式

基本となる予測式として,式(10.3)の幾何減衰定数を $n = 0.75$ とした次式を用いる.

$$L(r) = L(r_0) - 15\log_{10}\frac{r}{r_0} - 8.68\alpha(r - r_0) \tag{10.5}$$

ここに,$L(r)$:予測点における振動レベル [dB]

$L(r_0)$:基準点における振動レベル [dB]

r:振動発生源(ユニットの稼働位置)から予測点までの距離 [m]

r_0:振動発生源(ユニットの稼働位置)から基準点までの距離 (5 m)

α:内部減衰係数 (0.01 ～ 0.04)

(イ) ユニットの概念

ユニット(作業単位を考慮した建設機械の組合せ)[11]とは,目的の建設作業を行うために必要な建設機械の組合せのことである.

従来の建設工事振動の予測では,建設機械ごとに振動レベルを予測し,複数の建設機械が稼働する場合は,1台稼働した場合の予測値を合成する手法が採用されていた.したがって,建設機械の稼働に伴う振動が定常振動でない場合,予測値が過大になることがあった.これに対し,ユニットの概念を用いた予測は,工事の実態を反映した手法といえ,適正な予測値が得られる.ユニット別

の基準点振動レベルを表10.6に示す[12]. なお，ダム工事などに使用される大型の建設機械については，「ダム事業における環境影響評価の考え方」[13]にユニット別の基準点振動レベルがまとめられている．

表10.6 ユニット別基準点振動レベル

工事の種別	ユニット	地盤の種類	評価量	基準点振動レベル[dB]
掘削工	土砂掘削	未固結地盤	L_{10}	53
	軟岩掘削	固結地盤	L_{10}	64
	硬岩掘削	固結地盤	L_{10}	48
盛土工（路体・路床）	盛土（路体・路床）	未固結地盤	L_{10}	63
法面整形工	法面整形（掘削部）	固結地盤	L_{10}	53
路床安定処理工	路床安定処理	未固結地盤	$L^{※1}$	66
サンドマット工	サンドマット	未固結地盤	L_{10}	71
バーチカルドレーン工	サンドドレーン・袋詰めサンドドレーン	未固結地盤	L_{10}	83
締固改良工	サンドコンパクションパイル	未固結地盤	L_{10}	81
固結工	高圧噴射攪拌	未固結地盤	L_{10}	59
	粉体噴射攪拌	未固結地盤	L_{10}	62
	薬液注入	未固結地盤	L_{10}	53
法面吹付工	法面吹付	未固結地盤	L_{10}	48
既製杭工	ディーゼルパイルハンマ	未固結地盤	L_{max}	81
	油圧パイルハンマ	未固結地盤	L_{max}	81
	プレボーリング	未固結地盤	L_{max}	62
	中堀工	未固結地盤	L_{10}	63
鋼管矢板基礎工	油圧パイルハンマ	未固結地盤	L_{max}	81
	中堀工	未固結地盤	L_{10}	64
場所打杭工	オールケーシング工	未固結地盤	L_{10}	63
	硬質地盤オールケーシング	未固結地盤	L_{10}	61
		固結地盤	L_{10}	56
	リバースサーキュレーション工	未固結地盤	L_{10}	54
	アースドリル工※2	未固結地盤	L_{10}	56
	ダウンザホールハンマ工	未固結地盤	L_{10}	67
土留・仮締切工	鋼矢板（バイブロハンマ工）	未固結地盤	L_{10}	77
	鋼矢板（超高周波バイブロハンマ工）	未固結地盤	L_{10}	81

表10.6 （つづき）

工事の種別	ユニット	地盤の種類	評価量	基準点振動レベル [dB]
土留・仮締切工	鋼矢板（ウォータージェット併用バイブロハンマ工）	未固結地盤	L_{10}	75
	鋼矢板（油圧圧入引抜工）	未固結地盤	L_{10}	62
	鋼矢板（アースオーガ併用圧入工）	未固結地盤	L_{10}	59
オープンケーソン工	オープンケーソン	未固結地盤	L_{10}	55
地中連続壁工	地中連続壁	未固結地盤	L_{10}	52
架設工	コンクリート橋架設	未固結地盤	L_{10}	55
構造物取壊し工	構造物取壊し（大型ブレーカ）	未固結地盤	L_{10}	73
	構造物取壊し（ハンドブレーカ）	未固結地盤	L_{10}	50
	構造物取壊し（圧砕機）	未固結地盤	L_{10}	52
	構造物取壊し（自走式破砕機による殻の破砕）	未固結地盤	L_{10}	69
旧橋撤去工	旧橋撤去	未固結地盤	L_{10}	76
アスファルト舗装工	路盤工（上層・下層路盤）	未固結地盤	L_{10}	59
コンクリート舗装工				
アスファルト舗装工	表層・基層	未固結地盤	L_{10}	56
コンクリート舗装工	コンクリート舗装	未固結地盤	L_{10}	75
現場内運搬（未舗装）	現場内運搬（未舗装）	未固結地盤	L_{10}	57
基礎・裏込め砕石工	基礎・裏込め砕石工	未固結地盤	L_{10}	63

※1：定常振動のスタビライザ移動時の最大値を測定.
※2：国土交通省土木工事積算基準書に記載されていないが，施工例があるため参考として記載した．

(ウ) 基準点距離の設定

　基準点距離とは，各工種に共通して用いるものであり，工事ヤードが敷地境界に接する場合に基準点距離における振動レベルの値を予測値とすることができれば，予測に伴う作業が容易になると考えて設定されたものである．組合せ機械や単独機械の最小作業半径よりも，建設機械が敷地境界に近づくことはないと想定されることから，この考え方に基づいて，いくつかの工法を検討した結果，組合せ機械または単独機械による作業半径は5～14mとなり，これを根拠に基準点距離が5mと設定されている．

(エ) 地盤別の内部減衰係数

地盤別の内部減衰係数 α は，表 10.7 に示すとおりで，未固結地盤および固結地盤ごとに設定されている[12]．

表 10.7 内部減衰係数 α

地盤の種別	国土調査法による区分	土質の区分	α
未固結地盤	未固結堆積物 (泥，砂，礫，破砕物)	ローム，シルト，粘土質，砂礫質	0.01
固結地盤	固結堆積物，火山性岩石，深成岩，変成岩	岩盤等	0.001

(b) 資材および機械の運搬に用いる車両の運行にかかわる振動の予測[14]

一般の道路交通に工事用車両が混入することによって，道路交通振動が大きくなる場合は，増加する車両を現在の交通量に加えることによって，道路交通振動の振動レベルを予測することができる．

また，現況の道路交通振動レベルに，工事用車両による寄与分を加える方法もある．

$$L_{10} = L_{10}^* + \Delta L \tag{10.6}$$

ここに，$\Delta L = a \log_{10}(\log_{10} Q') - a \log_{10}(\log_{10} Q)$

L_{10}：振動レベルの 80% レンジ上端値の予測値 [dB]

L_{10}^*：現況の振動レベルの 80% レンジ上端値 [dB]

ΔL：工事用車両による振動レベルの増分 [dB]

Q'：工事用車両の上乗せ時の 500 秒間の 1 車線あたりの等価交通量（台/500 s/車線）

$$Q' = \frac{500}{3600} \times \frac{1}{M} \times \{N_L + K(N_H + N_{HC})\}$$

N_L：現況の小型車時間交通量 [台/h]

N_H：現況の大型車時間交通量 [台/h]

N_{HC}：工事用車両台数 [台/h]

Q：現況の 500 秒間の 1 車線あたり等価交通量 [台/500 s/車線]

K：大型車の小型車への換算係数

M：上下車線合計の車線数

a：定数

10.1.4 評価方法[16, 17]

環境アセスメント(環境影響評価)制度における評価の考え方には,大きく以下の2種類がある.
① 環境影響の回避・低減にかかわる評価
② 国または地方公共団体の環境保全施策との整合性にかかわる評価

これらのうち,①の視点からの評価は必ず行う必要があり,また②に示される基準または目標等のある場合には,②の視点からの評価についても必ず行う必要がある.①および②の評価を行う場合には,②の基準等との整合が図られたうえで,さらに①の回避・低減の措置が十分であることが求められる.環境影響評価法における評価の考え方を表10.8に示す.

表10.8 環境影響評価法における評価の考え方

①環境影響の回避・低減にかかわる評価	建造物の構造・配置のあり方,環境保全設備,工事の方法等を含む幅広い環境保全対策を対象として,複数の案を時系列に沿って,もしくは並行的に比較検討すること,実行可能なよりよい技術が取り入れられているか否かについて検討すること等の方法により,対象事業の実施により,選定項目にかかわる環境要素に及ぶおそれのある影響が,回避され,または低減されているものであるかについて評価されるものとすること. なお,これらの評価は,事業者により実行可能な範囲内で行われるものとすること.
②国または地方公共団体の環境保全施策との整合性にかかわる検討	評価を行うにあたって,環境基準,環境基本計画ほかの国または地方公共団体による環境の保全の観点からの施策によって,選定項目にかかわる環境要素に関する基準または目標が示されている場合は,当該基準等の達成状況,環境基本計画等の目標または計画の内容等と調査および予測の結果との整合性が図られているか否かについて検討されるものとすること.
③その他の留意事項	評価にあたって事業者以外が行う環境保全措置等の効果を見込む場合には,当該措置等の内容を明らかにできるように整理されるものとすること.

環境基準や規制基準などが設定されている振動については,上記①および②の評価を併用することになる.従来の環境影響評価においては,一般に②の視点のみによる評価が行われていたため,とくに①の視点による評価を行うための調査,予測および評価の手法の選定には,手戻りの生じないよう,十分な検討を行う必要がある.

①の環境影響の回避・低減の評価では，発生源での評価と，影響を受ける地点での評価があり，状況に応じた適切な評価が求められる．表 10.8 に記載した手法以外にも，振動を感覚閾値で評価する方法や，家具や扉のガタつきが発生するかしないかで評価する方法，あるいは，現状よりも環境を悪化させないことで評価する方法なども挙げられる．このように，回避・低減にかかわる評価方法は様々であるが，事業者の環境影響を回避・低減しようとした視点を明らかにし，それに向けた努力または配慮を評価することが「回避・低減にかかわる評価」である．統一的な手法が存在するものではなく，地域特性や事業特性により，異なってくるものである．

②の国または地方公共団体の環境保全施策との整合性にかかわる検討にあたっては，単に基準値と比較するだけでなく，予測結果の不確実性を踏まえた評価が必要となる．また，基準値には規制法による発生源に対する基準と，環境基準に示される影響を受ける側の保全を目的とした基準があり，評価にあたっては留意する必要がある．

環境基準は，環境保全上維持されることが望ましい基準として定められる行政上の目標となるべきものであり，人の最大許容限度や受忍限度といったものとは概念上異なり，幅広い行政の施策によって達成を目指すものである．一方，要請限度や規制基準等は，対策の要否を判定する指標であり，環境基準達成に向けて講じられる諸施策として考えられる．このような背景を理解したうえで，事業による影響を適切に評価しなければならない．

②の評価にあたっては，基準または目標の考え方を明らかにするとともに，基準値または目標値が設定されているのであれば，どの発生源の振動を評価の対象としているのか，どのような条件下での評価なのか，あるいは評価量は何を用いるのかなども明らかにする．

基準値または目標値との整合を検討した結果は，一般的に「達成している」，「達成していない」と表現されることが多いが，さらに踏み込むと，「現況で達成していないため，達成できない」，「最大限の環境保全措置を行ったが，達成していない」，「基準を達成するまで環境保全措置を実施したため，達成している」，「達成すると予測されるが，予測の不確実性を考慮すると，達成しない場合も考えられる」など，様々な状態が考えられ，事業者の実行可能な範囲での環境への配慮は，個々の状況に応じて期待されるものである．なお，「基準を達成すると予測されるが，環境保全措置の効果にかかわる知見が不十分である

ため達成しないことも考えられる」場合や,「基準を達成すると予測されるが,予測の不確実性を考慮すると,達成しないことも考えられる」場合などでは,事後調査の実施を検討する必要がある.

　また,工事用車両の走行による道路交通振動のように,すでに振動の影響のある場所に,さらに振動の影響を付加するような状況においては,事業者単独で実行可能な環境保全措置のみでは基準値の達成が困難なことがある.このような場合,基準または目標との整合が図られない理由・内容を明らかにするとともに,回避・低減の措置による付加分の低減の程度（低減率），ならびに現況の振動の状況の変化などを明らかにして,その回避・低減の措置に関して,実行可能なよりよい技術が取り入れられているか否かを総合的に評価する.

　なお,道路交通振動における要請限度は,本来「道路管理者または公安委員会に対し道路交通振動の防止のための舗装,維持または修繕の措置をとるべきことを要請」するための指標値であり,環境影響評価の評価にあたっての基準・目標となりうる性格を有していないことに留意する必要がある.

10.2　建設工事振動の特徴

10.2.1　発生源として考えられる因子

　建設工事振動の発生源は,作業に使用する建設機械である.工種,使用機械（機種）およびユニット（作業単位を考慮した建設機械の組合せ）によって,振動の発生状況が変動する.建設工事は,様々な工種から構成され,その工種では複数の機械が使用される.建設機械は,周辺の環境条件ほかを考慮して,現場に適合したものを選定するが,発生する振動の大きさは,建設機械の種類とその作業内容によって決定される.

(1)　建設工事における代表的な工種の概要[18]

　建設工事振動で問題となることの多い工種と,その際に使用する主な建設機械を表10.9に示す.近年,施工の効率化と省力化の進展により,建設機械の小型化,汎用機化の方向と,大型化,専用機化の極分化の傾向が見られ,多種多様な建設機械が建設工事に使用されている.

　土工では,ブルドーザ,油圧ショベル,モータースクレーパなどで地盤を掘削し,油圧ショベルで土砂をダンプトラックに積込み運搬し,埋戻し,盛土を

表 10.9 おもな工種と使用建設機械

工種名	使用建設機械
土工	ブルドーザ, 油圧ショベル, トラクターショベル, 自走式破砕機, モータグレーダ, モータースクレーパ, ダンプトラック, トラックミキサ, コンクリートポンプ車, 振動ローラ, ロードローラ, タイヤローラ, 空気圧縮機, 発電機
基礎工	クローラクレーン, ラフタークレーン, 電動式バイブロハンマ, 油圧式バイブロハンマ, サイレントパイラ, オールケーシング掘削機, アースオーガ, アースドリル, パイルドライバ, リバースサーキュレーションドリル, 空気圧縮機, 発電機, 油圧ショベル
山留工	クローラクレーン, ラフタークレーン, 電動式バイブロハンマ, 油圧式バイブロハンマ, ウォータージェット発生機, アースオーガ, パイルドライバ, サイレントパイラ, クラッシュパイラ, ダウンザホールハンマ, 空気圧縮機
岩盤掘削工	ブルドーザ (リッパ付き), 油圧ブレーカ, 油圧くさび機
軟弱地盤処理工	深層混合処理機, 軟弱地盤処理機
構造物取壊し工	油圧ブレーカ, ハンドブレーカ, コンクリート圧砕機, ダイヤモンドディスクカッタ, ダイヤモンドワイヤソー, 空気圧縮機
舗装工	ロードローラ, タイヤローラ, 振動ローラ, 路面切削機, 舗装版破砕機, タンパ, アスファルトフィニッシャ, コンクリートフィニッシャ, コンクリートカッタ, コンクリートスプレッタ, ダンプトラック
トンネル工, シールド工, 推進工	全断面掘削機, 自由断面掘削機, ドリルジャンボ, シールド掘削機, トンネルボーリングマシン, 小口径掘削機, 濁水処理機, 土砂ホッパ, 振動ふるい機

行い,ブルドーザ,モータグレーダ,ロードローラなどで締固めや整地を行う.

基礎工では,オールケーシング掘削機やアースドリルで地盤を掘削し,場所打ち杭を造成する工法のほか,パイルドライバにアースオーガを装着し,既製杭を設置する工法などがある.特定建設作業に指定されているようなディーゼルハンマ工法や油圧ハンマ工法は,騒音・振動問題から,建物に近接した地域での陸上土木工事では,現在ほとんど採用されていない.

山留工では,電動式バイブロハンマ工法やサイレントパイラー工法などで鋼矢板やH形鋼を直接地中に圧入する工法のほか,アースオーガやダウンザホールハンマ工法のように一度地面をプレボーリングした後に土留杭を設置する工法がある.

岩盤掘削工では，道路，鉄道路盤の切取，橋梁，宅地造成，ダム，建物等の構造物の基礎岩盤掘削，ダムの堤体材料に用いる原石採取，コンクリートの骨材，鉄道の路床材料等に用いる岩石採取がある．また，リッパ工法や，油圧ブレーカを用いた工法のほか，発破や破砕材を用いた工法もある．

軟弱地盤処理工には，締固め工法，バーチカルドレーン工法，サンドコンパクションパイル工法，バイブロフローテーション工法などがあり，パイルドライバをベースマシンとして，動的締固めにはバイブロハンマを，静的締固めにはアースオーガなどの回転駆動装置を，それぞれ装着する[19]．

構造物取壊し工では，解体部材の種類や解体物の搬出方法によって，油圧，電気などを用いた衝撃的な動的破砕法，あるいは低振動の静的破砕法が選定される．動的破砕法には，大型ブレーカ，ハンドブレーカ，発破などがある．静的破砕法には，圧砕機，コアビット，テルミットランス，ディスクカッタ，ワイヤーソーイング，油圧チューブ，膨張破砕剤などがある．

舗装工では，アスファルトフィニッシャと締固め機械がおもに使用され，道路の補修，修繕では路面切削機，コンクリートカッタ，路面補修車などが用いられている．

トンネル工などでの機械掘削は，ずり搬出などが連続的に行われ発破掘削より掘削速度が速い．使用する掘削機は，全断面掘削機械のトンネルボーリングマシン（TBM）と自由断面掘削機の2種類に分類される．また，立坑の地上に配置される泥水処理プラント，土砂ホッパ，振動ふるいなどは，工事期間中に振動を長期間にわたり発生させる．

(2) 建設工事における主要な建設機械の特徴[18]

おもな建設機械の特徴を以下に記す．また，主要な建設作業による振動レベル実測例を表10.10に示す[20]．

(a) ブルドーザ

ブルドーザの主要な作業は掘削，押土であり，運搬距離が約70m以内と短い場合に用いられる．その振動は，エンジンの振動が地盤に伝達されるもののほかに，走行時の履帯と地盤との接触によって発生するものや，土工板で土を掘削するときに発生するものがある．このなかでは，エンジンによる振動は小さく，問題となるのは重機の走行時に発生する振動であり，その振動は，ブル

表 10.10 主要な建設作業による振動レベル（dB）実測例[1]

		建設機械からの距離						
		5 m	7 m	10 m	15 m	20 m	30 m	40 m
土工	ブルドーザ (9 〜 21 t)	64 〜 85		63 〜 77		63 〜 78		53 〜 73
	ブルドーザ (40 t, 60 t)	64 〜 74	63 〜 73					
	トラクターショベル	56 〜 77		53 〜 69		43 〜 63		
	油圧ショベル	72 〜 83		64 〜 78		58 〜 69		54 〜 59
		69 〜 73	66 〜 72	64 〜 66	58 〜 62		43 〜 58	
	スクレープドーザ	88		77		67		58
	ダンプトラック	42 〜 69		41 〜 68	67	34 〜 63	62	
	振動ローラ		52 〜 90		44 〜 75		43 〜 68	
	振動コンパクタ		46 〜 54		40 〜 44		43	
基礎工・山留工	バイブロハンマ (〜 30 kW)		71 〜 77		61 〜 71		51 〜 58	
	バイブロハンマ (30 〜 40 kW)				70 〜 75		60 〜 69	
	バイブロハンマ (40 kW 〜)		72 〜 92		69 〜 88		53 〜 79	
	アースオーガ		50 〜 61		44 〜 57		40 〜 47	
	アースドリル (20 t 級機械式)		59 〜 67		54 〜 60		50 〜 52	
	アースドリル (30 t 級油圧式)		58 〜 61		45 〜 55		40 〜 51	
	オールケーシング掘削機 (1300 mm)		57 〜 68		49 〜 67		43 〜 59	
	オールケーシング掘削機 (2300 mm)		53 〜 68		50 〜 63		46 〜 58	
	ダウンザホールハンマ工法[21]						70	
	プレボーリング工法		50 〜 64		41 〜 61		38 〜 59	
	中掘工法		43 〜 62		41 〜 59		37 〜 55	
軟弱地盤処理工	サンドドレーンバイブロ (50 〜 120 kW)	75 〜 91		62 〜 87		65 〜 78		57 〜 71
	サンドコンパクションバイブロ (60 kW)		70 〜 81	84	65 〜 75	83	65 〜 74	69
	サンドドレーンドロップハンマ (2 t)	65 〜 88		81		59 〜 69		
	DJM 工法 2 軸			82		69		
	重錘落下締固め			72 〜 104	71 〜 98	71 〜 97	72 〜 91	77 〜 87
構造物取壊し工	大型ブレーカ (200 〜 400 kg)		66 〜 77				62 〜 70	
	大型ブレーカ (600 kg)		63 〜 75		55 〜 60		46 〜 50	
	大型油圧ブレーカ			69 〜 82		56 〜 65		53 〜 56
	コンクリート圧砕機 (油圧圧縮式)		48 〜 55		46 〜 58		34 〜 49	
	コンクリート圧砕機 (油圧ジャッキ式)		41 〜 46		38 〜 42			
	コンクリートカッタ自走式 (80 cm)		42 〜 48		40 〜 44		40 〜 41	

1) 日本建設機械化協会：建設作業振動対策マニュアル，p.101, 1994.

ドーザの走行速度と質量に比例して大きくなる.

(b) トラクターショベル

トラクターショベルは，走行速度が速く，高い機動性をもっている．バケットにより土砂，砂利，岩石を掘削して，運搬機械への積込みに用いられる．その振動は，掘削作業で発生するものがほとんどである．クローラ式では走行時に，振動を発生させるが，その頻度は少なく問題とはならない．また，ホイール式での走行時は，車輪がゴムホイールのために振動が小さい．したがって，大きな振動が発生するのは，両ケースともに掘削作業におけるバケットの落下時および地盤との衝突時である．

(c) 油圧ショベル

トラクターショベルと同様，走行では履帯式のものが大きな振動を発生させるが，その頻度は少なくあまり問題とはならない．油圧ショベル（$0.7\,\mathrm{m}^3$）稼働時の振動実測例を図10.1に示す[22]．振動発生のほとんどは，バケットによる掘削と落下による地盤への衝撃である．とくにバケットの落下では，落下位置から5m地点での振動レベルが80dB以上となることがある．一方，掘削では，5m地点での振動レベルは70dB程度である．

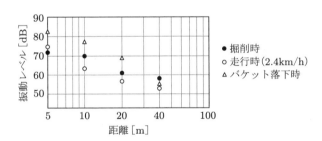

図10.1 油圧ショベル（$0.7\,\mathrm{m}^3$）稼働時の振動[2)]

(d) スクレープドーザ

スクレープドーザは，削土，積込みを行い，70〜500mの中距離運搬に用いられる．被けん引式と自走式があり，振動特性はブルドーザと同様で，重機の走行によるものがおもな発生原因である．なお，使用する現場は一般的に軟弱地盤であることから，とくに振動が伝わりやすい．

---

2) 日本建設機械化協会：建設工事に伴う騒音振動対策ハンドブック 第3版, p.95, 2009.

(e) ダンプトラック

　ダンプトラックの走行による振動の大きさは，路面状況や車両の状態などにより異なるが，車両の総質量が大きいほど，また走行速度が速いものほど，発生振動が大きくなる傾向にある．ダンプトラック走行時の振動実測例を図10.2に示す[23]．路面状態が未舗装の場合より，覆工板や舗装の場合のほうが，振動レベルが10 dB程度小さくなる．また，走行速度が15 km/hと10 km/hで，振動レベルに約5 dBの差が生じることから，低速走行が振動抑制に有効であることもわかる．

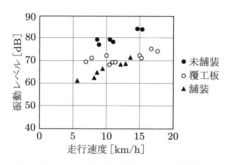

図10.2　ダンプトラック走行時の振動（11 t車積載，7.5 m点）[3]

(f) 振動ローラ，振動コンパクタ

　振動ローラおよび振動コンパクタは，ローラ圧力など静的な圧力に振動を利用したものである．これらの機械は，おもに路盤や造成の締固めに用いられている．機械は，起振力によって振動を発生させるため，機械の質量および起振

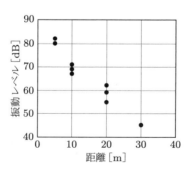

図10.3　振動ローラ稼働時の振動

---

3) 日本建設機械化協会：建設作業振動対策マニュアル，p.199, 1994.

力に比例して振動が大きくなる．振動ローラ稼働時の振動実測例を図 10.3 に示す．振動源から 20 m 地点においても，振動レベルが 60 dB 程度となることがある．

(g) バイブロハンマ

バイブロハンマには，電動式（電気式）と油圧式がある．電動式が偏心重錘を回転させるのに対し，油圧式では作動機構を油圧制御方式とすることで，電動式の約 3 倍の周波数の発生を可能としている．電動式と油圧式の 2 種類のバイブロハンマを用いた鋼管杭打設時の振動実測例を図 10.4 に示す[24]．

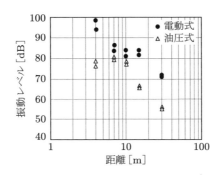

図 10.4　バイブロハンマ稼働時の振動 4)

(h) ブルドーザ（リッパ付き）

ブルドーザの後部に爪状のリッパを装着し，油圧で地盤に爪をくい込ませてブルドーザを前進させて岩盤を掘削する．堆積岩などの掘削に有効で，短時間に効率よく岩を割ることが可能であるが，作業場近傍では大きな振動を発生することがある．走行による振動の大きさは，(a)のブルドーザで発生する振動とほぼ同程度で，そのほかにリッパによる岩石の破砕時に振動が発生する．

(i) 大型ブレーカ

大型ブレーカには，重機の油圧源を利用した油圧式ブレーカが一般的に使用されている．重機と組み合わせることにより機動性に優れ，コンクリート構造物の破砕能力は 3 〜 5 m³/h 程度である．大型ブレーカの振動実測例を図 10.5 に示す．

---

4) 日本騒音制御工学会編：騒音制御工学ハンドブック［基礎編・応用編］, p.618, 技報堂出版, 2001.

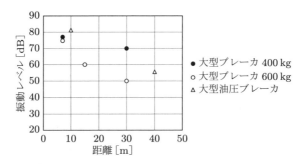

図 10.5　大型ブレーカ稼働時の振動

(j)　コンクリート圧砕機

　コンクリート圧砕機は重機のアームに取り付けて用いられ，その開口幅は 250 〜 1450 mm 程度で，破砕力は 100 〜 2000 kN 程度である．当該工法は近年主流の解体工法で，破砕能力は 4 〜 5 m^3/h 程度である．コンクリート圧砕機の振動実測例を図 10.6 に示す．

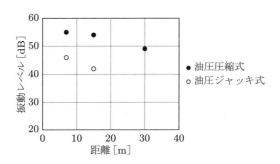

図 10.6　コンクリート圧砕機の振動

(k)　アスファルトフィニッシャ

　アスファルトフィニッシャは，路盤上にアスファルト合材を均一な厚さに連続的に施工できる舗装工の代表的な機械で，振動によりアスファルトの締固めも同時に行うことができる．

　敷均し走行時に発生する振動は，機械自体の走行速度が遅いため，路面および路盤がほぼ平坦な場合，発生振動は小さい．比較的大型のアスファルトフィニッシャ機種を対象とした振動実測例を図 10.7 に示す．機械から 20 m 程度離れると，振動レベルが 50 dB 以下となる．

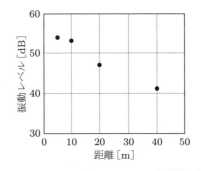

図 10.7　アスファルトフィニッシャ稼働時の振動

10.2.2　建設工事振動に関する苦情の実態

　環境省が実施している振動規制法施行状況調査によると，振動苦情全体に占める建設作業振動の割合が一番高く，平成 14 年度から平成 23 年度に関しては全体の約 60％で推移している[25-34]．こうした建設作業にかかわる苦情の実態を把握することは，効果的な振動対策を実施するうえで重要である．図 10.8 〜 10.10 に建設作業の苦情実態を調査したアンケート結果を示す[35]．

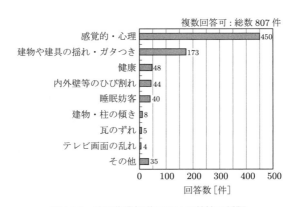

図 10.8　建設作業振動における苦情の種類

　被害の種類としては，感覚的・心理的要因がもっとも多く，建物・柱の傾きや瓦のずれなど，物的被害は少ない．苦情対象工種は建築解体工がもっとも多く，苦情対象機種ではバックホウ（油圧ショベル），ブレーカおよび圧砕機が上位を占める．バックホウに対する指摘が多いのは，ブレーカまたは圧砕機を取り付けた状態で使用されるためである．ブレーカは衝撃を利用してコンク

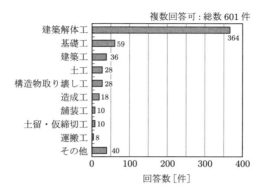

図10.9　建設作業振動の苦情対象工種

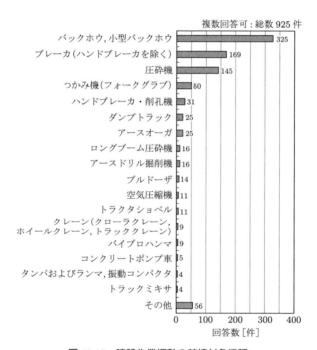

図10.10　建設作業振動の苦情対象機種

リートや岩石を破砕する機械で，振動の発生を避けるのは難しい．圧砕機に関しては，機械自体は大きな衝撃を発生させないが，破砕されたコンクリート塊の落下時などに発生する振動が苦情要因になっていると考えられる．

10.3 建設工事振動対策の概要[36]

10.3.1 建設工事振動を防止する基本的な考え方

建設工事振動は，使用機械，作業内容の違いにより発生する振動の大きさが異なり，加えて，地盤条件や作業時間などによっても，受振側での振動増幅現象，住民の感じ方が異なる．建設工事振動の対策は，①発生源，②伝播経路，③受振部において，それぞれハード面，ソフト面から検討しなければならない．

発生源対策としては，作業内容に適した建設機械の選定や鉄クローラをゴムクローラに変更する防振対策のほか，低振動型建設機械や低振動工法の採用などのハード面での対策と，重機の移動を最小限に留めたり，重機の台数を減らしたり，地域に応じて作業時間を検討したりするソフト面の対策がある．

伝播経路対策としては，空溝や鋼矢板，SMW（ソイルセメント地中連続壁）などの防振溝，防振壁のハード面での対策と，距離減衰効果を期待し，大きな振動が発生する作業を受振部からできるだけ遠ざけるソフト面の対策がある．

受振部対策としては，建物周辺の地盤改良や家屋の補強などのハード面での対策のほか，周辺住民への工事内容の周知や直接の対話などを通じた，住民との十分なコミュニケーションがソフト面の対策として重要である．表 10.11 に，

表10.11 建設工事振動におけるハード的対策概要

対策方法		対策内容
発生源対策	加振力の低減	・現場条件に合った工法，建設機械の選定（最適な工事進捗の実現） ・低振動型建設機械の採用（発生振動の低減） ・建設機械の整備（異常振動の発生防止） ・適切な建設機械操作（適切な運転，走行速度の実現） ・建設機械の制振，防振（不要な機械振動の低減）
	地盤への振動伝達の低減	・建設機械の防振支持（廃タイヤ，防振ゴムなど） ・路面，地盤面の平滑化（凹凸発生防止，走行振動の低減）
伝播経路対策	振動伝達率の低減	・空溝（防振溝） ・弾性体壁（ガスクッション，廃タイヤ，EPS など） ・剛体壁（コンクリート，鋼矢板など） ・複合壁（剛体と弾性体の複層構造）
受振部対策	建物への振動伝達の低減	・建築物周辺の地盤改良 ・建築物の基礎，構造の剛性増加など

ハード的対策の概要を示す．

10.3.2 建設工事に伴う騒音振動対策技術指針の遵守

　建設工事に伴う騒音，振動の発生をできる限り防止し，生活環境の保全と円滑な工事の施工を図ることを目的とした「建設工事に伴う騒音振動対策技術指針」（改正昭和 62 年 4 月 16 日）が，国土交通省から提示されている．同指針の適用範囲は，「良好な住居の環境を保全するため，とくに静穏の保持を必要とする区域」，「住居の用に供されているため，静穏の保持を必要とする区域」，「住居の用に合わせて商業，工業等の用に供されている区域であって，相当数の住居が集合しているため，騒音，振動の発生を防止する必要がある区域」，「学校，保育所，病院，診療所，図書館，老人ホーム等の敷地の周囲おおむね 80 m の区域」，「家畜飼育場，精密機械工場，電子計算機設置事業等の施設の周辺等，騒音，振動の影響が予想される区域」におけるすべての建設工事であり，その対策の基本事項は以下に示すとおりである．

① 振動対策の計画，設計，施工にあたっては，施工法，建設機械の振動の大きさ，発生実態，発生機構等について十分理解しておく．

② 振動対策については，振動の大きさを下げるほか，発生期間を短縮するなど，全体的に影響が小さくなるように検討する．

③ 建設工事の設計にあたっては，工事現場周辺の立地条件を調査し，全体的に振動を低減するよう次の事項について検討する．
　・低振動の施工方法の選択
　・低振動型建設機械の選択
　・作業時間帯，作業工程の設定
　・振動源となる建設機械の配置
　・遮音施設等の設置（心理的効果）

④ 建設工事の施工にあたっては，設計時に計画した振動対策をさらに検討し，確実に実施しなければならない．建設機械の運転についても以下に示す配慮が必要である．
　・工事の円滑化を図るとともに現場管理等に留意し，不必要な振動を発生させない．
　・建設機械等は，整備不良による振動が発生しないように点検，整備を十分に行う．

・作業待ち時には，建設機械等のエンジンをできる限り止めるなど，振動を発生させない．
⑤ 建設工事の実施にあたっては，必要に応じ工事の目的，内容等について，事前に地域住民に対して説明を行い，工事の実施に協力が得られるように努める．
⑥ 事業者，施工者は，振動対策を効果的に実施できるように協力する．

10.3.3　低振動型建設機械の活用

国土交通省では，「低騒音型・低振動型建設機械の指定に関する規程」（改正平成13年4月9日）により，機種ごと，出力ごとに基準値を定め，生活環境を保全すべき地域で行う工事に基準値を満足した建設機械の使用を推進するために，平成8年度より「低振動型建設機械」の指定制度を開始した．

低振動型建設機械の評価対象は，振動対策技術が実用化されているバックホウとバイブロハンマに限定されている．バックホウとバイブロハンマの振動基準値を表10.12に示す．

なお，指定された建設機械には指定ラベルを貼付しなければならない．

表10.12　振動基準値

機　種	諸　元	基準値 [dB]
バックホウ	標準バケット山積（平積）容量 0.50 (0.40) m³ 以上	55
バイブロハンマ	最大起振力 245 kN 以上	70
	最大起振力 245 kN 未満	65

（注）「低騒音型・低振動型建設機械の指定に関する規程」の第2条第3項の規定に基づき，建設機械の騒音および振動の測定値の測定法は，建設省告示（現国土交通省告示第487号）に定められている．

10.4　建設工事振動の対策事例

10.4.1　建設機械への発生源対策事例（ハード的対策）

建設工事振動対策の基本は発生源対策である．近年，施工の効率化に伴って，

建設機械の大型化が進展し，これらの建設機械を使用する建設工事における振動も大きくなってきているため，発生源側での振動対策が，以前にも増して重要となってきている．発生源対策としては，建設機械の加振力を低減すること，および建設機械から地盤への振動伝達を低減することが，その主要な対策方法となる．

(1) 土工機械

土工とは，道路，空港，宅地，フィルダムなどの土構造物の造成に際し，「地山の掘削」，「掘削した土の運搬」，「敷き均し」，「締固め」，ならびに「仕上げ面の整形」の一連の工程の作業の総称である．これらの工事規模が大きくなると大型の建設機械が使用され，それに伴う地盤環境振動が問題になることがあるが，とくに「締固め」作業では，土を強固に締め固めるために振動を利用した建設機械が使われることが多く，この際の地盤環境振動がもっとも大きな問題になる．

振動を用いた締固め機械には，上水や下水管路の埋設に伴う埋め戻しや擁壁の裏込めなど，狭いエリアでの工事で使用されるプレートコンパクタやランマなどの小型の機械と，高速道路や空港などの大規模構造物の造成で使用される大型の振動ローラがある．このうち工事現場で地盤環境振動が問題になるのは，振動ローラであることが多い．

振動ローラ（図10.11）は，ドラムの内部に回転する偏心錘をもち，その遠心力により周期的な振動力を発生させる建設機械である．この機械は自重と振動力の作用により効率的に土を締め固めることができるため，フィルダム，道路盛土，宅地造成をはじめ，種々の土工事において利用されているが，その機

図10.11　振動ローラ

構から周辺地盤への振動伝播を伴うことになる．

　建設機械メーカーでは，この課題を解決すべく十分な締固め能力をもち，かつ地盤環境振動を抑えることのできる振動ローラを開発している[37]．一般の振動ローラは，鋼鉄製のドラムの中で偏心錘が回転している．このため，ドラム内で偏心錘が回転すると円振動の振動力が発生することになり，ドラムを介してこの振動力が地盤に伝わることになる．地盤には，地表面に垂直の方向から振動力が加わることになり，この力で地盤を締め固めるが，同時に大きな振動が地盤内を伝播していくことになる．

　これに対し，振動抑制型の振動ローラは，ドラム内の1対の偏心錘が，中央のギアにより同期して回転する機構をもっており，それらの偏心錘の回転の位相を調整することにより，様々な振動を発生させることができる．図10.12はその振動モードの一例を示している．2個の偏心錘の回転の位相差を180度とすると，鉛直方向の振動成分は打ち消され，水平方向の偶力のみが発生することになる．このため，地表面に垂直方向に作用する振動成分はなくなり，平行に作用する振動成分のみが残ることになる．

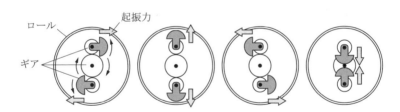

図10.12　水平振動の発生機構

表10.13　ローラのおもな諸元

種　類	A	B
型　式	SW652ND	MW700
総質量 [kg]	7400	8730
起振力 [kN]	円振動：68 水平振動：124	円振動：前輪38，後輪90 水平振動：前輪68，後輪145
振幅 [mm]	円振動：0.52 水平振動：0.75	円振動：0.6 水平振動：0.6
振動数 [vpm]	円振動：2940 水平振動：2940	円振動：2580 水平振動：2580

表 10.14　水平振動ローラの地盤振動低減効果

種　類	計測された振動値 [dB]	円振動からの低減値 [dB]
A	円振動：75.0 水平振動：65.5	−9.5
B	円振動：77.7 水平振動：62.5	−15.2

　表 10.13 に示す 2 機種のローラを用い，同じ振動ローラで円振動を発生させた場合と水平振動を発生させた場合で，機械から 7 m 離れた地点における地盤環境振動の大きさを比較した結果を表 10.14 に示す．

　この結果から，同じ大きさの振動ローラでも水平振動を採用すると地盤環境振動が大幅に軽減されることがわかる．都市部や夜間工事などで，振動を抑制しなければならない場合には，このローラの採用が対策として効果的である．

(2)　バイブロハンマ（振動杭打機）

　地盤中に鋼管や鋼矢板などを打込む際には，バイブロハンマ（振動杭打機）が使われることがある．この機械は，図 10.13 に示すように鋼管や鋼矢板の上端をつかみ，振動を与えることにより地中にそれらを貫入させる機械であり，周辺地盤に振動が伝わりやすい．このため，都市部での使用は制限されることが多く，その対応策として，振動数を高めた超高周波バイブロハンマが開発されている．一般に，地盤を伝播する振動は周波数が高いほど減衰しやすいため，高周波振動を与える杭打機で施工すると周辺への振動伝播を抑制することができる．

　超高周波バイブロハンマの振動伝播抑制効果を図 10.14 に示す[38]．周波数

図 10.13　バイブロハンマ

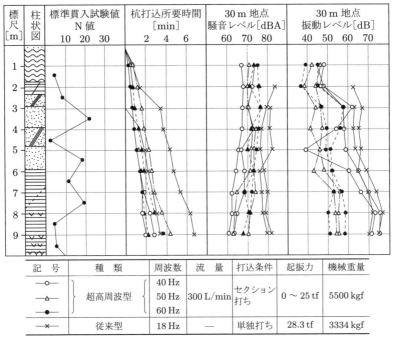

図 10.14 超高周波バイブロハンマの振動伝播抑制効果[5]

18 Hz の従来機に比べ，周波数が 40 〜 60 Hz の超高周波バイブロハンマを使用すると，振動を大幅に軽減できることがわかる．

(3) 大型ブレーカ[39]

大型ブレーカ（バックホウタイプの油圧ショベルに大型ブレーカのアタッチメントを装着）の能力，作業姿勢および防振対策の有無の違いによる稼働時の発生振動を図 10.15 に示す．河川工事におけるコンクリート護岸解体作業時の測定結果である．図中には，文献[40]における実測例（0.4 〜 0.7 m^3 級バックホウ，ブレーカ質量：940 〜 1550 kg）もプロットしている．

バックホウの能力は 0.4 m^3 級と 0.7 m^3 級の 2 種類（ブレーカ質量はそれぞれ 875 kg と 1545 kg），作業姿勢は堤の天端（未舗装の固い土）にバックホウをセットし，アーム角度が約 90 度の場合と最大限伸びた状態の 2 種類（それ

---

5) 北川原徹，樋野親俊：超高周波杭打機の研究開発，建設の機械化，pp.53-58，1982 年 12 月号．

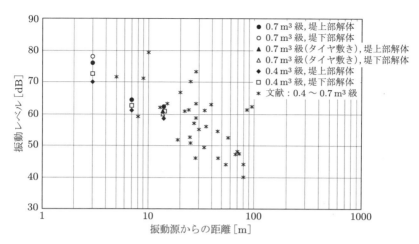

図 10.15 施工条件の違いによる大型ブレーカ発生振動

それ堤上部解体と堤下部解体），バックホウのクローラ下部に廃タイヤ（1段，片側に5本，計10本）を設置した場合（タイヤ敷き，図 10.16, 10.17）と通常の場合の2種類の6パターンについて測定している．

図 10.16 ブレーカ（タイヤ敷き，堤下部解体）

図 10.17 バックホウ（タイヤ敷き）

バックホウの能力の違い（$0.4\,\mathrm{m^3}$級と$0.7\,\mathrm{m^3}$級）によって$5\sim 6\,\mathrm{dB}$，作業姿勢の違いによって$2\sim 3\,\mathrm{dB}$，それぞれ発生振動に変化が生じている．

一方，廃タイヤの敷込みによる振動低減効果は，アームを最大限伸ばした状態では約 2 dB あるものの，約 90 度のアーム角度の場合には約 1 dB と小さくなっている．これは作業姿勢の違いによって，バックホウのクローラから地面に伝わる反力に違いが生じているためである．

(4) バックホウ[41]

バックホウの能力，作業内容および防振対策の有無の違いによるバックホウ稼働時の発生振動を図10.18に示す．図中には，文献[40]の実測例（$0.7\,\mathrm{m^3}$級油圧ショベル，掘削時とバケット落下時）もプロットしている．

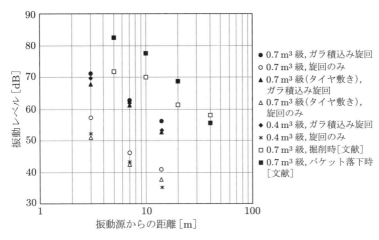

図10.18　バックホウ稼働時の発生振動

バックホウの能力は $0.4\,\mathrm{m^3}$ 級と $0.7\,\mathrm{m^3}$ 級の2種類，作業内容はバケットにコンクリートガラを積込み90度往復旋回する場合と，コンクリートガラが入ったバケットを90度往復旋回のみする場合の2種類，バックホウのクローラ下部に廃タイヤ（1段，片側に5本，計10本）を設置した場合（タイヤ敷き）と通常の場合の2種類の6パターンについて測定している．

作業内容によって発生振動が大きく異なっており，旋回のみの場合より，コンクリートガラ積込み旋回のほうが，おおむね15〜18dB振動レベルが大きい．

一般的な作業内容であるコンクリートガラ積込み旋回の場合，$0.4\,\mathrm{m^3}$ 級と $0.7\,\mathrm{m^3}$ 級との発生振動の差は約1dBと，バックホウの能力の違いによる影響はほとんどない．このとき，廃タイヤの敷込みによる振動低減効果は約3dBとなる．

旋回のみの場合，$0.4\,\mathrm{m^3}$ 級と $0.7\,\mathrm{m^3}$ 級との発生振動の差は約4dBあり，コンクリートガラ積込み旋回の場合より大きくなる．また，廃タイヤの敷込みによる振動低減効果は約5dBとなる．コンクリートガラ積込み旋回の場合より

大きな振動低減効果を示すのは，振動の発生形態に違いがあるためで，一般的な作業内容であるコンクリートガラ積込み旋回で振動低減対策効果を算定すべきである．

なお，文献[40]の0.7 m³級油圧ショベルによる掘削時の発生振動は，コンクリートガラ積込み旋回の場合より大きく，振動源から10～15 m地点では約10 dBの差となっている．バケット落下時の発生振動は，5 m地点で83 dB，10 m地点で78 dBとさらに大きく，掘削時に対し約10 dBの開きがある．

(5) 防振材の敷設[42]

建設機械から地盤への振動伝達の低減のために，60 t級クローラクレーンと地面の間に防振材（防振マット）を敷設した事例を紹介する．

防振マットの敷設状況を図10.19に示す．保護カバーの内部には，特殊ポリウレタン発泡体が内包されており，厚さは50 mmである．

図10.19　防振マット敷設状況[6]

図10.20のように，この防振マットの上に敷鉄板を敷設した場合と敷鉄板のみ敷設した場合の，クローラクレーン作業時の振動レベルの比較結果を図10.21に示す．クローラクレーンの作業は防振範囲および非防振範囲のおおむね中央付近で行っている．作業時の120秒間の振動レベルのエネルギー平均値である実効振動レベル L_{Veq} で評価すると，この防振マットを敷設することによって，6.2 dBの振動レベルの差（防振効果）が認められた．

---

6) 小林真人ほか：特殊ポリウレタン発泡体による工事振動の低減効果　その3，現場適用後の物性試験結果，土木学会第69回年次学術講演会，Ⅶ-037, pp.73-74, 2014.

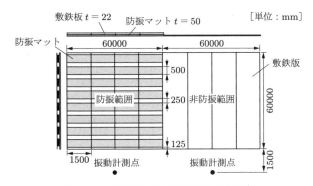

図 10.20 振動低減効果比較実験の配置[6]

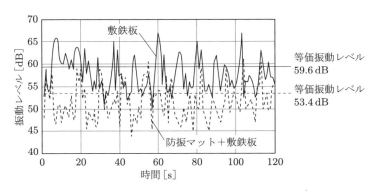

図 10.21 防振マットの有無による振動レベル比較[6]

10.4.2 発破における発生源対策事例（ハード的対策）

土工やトンネル工事で，対象岩盤が強固で油圧ショベルなどの建設機械で掘削することが困難な場合，火薬や爆薬を用いる発破工法が採用されることが多い．ここで，火薬とは，爆破により発生する高温・高圧の化学反応面の伝播速度（爆速）がその爆発物内の音速より遅いものを，また爆薬は，爆速が爆発物内の音速より速いものをいう（以下，両者を合わせて「火薬類」という）．発破工法とは，火薬類が爆発する際の衝撃力と爆破ガスの破壊力で岩盤を破砕する工法で，低コストで効率的に岩盤を掘削することができるが，一方で，飛石，爆風，振動，騒音などの事故や周辺環境への負荷も発生する．とくに，都市部においては，これらによる事故やトラブルも発生しており，発破工法の環境対策の困難さの一つは，効率性の向上と環境負荷低減という二律背反の両立が求

められることにある．

一般に，発破により周辺地盤に伝播する振動の大きさは次式により推定される[43]．

$$V_p = K \cdot r^{-2} \cdot W^{0.7} \qquad (10.7)$$

ここに，V_p：発破振動の振動速度の最大値［cm/s］
r：発破の中心から計測点までの距離［m］
W：火薬類の質量［kg］
K：発破の方法や岩盤の特性などにより決まる係数

式(10.7)に従うと，発破の位置と計測点の位置関係が同じである場合，発破振動を低減させるには，火薬類の量を減らすか，係数 K を低減するかしかないことになる．火薬量による工夫と係数 K の低減のための工夫についての事例を以下に紹介する．

(1) 火薬類の薬量の調整による振動低減手法

一般に，発破で使用する火薬類の量は，破砕する岩盤の大きさにより決まるため，これを減らすと所定の掘削を行うことができない．しかし，一度にすべての火薬類を起爆させるのではなく，段階的に起爆させることにより，振動を分散し，周辺への振動伝播を低減することができる．この工法を段発発破工法とよぶ．

発破では，通常，図10.22に示すように，親ダイといわれる火薬や爆薬を詰めた薬包に雷管を差し込み，雷管を爆発させることにより，親ダイの爆発を引き起こす[43]．雷管は，わずかな熱や衝撃でも発火する火薬を筒に込めた火工品であり，微量の起爆薬（爆粉）とそれによって点火される添装薬（導爆薬）で構成されている．雷管には用途に応じて様々な種類があるが，一般に建設現場における発破では，工業用雷管と電気雷管が使われることが多い．このうち，工業用雷管は，導火線の火炎で点火し起爆させる雷管である．これ対し電気雷

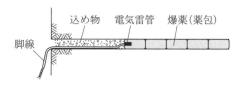

図10.22　雷管による発破工法

管は，雷管に電流を流すことによって雷管内部にある抵抗線を加熱し，その熱によって抵抗線に接している点爆薬に火をつけ，それによって起爆薬を起爆させる雷管である．最近の発破工事では，取り扱いの容易さから電気雷管が用いられることが多くなってきた．

電気雷管には雷管内にゆっくり燃焼する延時薬を詰め，電流を流してから爆発するまでの時間を遅らせることのできる遅発電気雷管がある．遅発電気雷管の延時効果は，延時薬の量により調整することができ，表10.15に示すように多種の雷管が存在する[43]．このうち，延時間が100 ms（1/10秒）以下のものをMS電気雷管（ミリセカンド電気雷管），100 ms以上のものをDS電気雷管（デシセカンド電気雷管）という．発破工事では，これらの遅発電気雷管を利用し，一度に大量の爆薬を起爆するのではなく，段階的に起爆させて岩盤を破砕することにより，発破に伴う振動や騒音の軽減が図られる場合が多い．

図10.23は，土工で岩盤を破砕する際に一般的に採用されるベンチ発破工法

表10.15 遅発電気雷管の種類

品種 段別	脚線色	DS段発電気雷管 秒時 [s]	管長 [mm]	MS段発電気雷管 秒時 [ms]	管長 [mm]
1	白・白	0	40	0	40
2	赤・白	0.25	45	25	40
3	緑・白	0.5	45	50	40
4	橙・白	0.75	45	45	45
5	黒・白	1.0	45	100	45
6	赤・赤	1.25	45	130	45
7	緑・緑	1.5	45	160	45
8	橙・橙	1.75	50	200	45
9	青・橙	2.0	50	250	45
10	赤・緑	2.3	50	300	45
11	赤・橙	2.7	50	350	45
12	赤・黒	3.1	55	400	45
13	緑・橙	3.5	55	450	45
14	緑・黒	4.0	55	510	45
15	橙・黒	4.5	55	570	45

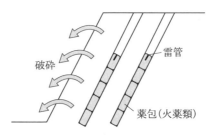

図 10.23　ベンチ発破工法

である[43]．ベンチ発破工法では，岩盤からなる地山を，図のように岩盤の自由面に平行に削孔を行ってその中に薬包を詰め，雷管を使って起爆させてベンチ状に掘削していく．この際，孔ごとに遅発雷管の段種類を調整し，一度に爆破するのではなく，段階的に起爆させることにより，振動や騒音を低減させている．

図 10.24 は，トンネル工事で利用される芯抜発破工法である[43]．芯抜発破工法では，トンネル切羽に図のような削孔を行って爆破するが，この際，遅発雷管の段種類を中央部が最初に破砕されるように調整する．この部分の削孔を図のようにろうと状にしておくと，岩盤はろうと状にトンネル内側に飛び出す形で破砕される．次にその外側の孔を破砕すると，先に破砕されたろうと状の空間に向かって岩盤が破砕される．これを段階的に外側に広げていくことにより，トンネルの外側の岩盤をあまり痛めることなく所定の形状のトンネルを掘削することができ，同時に振動や騒音を軽減することができる．

このほか，都市部近郊の土工事で平面上の岩盤を一定の深さまでに掘り下げ

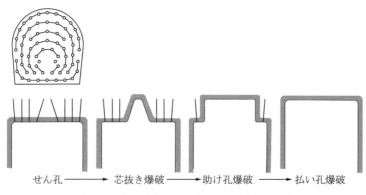

図 10.24　トンネル工事における芯抜き発破工法

るために行なわれる盤打ち発破において，大規模な発破工法が使えない場合には，火薬類の薬量を減らし，岩盤を破砕するまでには至らないまでも，岩盤に多くの亀裂を発生させ，それを大型重機等により掘削する予備発破工法が使われることがある．予備発破工法では，図10.25に示すようなブルドーザのリッパーチップを発破で生じさせた亀裂箇所に油圧で貫入させ，ブルドーザで牽引して岩盤を掘り起こすことにより掘削が行われることが多い．

図 10.25　ブルドーザのリッパーチップ

近年，IC雷管を利用した制御発破による振動軽減法も適用されるようになった．IC雷管は，電子式遅延雷管（EDD：electronic delay detonator）ともよばれ，遅延手段にICを応用した電気的タイマーを用い，きわめて高い秒時精度とフレキシブルな秒時設定を可能とした高性能電気雷管である．これを用いると，より精緻な発破制御を行うことができる[43]．

図10.26に，制御発破の原理を示す[44]．段差発破において，初段の発破による振動と次段の発破振動の位相差が1/2波長ずれていると，初段と2段目の波は干渉により打ち消され，振動低減を図ることができる．この原理を利用すると，単孔発破の波形計測ならびにその振動等に関する波形計測とその解析を行い，コンピュータシミュレーションによって，段発発破間の最適秒時間間隔を決定することができる．この方法により発破振動の軽減を図る手法を，発破におけるアクティブ制御とよぶ．

この手法は，トンネル工事でも切羽に溝を入れ，自由面を増やすことにより発破の効果を高め，少ない薬量で岩盤の破壊を起こさせるスロット工法と併用して，振動低減に用いられている．この結果，振動速度のピーク値は，爆源から25 m地点で最大94％，40 m地点で最大78％，70 m地点で最大62％という非常に大きな低減効果が得られたという事例も報告されている[45]．

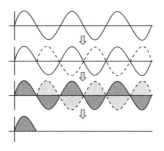

図 10.26 制御発破の原理

(2) 係数 K を低減させる手法

式(10.7)の係数 K は，発破の方法や岩盤の特性などにより決まる係数である．このことは，発破の方法を工夫すると，発破振動を軽減することができることを意味している．図 10.27 に示すように，雷管を使った起爆の位置を上端から下端に変更し，削孔の位置や間隔，装薬量を調整するなどの方法を併用す

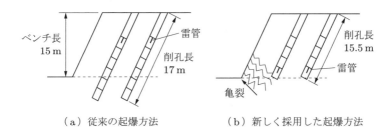

図 10.27 ベンチ発破における起爆位置の変更

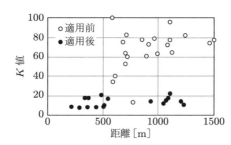

図 10.28 発破振動の低減効果（係数 K 値の低減）[7]

---

7) 坂本浩之ほか：大規模岩盤掘削における発破振動低減工法，土木学会第 58 回年次学術講演会，Ⅵ-280, pp.559-560, 2003.

ることで，発破振動を抑制することに成功した事例がある[46]．図 10.28 は，発破振動の計測値から係数 K の値を計算した結果である[46]．この図より，様々な取組みを重ねることにより K の値をコンスタントに低下させ得ることがわかる．

(3) 総合的な発破振動の低減事例

大規模土工では，周辺に民家などがある場合，振動計測を行い発破振動の確実な低減に向けて総合的な取組みが求められる．以下に，長期にわたり大量の土砂を採取する土砂採取工事で，周辺に民家が点在するため，発破振動による影響を所定の基準以下に抑えるべく，様々な取り組みを総合的に行った事例を紹介する．

発破振動の軽減対策としては，基本的には段発発破により 1 段あたりの薬量を減らすことと，爆速の遅い火薬類を使用することであるが，この事例では，綿密な発破計画を立てて，所定の生産性を確保しつつ，発破振動の軽減に様々な工夫が取り入れられた．

(a) 発破振動と低周波音の管理基準値[47]

発破振動と低周波音の周辺への影響低減を図るため，それぞれに管理すべき基準値を設けた．発破の振動レベルは所在地県との協議に基づく値 65 dB を下回る 55 dB を管理の基準値に，また低周波音は自主的に 95 dB を管理の基準値とした．

(b) 発破工の計画作成

発破の方法としては，以下の 5 工法を採用した．
① ベンチ発破（ベンチ高 10 m）
② ベンチ発破（ベンチ高 5 m）
③ 盤打ち発破（$h = 6$ m）
④ 盤打ち発破（$h = 3$ m）
⑤ 制御発破

周辺への環境影響では，①から⑤に移るほど振動・騒音をより低減できる発破方法であるが，逆に生産効率は低減する．安定して大量に採掘することを考慮し，採掘効率のよいベンチ発破を最大限採用して採掘することを基本とするが，周辺家屋施設への振動・騒音・低周波音の影響を考慮し，管理基準を満た

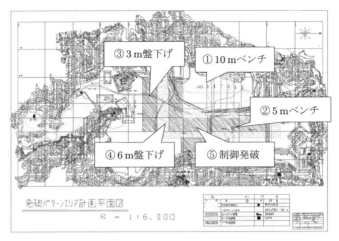

図 10.29　発破パターンとエリア別発破計画平面図[8]

した発破を実施するため，弾性波探査結果と試験発破により把握した現場条件に応じ，採土地別に上記の①～⑤の5工法より適した工法を選定した．このエリア別発破計画を図 10.29 に示す．

(c)　重機併用ベンチ発破工法の開発と適用[47]

　火薬類の使用量を低減させる「重機併用ベンチ発破工法」を開発し適用した．従来工法と重機併用ベンチ発破工法の比較を図 10.30 に示す．重機併用ベンチ

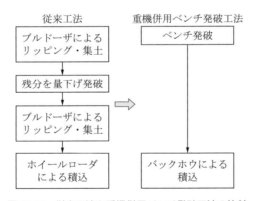

図 10.30　従来工法と重機併用ベンチ発破工法の比較

---

8) 大前延夫, 建山和由ほか：建設工事における施工 CALS の開発, 運用と運用事例における意思決定, 第 12 回建設ロボットシンポジウム論文集, pp.223-238, 2010.

発破工法のポイントは，硬岩・軟岩をバックホウによる機械掘削が可能なレベルまでベンチ発破にて緩め，バックホウで掘削することにあり，爆薬使用量の低減により振動など周辺環境への影響を抑制する効果がある．前述の予備発破工法は，岩盤面の全体を緩めてブルドーザのリッピングで掘削する盤下げ工事であったが，ベンチ発破工法にこの考え方を導入したものである．図より明らかなように，この工法を利用すると，施工工程の簡素化と使用する建設機械の削減が可能となる．

(d) 情報化施工の導入[48]

　情報化施工の手法を導入し，弾性波探査データ，穿孔速度，発破状況の確認を行うとともに，振動・低周波測定データから，発破パターンを見直すフローを図10.31に示す．このフローに従い、現場の状況に応じて発破パターンを精緻に見直すことにより，振動と低周波音の低減に効果を上げることができた．

　また，大型重機の掘削能力向上に向けた技術開発も併せて行った．具体的には，家屋等の保安物件からの距離が近く，振動や低周波振動の影響が予想され

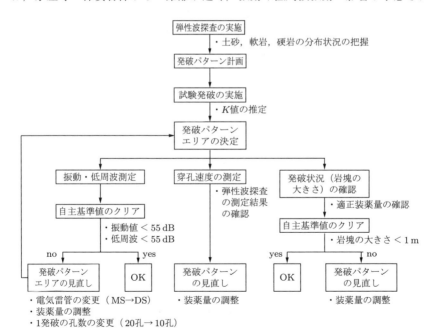

図10.31　工法選定から発破パターンの見直しフロー

る場合は，火薬量の斉発量をさらに削減できる盤打ち発破とし，ブルドーザによるリッピング，集土とホイルローダによる積込みとした．さらに近接しての発破作業が必要な場合には，制御発破を用いた（図10.26参照）．「緻密にデータを活用し，最低限の入力で適切な成果を得る精密施工」の取り組み事例である．

(e) 発破実施による振動レベルおよび低周波音の計測結果[48]

前述の発破管理による振動レベルおよび低周波音の計測結果を図10.32, 10.33に示す．図10.32は，周辺地域における発破振動レベル測定値の分布図

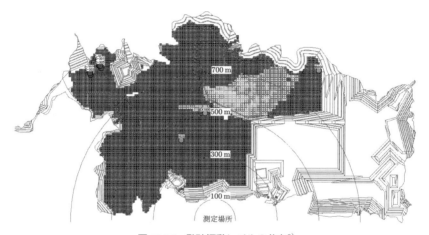

図 10.32　発破振動レベルの分布[9]

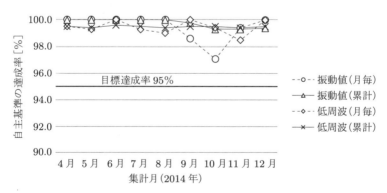

図 10.33　振動レベルと低周波音の測定結果[9]

---

9) 大前延夫：大規模土工事における高度情報化施工と施工 CALS の開発に関する研究，京都大学博士論文，2008.

である．以前の装薬量など発破計画と振動計測など，これまでの測定実績を基準に発破工を計画することにより，基準値内の発破計画の立案につながった．

具体的には，図 10.32 の計測結果を基に，近傍，下層の発破実施時の発破パターンなどを計画して発破作業を実施することにより，基準値以内の発破振動，低周波音に抑えることができる．この作業を図 10.31 の発破パターンの見直しフローに照らし，データベースを活用して改善を重ねて発破工を行うことにより，基準以下に抑えることが可能であることが示されている．

図 10.33 は，施工期間中の振動レベルと低周波音の測定結果である．振動レベル，低周波音とも目標達成率の 95% 以上を上回る割合で基準以下に抑えることができた．

10.4.3 伝播経路対策事例（ハード的対策）

伝播経路対策は，施工位置と官民境界が近接しているケースなど，発生源対策だけでは目標とする振動値（振動レベル，振動加速度レベルなど）を満足しない場合に実施される．

空溝による遮断効果は，均質な地盤条件の場合，伝播する波動の波長と空溝の深さとの比によって決まる．ただし，粘土，ローム層などの地盤条件で，16 Hz で 8 dB の遮断効果を得ようとすると，溝の必要深さが 10 m となり，安全性や施工性を考慮すると現実的ではなく，空溝による適用事例はほとんどないのが実情である．

一方，弾性体壁や剛体壁，これらを組み合わせた複合壁などの地中壁による振動対策は，様々な工法が実用化されている．

これらの振動対策工法では，以下の点について留意する必要がある．

① 振動評価位置が地中壁から離れるに従い，回折波の影響により遮断効果が小さくなる．
② 軟弱地盤での施工など，表層と地中で土質が異なる場合，地層境界面で振動エネルギーが反射するため，地中壁が地層境界面に達していないと遮断効果が小さくなる．

(1) 鋼矢板二重壁[49]

地中約 4～7 m に腐植土層（N 値：1～2）がある現場で実施した，鋼矢板二重壁による事例を紹介する．測定位置および遮断効果（設置前後の振動レベ

314　第10章　建設工事振動の特徴と対策

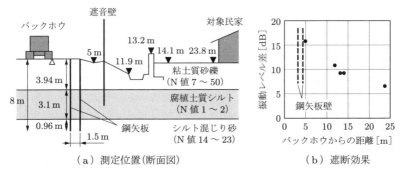

(a) 測定位置(断面図)　　　(b) 遮断効果

図10.34　鋼矢板二重壁による振動遮断

ルの差）を図10.34に示す.

　表層が粘土質砂礫（N値：7〜50），腐植土層の下層がシルト混じり砂（N値：14〜23）であるため，腐植土層での振動伝播を防止する目的で，シルト混じり砂層の約1m深さまで鋼矢板II型（8m長さ）を打ち込む．鋼矢板は1.5m間隔の2層で構成されており，中間層に弾性体の挿入は行っていない．施工範囲は対象民家を中心とする31mである．

　バックホウ$0.7 m^3$級を往復運転させたときの振動レベルを鋼矢板二重壁の設置前後に計測し，その差を低減効果量とする．この事例では，鋼矢板二重壁から約20m離れた民家前で6.3dBの低減効果が得られている．

(2) SMW（ソイルセメント地中連続壁）[50]

　遮水性の高い土留め壁体として活用されているSMW（ソイルセメント地中連続壁）の振動遮断効果について，現場で実験的に確認した事例を紹介する．

　試験地盤は，表層2.3mが盛土，その下に軟質な沖積層が続き，GL－16.1mで洪積層が現れる．SMWは壁長19.0m，延長75.5m（$\phi 0.55 m$，芯材H350×175）で，洪積層に根入れされている．加振源はブルドーザ（機械質量7.61t）を振動遮断壁に平行方向に前進および後進走行の繰返し振動である．表10.16に地盤構成を，図10.35に加振点と計測点の位置関係を示す.

　遮断壁の評価は，1/3オクターブバンドごとの振動加速度レベルを，SMW施工前のA1測定点値で正規化した値で検討している．ブルドーザ走行時の卓越振動数は，SMW施工前に実施した加速度フーリエスペクトル解析から15〜30Hzである．図10.36に16〜31.5Hz帯域におけるSMW振動遮断壁の

表 10.16 地盤構成

土質区分	深度 [m]	平均 N 値
盛土	0 ～ 2.3	8
シルト質粘土	2.3 ～ 3.5	2
砂	3.5 ～ 5.2	10
シルト質粘土	5.2 ～ 16.1	0
シルト質砂	16.1 ～ 19.8	20
シルト質粘土	19.8 ～ 31.0	6
砂, 砂礫, 礫混砂	31.0 ～	57

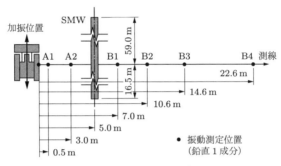

図 10.35　測定位置[10]

振動低減効果を示す. 図から, SMW 背面近傍の測点 B1 で振動低減量が大きく, すべての周波数帯域で 5～10 dB の振動低減効果が確認できる. また, SMW から比較的離れた測点 B2 ～ B4 についても, 5 ～ 10 dB の振動低減効果が確認できる.

(3) 廃タイヤ振動遮断壁[51]

重機による集合住宅の解体工事において, 周辺民家への地盤振動の伝播経路対策として廃タイヤ振動遮断壁 (図 10.37) を適用した事例を紹介する.

対策地盤は, 地表面から GL - 4.0 m までは粘土で構成され, それ以深はシルトおよびシルト混じりの砂で, 地表面以外は平均 N 値が 2 程度の軟弱な地盤である. 廃タイヤ遮断壁は, 壁長 3.0 m, 延長 25.0 m (ϕ0.7 m, n = 36 本)

---

10) 森下真行ほか：SMW による地盤振動低減効果に関する研究―現場振動実験―, 第 41 回地盤工学研究発表会, pp.1947-1948, 2006.

316 第10章 建設工事振動の特徴と対策

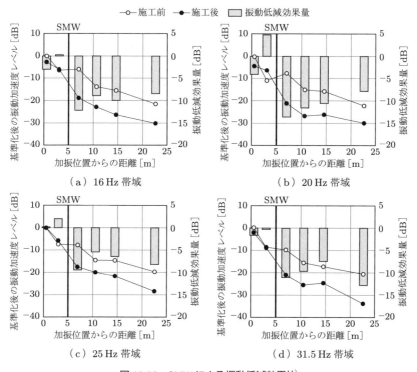

図 10.36　SMW による振動低減効果[11]

で，それぞれ地盤を貧配合のソイルセメント状にした後に，突合せで地中に設置している．加振源は，鉄筋コンクリート造の集合住宅の解体時に使用する油圧式破砕機である．図 10.38 に加振点と計測点の位置関係を示す．

図 10.39 は，振動源から 10 m 地点の地表面における振動加速度レベルの 300 秒間の観測記録を示したもので，遮断壁による対策を行った箇所と，無対策の箇所を同時に観測したものの代表値を示している．図 10.40 に示すように，80% レンジ上端値（累積度数の 90% の値）で振動対策効果を評価すると，未対策では 66 dB，対策側で 58 dB であり，8 dB の振動低減効果が確認される．また，中央値で評価すると，未対策側で 63 dB，対策側で 54 dB と，9 dB の振動低減効果が確認される．なお，解体工事完了後に廃タイヤ遮断壁はすべて引抜き撤去されている．

---

11) 森下真行ほか：SMW による地盤振動低減効果に関する研究—現場振動実験—，第 41 回地盤工学研究発表会，pp.1947-1948, 2006.

10.4 建設工事振動の対策事例

図 10.37 廃タイヤ振動遮断壁

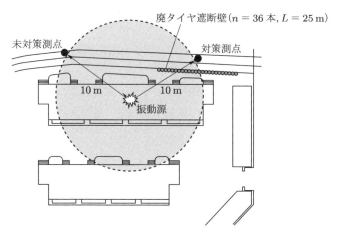

図 10.38 測定位置

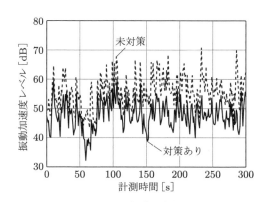

図 10.39 振動調査結果

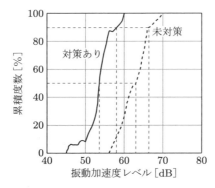

図 10.40　振動加速度レベルの累積度数分布

10.4.4　総合的振動対策事例（ハード的・ソフト的対策）
(1)　大規模建設工事における振動対策[52]

　第二京阪道路門真地区の地盤は沖積層が厚く，表層はきわめて軟弱である．第二京阪道路の建設にあたっては，建設工事振動，道路交通振動による住宅への影響を小さくする対策が求められた．ここでは，その具体的対策事例について紹介する．

　対象地盤は，深さ14m程度までがN値5未満の沖積層となっており，もっとも軟弱なところでは，深さ30m程度までがN値5以下を示している．軟弱地盤地域は振動の影響が発生しやすいため，建設工事振動が周辺の住宅に及ぼす影響については，特段の配慮が必要である．

　振動の発生源としては，①杭打機，クローラクレーン，バックホウ等の建設機械の稼働，②ダンプトラック，トレーラ，トラックミキサ等の資材および機械の運搬に用いる車両の運行に大別できる．建設工事振動対策の体系を分類，整理したものを表10.17に示す．

　(A)の低振動工法については，PHC杭中掘圧入工法による杭打作業，油圧圧砕機によるコンクリート塊の粉砕，油圧割岩機による擁壁撤去などが門真地区で採用された．(B)の低振動型建設機械および，(D)の新たな振動伝播阻止工法については，門真地区では採用されていない．(C)，(E)および(F)については，1工区もしくは一部の施工者で実施された．

　①〜⑰については，以下に示す門真地区で採用された振動対策である．

10.4 建設工事振動の対策事例

表10.17 振動対策の分類

	ハード的対策	ソフト的対策
発生源対策	①工事用道路（工区内）の鉄板敷設 ②工事用道路（工区内）の舗装 ③工事関連自動車の進入路（工区外）の修繕 ④住宅付近での小型建設機械の採用 ⑤油圧圧砕機等の低振動型の建設機械を用いた粉砕 (A) 低振動工法の採用 (B) 低振動機械の採用	⑥看板や速度警報装置による制限速度の周知 ⑦目印によるバックホウの出力制限 ⑧建設機械オペレータへの教育徹底 ⑨建設機械オペレータの固定化 ⑩振動モニタリングによる建設機械オペレータへのリアルタイムでの警告 (C) 建設機械等が通過すると大きな振動が発生する場所の迂回
伝播経路対策	⑪地中連続壁の設置，応力遮断壁（鋼矢板等）の設置 (D) 新たな振動伝播阻止法の採用	⑫建設機械の稼働時間の抑制（稼働開始時刻を遅らせる，土曜日は振動を伴う工事を自粛するなど） ⑬コンクリート打設日の工区間の日程調整
受振部対策	(E) 受振建物の防振補強	(F) 受振対象者の一時避難
周辺住民との対話		⑭掲示板およびチラシによる建設工事内容の周知 ⑮挨拶，見回り，訪問等による周辺住民との直接対話 ⑯建設工事説明会の実施 ⑰建設工事見学会の実施

(a) 発生源対策

工事用道路に鉄板を敷設し（①），工区によっては鉄板の下にEPS（発泡スチロール），発泡ウレタン，砂を敷いて試験走行を実施した．とくに効果が高かったのは，厚さ10 cmのEPSを設置したケースであり，10 tダンプトラックが時速8 km/hで走行した場合に，振動源から40 m地点で5 dBの低減効果を確認している．

工事用道路および工事関連車両の進入路では，工事関連車両の走行に伴う振動を低減するため，切削・オーバーレイを実施した（②，③）．通常の掘削作業は0.7 m³級のバックホウで作業を行うところ，住宅地付近では，場合により0.45 m³，0.25 m³の小型バックホウに機械出力を下げ作業を行った（④）．掘削時に排出したコンクリート塊等については，住宅等への振動の影響がない場所へ運搬して粉砕するか，もしくは油圧圧砕機等の低振動型建設機械を用い

た粉砕作業を行った（⑤）．看板により工事用車両の運行速度を制限するほか，目印でバックホウの出力についても制限した（⑥，⑦）．また，建設機械を急発進，急停止，不要な動作および過度な負荷をかけることを回避するために，建設機械オペレータへの教育徹底や固定化を実施した（⑧，⑨）．振動モニタリングシステムにより，振動レベル・騒音レベルの瞬時値が管理目標値を超えた場合には，パトランプの回転によって建設機械のオペレータに警告を発した（⑩）．

(b) 伝播経路対策

軟弱地盤対策として施工された地中連続壁や応力遮断壁（鋼矢板）については，地中振動遮断壁としても効果があることが確認されている（⑪）．工事の開始時刻は8時であるが，建設機械の稼働時間帯をこれより遅くした事例や，土曜日には振動を伴う工事を自粛した事例もある（⑫）．生コン車に関しては，多い日で1工区あたり200～250台となるため，コンクリート打設日を業者間で日程が集中しないように調整した事例もある（⑬）．

(c) 周辺住民との対話

事前に近隣住民に工事内容と振動発生の可能性を直接説明しておくことで，振動が発生しても苦情が抑制される．日頃から，掲示版やチラシで工事内容を周知しておくことや（⑭），挨拶，見回りや（⑮），建設工事説明会（⑯）や建設工事見学会（⑰）を通じて周辺住民とコミュニケーションを取ることを実施した．

(d) 振動対策効果の評価

以上17項目の振動対策について，苦情防止に対する効果を工事担当者の印象で工区ごとに自己評価した結果を表10.18に示す．
①，④，⑥，⑧は，振動レベル発生の抑制や，低振動の建設機械の選定といった振動対策のための基本的原則が実施されており，有効な工事振動対策となっている．とくに，これらのハード的対策を実施したうえで，⑭，⑮の周辺住民との対話によるソフト的対策を適切に実施することが苦情発生の減少につながっており，ハード的対策とソフト的対策を適切に実施することが非常に重要である．

表 10.18 苦情防止に効果的な振動対策に関する自己評価結果

振動対策の区分		振動対策の内容	対策を実施した工区数(X)	工区									点数	
				A	B	C	D	E	F	G	H	I	合計(Y)	平均(Y/X)
振動源対策	ハード的対策	①工事用道路（工区内）の鉄板敷設	9	2	2	1	1	1	1	2	0	1	11	1.2
		②工事用道路（工区内）の舗装	7	—	—	1	2	2	1	2	0	1	9	1.3
		③工事関連自動車の進入路（工区外）の修繕	5	2	2	—	—	2	1	2	2	1	10	2.0
		④住宅付近での小型建設機械の採用	9	2	2	2	1	1	2	0	0	1	11	1.2
		⑤掘削時に排出したコンクリート塊等について、住宅等への振動の影響が少ない場所へ運搬しての粉砕、油圧圧砕機等の低振動型の建設機械を用いた粉砕	7	—	2	2	—	2	2	2	2	2	14	2.0
	ソフト的対策	⑥看板や速度警報装置による制限速度の周知	9	2	2	2	2	2	2	0	1	2	15	1.7
		⑦目印によるバックホウの出力制限	3	—	2	2	1	—	—	—	—	—	5	1.7
		⑧建設機械オペレータへの教育徹底	9	2	2	2	2	0	1	2	2	1	14	1.6
		⑨建設機械オペレータの固定化	8	2	—	2	2	1	2	2	2	2	15	1.9
		⑩振動モニタリングによる建設機械オペレータへのリアルタイムでの警告（パトランプなど）	7	2	—	—	1	1	2	1	1	2	9	1.3
伝播経路対策	ハード的対策	⑪地中連続壁、応力遮断壁（鋼矢板等）の設置	4	2	2	2	2	—	—	—	—	—	7	1.8
	ソフト的対策	⑫建設機械の稼動時間（稼動開始時刻を遅らせる、土曜日は振動を伴う工事を自粛するなど）	7	2	2	2	—	2	2	—	2	1	12	1.7
		⑬コンクリート打設中の工区間の日程調整	1	—	—	—	—	—	—	2	—	—	2	2.0
周辺住民との対話		⑭掲示板およびチラシによる建設工事内容の周知	9	2	2	2	2	2	1	2	2	2	16	1.8
		⑮挨拶、見回り、訪問等による周辺住民との直接対話	9	2	2	2	2	2	2	2	2	2	18	2.0
		⑯建設工事説明会の実施	8	0	1	1	0	—	0	2	2	2	8	1.0
		⑰建設工事見学会の実施	3	—	1	2	2	2	—	—	—	—	3	1.0
		振動対策種類数		12	13	12	13	13	12	13	13	12	—	—
		振動に関する苦情発生件数		1	1	4	2	0	4	1	2	2	—	—

（注）「振動に関する苦情発生件数」は、1軒または1工区において断続的に複数の苦情が発生した場合にも1件としてカウントしている。

(2) その他の振動対策[53]

「地方公共団体担当者のための建設作業振動対策の手引き」(環境省水・大気環境局) を基に,おもな建設工種ごとの対策の概要を以下に示す.

(a) 基礎工事
- 既製杭を施工する場合は,原則として中掘工法,プレボーリング工法等を採用する.
- 既製杭工法での杭の荷卸し,吊込み作業等は,不必要な振動の発生を避け,丁寧に行う.
- 場所打ち杭工法では,土砂搬出,コンクリート打設時の振動低減に配慮する.

(b) 土留工事
- 鋼矢板,鋼杭を施工する場合は,原則として油圧式圧入引抜工法,アースオーガ掘削併用圧入工法,油圧式超高周波杭打工法,ウォータージェット併用工法を採用し,作業時間および低振動・低騒音型建設機械の使用を検討する.
- 鋼矢板,鋼杭の積卸し時,取付けおよび取外し時は,不必要な振動の発生を避け,丁寧に行う.

(c) 土木工事
- 掘削はできる限り衝撃力による施工を避け,無理な負荷をかけないようにし,不必要な高速運転を行わず,丁寧に運転する.
- 掘削積込機から直接トラック等に積み込む場合は,不必要な振動,騒音の発生を避けて丁寧に行う.
- ブルドーザを用いた作業時は,無理な負荷をかけないようにし,後進時の高速走行を避けて,丁寧に運転する.
- 振動,衝撃力によって締固めを行う場合,建設機械の選定,作業時間帯の設定等について十分留意する.

(d) 運搬作業
- 運搬路は,できる限り急な勾配や,急カーブの多い道路を避けて計画する.
- 運搬車の走行速度は,道路および付近の状況によって制限を加え,不必要な急発進,急停止および空ふかしを避け,丁寧に行う.

- 運搬車の選定にあたっては，運搬量，投入台数，走行頻度，走行速度等を十分に検討する．

(e) 舗装工事
- 舗装版取り壊し作業では，油圧ブレーカやハンドブレーカより，振動の発生が小さいロードカッタや舗装版用圧砕機を使用する．
- 破砕物等の積込み作業等は，不必要な振動を避け，丁寧に行う．

(f) 空気圧縮機・発動発電機等
- 工事に使用する空気圧縮機や発電機は，ゴミや粉じん対策の水まき用ポンプなどの動力として用いられ，建設工事現場の敷地境界付近に設置されるため，苦情の対象となりやすいので，電気や水道については，できる限り商用を利用する．定置式の機械を使用する場合は，原則として振動，騒音対策が施されたものを選定する．
- 空気圧縮機・発動発電機等は，工事現場の周辺環境を考慮し，隣家から離して，振動，騒音の影響の小さい場所に設置する．

参考文献

[1] 環境省水・大気環境局：地方公共団体担当者のための建設作業振動対策の手引き，p.9, 2012.
[2] 環境省水・大気環境局：平成23年度振動規制法施行状況調査，p.10, 2011.
[3] 地盤工学会：地盤工学実務シリーズ26 建設工事における環境保全技術，p.11, 2009.
[4] 前掲[1]，p.30
[5] 地盤工学会：地盤調査法，pp.565-587, 1995.
[6] 日本騒音制御工学会編：地域の環境振動，pp.106-108, 技報堂出版，2001.
[7] 日本建設機械化協会：建設作業振動対策マニュアル，pp.95-112, 1994.
[8] 日本建設機械化協会：建設工事に伴う騒音振動対策ハンドブック 第3版，p.67, 2009.
[9] 内田季延，庄司正弘ほか：建設工事および工場・機械振動の現状と将来展望，土木学会関西支部，都市域における環境振動の実態と対策，pp.75-81, 2005.
[10] 小原隆志ほか：大規模三次元FEMを用いた建設振動予測システム，第45回地盤工学研究発表会，pp.1974-1975, 2010.
[11] 日本騒音制御工学会編：騒音制御工学ハンドブック［基礎編・応用編］，pp.622-632, 技報堂出版，2001.
[12] 土木研究所：道路環境影響評価の技術手法（平成24年度版），土木研究所資料

No.4254, pp.6-2-12 - 6-2-20, 2013.
- [13] ダム水源地環境整備センター：ダム事業における環境影響評価の考え方，pp.Ⅲ-56 - Ⅲ-75, 2000.
- [14] 前掲[12], pp.343-357
- [15] 産業環境管理協会：新・公害防止の技術と法規 2007, 騒音・振動編, p.364, 2007.
- [16] 環境省総合環境政策局：大気・水・環境負荷分野の環境影響評価技術（Ⅱ）〈環境影響評価の進め方〉，大気・水・環境負荷分野の環境影響評価技術検討会中間報告書，2001.
- [17] 環境省総合環境政策局：大気・水・環境負荷分野の環境影響評価技術（Ⅲ）〈環境保全措置・評価・事後調査の進め方〉，大気・水・環境負荷分野の環境影響評価技術検討会報告書，2002.
- [18] 前掲[3], pp.12-26
- [19] 地盤工学会：地盤工学実務シリーズ 18 液状化対策工法, pp.221-290, 2009.
- [20] 前掲[7], p.101
- [21] 岩盤削孔技術協会：大口径岩盤削孔工法 Q&A 集, pp.5-6, 2012.
- [22] 前掲[8], p.95
- [23] 前掲[7], p.199
- [24] 前掲[11], p.618
- [25] 環境省水・大気環境局：平成 14 年度振動規制法施行状況調査について，2003.
- [26] 環境省水・大気環境局：平成 15 年度振動規制法施行状況調査について，2004.
- [27] 環境省水・大気環境局：平成 16 年度振動規制法施行状況調査について，2005.
- [28] 環境省水・大気環境局：平成 17 年度振動規制法施行状況調査について，2006.
- [29] 環境省水・大気環境局：平成 18 年度振動規制法施行状況調査について，2007.
- [30] 環境省水・大気環境局：平成 19 年度振動規制法施行状況調査について（苦情に係る調査），2008.
- [31] 環境省水・大気環境局：平成 20 年度振動規制法施行状況調査について，2009.
- [32] 環境省水・大気環境局：平成 21 年度振動規制法施行状況調査について，2010.
- [33] 環境省水・大気環境局：平成 22 年度振動規制法施行状況調査について，2011.
- [34] 環境省水・大気環境局：平成 23 年度振動規制法施行状況調査について，2012.
- [35] 飯盛洋，佐野昌伴：建設作業振動の苦情実態，日本建設機械施工協会施工技術研究所，「建設の施工企画」誌 CMI レポート，No.3, 2004.
- [36] 前掲[1], pp.73-90
- [37] 黒須崇，石田慎二，月本行則：低振動・低騒音道路施工のための新しい振動ローラ，テラメカニックス第 36 号，pp.29-34, 2015.
- [38] 北川原徹，樋野親俊：超高周波杭打機の研究開発，建設の機械化，No.394, pp.53-58, 1982.
- [39] 山本耕三：建設工事における振動と対策，地盤工学会，平成 23 年度地盤環境

振動対策工法講習会　講演資料，p.14, 2011.
- [40] 前掲[8]，pp.95-120
- [41] 前掲[8]，p.15
- [42] 小林真人ほか：特殊ポリウレタン発泡体による工事振動の低減効果　その3，現場適用後の物性試験結果，土木学会第69回年次学術講演会，Ⅶ-037, pp.73-74, 2014.
- [43] 佐々宏一著：火薬工学，森北出版，2001.
- [44] 山崎建設HP：低公害岩掘削工法
- [45] 須田博幸ほか：スロットとIC雷管を併用する低振動発破工法の開発，土木学会第55回年次学術講演会，Ⅵ-69, pp.138-139, 2000.
- [46] 坂本浩之ほか：大規模岩盤掘削における発破振動低減工法，土木学会第58回年次学術講演会，Ⅵ-280, pp.559-560, 2003.
- [47] 大前延夫，建山和由ほか：建設工事における施工CALSの開発，運用と運用事例における意思決定，第12回建設ロボットシンポジウム論文集，pp.223-238, 2010.
- [48] 大前延夫：大規模土工事における高度情報化施工と施工CALSの開発に関する研究，京都大学博士論文，2008.
- [49] 前掲[37]，p.17
- [50] 森下真行ほか：SMWによる地盤振動低減効果に関する研究―現場振動実験―，第41回地盤工学研究発表会，pp.1947-1948, 2006.
- [51] 中谷郁夫，早川清，樫本孝彦：廃タイヤを用いた振動遮断壁の現地計測実験とその振動低減挙動の評価，地盤工学会関西支部，地盤の環境・計測技術に関するシンポジウム論文集，pp.74-81, 2007.
- [52] 藤森茂之，早川清ほか：軟弱地盤での建設工事振動対策の体系化及び効果評価，環境技術，Vol.39, No.4, pp.37-45, 2010.
- [53] 前掲[1]，pp.74-78

第11章 工場機械振動の特徴と対策

　工場機械に起因する振動問題に関しては，影響を受ける近隣住民から地方公共団体等の行政機関や工場・事業場の振動の発生源者に対して，苦情や指摘が比較的容易に行われており，行政指導の割合も高い．道路交通や鉄道の場合には，公共性や住民自身が道路や鉄道を利用する受益者であるという側面をもつが，工場・事業場の場合には振動の発生源者が特定できて，一方的に影響を受けているとされている．振動対策も大規模でない場合が多いことから，苦情や指摘に対する対応が比較的速やかに行われている．

　工場で用いられる機械の中には，衝撃，往復，回転による振動を利用している機械もあるが，稼働時に意図しない振動を発生している機械が多い．代表的な振動源は，鍛造機，プレス機械，せん断機，圧縮機等であり，これらの機械は振動規制法の特定施設として定められている．

　本章では，工場機械振動に着目して，法規制の状況，測定方法，予測方法，評価方法について紹介するとともに，工場機械振動の特徴として発生源として考えられる因子（落下衝撃運動，往復運動，回転運動またはそれらの複合），苦情の実態について解説する．また，工場機械振動の対策として，振動防止の基本的な方法，発生源対策，伝播経路対策，受振部対策について述べた後，工場機械振動の具体の対策事例を紹介する．

11.1 工場機械振動の現状

11.1.1 法規制の状況[1]

　振動規制法は，工場等における振動の規制，建設工事に伴って発生する振動の規制，道路交通振動にかかわる要請等を定めることにより，住民の生活環境を保全し，健康の保護に資することを目的として，1976年6月10日法律第64号として公布され，同年12月1日から施行されている．

　このうち工場等の振動規制は，政令で定める「特定施設」（この特定施設を

設置した工場または事業場を「特定工場等」という）を指定地域内に設置する者に対して規制しており，事前規制と事後規制に区分される．

事前規制については，工場等にかかわる必要事項について市町村長に届出を行うもので，この届出に対して市町村長は，規制基準に適合しないことにより周辺の生活環境が損なわれると認めるときは，事前に振動防止の方法等について必要な計画変更勧告を行うとされている．

事後規制については，特定工場等は規制基準を遵守することが定められており，規制基準に適合しないことにより周辺の生活環境が損なわれると認めるときは，改善勧告が行われる．また，この規制基準は，特定工場等に対して適用される基準であり，特定施設以外の施設や場内の荷下し，車両により発生している振動も振動規制法の対象となる．これは，建設作業振動の規制が，特定建設作業の振動のみを対象としているのとは大きく異なっている．

ここで，特定施設とは著しい振動を発生する施設をいい，表 11.1 に示すとおり金属加工機械ほか 10 施設が指定されており，この選定基準は，①発生源

表 11.1　特定施設

1	金属加工機械（液圧プレス，矯正プレスを除く），機械プレス，せん断機（原動機の定格出力が 1 kW 以上のものに限る），鍛造機，ワイヤーフォーミングマシン（原動機の定格出力が 37.5 kW 以上のものに限る）
2	圧縮機（原動機の定格出力が 7.5 kW 以上のものに限る）
3	土石用または鉱物用の破砕機，摩砕機，ふるいおよび分級機（原動機の定格出力が 7.5 kW 以上のものに限る）
4	織機（原動機を用いるものに限る）
5	コンクリートブロックマシン（原動機の定格出力の合計が 2.95 kW 以上のものに限る）ならびにコンクリート管製造機械およびコンクリート柱製造機械（原動機の定格出力の合計が 10 kW 以上のものに限る）
6	木材加工機械（ドラムバーカー，チッパー．原動機の定格出力が 2.2 kW 以上のものに限る）
7	印刷機械（原動機の定格出力が 2.2 kW 以上のものに限る）
8	ゴム練用または合成樹脂練用のロール機（カレンダーロール機以外のもので原動機の定格出力が 30 kW 以上のものに限る）
9	合成樹脂用射出成形機
10	鋳型造型機（ジョルト式のものに限る）

から 5 m 地点でおおむね 60 dB 以上の振動レベルであること，②当該施設に対する苦情，陳情数が相当数あること，③都道府県条例などにも取り上げられ，全国的に普及している施設であること，となっている[2]．

特定工場等において発生する振動の規制に関する基準は，振動規制法第 4 条の規定に基づき定められており，その基準は表 11.2 に示すとおりである．また，区域の区分および時間の区分については，表 11.3，11.4 の区分により都道府県知事が定めることになっている[2]．

表 11.2 特定工場等において発生する振動の規制基準

区域の区分	昼 間	夜 間
第 1 種区域	60 dB 以上 65 dB 以下	55 dB 以上 60 dB 以下
第 2 種区域	65 dB 以上 70 dB 以下	60 dB 以上 65 dB 以下

(注 1) 都道府県知事は，地域の住民の生活環境の態様に応じて，上記の範囲内で規制基準を定める．
(注 2) 学校，保育所，病院，有床診療所，図書館および特別養護老人ホームの敷地の周囲おおむね 50 m の区域内における基準は，より良好な生活環境を保全する観点から，規制基準として時間の区分および区域の区分に応じて定める基準値から 5 dB を減じた値を下限とすることができる．

表 11.3 区域の区分

第 1 種区域	良好な住居の環境を保全するため，とくに静穏の保持を必要とする区域および住居の用に供されているため，静穏の保持を必要とする区域
第 2 種区域	住居の用に併せて商業，工業等の用に供されている区域であって，その区域内の住民の生活環境を保全するため，振動の発生を防止する必要がある区域および主として工業等の用に供されている区域であって，その区域内の住民の生活環境を悪化させないため，著しい振動の発生を防止する必要がある区域

表 11.4 時間の区分

昼間	午前 5 時，6 時，7 時または 8 時から午後 7 時，8 時，9 時または 10 時まで
夜間	午後 7 時，8 時，9 時または 10 時から翌日の午前 5 時，6 時，7 時または 8 時まで

11.1.2 測定方法[3]

振動の測定は，JIS C 1510 に定める振動レベル計またはこれと同程度以上の性能をもつ測定器を用いて，振動感覚補正回路は鉛直振動特性，動特性は振動用の特性を用いる．

振動の測定場所は，特定工場等の敷地の境界線とし，昼間および夜間の区分ごとに1時間あたり1回以上の測定を4時間以上行うものとする．なお，振動の大きさが測定器の可能最小指示値（当該測定器の指示計器が指示することができる最小の値をいう）以下の場合にあっては，当該可能最小指示値をもって測定値とする．

振動の測定方法は，第3章で述べたとおりである．

11.1.3 予測方法[3]

工場機械振動については，振動規制法の規制基準が振動レベルであることから，振動レベルの距離減衰性状の予測計算が，一般的に行われている．

工場内に設置されている機械やフォークリフト等の建設機械を点振源と仮定して，振源から r_0 [m] 離れた地点を基準点とし，基準点の振動レベル L_{r0} を既知のものとして，距離 r [m] 離れた地点における振動レベル L_r を次式によって予測している．

$$L_r = L_{r0} - 20\log\left(\frac{r}{r_0}\right)^n - 8.68\alpha(r - r_0) \tag{11.1}$$

ここに，L_r, L_{r0}：振源からの距離 r, r_0 地点の振動レベル [dB]

r, r_0：振源からの距離 [m]

n：幾何減衰を表す定数

α：地盤の内部減衰係数（$\alpha = 2\pi f\eta/V_r$）

f：振動数 [Hz]

η：地盤の損失係数

V_r：レイリー波の伝播速度 [m/s]

代表的な土質による幾何減衰を表す定数 n，地盤の内部減衰係数 α，地盤の損失係数 η は，表 11.5 に示すとおりである[4]．

表 11.5 土質による n, α, η

土質の種類	幾何減衰を表す定数 n	地盤の内部減衰係数 α	地盤の損失係数 η
岩盤	1.16	—	0.01
関東ローム	0.83	0.005 ～ 0.04	0.3
シルト	0.83	0.02 ～ 0.03	0.1
粘土	0.83	0.01 ～ 0.02	0.5
砂，礫	0.5	0.005 ～ 0.01	0.1

10.1.4 評価方法

特定施設を設置した特定工場の敷地境界線上での工場機械振動の測定結果や予測結果を，振動規制法の特定工場等において発生する振動の規制基準と比較し，規制基準値を超えている場合には基準値を下回るような振動対策を検討し実施する必要がある．

11.2 工場機械振動の特徴

11.2.1 発生源として考えられる因子[5]

振動を発生する工場機械の振動要因には，落下衝撃運動，往復運動，回転運動またはそれらの複合によるものである．加振力を生じたときには大きな振動を発生しており，公称能力が大きくなるとその機械の可動部分も大きくなることから，機械の大きさにほぼ比例するものとなっている．

(1) 落下等の衝撃を利用する機械

落下等の衝撃を利用している機械には，鍛造機，プレス機械，せん断機，ワイヤーフォーミングマシン（ばね製造機），ドラムバーカ等があり，鍛造機はおもに被成形物の鋼塊をハンマーで打ち据えることにより鍛造と成形を行うことから，その衝撃による大きな振動を発生している．プレス機械は，おもに鋼板等の成形，打ち抜きまたは折り曲げ等の成形加工時に，せん断機およびばね製造機械は，鋼板または鋼線等の切断時にその刃先関係の慣性により，ドラムバーカはドラム内の木材の落下衝撃により，それぞれ大きな振動を発生している．

発生振動の大きさは，機械の仕様，機械基礎および地盤等によって異なるが，同一の機械では落下する質量の大きさとその運動するエネルギーにほぼ比例している．発生振動は，周期的または間欠的な衝撃によるものである．

発生振動の大きさ，振動数特性は，表 11.6 に示すとおりである[5]．

表 11.6　落下等の衝撃による機械の振動レベル

機械名	振動レベルの大きさ（距離 10 m）	振動数特性
鍛造機	型鍛造：80 dB 前後以下 自由鍛造：75 dB 前後以下	型鍛造：16 Hz 自由鍛造：8〜16 Hz
プレス機械	機械プレス：70 dB 前後以下 フリクションプレスおよび液圧プレス： 65 dB 前後以下	機械プレス：16 Hz フリクションプレス：16 Hz 液圧プレス：16 Hz
せん断機	70 dB 以下	16〜31.5 Hz
ばね製造機械	公称能力の小さいもの： 55 dB 以下（距離 5 m）	31.5 Hz
ドラムバーカ	70 dB 以下（距離 2.5 m）	31.5 Hz

(2) 往復運動を利用する機械

往復運動を利用している機械には，往復式圧縮機，コンクリートブロックマシン，鋳型造型機（ジョルト式），コンクリート製品製造機械の振動テーブル，ふるい，版板往復式印刷機，オシレーティングコンベアおよびシェイカー等がある．

往復式圧縮機は，ピストンの往復動の衝撃により，コンクリートブロックマシン，鋳型造型機および振動テーブルは成形品とその型枠の上下運動により加振力が発生する．また，ふるいは選別される製品が上下に運動し，版板往復式印刷機は反板が左右に運動し，オシレーティングコンベアおよびシェイカーは振動台やふるいと製品が上下に運動し，それぞれ加振力が発生する．

発生振動の大きさは，機械の仕様等によって異なるが，同一の機械ではその機械の往復運動する質量の大きさとその運動するエネルギーにほぼ比例している．

発生振動の大きさ，振動数特性は，表 11.7 に示すとおりである[5]．

表11.7 往復運動による機械の振動レベル

機械名	振動レベルの大きさ（距離5 m）	振動数特性
往復式圧縮機	75 dB 前後以下（距離2.5 m）	31.5 Hz（弾性支持の場合8 Hz）
コンクリートブロックマシン	建築用：70 dB 前後以下 土木用：70 dB 以下	建築用：31.5 Hz 土木用：16～31.5 Hz （弾性支持の場合16 Hz）
鋳型造型機	ジョルト式：80 dB 前後以下	ジョルト式：8～16 Hz （弾性支持の場合8Hz）
振動テーブル	65 dB 前後以下	8～31.5 Hz
ふるい	70 dB 以下	16 Hz
版板往復式印刷機	60 dB（距離2.5 m）	3～63 Hz
オシレーティングコンベア	80 dB 前後以下	8 Hz
シェイカー	70 dB 前後以下	16 Hz

(3) 回転運動を利用する機械

回転運動を利用する機械には，回転式圧縮機，送風機，ワイヤーフォーミングマシン（撚線機），輪転式印刷機，コンクリート管・柱製造機械等がある．

回転の遠心力により加振力が発生し，その振動の成分は回転数に起因する振動数によって特徴づけられている．

発生振動の大きさは，機械の仕様等によって異なるが，同一の機械ではその機械の回転する不つり合い質量の大きさとその運動するエネルギーにほぼ比例している．振動は，不つり合い質量の回転の加振による連続定常振動である．

発生振動の大きさ，振動数特性は，表11.8に示すとおりである[5]．

(4) 複合する機械

発生要因が複合する機械には，ワイヤーフォーミングマシン（伸線機・抽伸機），破砕機（ジョークラッシャ，コーンクラッシャ），織機，チッパー，合成樹脂用射出成形機，ロール機などがある．

伸線機および抽伸機は，鋼線を引き抜くまたは押し込むときのダイスの抵抗により衝撃が発生し，その発生振動は鋼線の伸ばす程度と速さ等に関係している．ジョークラッシャは，塊を挟み込むような形で圧砕するときに加振力が発

表 11.8 回転運動による機械の振動レベル

機械名	振動レベルの大きさ（距離 5 m）	振動数特性
回転式圧縮機	65 dB 前後（距離 2.5 m）	16 〜 31.5 Hz（基礎対策実施の場合 8 Hz）
集塵機用送風機	65 dB 前後（距離 2.5 m）	
ワイヤーフォーミングマシン（撚線機）	かご形の大きいもの：80 dB 前後 筒形の高速回転のもの：65 dB 前後	かご形の大きいもの：31.5 Hz 筒形の高速回転のもの：31.5 Hz
印刷機	凸版印刷機：60 dB 以下（距離 2.5 m） 平版印刷機：60 dB 以下（距離 2.5 m、同一能力（kw）では平版の方が約 5 dB 小さい） 凹版印刷機：60 dB 以下（距離 2.5 m）	凸版印刷機：16 〜 31.5 Hz 平版印刷機：31.5 Hz 凹版印刷機：16 Hz
コンクリート管製造機械	80 dB 前後	16 Hz
コンクリート柱製造機械	75 dB 前後	16 〜 31.5 Hz

表 11.9 複合する機械の振動レベル

機械名	振動レベルの大きさ（距離 5 m）	振動数特性
伸線機	65 dB 前後以下	16 Hz
抽伸機	65 dB 前後以下	31.5 Hz
ジョークラッシャ	85 dB 前後	31.5 Hz
コーンクラッシャ	70 dB 前後	16 〜 31.5 Hz
織機	大きいもの：75 dB（距離 2.5 m） 普通のもの：70 dB 以下（距離 2.5 m）	31.5 Hz グリッパ織機：16 Hz
チッパー	75 dB 前後	16 〜 63 Hz
合成樹脂用射出成形機	直圧式の大きいもの：65 dB 前後 トグル式の大きいもの：70 dB 前後	16 Hz
ロール機	60 dB	16 〜 31.5 Hz

生し，コーンクラッシャは，インペラで塊を砕くときに加振力が発生する．織機ではおさ打ち等の運動に関連して加振力が発生する．チッパーは，木片を粉砕するときの衝撃により振動が発生する．ロール機ではロール時の塊の程度とロールする速さに振動が関係している．

発生振動の大きさ，振動数特性は，表 11.9 に示すとおりである[5]．

11.2.2 工場機械振動に関する苦情の実態[6]

環境省が実施している振動規制法施行状況調査によると，工場・事業場の苦情件数は，建設作業振動の苦情件数に次いで多く，平成 23 年度 589 件，24 年度 577 件，25 年度 613 件となっており，全苦情件数の 17.7 ～ 18.3％を占めている．

振動規制法に基づく特定工場等の届け出件数は，表 11.10 に示すとおりであり，金属加工機械が 31.5％，圧縮機が 33.7％，織機が 14.1％を占めており，これらの機械を設置した特定工場等で全体の 79.3％となっている．

表 11.10 振動規制法に基づく特定工場等の届け出件数（平成 25 年度末現在）

(a) 特定工場等総数

主要な設置特定施設	総　数	比　率
金属加工機械	40,860	31.5%
圧縮機	43,700	33.7%
土石用破砕機等	4,109	3.2%
織機	18,290	14.1%
コンクリートブロックマシン等	840	0.6%
木材加工機械	2,397	1.6%
印刷機械	10,182	7.9%
ロール機	689	0.5%
合成樹脂用射出成形機	7,268	5.6%
鋳型造型機	1,212	0.9%
計	129,547	100.0%

(b) 特定施設総数

主要な設置特定施設	総　数	比　率
金属加工機械	271,318	31.7%
圧縮機	205,663	24.0%
土石用破砕機等	20,436	2.4%
織機	245,155	28.6%
コンクリートブロックマシン等	2,332	0.3%
木材加工機械	4,469	0.5%
印刷機械	36,509	4.3%
ロール機	3,307	0.4%
合成樹脂用射出成形機	60,253	7.0%
鋳型造型機	6,290	0.7%
計	856,032	100.0%

11.3　工場機械振動の対策

11.3.1 工場機械振動対策の概要[7]

振動対策の基本的な考え方は，振動発生源からの振動エネルギーをどの程度

低減できるかが重要となる．振動発生源で低減目標値を達成できれば，振動障害や振動トラブル等の種々の問題や課題を解決する方向に近づけることが可能になるが，ほとんどの場合は困難なことが多い．このようなことから，振動対策の役割分担によって，できるだけ低減できる方法を検討することになる．

　一般的には，対策費用の検討も含めて，発生源対策，伝播経路対策，受振部対策の合理的な組合せによって実施することが，バランスのとれた対策方法となっている．振動防止の基本的な方法は，表 11.11 に示すとおりである．

表 11.11　振動防止の基本的な方法

防止方法	概　要	防振方法	音響との対応
振動絶縁	・弾性支持 ・振動遮断 ・防振	・防振パット，防振ゴム ・金属ばね（板ばね，皿ばね，コイルばね） ・空気ばね	遮音
振動減衰	・ダンピング(制振) ・摩擦力 ・粘性減衰力	・ダイナミックダンパ ・ショックアブソーバ ・TMD（動吸振器） ・制振材料（無機系，ゴム系，有機系，金属系，塗料系）	吸音
振動緩衝	・衝撃時間の緩和 ・エネルギー吸収による衝撃力の低減	・防振ゴム ・制振鋼板 ・ばねとオイルダンパの組合せ	内部吸収

　工場機械振動における振動対策の基本は，費用対効果を勘案しても発生源対策である．振動発生源の固有振動数を低減するために，防振ゴム，金属ばね，空気ばね，浮き基礎，吊り基礎を設置しており，製品加工にも十分効果があり，かつ，人体にも影響を及ぼせないように検討考察することが求められている．計画段階や設計段階で振動発生源対策についてあらかじめ検討すれば，1 dB 低減するのに十数万円単位で可能であるが，供用後の苦情により問題が発生し受忍限度内までに振動を低減するには，1000 万円以上の対策費用が必要になることもある．

　また，振動発生源のみで対策することが困難な場合，伝播経路において後述する表 11.17 に示すような方法を検討することが多いが，実現はかなり困難なことが多い．実験的には，振動発生源近傍ではそれなりの振動低減効果が見ら

れるが，距離が離れるにつれて振動低減効果が小さくなる．

さらに，受振部においてはほとんどの場合が実施困難である．住宅建築物だけでなく，地盤構成にも大きく影響を受ける．もっとも費用対効果を発揮できる振動対策工法を検討し，施工することが期待されている．

11.3.2 発生源対策[7]

工場の振動源から発生する振動の性状には，定常的な振動あるいは衝撃的な振動がある．これらの振動性状に適合する方法を基本的に考慮する必要があり，その方法の概要は表11.12に示すとおりである．

表11.12 定常振動と衝撃振動における振動対策の方法の違い

振動性状	防止方法	振動防止の処理方法	適用条件
定常的	防振	・防振ゴム ・金属ばね，空気ばね ・オイルダンパ ・ばね付きダンパ併用	・振幅および振動数がほぼ一定の振動
衝撃的	絶縁	・ばねとオイルダンパの組合せ ・吊り基礎 ・浮き基礎	・衝撃力の大きさ，過度振動の振幅や振振幅の最大値が処理方法に影響する

振動源から発生する振動数が対策方法に影響を与えるので，適用する振動数に見合った方法を検討する必要がある．適正振動数による防振方法は，表11.13に示すとおりである．

(1) 防振ゴム

発生源対策にもっとも利用する防振材料の代表例は，防振ゴムである．防振ゴムは，いわゆるゴムの弾性を有効に利用した一種のばねであり，多くの特徴を兼ね備えている．防振ゴムの概要は，以下のとおりである．

(a) 特 徴

形状あるいは寸法を適正に選択することにより，鉛直方向，水平（前後，左右）方向の「ばね定数」をある程度，自由に設定できる．鉛直方向，水平（前後，左右）方向の「ばね作用」を利用できるため，圧縮，せん断いずれの方向

表11.13 種々の防振方法

防振方法	適用可能な振動数	防振効果の特徴
防振パッド	15 Hz 以上	・小型機械・設備・装置の高振動数に適している ・レベルアジャスター付きもあり，フレキシビリティがある
防振ゴム	4 Hz 以上	・約 10 Hz 以上の機械・整備・装置等はサージングが少ない ・荷重範囲が広く比較的安価，ただし，防振設計が必要
コイルゴム	4 Hz 以下	・あらゆる機械・設備・装置に適している ・低振動数に有効であるが，サージングが発生しやすい ・直列に防振ゴムを併用する
皿ばね	4 Hz 以下	・衝撃的な振動を発生する重量機械で多く利用されている ・防振設計/計算により，適正な防振効果が期待できる
空気ばね	3 Hz 以下	・衝撃振動源に適しており，固有振動数を十分低くすることが可能である ・防振効果はきわめて大きいが，付帯設備にコストがかかる
吊り基礎	3 Hz 以下	・時間が短く衝撃力のある鍛造機械やプレス機械に適用 ・皿ばね併用で使用 ・防振設計・計算を十分に行う必要がある
浮き基礎	3 Hz 以下	・時間が短く衝撃力のある鍛造機械やプレス機械に適用 ・水の浮力や空気の弾性を利用
基礎改良	振動数は広い	・防振設計・計算を十分に行う必要がある

にも変形が可能である．また，ゴム自体の弾性率を変え，かつ，ゴムの内部構造を変えることにより，「ばね定数」を大幅に変えることができる．

また，金属ばねと比較すると内部摩擦が大きく，共振による振幅を抑制することも可能であり，さらに金属ばね特有のサージング現象（強制振動数が固有振動数に近づいてくると共振を起こし，機械のケーシングや機械自体の破損の原因となる現象）も発生しない．

(b) 形状と特性[7]

一般に，防振ゴムは金属と接着して取扱いを簡単にしている．防振ゴムの形状と特徴は表 11.14 に示すとおりであり，その形状は圧縮型，せん断型および複合型に分類できる．

表 11.14 防振ゴムの形状と特徴

形状		特徴	
圧縮型	丸型	・もっとも広く使われている ・荷重を圧縮力として支持するので，大きな許容荷重が得られる ・おもな用途： 産業機械，空調機械，スタジオ設備，ホール設備	・小～中荷重用（5～500 kg）
	角型		・大荷重用（1000 kg 以上）
せん断型	長方形	・荷重をせん断力として支持するので，ばね定数が小さく，防振効果が高い ・水平方向にはばねが硬いので，ばね上の機器が安定する	・おもな用途： 低速機器（1000 rpm），計測器
	円形		・おもな用途： 計測器，通信機，カップリングのブシュ
複合型		・鉛直方向と水平方向のばね定数をほぼ等しくでき，複雑な振動に対応できる ・おもな用途： 産業機械，空調機械	

(2) 金属ばね

一般に，振動発生源となりやすい機械・装置・設備に設置する金属ばねには，以下のようなものがある．

- 板ばね（重ね板ばね，テーパーリーフばね），薄板ばね
- コイルばね（円筒形，円錐形，つづみ形，たる形）
- 皿ばね，竹の子ばね，渦巻きばね，輪ばね
- トーションバー，スナップリング，ワイヤメッシュ
- 座金類（ばね座金，歯付座金，波形座金）

(a) 特徴

板ばね，コイルばね，皿ばね等は，固有振動数によって，1 Hz 以上の範囲で選定できる．耐高温，耐低温に優れ，かつ，油，薬品等にも優れ，耐久性がある．大荷重から小荷重まで広範囲に利用できる．反面，各方向のばね定数比を任意に設定するための詳細な検討が必要になる．最近では，鉛直方向および水平方向（前後，左右）を併用することも可能となっている．コイルばねは，

ダンパーが必要になることがある．

(b) 形状と特性[7]

重ね板ばね，コイルばねおよび皿ばねの形状は，図11.1に示すとおりである．重ね板ばね，皿ばねは，衝撃振動防止用，コイルばねは，定常振動防止用として利用される．

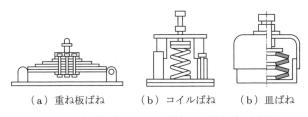

　（a）重ね板ばね　　（b）コイルばね　　（b）皿ばね

図11.1　重ね板ばね，コイルばねおよび皿ばねの形状

(3) 空気ばね

空気ばねは，ゴムチューブ膜の中に圧縮空気を封入したものと，それを取り付ける金具とからできている．

(a) 特　徴

空気ばねは一般に，使用する機械，装置，設備等の仕様に合わせて設計される．設計条件はフレキシブル性をもち，ばね高さ，ばね定数および荷重条件をそれぞれ独立して選択することが可能である．また，設計の際の使用固有振動数が，防振ゴムや金属ばねよりも低振動数域で可能であることや，荷重変化があっても固有振動数を一定に保有できる長所がある．さらに，ばね高さを調整する弁装置により，同一支持荷重においてもばね高さを変化できる．短所としては，空気漏れや高温（70℃以上）への対策，あるいは高価であること等である．

(b) 形状と特性[7]

空気ばねの形状と特性を，表11.15に示す．遠心分離器，プレス機械，鍛造機械，振動ふるい，射出成形機および大型営業用洗濯機等に用いられている．

表 11.15 空気ばねの形状と特性

種類	ベローズ型			ダイヤフラム型
	セルフシール型	密封型	クランプ型	
形状				
特性	・耐久性に優れ，汎用性がある ・鉛直方向，水平方向についても適当な柔らかさをもっている ・常用内圧：$3 \sim 5 \text{ kg/cm}^2$ ・有効径：$\phi 200 \sim 600 \text{ mm}$			・ばね特性範囲が広く，高性能のばねを設計できる ・高価でベローズ型よりも耐久性に劣る
適用振動数	$1 \sim 3 \text{ Hz}$			$0.7 \sim 5 \text{ Hz}$

(4) 各種防振方法の用途，特徴および性能

各種防振材料（防振ゴム，金属ばねおよび空気ばね）の用途，特徴および性能を，表 11.16 に示す．これらの防振材料の固有振動数を用途に応じて適用すれば，振動低減が期待できる．

11.3.3 伝播経路対策[7]

振動防止の基本は，発生源対策の実施であり，そのため振動発生源の固有振動数や人体に対して影響のある振動を低減するための方策を実施している．

しかし，発生源対策のみで振動低減が困難な場合や，振動発生源周辺の条件によって発生源対策の実施が困難な場合には，非常に不確実な背景があることを前提として，伝播経路に防振壁等を施工することで振動伝播の低減を図っている．

現実的には，表 11.17 に示すような方法を実施している．ほとんどの場合，建設作業振動防止用あるいは道路，鉄道振動関係の防止用に利用されている．工場・事業場における振動防止には，費用対効果の面から実施が困難な傾向にある．したがって，基本的には発生源対策が主流となっている．

11.3 工場機械振動の対策

表11.16 各種防振材料の用途，特徴および性能

防振材料	防振ゴム		金属ばね	空気ばね	
	アジャスター付き防振パット	丸型ゴム，角型ゴム	コイルばね	クランプ型	密封型
固有振動数	15 Hz～	4 Hz～	4 Hz 以下	1～3 Hz	3 Hz 以下
用途	中型機械プレス，工作機械，産業機械	中・大型機械プレス，工作機械，産業機械	中・大型機械プレス，鍛造機，鋳造機，工作機械，産業機械，圧縮機	高速機械プレス，産業機械，精密機器	高速機械プレス，産業機械，精密機器
特徴	・安価，取付けが容易，小型機械プレス，工作機械に対して基準化している場合が多い	・安価，取付けおよび種類が多い	・取付けが容易 ・利用荷重範囲が広い	・付帯設備としての空気源が必要 ・メンテナスによる管理が必要	・取付けが容易 ・付帯設備としての空気源が必要
性能	・衝撃振動に対して，振動エネルギーが，1/2から1/3程度低減可能	・衝撃振動に対して，適用範囲が広くかつ良好な防振効果が期待できる	・軟弱地盤においても防振設計すれば，振動エネルギーが，1/4から1/10程度低減可能	・低振動数領域に最適 ・しっかり防振設計すれば，良好な防振効果が期待できる	・コイルばねと同様な性能を発揮 ・しっかり防振設計すれば，良好な防振効果が期待できる

表11.17 伝播経路での対策方法

対象	低減方法	概要
地中壁	剛性壁	コンクリート連続壁（新幹線用），鋼矢板連続壁（新幹線，在来鉄道用），PCパイル連続壁（道路交通用），ソイル連続壁（道路交通用）
	発泡壁	ウレタン連続壁，EPS連続壁（新幹線用），防振ゴム連続壁（2次放射音による振動防止）
	空隙	ガスクッション，石炭灰充填壁
	柱列壁	鋼管柱列壁（河川用），ソイルコラム（工事振動対策用），ソイルセメント柱列壁（工事振動対策用）
埋設ブロック		EPS（道路，鉄道線路近傍への敷設用），土のう（戸建住宅用，道路交通用）
空溝		仮設用空溝，（掘削＋土留め）後に空隙壁

11.3.4 受振部対策[7]

　一般に，振動源から伝播してきた地盤環境振動の影響を受振部で低減することは困難である．受振部のほとんどは建築物であり，影響を受けるのは建築物内で活動している人々である．建築物に対する地震への対策は，建築基準法上かなり厳しい措置がとられている．さらに，住宅建築物に対しても住宅性能保証制度による「住宅性能の品質の確保に関する法律」，すなわち品確法に基づいて，性能保証を行っている．しかし，住宅建築物内で日常生活したり，睡眠をとったりあるいは活動したりしている中での「人体に及ぼす振動の影響」については考慮されていない．したがって，振動を感じて，人体への影響があると苦情が生じた場合に，その振動の性状を解析して対応することが主力となっている．一般には，地震による振動数と人体の各部位による振動数の違いによって，対応に差が見られる．建築物の地震への対策は，耐震，免震，制震等の技術を駆使し，その崩壊を避けるものとして実施してきている．このような構造計画時の構造設計あるいは構造計算において，人体に影響のある振動数範囲についても考慮しておけば，住宅の揺れや増幅による影響を低減できるものといえる．表 11.18 に示すように，受振部における低減方法は，ある程度周知の事実となっている．

表 11.18　受振部における振動低減方法

対象	低減方法	概要
建築物周辺地盤	地盤改良	・N 値の大きい土壌地盤に改良
建築物基礎	剛性増加	・住宅の階数に相当する基礎（フーチング基礎） ・剛性の大きな基礎 ・環境振動数領域での免振化
階段等	制振処理	・制振材料（塗料系，ゴム系，磁気系）材料の利用
建築物各部位	剛性増加	・大引き，根太，筋交い，金物継手等により剛性を高める ・隙間をなくす
調度品	固定	・アンバランスをなくす
建築系設備	防振処理	・配管系・ダクト系の貫通部を防振

11.4 工場機械振動の対策事例

11.4.1 発生源対策の事例

(1) 液圧プレス[8]

　液圧プレスは，油圧または水圧でラム運動を行い，金属や樹脂などを加工するプレスである．振動は，ラムの起動，停止時に発生し，一般に 10 Hz 以下の低周波域成分を含むため，皿ばね，コイルばね，空気ばねによる防振対策が多い．

　液圧プレスの発生源対策の事例を，表 11.19 に示す．

表 11.19　液圧プレスの発生源対策の事例[1)]

機械（能力）	対策方法	振動低減効果	防振装置の概略
油圧プレス （600 t）	弾性支持，空気ばね	18 dB（境界線）	空気ばね
油圧プレス （1000 t）	弾性支持，皿ばね（プレス脚部 4 箇所に装着）	15 dB（5 m 地点），工期：3 日	皿ばね
油圧フォージングプレス （700 t）	弾性支持，皿ばね（コイルばね併用，油圧ユニットも防振）	15 dB（5 m 地点），工期：28 日	皿ばね

---

1) 日本騒音防止協会：振動防止技術指針（工場・事業場編）策定調査　平成 13 年度環境省委託業務報告書, pp.15-23, 2001.

表11.19 （つづき）

機械（能力）	対策方法	振動低減効果	防振装置の概略
水圧プレス（3000 t）	弾性支持，空気ばね（水圧駆動方式）	20 dB（5 m 地点）	（空気ばね）

(2) 機械プレス[9]

　機械プレスは，電子部品，電気機器，自動車，建築金物などあらゆる産業で量産品の金属加工機として使用され，大きな衝撃振動を発生する．防振対策方法は，一般板金プレスについては防振ゴム，皿ばね，コイルばね，空気ばね，ブランキングプレスについては硬めの防振ゴム，皿ばね，高速プレスについてはコイルばね，空気ばねが採用されている．

　機械プレスの発生源対策の事例を，表11.20に示す．

表11.20　機械プレスの発生源対策の事例[2]

機械（能力）	対策方法	振動低減効果	防振装置の概略
C型シングルクランクプレス（150 t）	弾性支持，空気ばね（ベッドレッグ4点直接支持，可変式摩擦ダンパー）	19 dB（境界線5 m地点），費用：約160万円，工期：1日	（空気ばね）
C型ダブルクランクプレス（200 t）	弾性支持，防振ゴム（多段積層型，ベッドレッグ4点直接支持，ゴムパッド板間摩擦減衰）	18 dB（境界線5 m地点），費用：約80万円，工期：半日	（防振ゴム）

2) 日本騒音防止協会：振動防止技術指針（工場・事業場編）策定調査　平成13年度環境省委託業務報告書，pp.24-52, 2001.

表 11.20 （つづき）

機械（能力）	対策方法	振動低減効果	防振装置の概略
C型機械プレス (60 t)	弾性支持，空気ばね（並列ガーター式，コンソールタイプ）	12 dB，費用：約 600 万円（5台），工期：1日（5台）	
門型機械プレス (800 t)	弾性支持，空気ばね（高荷重タイプ，支点4箇所に装着）	17 dB（境界線40 m地点），費用：約 700 万円，工期間：13日	
ダブルクランクプレス (3000 t)	弾性支持，板ばね（コイルばね併用，油圧ユニットも防振）	40 dB（26 m地点），工期：49日（基礎工事除く）	
ブランキングプレス (500 t)	弾性支持，防振ゴム（多段積層型，ベッドレッグ4点直接支持，揺れ止めガイド付属，ゴムパッド板間摩擦減衰）	18 dB（5 m地点），費用：約 250 万円，工期：1日	
トランスファープレス (1500 t)	弾性支持，φ600空気ばね×24	20 dB（17 m地点），費用：約 400 万円	

表 11.20 （つづき）

機械（能力）	対策方法	振動低減効果	防振装置の概略
シングルアクションプレス（800 t）	弾性支持，防振ゴム（多段積層型，ベッドレッグ4点直接支持，ゴムパッド板間摩擦減衰）	20 dB（10 m 地点），費用：約 600 万円，工期：5 日	
高速プレス（200 t）	弾性支持，空気ばね（プレス脚部4箇所に装着）	12 dB（境界線 30 m 地点），費用：約 300 万円，工期：1 週間	
高速自動プレス（25 t）	弾性支持，空気ばね（粘性ダンパー内蔵型，汎用防振装置）	13 dB（直上地点），費用：約 65 万円，工期：1 日	
ダイイングマシン（400 kg）	弾性支持，防振ゴム（2段クッシーフート，機械ベース8箇所に装着）	12 dB（プレス直下），費用：約 120 万円，工期：1 日	
フリクションプレス（400 t）	弾性支持，空気ばね（浮き基礎方式，浮き基礎重量 124 t）	27 dB（プレス直前地点），費用：約 800 万円，工期：4 箇月程度	

(3) せん断機[10]

せん断機は，金属の切断を行うもので，通常シャーリングマシンとよばれている．防振材としては一般に防振ゴム，皿ばねが採用されている．

せん断機の発生源対策の事例を，表 11.21 に示す．

表 11.21　せん断機の発生源対策の事例[3)]

機械（能力）	対策方法	振動低減効果	防振装置の概略
30 kW 油圧ギャップシャー（12 mm 厚 × 3000 mm 長）	弾性支持，コイルばね	21 dB（せん断機から 9 m 地点），工期：10 日	コイルばね
グレーチングマシン（ストローク 340 mm × 17 spm）	弾性支持，コイルばね	20 dB 以上（境界線 3 m 地点），工期：25 日	コイルばね
ギャップシャー（10 mm 厚 × 2050 mm 長）	弾性支持，皿ばね	21 dB（4.3 m 地点），工期：5 時間程度	皿ばね
ギャップシャー（60 mm 厚 × 2000 mm 長）	弾性支持，空気ばね	16 dB（15 m 地点），工期：50 日	空気ばね

---

3) 日本騒音防止協会：振動防止技術指針（工場・事業場編）策定調査　平成 13 年度環境省委託業務報告書，pp.53-61, 2001.

(4) 鍛造機[11]

鍛造機は，フォージングマシンまたはハンマともよばれ，その発生振動は非常に大きい．防振対策方法としては，コイルばねや空気ばねが多いが，機械振幅を速く減衰させるため，板ばねの板間摩擦，オイルダンパー，粘性ダンパーなどが併用されている．

鍛造機の発生源対策の事例を，表11.22に示す．

表11.22 鍛造機の発生源対策の事例[4]

機械（能力）	対策方法	振動低減効果	防振装置の概略
鍛造プレス（1600 t）	弾性支持，板ばね	対策後60 dB以下	
エアドロップハンマ（0.5 t）	弾性支持，板ばね	22 dB以上（境界線13 m地点），工期：28日	
ドロップハンマ（0.5 t）	弾性支持，コイルばね	21 dB（敷地境界6 m地点），工期：15日	

---

4) 日本騒音防止協会：振動防止技術指針（工場・事業場編）策定調査　平成13年度環境省委託業務報告書，pp.62-73, 2001.

11.4 工場機械振動の対策事例　349

表 11.22　（つづき）

機械（能力）	対策方法	振動低減効果	防振装置の概略
エアハンマ (0.5 t)	弾性支持，空気ばね	20 dB（境界線 23 m 地点），工期：1 日	（空気ばね）

(5) 振動ミル，ローラーミル[12]

　振動ミルは，金属加工品の表面処理やバリ取りをする機械であり，ミル内に製品と研磨材（研磨ボール）を混合させ，高速回転させたり，振動させたりすることによって加工する．低周波域の振動が主体のため，防振対策は空気ばねやコイルばねが主流となっている．

　ローラーミルは，岩石などを粉体にするものであり，ミル内で複数のローラーを回して，相互にこすりつけることにより加工する．この場合，ローラーの回転数成分の振動は小さく，高周波の衝撃振動が主体のため，振動ゴム対策が一般的である．

　ローラーミルの発生源対策の事例を，表 11.23 に示す．

表 11.23　ローラーミルの発生源対策の事例[5]

機械（能力）	対策方法	振動低減効果	防振装置の概略
高速ローラーミル （モーター出力 75 kW）	弾性支持，防振ゴム（傾斜型）	振動源から 15 m の境界線において 10 dB，費用：約 60 万円，工期：1 日	

(6) 圧縮機[13]

　圧縮機は，圧縮空気を作る汎用機械であり，構造上から往復式，回転式，軸流式，遠心式に分類される．往復式は振動が大きく，回転式のスクリューコン

5）日本騒音防止協会：振動防止技術指針（工場・事業場編）策定調査　平成 13 年度環境省委託業務報告書，pp.74-76, 2001.

プレッサーは振動,騒音が小さい.

往復式は,定常振動を発生する機械の代表であり,その振動対策としてコモンベッド全体を軟らかめの防振ゴムやコイルばねで支持することが多い.

圧縮機の発生源対策の事例を,表 11.24 に示す.

表 11.24 圧縮機の発生源対策の事例[6]

機械（能力）	対策方法	振動低減効果	防振装置の概略
V 型 2 気筒 2 段圧縮機（100 kW）	弾性支持,コイルばね	振動源から 5 m 地点において 20 dB,工期：2 日	
往復式星型 2 気筒圧縮機（165 kW）	弾性支持,防振ゴム	振動源から 2 m 地点において 1.5 mm/s から 0.3 mm/s に低減,工期：6 日	
レシプロコンプレッサー（180 kW）	弾性支持,空気ばね	振動源から 7 m 地点の境界線において 0.2 mm/s から 0.18 mm/s に低減	

(7) 織　機[14]

織機は,綿,絹,毛,麻等を布状に織る機械であり,開口装置型式や横糸補充装置の有無,シャトルの有無等によって,種々に分類されるが,振動の発生に関しては横糸の挿入等に関するおさ打ち運動等が大きな原因といわれている.近年は高速化,広幅化が目立ち,エアージェット,ウォータージェット,

---

6) 日本騒音防止協会：振動防止技術指針（工場・事業場編）策定調査　平成 13 年度環境省委託業務報告書,pp.77-83, 2001.

レピア式など回転数が 500 ～ 1500 rpm のものが多く，衝撃振動とともに回転振動数が問題となり，振動問題を発生することが多い．

防振装置としては，回転数成分にも効果を発揮できるよう，コイルばねや空気ばね方式が採用されており，イナーシャブロックやダンパーなどを併用して，織機の振幅を適度に抑制することも必要とされている．

織機の発生源対策の事例を，表 11.25 に示す．

表 11.25 織機の発生源対策の事例[7]

機械（能力）	対策方法	振動低減効果	防振装置の概略
カーテンラッシェル機	弾性支持，空気ばね	振動源から 5 m 地点において 30 dB 低減，工期：約 6 ヵ月	

(8) ゴム練用ロール機[15]

ゴム練用ロール機は，ゴムや合成樹脂材料を混ぜ合わせるロール機であり，基本的な機械構成はロール機本体，減速機，電動機の三つから成り立っている．ロールの回転数は比較的遅いため定常振動はほとんど見られず，材料かみ込み時の衝撃，ビビリ振動が発生する．防振対策方法としては，強固な基礎設置や防振ゴムマットが一般的である．

ゴム練用ロール機の発生源対策の事例を，表 11.26 に示す．

表 11.26 ゴム練用ロール機の発生源対策の事例[8]

機械（能力）	対策方法	振動低減効果	防振装置の概略
ゴム練用ロール機	弾性支持，コイルばね	振動源から 5 m 地点において 12 dB 低減，工期：10 日	

---

7) 日本騒音防止協会：振動防止技術指針（工場・事業場編）策定調査　平成 13 年度環境省委託業務報告書，pp.84-86, 2001.
8) 日本騒音防止協会：振動防止技術指針（工場・事業場編）策定調査　平成 13 年度環境省委託業務報告書，pp.87-89, 2001.

(9) 合成樹脂用射出成形機[16]

　射出成形機は，スチロール，アクリル，ポリエチレンなどの樹脂成形を行う機械であり，通常は比較的簡便なレベル機構付き防振ゴムなどで振動対策が可能である．軟弱地盤上に設置する場合には，空気ばね，コイルばね，板ばねなどの振動対策が採用されることもある．

　射出成形機の発生源対策の事例を，表 11.27 に示す．

表 11.27　射出成型機の発生源対策の事例

機械（能力）	対策方法	振動低減効果	防振装置の概略
竪型射出成形機（100 t）	弾性支持，空気ばね＋減衰装置	15～20 dB 低減，工期：1 日	空気ばね
合成樹脂用射出成形機（型締力 170 t）	弾性支持，板ばね	機械中心から 2.5 m 地点の敷地境界で 10 dB 低減，工期：半日	板ばね
合成樹脂用射出成形機（型締力 630 t）	弾性支持，板ばね	機械から 13 m 地点の敷地境界で 13 dB 低減，工期：42 日	板ばね
合成樹脂用射出成形機（型締力 315 t×2 台，140 t×1 台）	弾性支持，防振ゴム（円筒ソリッド型）	機械から 7 m 地点の敷地境界で 16～19 dB 低減	レベル機構付き防振ユニット

(10) 振動試験機[17]

　振動試験機は，小さい時計からコンピューターなどの広範囲な精密製品の耐久試験や，自動車の走行，建築構造物の耐震シミュレーションなどを行うもので，生産工場や研究施設に多く設置されている．

　小型製品の耐久試験は電磁式，自動車や構造物のシミュレーション試験は油圧サーボ式試験機がおもに採用されている．前者は比較的加振力が小さく，高

周波加振されることが多いため,防振材としては防振ゴム,コイルばね,密閉式空気ばねが用いられている.後者は加振力もきわめて大きく,100 Hz まで広範囲に加振するため,ほとんどが空気ばねによる浮き基礎防振対策が採用されている.

振動試験機の発生源対策の事例を,表 11.28 に示す.

表 11.28 振動試験機の発生源対策の事例

機械(能力)	対策方法	振動低減効果	防振装置の概略
自動車用油圧サーボ式振動試験機(最大加振力 30400 kg)	弾性支持,空気ばね	耐圧盤上 28 dB 低減	

(11) 打抜機[18]

打抜機は,ダンボール紙の型抜き,革や合成樹脂シートの靴底,かばんの型抜きなど,用途,目的により種々のものが用いられている.打抜機の振動は,パルス的な高周波衝撃振動であり,通常は防振ゴムマットや防振ゴムで対策されるが,場合によってはコイルばね,空気ばねによる対策が必要となる.

打抜機の発生源対策の事例を,表 11.29 に示す.

表 11.29 打抜機の発生源対策の事例[9]

機械(能力)	対策方法	振動低減効果	防振装置の概略
クランク式ボール紙打抜機(モータ出力 2.2 kW)	弾性支持,防振ゴム(多段積層型)	機械直下 13 dB 低減,費用:約 80 万円,工期:2 日	

---

9) 日本騒音防止協会:振動防止技術指針(工場・事業場編)策定調査 平成 13 年度環境省委託業務報告書, pp.104-106, 2001.

(12) シュレッダー[19]

シュレッダーは，紙のリサイクルシステムとして，紙の収集から裁断，梱包，製紙メーカーへの輸送を行う古紙中間業者が設置している大型裁断機である．ベーラーマシンとよばれるシュレッダー兼押締め機械は上下方向に衝撃振動を，水平方向に低周波音を発生させるため防振対策が必要となる．防振材料としては，防振ゴム，コイルばねが一般的である．

シュレッダーの発生源対策の事例を，表11.30 に示す．

表11.30 シュレッダーの発生源対策の事例[10]

機械（能力）	対策方法	振動低減効果	防振装置の概略
大型紙破砕機（モータ出力 200 kW）	弾性支持，コイルばね，粘性ダンパー	境界線で 17 dB 低減，費用：約 100 万円/台，工期：4 日	

(13) 洗濯機[20]

コインランドリーや産業用・工業用大型洗濯機による苦情が発生しており，防振対策としてコイルばね，空気ばねなどが採用されている．固定据付に対して防振据付は，10 m 地点で 15 dB 以上低減している．

(14) その他の機械[21]

自家発電装置，クーリングタワー，輪転機，立体駐車場，ディスポーザーなど，建物内部や屋上等に設置される機械については，振動とともに固体音対策として防振対策が必要になる場合がある．防振方法は，防振ゴムやコイルばねなどが多く採用されている．

11.4.2 伝播経路対策の事例[22]

工場機械振動の防振溝による対策事例を，表 11.31 に示す．敷地境界において 3～8 dB の低減効果が得られている．

---

10) 日本騒音防止協会：振動防止技術指針（工場・事業場編）策定調査 平成13年度環境省委託業務報告書，pp.107-109, 2001．

表 11.31　防振溝による振動低減効果[11]

事　例	振動低減効果	防振溝の概要
自動織機工場	境界線で 3～8 dB 低減	

参考文献

- [1] 振動法令研究会：振動規制の手引き，pp.13-18, pp.19-34, 2003.
- [2] 前掲[1]，pp.35-69, 2003.
- [3] 前掲[1]，pp.162-177, 2003.
- [4] 足立和彦，植野修昌，内田季延，庄司正弘，倉掛猛，松井敏彦：建設工事及び工場・機械振動の現状と将来展望，都市域における環境振動の実態と対策講習会，社団法人土木学会関西支部，pp.75-81, 2005.
- [5] 高津熟：工場振動の特性，騒音制御，Vol.35, No.2, pp.134-139, 2011.
- [6] 環境省水・大気環境局大気生活環境室：平成 25 年度振動規制法施行状況調査の結果について，2015.
- [7] 塩田正純：工場振動における振動対策工法，地盤工学会，地盤環境振動対策工法講習会講演資料，pp.19-28, 2011.
- [8] 日本騒音防止協会：振動防止技術指針（工場・事業場編）策定調査　平成 13 年度環境省委託業務報告書，pp.15-23, 2001.
- [9] 前掲[8]，pp.24-52
- [10] 前掲[8]，pp.53-61
- [11] 前掲[8]，pp.62-73
- [12] 前掲[8]，pp.74-76
- [13] 前掲[8]，pp.77-83
- [14] 前掲[8]，pp.84-86
- [15] 前掲[8]，pp.87-89
- [16] 前掲[8]，pp.90-98
- [17] 前掲[8]，pp.99-103
- [18] 前掲[8]，pp.104-106
- [19] 前掲[8]，pp.107-109
- [20] 前掲[8]，p.110
- [21] 前掲[8]，pp.113-119
- [22] 前掲[8]，p.130

---

11) 日本騒音防止協会：振動防止技術指針（工場・事業場編）策定調査　平成 13 年度環境省委託業務報告書，p.130, 2001.

第12章 地盤環境振動の予測手法

地盤環境振動の予測手法は，大きく分けて，経験的手法と解析的手法の二つに分類できる．また，第4章でも述べたように，地盤環境振動対策は，①振動の発生源対策，②振動の伝播経路対策，③振動の受振部対策に分類される．

本章では，地盤環境振動の伝播経路における対策に着目して，経験的手法と解析的手法により対策効果を予測する手法について示す．とくに，解析的手法については，振動源入力の設定方法，3次元有限要素法（FEM）と薄層要素法を組み合わせたサブストラクチャー法や3次元FEM等の動的解析手法を具体的に解説するとともに，解析的手法を適用した鋼矢板防振壁，ガスクッション防振壁による地盤環境振動対策の検討事例を紹介する．

12.1 経験的手法

経験的手法による予測式については，ほかの章でも紹介しているため，本章では対策工による地盤環境振動低減を考慮した経験的な予測式を2例紹介する．

建設工事に伴う種々の作業のうち，杭打作業，掘削・運搬作業，締固め作業，舗装作業，解体作業などから発生する地盤環境振動伝播の予測については，次の経験的な予測式が提案されている[1]．

$$L_{Vr} = L_{Vr0} - 8.68 \frac{2\pi f \eta}{V_R}(r - r_0) - 20n \log \frac{r}{r_0} - L_{sg} - L_{ds} \quad (12.1)$$

ここに，L_{Vr}：振動源から r [m] の距離における振動レベル [dB]

L_{Vr0}：振動源から r_0 [m] の距離における振動レベル [dB]

f：振動数 [Hz]

h：土の内部減衰定数

V_R：レイリー波の伝播速度 [m/s]

n：幾何減衰定数

L_{sg}：地盤から建物への入力損失による振動減衰量（dB）

L_{ds}：建物内での振動減衰量 [dB]

式(12.1)の対策工の効果を示す指標 L_{sg} は，実測結果から経験的に求められるため，精度のよい予測を行うためには，対象とする建設工事区域において対策工の効果に関する実測や実験などを行い，各種の定数を設定する必要がある．そのため，過去において対策工の効果が検証されている建設工事区域を対象とする場合や，再度実測や実験を実施して経験式を見直すことができる場合などには有効であるが，新たな建設工事区域や新たな対策工が既往のものと大きく異なる場合には，地盤環境振動および対策工の効果を精度よく予測することは難しいと考えられる．

騒音防止に利用する遮音壁と同様の考え方を基に，防振壁・防振溝等を施工することで地盤環境振動伝播の低減量を予測する経験式には，次式がある．

$$L_{Vr} = L_{Vr0} - 10\log\frac{r}{r_0} - 54.54\frac{fh}{V_R}r - Ad1 - Ad2 - Ad3 \qquad (12.2)$$

$$Ad1 = 10\log\frac{1}{\tau}$$

$$= 10\log\left[\frac{1}{16\alpha^2}\left\{(1+\alpha)^4 + (1-\alpha)^4 - 2(1-\alpha^2)^2\cos\frac{4\pi fH}{V}\right\}\right] \qquad (12.3)$$

$$Ad3 = 10\log(\Delta RE), \quad \Delta RE = e^{-2Df/V} \qquad (12.4)$$

ここに，L_{Vr}：振動源から r [m] の距離における振動レベル [dB]

L_{Vr0}：振動源から r_0 [m] の距離における振動レベル [dB]

f：振動数 [Hz]

h：土の内部減衰定数

V_R：レイリー波の伝播速度 [m/s]

$Ad1$：防振壁・溝の透渦による効果量 [dB]

$Ad2$：防振壁・溝の回折による効果量 [dB]

$Ad3$：防振溝の型式で，溝自体が密実でない（空溝）場合の地盤環境振動低減効果量 [dB]

τ：波動透過率

α：波動インピーダンス比

H：防振壁・溝の厚さ [m]

V：防振壁・溝内の波動伝播速度［m/s］

D：空溝の深さ［m］

この対策工の効果を示す指標 $Ad1$，$Ad2$，$Ad3$ についても，式(12.1)と同様に，新たな建設工事区域や新たな対策工が既往のものと大きく異なる場合には，地盤環境振動および対策工の効果を精度よく予測することは難しいと考えられる[2]．

12.2 解析的手法

12.2.1 解析手順

解析的手法は，地盤環境振動の振動源を含む地盤と対象建物等をモデル化し，図 12.1 に示すように，①振動源に対して力加振や変位加振等を与えることで，②解析モデルを用いた動的解析を行い，③振動予測を行うものである．以下に，①振動源，②解析モデルによる動的解析について示す．

① 振動源(入力)の設定

点加振		線加振や移動加振
実測記録を再現するような振動源での加振力を逆計算（引き戻し計算）	ISO 等で提案されている荷重	列車走行等に伴う振動

② 解析モデルによる動的解析

解析モデル	・2 次元 FEM ・軸対称 FEM ・3 次元 FEM＋薄層要素のサブストラクチャー等	・2.5 次元 FEM ・3 次元 FEM

③ 振動予測(解析結果の評価)

・1/3 オクターブバンドスペクトル　　・振動加速度レベル
・加速度値，速度値，変位値　　　　　・周波数特性等

図 12.1 解析手順

12.2.2 振動源（入力）の設定

解析的手法における振動源の扱いは，通常，振動源位置に強制的な力もしくは変位（加速度）を与えて点加振や線加振等で評価される．しかし，建設機械

の振動や工場内の機械稼働による振動，また，自動車，列車等の車両走行による振動等が，力や変位，振動レベル等として得られていることはほとんどない．

そのため，通常は規準等で提案されている式等で荷重を設定する場合や，振動源の近隣で実施された振動実測結果を基に振動源（入力）または荷重を設定する場合が多い．

(1) 規準等で提案されている荷重設定

規準等で提案されている荷重は多数あり，その代表例であるISOのパワースペクトル密度により算定する自動車走行時の荷重を紹介する[3]．

この荷重は，図12.2(a)に示すように，次式の路面の凹凸のパワースペクトル密度 $S_r(\Omega)$ で評価する．

$$S_r(\Omega) = \frac{a}{\Omega^2}$$

ここに，a：路面の凹凸の平滑度を表すパラメータ
　　　　Ω：路面の凹凸の空間振動数
　　　　n：パワースペクトルの分布形状を表す指数

そのパワースペクトルを目標ターゲットとして反復計算によって路面の凹凸波形を求め，さらに，自動車全体の解析モデルの各車輪に，この路面の凹凸波形を入力して，図(b)に示すような荷重の時刻歴波形を求めるものである．

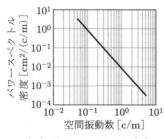
(a) パワースペクトル密度

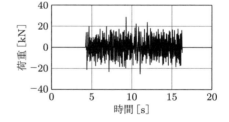
(b) 設定した荷重の時刻歴波形

図12.2　ISOのパワースペクトル密度より算定した自動車走行時の荷重

(2) 振動実測結果に基づいた荷重設定

地盤環境振動を解析的手法により評価する際，振動源とみなす地点（位置，深さ）の加振力の算定が重要である．その加振力を算定する場合，事前に実施

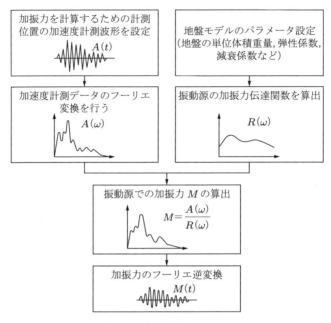

図 12.3　加振力算定の一例

されている振動実測結果（時系列）を基に，加振力を算定することが多い．図 12.3 に加振力算定の一例を示す．

12.2.3　動的解析手法

解析的手法としては，有限要素法（2次元 FEM，2.5次元 FEM，軸対称 FEM，3次元 FEM）や，有限要素法と薄層要素等を組み合わせたサブストラクチャー法が，地盤環境振動の解析においてよく用いられている．

地盤環境振動への有限要素法の適用は，とくに対策工の効果を評価する場合，対策前と対策後の振動値（振動レベル等）を比較することにより効果を検証することが容易である．

地盤環境振動における有限要素法の解析では，地盤，建物，対策工（構造体や溝など）をモデル化に反映し，建物-地盤-対策工の動的相互作用効果を考慮した解析が実施されている．

また，地盤環境振動問題は人が感知する程度の小さな振動を扱うことが多く，地震のように地盤が塑性化することはほとんどない．したがって，弾性問題と

して扱えるために，弾性問題の動的相互作用解析で認知されている振動数領域における動的解析手法が広く利用されている．

有限要素法の代表的なモデル化を以下に示す．

(1) 2次元 FEM

2次元 FEM では，2次元平面におけるモデル化となるため，解析モデルのメッシュデータ等を作成することは容易であるが，本来は3次元で評価すべき問題を2次元問題に帰着させるため，荷重設定や構造物のモデル化には配慮が必要である．また，3次元的な波動伝播特性や形状効果を考慮できないため，解析結果の評価にも十分な注意が必要である．図 12.4 に 2次元 FEM の概念図を示す．

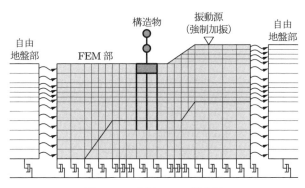

図 12.4　2次元 FEM の概念図

(2) 軸対称 FEM

軸対称 FEM では，3次元問題を軸対称問題に置換して評価するため，中心点における点加振問題では十分よい精度が得られる．しかし，対策工等も軸対称要素（円筒形）で評価されるため，任意形状の対策工等を考慮することは難しい．図 12.5 に軸対称 FEM の概念図を示す．

(3) 3次元 FEM

3次元 FEM では，地盤の3次元的な不整形性や複雑な構造物等を直接モデル化することが可能であるため，よい精度が得られる．また，荷重位置，荷重方向を任意に設定することができるため，移動加振（たとえば列車走行の荷重）

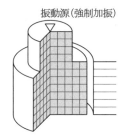

図 12.5 軸対称 FEM の概念図

を検討することが可能である．しかし，地盤環境振動問題で対象とする広範囲な領域や高振動数領域（要素サイズに起因）を扱う場合は，解析データ（節点数，要素数）が膨大となるため，計算時間やデータ容量が増えることが短所である．図 12.6 に 3 次元 FEM の概念図を示す．

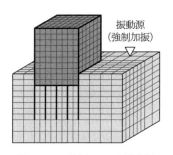

図 12.6 3 次元 FEM の概念図

(4) 3 次元 FEM と薄層要素法を組み合わせたサブストラクチャー法

図 12.7 に示す 3 次元 FEM と薄層要素法を組み合わせたサブストラクチャー法は，構造物を 3 次元 FEM でモデル化し，地盤を水平方向に半無限で評価さ

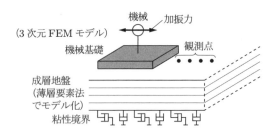

図 12.7 3 次元 FEM と薄層要素法を組み合わせたサブストラクチャー法

れる薄層要素法でモデル化するものである．薄層要素法は，水平成層の地盤モデルとなるが，モデル化が大変容易であり，かつ，解析モデルの節点数（解析自由度）が少ないため，3次元FEMに比べて計算時間やデータ容量がともに小さくなる．実測記録のシミュレーション解析等でも広く利用されており，よい対応を示す事例も多数報告されている．

12.3 解析的手法による振動対策検討事例

本節では，3次元解析による振動対策工法の検討事例を示す．

12.3.1 鉄道振動を対象とした防振壁対策の検討事例[4]
(1) 検討概要
鉄道振動の軽減対策を目的として施工された鋼矢板防振壁の対策事例を対象に，シミュレーションを実施した．また，防振壁背面での振動増幅の低減や，より遠方まで振動低減効果が得られる防振対策工の検討を目的として，防振壁の打設深度をパラメータとした感度解析を実施した．

(a) 鋼矢板防振壁の設置位置

図12.8に，鋼矢板の設置位置と振動測定位置の関係を示す．鋼矢板防振壁の打設深度は，GL − 4.5 m付近にあるN値30以上の砂礫層に貫入すること

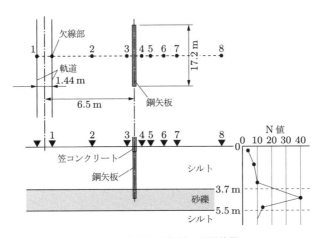

図12.8 鋼矢板防振壁の設置位置

を考慮して設定した．

(b) 地盤および鋼矢板のモデル化

解析手法は，3次元FEMと薄層要素法を組み合わせたサブストラクチャー法を採用した．地盤は水平成層地盤を仮定して薄層要素を用いてモデル化し，鋼矢板についてはシェル要素を用いてモデル化した．（図12.9参照）．加振力は，測定点No.2の振動計測記録を用いて，前述の図12.3に示した方法により設定した．

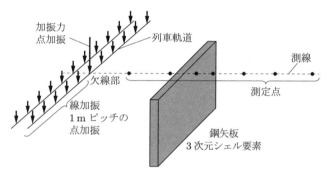

図12.9 解析モデルの概念図

(2) 防振壁による振動対策の検討結果

図12.10に，振動測定結果と解析結果の比較を示す．鋼矢板背後直近の測定点における振動低減量は，測定結果と比較して解析結果がやや小さくなっているものの，それより遠方における距離減衰の傾向はよく対応していると思われる．

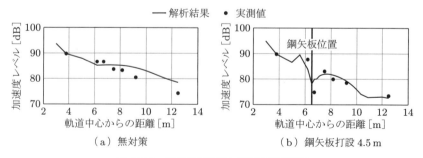

図12.10 振動測定結果と解析結果の比較

また，鋼矢板を 4.5 m 打設時の解析結果については，振動測定結果にも認められる鋼矢板背後の振動増幅現象がよく再現されており，防振壁による対策工で生じることが多い防振壁背後の振動増幅現象を解析で表現することができている．

防振壁背後での振動増幅現象を解明するために行った，防振壁の挙動を抑制するような解析の結果から，防振壁の複雑な挙動により防振壁が 2 次振動源となって，振動の増幅を励起していることがわかる（図 12.11，12.12）．

図 12.13 に，防振壁の打設深度をパラメータとした場合の振動低減効果を示

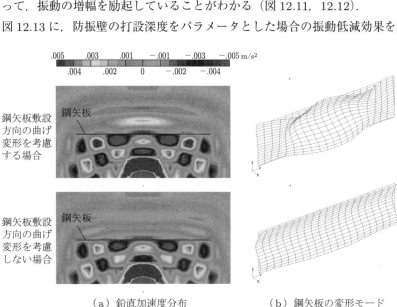

(a) 鉛直加速度分布　　　　　(b) 鋼矢板の変形モード

図 12.11　地表面の鉛直加速度分布および鋼矢板の変形モード

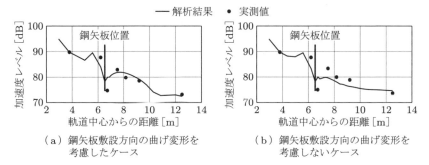

(a) 鋼矢板敷設方向の曲げ変形を考慮したケース　　(b) 鋼矢板敷設方向の曲げ変形を考慮しないケース

図 12.12　鋼矢板敷設方向の曲げ変形の影響による加速度レベルの距離減衰

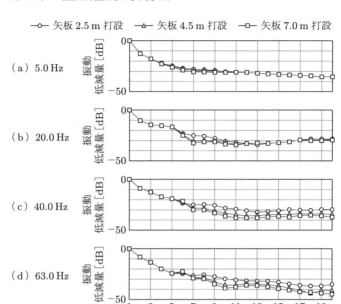

図 12.13 防振壁の打設深度をパラメータとした場合の振動低減量

す．防振壁の深度の違いによる効果の差異はほとんど見られず，低い振動数帯（5 Hz）については，打設深度が影響しないことがわかる．

また，20 Hz 以上に着目すると，防振壁前面での振動低減量に各深さでの差異は認められないが，防振壁の直後の振動低減量は打設深度が深くなるに従って大きくなっており，遠方での振動低減効果も大きくなることがわかる．

12.3.2　建設工事振動（杭打ち）の防振壁対策の検討事例[5]
(1)　概　要

軟弱地盤上で実施された杭打作業時の振動のシミュレーションについて述べる．

図 12.14 に振動測定位置を示す．事前に行われた振動測定において，防振壁（鋼矢板）を挟んだ前後の測定点（No.2 と No.3）では，振動加速度の振幅が 0.1 ～ 0.2 倍，振動加速度レベルが 6 ～ 8 dB 減衰する結果が測定されている．

解析手法は，3 次元 FEM と薄層要素法を組み合わせたサブストラクチャー法を用いる．地盤は水平成層地盤として薄層要素法を用いてモデル化し，防振壁

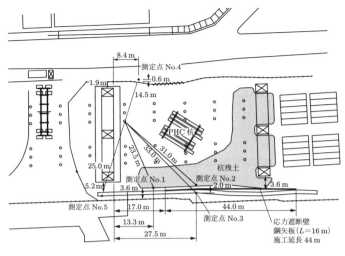

図 12.14　振動測定位置

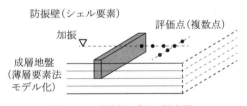

図 12.15　解析モデルの概念図

についてはシェル要素を用いてモデル化する（図 12.15 参照）．加振力は，測定点 No.1 の振動測定記録を用いて，前述の図 12.3 に示した方法により設定する．

(2)　防振壁による振動対策の検討結果

図 12.16 に測定点 No.2 および No.3 の振動測定結果と解析結果の比較を示す．加速度フーリエスペクトルに着目すると，解析結果は測定結果と同様に大きな振動低減効果をおおむね模擬することができており，主要な振動数帯である 5～10 Hz 付近については，解析結果と測定結果は非常によく一致している．比較的乖離が大きくなっている 15 Hz 付近の振動については，解析では考慮できていない地盤の不整形性，あるいはほかの振動源の影響が現れているものと考えられる．

図 12.17 に地表面での鉛直方向の最大加速度分布および最大加速度振幅比を

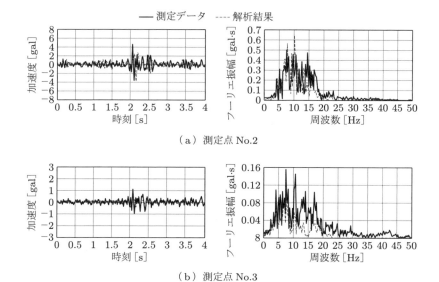

図 12.16 振動測定結果と解析結果の比較

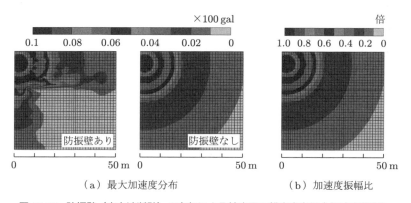

図 12.17 防振壁（応力遮断壁）の有無による地表面の鉛直方向最大加速度分布と最大加速度振幅比

示す．これらの図より，防振壁の背面で振動が大きく低減されていることがわかる．とくに，防振壁によって最大加速度振幅比が 20% 以下になる範囲は，防振壁背面の直近だけでなく，防振壁から 50 m 離れた範囲にまで広くなっていることがわかる．

12.4 解析的手法上の課題

3次元問題を2次元問題に置換して解析を行う場合,実際の3次元的な波動伝播特性や形状効果を精度よく評価するのは困難であることを,以下の事例で紹介する.

12.4.1 機械振動を対象とした検討事例[6]

工場内の大型機械が稼動した際に発生する振動を対象とした検討事例について述べる.工場敷地内で事前に測定された振動測定記録を対象に,3次元モデル(図12.7参照)と2次元モデルによる解析を実施し,振動測定記録と解析結果の比較を行う.

3次元モデルによる解析では,機械の基礎を3次元ソリッド要素,基礎より上部の機械部分は,ビーム要素を用いて質点モデルとしてモデル化し,質点モデルの上端を水平に強制加振することで機械の振動を模擬する.2次元モデルについては,地盤を平面ひずみ要素でモデル化した有限要素法による解析手法を採用して解析を行う.

図12.18に測定結果と解析結果の比較を示す.これより,測定結果と3次元解析の結果は基礎の振動(距離0m)と遠方の振動の両方ともによく対応していることがわかる.一方,2次元解析の結果では,遠方地盤の振動は,解析結果が測定記録に比べて大きくなる.これは,2次元解析では,機械から発生した波動の

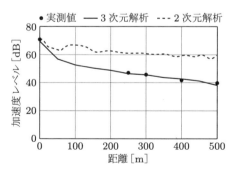

図12.18 機械振動の測定結果と解析結果(2次元・3次元)の比較[1]

---

1) 西村忠典,内山不二男:機械振動による周辺地盤振動の解析的予測,日本建築学会学術講演梗概集,pp.341-342, 2000.

3次元的な逸散による減衰を的確に評価できていないためであると考えられる．

12.4.2 鉄道振動を対象とした防振壁（鋼矢板）対策の検討事例[7]

　12.3.1項の事例について，3次元解析と2次元解析で行った場合の比較を図12.19に示す．3次元解析では，測定結果と解析結果がおおむね一致していることがわかるが，2次元解析では，防振壁から距離が離れるに従い，測定結果と解析結果との乖離が大きくなり，2次元解析結果が振動低減効果を過小に評

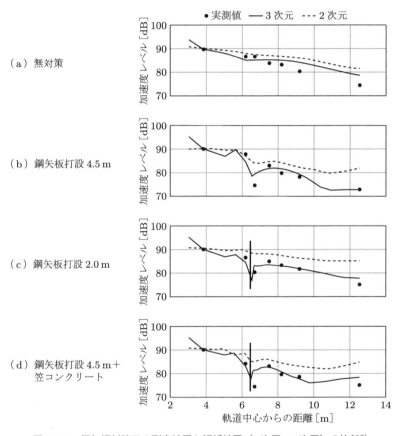

図 12.19　鋼矢板対策工の測定結果と解析結果（2次元・3次元）の比較[2]

---

2) 西村忠典，庄司正弘，倉掛猛，早川清：列車走時の地盤振動に対する振動対策工の効果に関する解析的検討，地盤環境振動の予測と対策の新技術に関するシンポジウム発表論文集，地盤工学会，pp.203-208, 2004.

価している結果となっている．

12.4.3　ハイブリッド振動遮断壁対策の検討事例[8]

ガスクッション防振壁（ハイブリッド振動遮断壁）の効果を実証する目的で実物大の起振機実験を対象として行ったシミュレーションについて述べる．

図 12.20 に測定位置と防振壁の位置関係を示す．振動測定は，表面波探査用の起振機を用いて，起振振動数 5, 10, 15, 20, 25 Hz を対象に実施する．

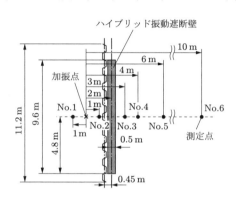

図 12.20　振動測定配置図

解析手法は，3 次元 FEM と薄層要素法を組み合わせたサブストラクチャー法を用いる．地盤は水平成層地盤として薄層要素法を用いてモデル化し，防振壁のモデルについてはソリッド要素とシェル要素を合わせてモデル化する（図 12.21 参照）．また，参考として，2 次元 FEM による検討も実施する．加振力は，単位振幅の正弦波を起振機の位置に設定し，計測点 No.2 の測定結果と解

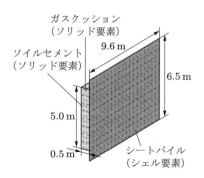

図 12.21　ハイブリッド振動遮断壁モデル

析結果が一致するように逆計算した値を設定する．

測定結果と解析結果の比較を図 12.22 に示す．これにより，3 次元解析では測定結果と解析結果がおおむね一致していることがわかるが，2 次元解析では，振動数によって測定結果と解析結果が一致しない傾向にあることがわかる．低振動数帯（5 Hz）に着目すると，防振壁直後の振動低減効果を過小に評価していることがわかる．また，高振動数帯（15 Hz，25 Hz）では，防振壁から距離が離れるに従い，振動低減効果を過大に評価する傾向を示していることがわかる．

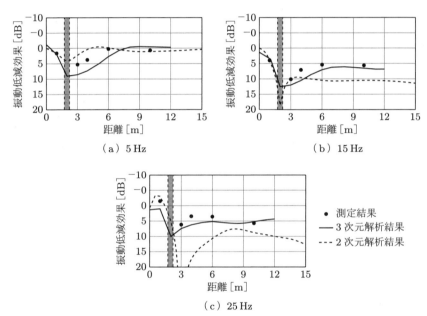

図 12.22　ハイブリッド振動遮断壁対策工の測定結果と解析結果（2 次元・3 次元）の比較[3]

これらは，2 次元解析では，有限長の防振壁を無限長としてモデル化していることで，地盤振動の回り込みや防振壁端と防振壁中央での壁体の振動モードの相違等が評価できないためであると考えられる．

---

3) 日置和昭，櫛原信二，野津光夫，坪井英夫，西村忠典，庄司正弘：現場計測と 3 次元数値解析によるガスクッション製防振壁の防振性能評価，土木建設技術シンポジウム 2006 発表論文集，pp.59-66，土木学会，2006．

参考文献

[1] 日本騒音制御工学会編：地域の環境振動，p.108，技報堂出版，2001.
[2] 地盤工学会：平成20年度　地盤環境振動対策工法　講習会　講演資料，p.22，2008.
[3] ISO：Mechanical vibration - Road surface profiles - Reporting of measured data, ISO8608, pp.1-30, 1995.
[4] 早川清，原文人，植野修昌，西村忠典，庄司正弘：鋼矢板壁による地盤振動の遮断効果と増幅現象の解明，土木学会論文集F，62/03, pp. 492-501, 2006.
[5] 藤森茂之，荒木孝朋，河合孝治，早川清，西村忠典：軟弱地盤での杭打作業時の地盤振動挙動，環境技術，Vol.39, No.5, pp.290-299, 2010.
[6] 西村忠典，内山不二男：機械振動による周辺地盤振動の解析的予測，日本建築学会学術講演梗概集，pp.341-342, 2000.
[7] 西村忠典，庄司正弘，倉掛猛，早川清：列車走行時の地盤振動に対する振動対策工の効果に関する解析的検討，地盤環境振動の予測と対策の新技術に関するシンポジウム発表論文集，地盤工学会，pp.203-208, 2004.
[8] 日置和昭，櫛原信二，野津光夫，坪井英夫，西村忠典，庄司正弘：現場計測と3次元数値解析によるガスクッション製防振壁の防振性能評価，土木建設技術シンポジウム2006発表論文集，pp.59-66，土木学会，2006.

第13章 地盤環境振動の対策技術に関する今後の課題

本章は最終章として，第1章から第12章で論じてきた内容を総括し，地盤環境振動の対策技術に関する今後の課題について論じる．地盤環境振動の予測および影響にかかわる問題点と，地盤環境振動の伝播特性にかかわる課題について述べるとともに，地盤環境振動の対策技術にかかわる課題および地盤環境振動の対策技術に関する今後の展望について述べる．

13.1 地盤環境振動の予測と影響評価にかかわる課題

総務省の公害等調整委員会では，毎年10件程度の地盤環境振動に関する民事訴訟[1]が提起されている．訴訟内容の大多数が建設工事振動に関するものであり，とくに建物等の解体工事振動によるものである．しかし，ほとんどの案件は裁定申請で棄却されている．このことは，建築物の被害に関する振動影響との因果関係が立証困難であることによっている．

すなわち，振動の直接的な影響か，建築物の不同沈下または乾燥収縮等によるものかが判定できないことによる．また，建設工事振動は一過性であり，ほとんどの訴訟事例でも経時的な環境影響調査がほとんどなされていない．建築物の損傷事例は出ているが，適切な評価値がない．振動規制法で採用されている振動レベル値は，人体の振動評価に関するものであり，建築物の影響評価にはそのまま適用できない．

道路・鉄道の連続立体化に伴う高架化工事に関しては，地盤環境振動を含む現況の環境状況が変化することから苦情につながる事例が多い．振動レベル値が45 dB以下でも，振動を感じる人がいるので問題は複雑である．ある高架橋の事例では，周辺の交通条件として高架部を走行する新幹線，素地軌道を走行する民間鉄道および平面道路を走行する自動車の複合振動源が存在していたうえ，ある人には無感でも，別の人は振動にほぼ的確な反応を示した．

現状の幹線道路における道路交通振動の評価値 L_{10} については，苦情実態と

の不整合性が挙げられる．沿道の住民はピーク値を基準として苦情を申し出ている傾向があるので，現状の振動規制法による道路交通振動の評価 L_{10} については再考することが望まれる．

また，建物内での振動影響評価の問題，とくに建物による振動増幅率の解明と水平振動成分に対する体系的な研究の進展を図る必要がある．さらに，人体感覚特性に関する国際規格と振動規制法との乖離の問題[2]を再整理する必要もあろう．

地盤環境振動の予測については，道路交通振動の L_{10} 値の予測に関して，新しい予測式と，環境アセスメントに使用されている予測式による値と実測値との適合性のより詳細な検討[3]も望まれる．シミュレーション手法による予測計算では，3次元問題を2次元問題として簡略化して予測するケースも多い．このケースでは，導入パラメータの設定方法に関する問題を解決しなければならないと考える．

13.2 地盤環境振動の伝播特性にかかわる課題

表層が軟弱地盤である場合には，3～5 Hz 程度の低周波地盤振動が遠距離伝播する現象が見られる．代表的な事例では，大型車類が高架道路橋を走行することによる事例[2-3]，および回転性の大型工場機械を同期して作動させて発生した事例などがある．このような低周波地盤振動の遠距離伝播現象については，新しい地盤環境問題上の課題であり，現象の解明が急がれる．また，地層構造や地中埋設物等の影響による地盤環境振動の異常伝播現象の解明も残された問題であろう．このような研究面での課題では，波動伝播現象の可視化による詳細なメカニズムを解明するとともに，地盤環境振動の伝播メカニズムの解明のための地盤情報（地形・地質等）の収集も重要と考えられる．

13.3 地盤環境振動の対策技術に関する課題

本書での主目的である地盤環境振動対策では，最適設計とするための一指針を示したが，これらをベースとして，より充実した対策マニュアルの完成へつなげることが望ましい．さらに，より効果的かつ経済的な対策工法の開発を志向して，費用対効果とのさらなる検討を図ることも重要であろう．従来の地盤

環境振動対策の立案では，ハード的対策技術の方に視点が置かれてきたが，今後はハード的対策技術とソフト的対策技術の融合を図ることが期待される．新たなハード的対策技術として，家屋の耐震補強金具が，地盤環境振動対策としてどの程度の有用性があるかを検証することも望まれる．

13.4 地盤環境振動の対策技術に関する今後の展望

　地盤環境振動の対策技術に関して，発生源対策，伝播経路対策および受振部対策に分けて，過去から最新までの研究・開発の経緯について紹介した．研究分野から見ると，このような研究は種々の条件下における波動伝播問題に関係しており，多くの研究者・技術者により精力的に取り組まれてきた．したがって，実際の地盤環境振動対策に適用された事例も増加する傾向となっている．

　しかし，この方面の研究・開発への影響パラメータを具体的に示してみると，まず，振動発生源に関しては，①加振源の特性（衝撃的・過渡的・定常的），②加振源の形状（点振源・線振源・面振源），③加振方向（鉛直・水平），④振動数などが挙げられる．次に，振動伝播に関しては，①波動の性質（実体波・表面波），②地盤条件（成層構造，地下水面の位置，ポアソン比）がある．最後に，伝播経路対策に使用される振動遮断壁に関しては，①遮蔽物の材質（硬質材・軟質材・複合材），②遮蔽物の設置位置や形状および寸法，③遮断領域の設定（発生源近傍・受振部近傍）がある．このように，きわめて多くの影響要因が複雑にかかわってくることが，地盤環境振動問題を完全に解決することの困難さにつながっている．

　したがって，本書では地盤環境振動分野の研究・開発事例を漏れなく収集することに努めた．しかし，このように，地盤環境振動の対策技術を完全に体系化できたとはいいがたい．さらなる技術開発情報を収集して，より一層の充実を図りたいと考える．

参考文献

［1］早川清：振動に起因する紛争事例の現状と振動公害問題，地盤に起因する建築紛争の解決に向けたワークショップ論文集，pp.15-28, 2013.
［2］中谷郁夫・早川清・西村忠典・田中勝也：高架道路橋を振動源とする地盤環境振動の遠距離伝播メカニズム，土木学会論文集C, 65/01, pp.196-212, 2001.

[3] 早川清・中谷郁夫・田中勝也：高架道路橋による地盤振動に関する実験調査及び模型実験による検討，地盤工学会関西支部地盤の環境・計測に関するシンポジウム論文集，pp.69-76, 2008.

資料編

資料 A　環境基本法
資料 B　環境影響評価法
資料 C　振動規制法
資料 D　計量法
資料 E　日本工業規格（JIS）
資料 F　国際動向・各国の比較

資料A 環境基本法[1-3]

A.1 環境基本法の性格

1993年(平成5年)11月19日に施行された環境基本法は,1967年(昭和42年)8月3日に制定された公害対策基本法および1972年(昭和47年)6月22日に制定された自然環境保全法に基づく環境行政の在り方を見直し,21世紀に通用する環境行政の枠組みを制定した法律である.

環境基本法は,環境行政分野の施策の基本的な方向性を示すものであり,そのためのプログラム規定を行っている.これと併せて,環境行政分野の基本的な行政計画の策定,環境白書の国会提出・公表,審議会の設置など,施策の実施規定のうち基本的なものを含めることが多い.

一方,特定の行政目的の遂行のために私人の権利義務にかかわる事項を定めるものが個別法である.

環境基本法第11条に,「政府は,環境の保全に関する施策を実施するため必要な法制上又は財政上の措置その他の措置を講じなければならない」と規定されており,この規定が基本法と個別施策の橋渡しをする条文である.

A.2 環境基本法の制定理由

環境基本法は,1992年の地球サミット(国連環境開発会議)の開催に伴う環境問題に対する関心の高まりを背景として,以下のような理由から制定されている.

(1) 通常の社会経済活動の見直しのための施策の必要性

従来の法体系は,汚染物質の排出行為や開発行為などについての規制手法を中心とするものであり,通常の社会経済活動の在り方自体を見直すという課題に十分に対応できなかった.

公害対策基本法において採用された手法は，環境基準の設定，排出規制，土地利用規制，施設整備，監視・測定，調査の実施，技術振興，知識の普及，事業者への助成等であり，環境基準の達成のために個別の汚染物質を規制するという内容であった．

本手法は，主として工場や事業場から排出される硫黄酸化物のような汚染物質に対しては有効であったが，自動車の走行に伴い排出される影響が大きい窒素酸化物のような汚染物質に対しては効果があまり上がらなかった．

また，生活排水による寄与が大きい閉鎖性水域の汚染の問題，廃棄物量の増大の問題，化石燃料の燃焼に伴う地球温暖化の問題等も，通常の社会経済活動に起因する負荷が集積して問題を引き起こしている．

以上のような問題に対応するためには，従来の規制手法に加えて新たな施策プログラムを用意する必要があった．

(2) 国境を越えた環境問題への対応の必要性

1980年代後半には，オゾン層破壊，地球温暖化といった地球環境問題が人々の注目を集めるようになった．これらの問題は，日本だけの対策では解決できないものであり，国際的な施策を講じないと日本の環境政策が完結しないことを意味していた．このような事態に対応して，国際協力に関する条項を設ける必要があった．

(3) 公害防止と自然環境保全の融合の必要性

従来は，公害対策基本法と自然環境保全法の2法に基づき，公害防止対策と自然環境保全対策はそれぞれの体系下で別々に施策が進められてきたが，地球温暖化，酸性雨，廃棄物量の増大など，このような2法による分別になじまない問題が発生してきた．このため，環境への負荷という概念を導入し，公害防止と自然環境の保全を一体的に取り扱うこととした．

A.3 基本的概念

環境基本法においては，「環境への負荷」と「地球環境保全」の二つの概念がはじめて導入された．

(1) 環境への負荷（第2条第1項）

「環境への負荷」とは，人の活動により環境に加えられる影響であって，環境の保全上の支障の原因となるおそれのあるものをいう．

通常の社会経済活動に伴う負荷が集積して，被害や悪影響が生じる問題については，影響が生じてから対策を講じるのでは遅く，人の活動による環境への第一段階のインパクトをとらえて，それを可能な限り低減させていく必要がある．このため，新しく「環境への負荷」という概念が導入されている．

(2) 地球環境保全（第2条第2項）

「地球環境保全」とは，人の活動による地球全体の温暖化，またはオゾン層の破壊の進行，海洋の汚染，野生生物の種の減少，その他の地球の全体またはその広範な部分の環境に影響を及ぼす事態にかかわる環境の保全であって，人類の福祉に貢献するとともに国民の健康で文化的な生活の確保に寄与するものをいう．

「地球環境保全」は，「環境の保全」の一部分であり，国の環境の保全に関する基本的施策のみならず，地方公共団体の環境の保全に関する施策についても，地球環境保全に関する部分が含まれることになる．

ただし，「地球環境保全」については，国内における施策だけでは完結しないので，国際協力などの施策が付け加えられている．

A.4 基本理念

(1) 基本理念の構成

環境基本法の基本理念は，第3条から第5条に規定されている．第3条には，「現在及び将来の世代の人間が健全で恵み豊かな環境の恵沢を享受する」，「人類の存続の基盤である環境が将来にわたって維持されるように適切に行われなければならない」の二つが達成されるように，環境の保全を適切に行うことが規定されている．このうち，前者は自然環境保全法にすでに規定されているものであり，後者は人間活動による環境への負荷によって人類の存続の基盤である限られた環境が損なわれるおそれが生じてきているという新たな認識に基づいて規定されたものである．

第4条には，「健全で恵み豊かな環境を維持しつつ，環境への負荷の少ない

健全な経済の発展を図りながら持続的に発展することができる社会が構築されること」,「科学的知見の充実の下に環境の保全上の支障が未然に防がれること」の二つが必要であることが規定されている.

第5条には,環境基本法制定のもう一つの大きな理由となった地球環境保全のための施策の進め方について規定されている.

(2) 持続的発展が可能な社会（第4条）

第4条には,環境への負荷の少ない健全な経済の発展を図りながら持続的に発展することができる社会が構築されることを旨」として,環境の保全を行うことが規定されている.この理念は,経済は環境を基盤にしており,健全な経済活動を将来にわたって続けていくためには,健全な環境を将来に伝えていくことが不可欠であるという認識のうえに,環境政策の立場から経済発展の中身を環境への負荷の少ないものに変えていこうとするものである.公害対策基本法の制定当時は,環境か経済かという単純な対立論が主流であったが,この理念は従来の対立論を克服したきわめて斬新な内容である.

A.5 責 務

(1) 事業者の責務（第8条）

環境基本法では,事業活動にかかわる製品その他の物が,「廃棄物となった場合にその適正な処理が図られることとなるように必要な措置を講ずる責務」（第8条第2項）,「使用され又は廃棄されることによる環境への負荷の低減に資するように努める責務」（第8条第3項前段）,「環境への負荷の低減に資する原材料,役務等を利用するように努める責務」（第8条第3項後段）といった責務が規定された.

従来,事業者は基本的に工場・事業場から直接排出される汚染についてのみ,責任を負うという考え方であったが,これらの規定は従来の責任に加えて,事業者に製品のライフサイクルにわたる環境影響を低減させる責務を負わせるものである.

(2) 国民の責務（第9条）

国民は,日常生活に伴う環境への負荷の低減に努める責務が第9条第1項

に，国または地方公共団体が実施する環境の保全に関する施策に協力する責務が第9条第2項にそれぞれ規定されている．

A.6 新たに加えられた各種規定

(1) 環境基本計画（第15条）

従来，我が国には経済政策の分野での長期経済計画，国土開発政策の分野での全国総合開発計画などの基本的な行政計画があった．しかし，環境政策の分野においては，「環境保全長期計画」（昭和52年），「環境保全長期構想」（昭和61年）があったが，これらは環境庁が単独で作成したものであり，ほかの行政分野への影響力は非常に限定されていた．

環境基本法の制定理由の背景としての環境問題の多様化は，対症療法的な環境行政から戦略的環境行政への脱皮を求めるものである．環境基本計画は，閣議決定を経て作成されるものであり，戦略的総合的な環境行政を推進していくための手掛かりとしてきわめて有効である．

(2) 環境影響評価（第20条）

環境影響評価の推進として，「国は，土地の形状の変更，工作物の新設その他これらに類する事業を行う事業者が，その事業の実施に当たり，あらかじめその事業に係る環境への影響について自ら適正に調査，予測又は評価を行い，その結果に基づき，その事業に係る環境の保全について，適正に配慮することを推進するため，必要な措置を講ずるものとする」（第20条）と規定されている．この条文をきっかけとして，1997年（平成9年）6月13日に環境影響評価法が公布・制定され，1999年（平成11年）6月に全面施行されている．これは，プログラム規定を具体化する個別法としての最大の成果の一つである．

(3) 経済的負担措置（第22条第2項）

環境の保全上の支障を防止するための経済的措置を明記したものであり，種々の留意事項が書き込まれているが，「措置を講ずる必要がある場合には……国民の理解と協力を得るように努めるものとする」と記述されている．

(4) 環境への負荷の低減に資する製品等の利用の促進（第24条）

国は，事業者に対し，物の製造，加工または販売その他の事業活動に際して，あらかじめ，その事業活動にかかわる製品その他の物が使用されまたは廃棄されることによる環境への負荷について，事業者が自ら評価することにより，その物にかかわる環境への負荷の低減について，適正に配慮することができるように技術的支援等を行うため，必要な措置を講ずることが明記されている．公共調達などにおいて環境への負荷の少ない製品を優先させるグリーン購入の施策等に関する条文である．

(5) 民間団体等の自発的な活動を促進するための措置（第26条）

国は，事業者，国民またはこれらの者の組織する民間の団体が自発的に行う緑化活動，再生資源にかかわる回収活動その他の環境の保全に関する活動が促進されるように，必要な措置を講ずるものとされ，環境NGO（Non-Governmental Organization），環境NPO（Non-Profit Organization）を含めて自発的活動を促進させようとするものである．

(6) 地球環境保全等に関する国際協力（第32～35条）

地球環境保全等に関する国際協力等（第32条），監視，観測等にかかわる国際的な連携の確保等（第33条），地方公共団体または民間団体等による活動を促進するための措置（第34条），国際協力の実施等にあたっての配慮（第35条）があり，国際協力を国内法に規定するという従来にはなかった条文である．

(7) 地方公共団体の施策（第36条）

地方公共団体は，国が講ずる環境の保全のための施策等に準じた施策およびその地方公共団体の区域の自然的社会的条件に応じた環境の保全のために必要な施策を，これらの総合的かつ計画的な推進を図りつつ実施するものとすると明記されている．地方公共団体レベルでの環境計画づくりの根拠となっている条文である．

参考文献

[1] 環境庁企画調整局企画調整課編著：環境基本法の解説，ぎょうせい，1994.

[2] 日本騒音制御工学会編：地域の環境振動, 技報堂出版, pp.227-230, 2001.
[3] 環境基本法, 平成 5 年 11 月 19 日法律第 91 号（最終改正：平成 26 年 5 月 30 日法律第 46 号）

資料B 環境影響評価法

B.1 環境影響評価法の制定までの経緯[1]

　環境影響評価（環境アセスメント）とは，建設事業の内容を決定するにあたって，事業が環境に及ぼす影響について，あらかじめ事業者自らが調査，予測，評価を行い，その結果を公表して一般の方々，専門家，地方公共団体などから意見を聴き，それらを踏まえて環境の保全の観点からよりよい事業計画を作り上げていく制度である．

　我が国の環境影響評価（環境アセスメント）は，1969年（昭和44年）にアメリカで国家環境政策法（NEPA）により世界ではじめて環境アセスメント制度が導入された3年後の1972年（昭和47年）に，「各種公共事業に係る環境保全対策について」が閣議了解されたところから始まった．

　昭和50年代半ばまでに，港湾計画，埋立て，発電所，新幹線についての個別法等による環境アセスメントの手続の導入が行われた．その後，1981年（昭和56年）に統一的な制度の確立を目指し「環境影響評価法案」が国会に提出されたが，①オイルショックによる経済の停滞，②住民参加への拒否反応，手続による計画遅れの懸念，③野党側も不十分な内容に不満（開発の免罪符）等の理由から，1983年（昭和58年）に廃案となっている．

　法案の廃案後，法律の代わりに政府内部の申し合わせにより統一的なルールを設けることとなり，環境影響評価法に代わるものとして，1984年（昭和59年）8月28日に「環境影響評価の実施について」が閣議決定された．この閣議決定による制度は「閣議アセス」といわれ，環境影響評価実施要項が定められた．これによって，国が実施しまたは免許等で関与する一定の事業について，統一的に環境影響評価が行われることとなった．また，地方公共団体でも環境影響評価条例や要綱の制定が進められた．

　その後，1992年（平成4年）の環境と開発に関する国連会議（リオ会議）の影響を受けて，1993年（平成5年）11月に環境基本法が制定され，環境ア

セスメントの推進が位置づけられたことをきっかけに，制度の見直しに向けた検討が開始された．

その結果，新しい環境政策の枠組みに対応するとともに，諸外国の制度の長所を取り入れ，持続的発展の可能な社会の構築という理念の実現に向けたツールとして，1997年（平成9年）6月に「環境影響評価法」が成立し，ようやく1999年（平成11年）6月から欧米並みの制度がスタートした．

環境影響評価法の完全施行後10年が経過し，法律の見直しに向けた検討が行われ，2011年（平成23年）4月に，計画段階環境配慮書手続（配慮書手続）や環境保全措置等の結果の報告・公表手続（報告書手続）などを盛り込んだ「環境影響評価法の一部を改正する法律」が成立した．

環境影響評価法の制定までの経緯は，表B.1に示すとおりである．

表B.1 環境影響評価法の制定までの経緯

年	経　緯	備　考
1969	アメリカ「国家環境政策法（NEPA）」制定	世界初の環境アセスメント制度
1972	「各種公共事業に係る環境保全対策について」閣議了解	公共事業についてアセス制度を導入
1981	旧「環境影響評価法案」国会提出（1983年廃案）	
1984	「環境影響評価の実施について」閣議決定	法律ではなく行政指導による制度化
1993	「環境基本法」の制定	環境アセスメントを法的に位置づけ
1997	「環境影響評価法」の制定	環境アセスメントの法制化
1999	「環境影響評価法」の完全施行	
2011	「環境影響評価法」の改正	配慮書手続，報告書手続の新設等
2013	改正「環境影響評価法」の完全施行	

B.2 環境影響評価法[1, 2]

(1) 法律の目的（第1条）

環境影響評価法（環境アセスメント法）は，環境アセスメントを行うことが重大な環境影響を未然に防止し，持続可能な社会を構築していくために非常に重要であるとの考えの下に作られている．

規模が大きく環境に著しい影響を及ぼすおそれのある事業について環境アセスメントの手続を定め，環境アセスメントの結果を事業内容に関する決定（事業の免許など）に反映させることにより，事業が環境の保全に十分に配慮して行われるようにすることを目的としている．

(2) 環境影響評価法の改正

環境影響評価法の完全施行から10年を経て浮かび上がってきた新たな課題への対応や，生物多様性の保全など，環境政策の課題の多様化・複雑化の中での環境アセスメントが果たすべき役割の変化などを踏まえて，2011年（平成23年）に環境影響評価法が改正された．

おもな改正事項は以下のとおりである．

(a) 2012年（平成24年）4月1日施行
①交付金事業を対象事業に追加
②方法書段階における説明会の開催の義務化
③事業者により作成される図書（環境アセスメント図書）のインターネットによる公表の義務化
④評価項目等の選定段階において環境大臣が意見を述べる手続を規定
⑤政令で定める市から事業者への直接の意見提出
⑥都道府県知事等が免許等を行う者等である場合に環境大臣に助言を求める手続を規定

(b) 2013年（平成25年）4月1日施行
①計画段階環境配慮書手続（配慮書手続）の創設
②環境保全措置等の結果の報告・公表手続（報告書手続）の創設

(3) 環境影響評価の対象となる事業（第2条）

環境影響評価法に基づく環境アセスメントの対象となる事業は，表B.2に示すとおりであり，道路，ダム，鉄道，空港，発電所などの13種類である[1]．

このうち，規模が大きく環境に大きな影響を及ぼすおそれがある事業を「第1種事業」として定め，環境アセスメントの手続を必ず行うこととしている．この「第1種事業」に準ずる規模の事業を「第2種事業」として定め，手続を行うかどうかを個別に判断することとしている．

平成24年10月には，風力発電所の設置事業が法対象事業として追加されている．

また，規模が大きい港湾計画も環境影響評価の対象となっている．

表 B.2　環境アセスメントの対象事業

	種　類		第1種事業 (必ず環境アセスメントを行う事業)	第2種事業 (環境アセスメントが必要かどうかを個別に判断する事業)
1	道路	高速自動車国道 首都高速道路など 一般国道 林道	すべて 4車線以上のもの 4車線以上・10 km 以上 幅員 6.5 m 以上・20 km 以上	— — 4車線以上・7.5〜10 km 幅員 6.5 m 以上・15〜20 km
2	河川	ダム，堰 放水路，湖沼開発	湛水面積 100 ha 以上 土地改変面積 100 ha 以上	湛水面積 75〜100 ha 土地改変面積 75〜100 ha
3	鉄道	新幹線鉄道 鉄道，軌道	すべて 長さ 10 km 以上	— 長さ 7.5〜10 km
4	飛行場		滑走路長 2500 m 以上	滑走路長 1875〜2500 m
5	発電所	水力発電所 火力発電所 地熱発電所 原子力発電所 風力発電所	出力 3万 kW 以上 出力 15万 kW 以上 出力 1万 kW 以上 すべて 出力 1万 kW 以上	出力 2.25万〜3万 kW 出力 11.25万〜15万 kW 出力 7500〜1万 kW — 出力 7500〜1万 kW
6	廃棄物最終処分場		面積 30 ha 以上	面積 25〜30 ha
7	埋立て，干拓		面積 50 ha 超	面積 40〜50 ha
8	土地区画整理事業		面積 100 ha 以上	面積 75〜100 ha
9	新住宅市街地開発事業		面積 100 ha 以上	面積 75〜100 ha
10	工業団地造成事業		面積 100 ha 以上	面積 75〜100 ha
11	新都市基盤整備事業		面積 100 ha 以上	面積 75〜100 ha
12	流通業務団地造成事業		面積 100 ha 以上	面積 75〜100 ha
13	宅地の造成の事業（注1）		面積 100 ha 以上	面積 75〜100 ha
—	港湾計画（注2）		埋立・掘込み面積の合計 300 ha 以上	

(注1)「宅地」には住宅地以外にも工場用地なども含まれる．
(注2) 港湾計画については，港湾環境アセスメントの対象となる．

(4)　環境影響評価の実施者

環境アセスメントは，対象事業を実施しようとする事業者が行う．
　これは，環境に著しい影響を及ぼすおそれのある事業を行おうとする者が，自己の責任で事業の実施に伴う環境への影響について配慮することが適当であ

るとの考えに基づいている．

また，事業者が事業計画を作成する段階で，環境影響についての調査・予測・評価を行うとともに，環境保全対策の検討を一体として行うことにより，その結果を事業計画や施工・供用時の環境配慮等に反映しやすいことも理由の一つである．

(5) 環境影響評価の手続

環境影響評価の手続は，図 B.1 に示すとおりである[1]．

(6) 配慮書の手続（第 3 条の 3 〜 第 3 条の 10）

配慮書とは，事業への早期段階における環境配慮を可能にするため，第 1 種事業を実施しようとする者が，事業の位置・規模等の検討段階において，環境保全のために適正な配慮をしなければならない事項について検討を行い，その結果をまとめた図書である．

配慮書の作成段階では，事業の位置・規模等に関する複数案の検討を行うとともに，対象事業の実施が想定される地域の生活環境，自然環境などに与える影響について，地域の環境をよく知っている住民をはじめとする一般の方々，専門家，地方公共団体などの意見を取り入れることが重要である．

事業者は，作成した配慮書の内容を方法書以降の手続に反映させることになっている．第 2 種事業を実施しようとする者は，これらの一連の手続を任意で実施できる．

(7) 配慮書手続とより上位の計画等における環境アセスメント

法改正前の環境アセスメントは，事業の枠組み（事業の大まかな位置，規模等）がすでに決定された段階で行うものであったため，事業者が対策の検討や実施について柔軟に対応することが困難な場合が多かった．

これに対して，法改正により導入された配慮書手続は，事業計画の検討の段階（事業の位置，規模や施設の配置，構造などを検討する段階）を対象にしているため，より柔軟な環境配慮が可能となり，従来以上に効果的に環境影響の回避，低減が図られることが期待されている．

諸外国の制度の中には，個別の事業計画に影響を与える上位計画や政策そのものの検討段階で環境アセスメントが行われているものもあり，事業のより早

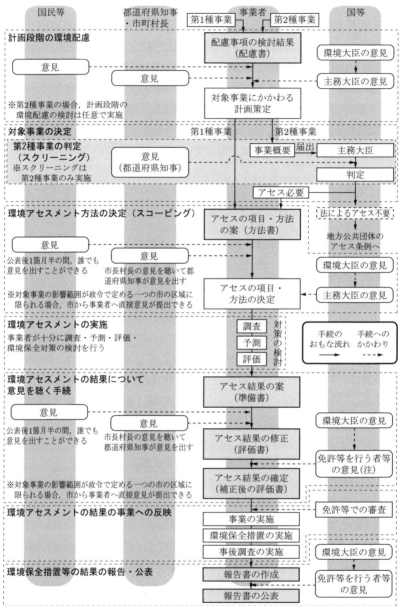

図 B.1　環境影響評価の手続

期の段階におけるこのような環境配慮の仕組みは，より効果的な環境配慮が行われる効果が期待される．今後，より早期の段階での環境配慮の仕組みについても検討を進めていく必要がある．

(8) 第2種事業の判定（スクリーニング）（第4条）

建設事業（開発事業）について，環境アセスメントを行うかどうかを決める手続のことをスクリーニングという．環境影響評価法で環境アセスメントの対象となる事業は，事業の規模によって定められている．しかし，環境に及ぼす影響の大きさは，事業の規模だけによって決まらない．規模が小さくても環境アセスメントを行う必要がある事業の一例は，表 B.3 に示すとおりである．

表 B.3　規模が小さくても環境アセスメントを行う必要がある事業の一例

判定基準	事業例
事業の内容による基準	・大気汚染物質が多く発生する燃料を使う火力発電所 ・ほかの道路と一体的に建設され，全体として大きな環境影響が予想される道路
地域の状況による基準	・近くにイヌワシの営巣地があるダム ・国立公園に環境影響が及ぶ事業 ・大気汚染物質（二酸化窒素等）が環境基準を達成していない地域を通る道路

そこで，必ず環境アセスメントを行う事業（第1種事業）に準じる大きさの事業（第2種事業）については，環境アセスメントを行うかどうかを個別に判定することにしている．

判定は，事業の免許等を行う者（たとえば，道路の場合は国土交通大臣，発電所の場合は経済産業大臣）等が判定基準に従って実施する．ただし，判定にあたっては，地域の状況をよく知っている都道府県知事の意見を聴くことになっている．

(9) 環境アセスメント方法の決定（スコーピング）（第5条〜第10条）

同じ規模の道路を建設する場合でも，自然が豊かな山間部を通る場合と，大気汚染の激しい都市部を通る場合とでは，環境アセスメントで評価する項目が異なる．

地域に応じた環境アセスメントを行う必要があるため，環境アセスメントの

方法を確定するにあたっては，地域の環境をよく知っている住民を含む一般の方々や，専門家，地方公共団体などの意見を聴く手続が設けられている．この手続のことを「スコーピング」という．

具体的には，事業者は「環境影響評価方法書」（以下「方法書」という）を作成し，都道府県知事や市町村長に送付する．方法書とは，環境アセスメントにおいて，どのような項目について，どのような方法で調査・予測・評価を行うのかという計画を示したものである．

また，方法書を作成したことを公表（以下「公告」という）し，地方公共団体の庁舎，事業者の事務所やウェブサイトなどで，1箇月間，誰でも見られるようにしなければならない（以下「縦覧」という）．

方法書の内容についての理解を深めるために，事業者は説明会を開催し，環境保全の見地からの意見のある人は誰でも意見書を提出することができる．

事業者は，提出された意見の概要を都道府県知事と市町村長に送付する．その後，都道府県知事は，市町村長や一般の方々等から提出された意見を踏まえて，事業者に意見を述べる．

事業者は，都道府県知事等からの意見を踏まえて，環境アセスメントで評価する項目および手法を選定するにあたり，必要に応じて主務大臣に技術的な助言を申し出ることができる．

申し出を受けた主務大臣は，技術的な助言を行おうとするときは，あらかじめ環境大臣の意見を聴かなければならない．事業者は，これらの意見を踏まえ，環境アセスメントの方法を決定する．

(10) 環境影響評価の実施等（第11条〜第13条）

スコーピング手続が終了すると，事業者は選定された項目や方法に基づいて，調査・予測・評価を実施する．この検討と並行して，環境保全のための対策を検討し，この対策を実施した場合の環境影響を総合的に評価する．

環境影響評価法では，事業者が目標を設定し，この目標を満たすかどうかの観点からの「目標クリア型」の環境アセスメントではなく，複数案の比較検討や実行可能なよりよい対策を採用しているかどうかの検討などにより，環境影響をできる限り回避，低減するといった観点からの「ベスト追求型」の環境アセスメントを行うこととしている．これにより，環境保全の観点からよりよい事業計画にしていこうという議論が，事業者を中心として一般の方々や地方公

共団体の間で行われることが期待されている．

(11) 「環境影響評価準備書」の手続（第14条～第20条）

調査，予測，評価，環境保全対策の検討が終了すると，事業者は，「環境影響評価準備書」（以下「準備書」という）を作成し，都道府県知事，市町村長に送付する．準備書とは，調査・予測・評価・環境保全対策の検討の結果を示し，環境の保全に関する事業者自らの考え方をとりまとめたものである．

また，準備書を作成したことを公告し，地方公共団体の庁舎，事業者の事務所やウェブサイトなどで，1箇月間縦覧する．

図書の分量が多く，内容も専門的であることから，事業者は，方法書と同様に縦覧期間中に準備書の内容についての説明会を開催する．準備書の内容について，環境保全の見地からの意見のある人は，誰でも意見書を提出することができる．

事業者は，提出された意見の概要と意見に対する見解を，都道府県知事と市町村長に送付する．都道府県知事は，市町村長や一般の方々等から提出された意見を踏まえて事業者に意見を述べる．

(12) 「環境影響評価書」の手続（第21条～第27条）

準備書の手続が終わると，事業者は準備書に対する都道府県知事等や一般の方々からの意見の内容について検討し，必要に応じて準備書の内容を見直したうえで，「環境影響評価書」（以下「評価書」という）を作成する．

作成された評価書は，事業の免許等を行う者等と環境大臣に送付される．環境大臣は，必要に応じて事業の免許等を行う者等に環境保全の見地からの意見を述べ，事業の免許等を行う者等は，環境大臣の意見を踏まえて，事業者に意見を述べる．

事業者は，意見の内容をよく検討し，必要に応じて見直したうえで，最終的に評価書を確定し，都道府県知事，市町村長，事業の免許等を行う者等に送付する．

また，事業者は評価書を確定したことを公告し，地方公共団体の庁舎，事業者の事務所やウェブサイトなどで，1箇月間縦覧する．

なお，事業者は評価書を確定したことを公告するまでは，事業を実施することはできない．

(13) 環境大臣の意見提出

環境アセスメントは，事業者が中心となって，環境保全の観点からよりよい事業計画を考えていく仕組みである．そこで，環境アセスメントの結果が適切かどうかを事業者以外の者が意見を述べることで，より適切な環境配慮を求めることが重要である．

環境影響評価法では，環境の保全に責任をもつ環境大臣が，国が免許等を行うすべての事業について，必要に応じて意見を述べることが規定されている．

法改正後は，配慮書手続，評価項目等の選定段階および報告書手続において，環境大臣が意見を述べる機会が新たに設けられている．

(14) 事業内容の決定への反映

評価書が確定し，公告・縦覧が終わると，環境アセスメントの手続は終了する．環境アセスメントは，その結果が事業計画に反映されることが重要である．

環境影響評価法の対象事業は，国などの免許等を受ける事業，国の補助金等を受けて実施する事業や国が自ら実施する事業などであり，事業を実施してよいかどうかを行政が最終的に決定できる．

しかし，事業に関する法律（道路法，鉄道事業法など）に基づく免許等や補助金等の交付にあたっては，事業が環境の保全に適正に配慮しているか否かについて審査されていない場合もある．

そこで，環境影響評価法では，環境の保全に適正に配慮されていない事業については，免許等や補助金等の交付をしないようにするなどの規定が設けられている．

(15) 情報交流の拡充

環境に関する情報を有効活用するためには，事業者が事業計画についてきめ細かくていねいに情報提供し，多くの住民の方々，専門家などから環境情報を収集するような情報交流が非常に重要である．

法改正前の環境アセスメント手続では，事業者による環境影響評価図書の内容の説明会は準備書段階でのみ義務づけられていた．しかし，準備書の分量が多く，内容も専門的になっているため，住民の方々にとっては大変わかりにくかったこと等を踏まえ，改正法では方法書段階での説明会の開催が義務づけられた．これにより，地域住民など環境の保全の見地からの意見がある人は，調

査，予測，評価といった環境影響評価の実施前に事業者からの説明を受けることができるようになった．

また，インターネットを利用した環境影響評価図書の公開を義務づけ，より多くの方々からの意見の提出が期待できるような仕組みとなっている．

適切な情報交流は，環境情報の収集に役立つだけでなく，事業の意思決定にあたっての合意形成にも効果があるものと見込まれている．

(16) 「報告書」の手続（第38条～第38条の5）

評価書の手続が終わり，工事に着手した後でも，工事中や供用後の環境の状態などを把握するために，様々な事後調査が行われる．事後調査の必要性については，環境保全対策の実績が少ない場合や不確実性が大きい場合など，環境への影響の重大性に応じて検討する．事業者は，この検討結果を踏まえ，事後調査を行う必要性について判断し，評価書に記載する．

事業者は，工事中に実施した事後調査やそれにより判明した環境状況に応じて講ずる環境保全対策，重要な環境に対して実施する効果の不確実な環境保全対策の状況について，工事終了後に図書としてとりまとめ，報告・公表を行う．

(17) 環境影響評価その他の手続の特例

(a) 事業が都市計画に定められる場合（第38条の6～第46条）
 ・事業者の代わりに，都市計画を定める都道府県等が手続を行う．
 ・環境アセスメントの手続は，都市計画を定める手続と併せて行われる．
 ・環境アセスメントの結果は，都市計画にも反映される．
 ・報告書手続は，都市計画事業を実施する事業者が行う．

(b) 港湾計画の場合（第47条～第48条）
 ・事業ではなく，計画についての環境アセスメントで，港湾管理者が手続を行う．
 ・配慮書手続，スクリーニング，スコーピング，報告書手続は行われない．

(c) 発電所の場合
 ・方法書や準備書に対して，国（経済産業省）も意見を述べる．
 ・報告書手続は，報告書の公表のみとなっている．

参考文献

[1] 環境省総合環境政策局環境影響評価課：環境アセスメント制度のあらまし，2012.
[2] 環境影響評価法，平成 9 年 6 月 13 日法律第 81 号（最終改正：平成 26 年 6 月 4 日法律第 51 号）

資料 C 振動規制法

C.1 振動規制法の目的（第1条）

振動規制法[1]は，工場および事業場における事業活動ならびに建設工事に伴って発生する相当範囲にわたる振動について必要な規制を行うとともに，道路交通振動にかかわる要請限度を定めること等により，生活環境を保全し，国民の健康の保護に資することを目的としている．

C.2 振動規制法の体系

振動規制法は，1976年（昭和51年）6月10日に公布され，12月1日に施行された．その体系は，図 C.1 に示すとおりであり，工場・事業場振動，建設作業振動については規制基準，道路交通振動については要請限度が定められている[2]．

C.3 工場・事業場振動の規制（第4条～13条）[3]

振動規制法では，機械プレスや圧縮機など，著しい振動を発生する施設であって政令で定める施設を設置する工場・事業場が規制の対象となる．

具体的には，都道府県知事（市の区域内の地域については市長，以下「都道府県知事等」という）が振動について規制する地域を指定するとともに，環境大臣が定める基準の範囲内において時間および区域の区分ごとの規制基準（本編第11章，表11.2～11.4参照）を定め，市町村長が規制対象となる特定施設等（本編第11章，表11.1参照）に関し，必要に応じて改善勧告等を行う．

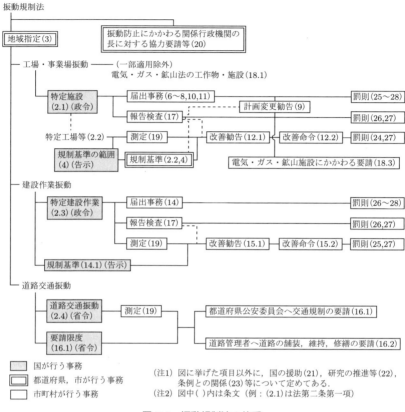

図 C.1 振動規制法の体系

C.4 建設作業振動の規制（第14条～15条）[3]

　振動規制法では，杭打機など建設工事として行われる作業のうち，著しい振動を発生する作業であって政令で定める作業を規制対象としている．

　具体的には，工場・事業場振動と同様に都道府県知事等が規制地域を指定するとともに，総理府令で振動の大きさ，作業時間帯，日数，曜日等の基準（本編第10章，表10.3参照）を定めており，市町村長は規制対象となる特定建設作業（本編第10章，表10.1参照）に関し，必要に応じて改善勧告等を行う．

C.5 道路交通振動の規制（第 16 条）[3]

　市町村長は，振動の測定を行った場合において，指定地域内における道路交通振動が環境省令で定める限度（本編第 8 章，表 8.1 〜 8.3 参照）を超えていることにより，道路周辺の生活環境が著しく損なわれていると認めるときは，道路管理者に当該道路の修繕等の措置を要請し，または都道府県公安委員会に対し道路交通法の規定による措置を要請する．

参考文献

［1］振動規制法，昭和 51 年 6 月 10 日法律第 64 号（最終改正：平成 26 年 6 月 18 日法律第 72 号）
［2］環境省：振動規制法の体系（環境省ホームページ）
［3］環境省：振動規制法の概要（環境省ホームページ）

資料 D　計量法

D.1　計量の基準

「長さ」,「質量」,「時間」など,数値でその大きさを表すことができる事象や現象に対して,計量法[1]では,取引または証明,産業,学術,日常生活等の分野での計量で重要な機能を期待されているか否かという観点から対象とすべき事象等を列挙し,これを「物象の状態の量」と定義している.

計量法においては,国際度量衡総会で決議された国際的に合意された単位系である国際単位系（SI または SI 単位とよぶ）によるものなど確立された計量単位の存在する 72 の物象の状態の量を法律（計量法第 2 条第 1 項第 1 号）で,確立された計量単位のない 17 の物象の状態の量を政令（計量単位令[2]第 1 条）で定めている.

また,72 の物象の状態の量に対応する「計量単位」を「法定計量単位」として定め,その「定義」は計量単位令で定められている.

D.2　計量法

振動レベルは,1975 年（昭和 50 年）に計量法に定義（鉛直方向の振動レベルの定義）され,振動レベル計は,法定計量器として 1980 年（昭和 55 年）に計量法施行令[3]に追加された.

計量法は,1992 年（平成 4 年）に全面改正され,1993 年（平成 5 年）11 月 1 日に施行されている.計量法のおもな規定は以下のとおりである.

(1)　計量法の目的（第 1 条）

軽量の基準を定め,適正な軽量の実施を確保し,もって経済の発展および文化の向上に寄与することを目的とする.

(2) 定義等（第2条）

「計量」とは，次に掲げるもの（以下「物象の状態の量」という）を計ることをいい，「計量単位」とは計量の基準となるものをいう．

①長さ，質量，時間，電流，温度，物理量，光度，角度，立体角，面積，体積，角速度，角加速度，速さ，加速度，周波数，回転速度，波数，密度，力，力のモーメント，圧力，応力，粘度，動粘度，仕事，工率，質量流量，流量，熱量，熱伝達率，比熱容量，エントロピー，電気量，電界の強さ，電圧，起電力，静電容量，磁界の強さ，起磁力，磁束密度，磁束，インダクタンス，電気抵抗，電気のコンダクタンス，インピーダンス，電力，無効電力，皮相電力，電力量，無効電力量，皮相電力量，電磁波の減衰量，電磁波の電力密度，放射強度，光束，輝度，照度，音響パワー，音圧レベル，振動加速度レベル，濃度，中性子放出率，放射能，吸収線量，吸収線量率，カーマ，カーマ率，照射線量，照射線量率，線量当量または線量当量率

②繊度，比重その他の政令で定めるもの

「取引」とは，有償であると無償であるとを問わず，物または役務の給付を目的とする業務上の行為をいい，「証明」とは，公にまたは業務上他人に一定の事実が真実である旨を表明することをいう．

「計量器」とは，計量をするための器具，機械または装置をいい，「特定計量器」とは，取引もしくは証明における計量に使用され，または主として一般消費者の生活の用に供される計量器のうち，適正な計量の実施を確保するために，その構造または器差にかかわる基準を定める必要があるものとして，計量法施行令で定めるものをいう．振動レベル計は，特定計量器として定められている．

(3) 使用の制限（第16条）

次に該当するものは，取引または証明行為における法廷計量単位による計量に使用し，または使用するために所持してはならない．

①計量器でないもの
②次に掲げる特定計量器以外の特定計量器
・経済産業大臣，都道府県知事，日本電気計器検定所または経済産業大臣が指定した者[4]（以下「指定検定機関」という）が行う検定を受け，これに合格したものとして検定証印が付されている特定計量器

・経済産業大臣が指定した者[5]が製造した特定計量器であって，その指定製造事業者の基準適合証印の表示が付されているもの

③特定計量器で検定証印または基準適合証印（以下「検定証印等」という）が付されているものであって，検定証印等の有効期間を経過したもの

(4) 計量単位

振動レベル計に関する計量単位は，表D.1，D.2に示すとおり政令（計量単位令第2条），省令（計量単位規則[6]第2条）で定められている．

表D.1 計量単位令別表第2第7号

物象の状態の量	振動加速度レベル
計量単位	デシベル

定義：振動加速度実効値（メートル毎秒毎秒で表した加速度の瞬時値の2乗の1周期平均の平方根をいう．以下同じ）の10万分の1に対する比の常用対数の20倍または振動加速度実効値に経済産業省令で定める感覚補正を行って得られた値の10万分の1に対する比の常用対数の20倍

表D.2 計量単位規則別表第2

物象の状態の量	計量単位	記号
振動加速度レベル	デシベル	dB

計量単位規則では，振動加速度レベルにおける感覚補正について，第7条で，令別表第2第7号（表D.1）の振動加速度実効値に経済産業省令で定める感覚補正を行って得られる値は，その振動を構成する鉛直振動の周波数ごとに別表第11（表D.3）に掲げる補正値を用いて，次に掲げる式により算出すると定められている．

$$A = \left\{\sum (A_n^2 \cdot 10^{a_n/10})\right\}^{1/2}$$

A：振動加速度実効値に感覚補正を行って得られる値

表D.3 計量単位規則別表第11

周波数 [Hz]	1	2	4	6.3	8	16	31.5	63	80
補正値	-6	-3	0	0	-0.9	-6	-12	-18	-20

備考：該当値がないときには，補間法によって計算する．

A_n：周波数が n ヘルツである成分の鉛直振動の振動加速度実効値
a_n：周波数 n ヘルツにおける補正値

(5) 非法定計量単位の使用の禁止（第 8 条）

振動加速度レベルの法定計量単位は「デシベル」であり，デシベル以外の単位を振動加速度レベルの単位として，取引，照明に用いることは禁止されている．

(6) 非法定計量単位による目盛り等を付した計量器（第 9 条）

振動加速度レベルの計量に使用する計量器は，デシベル以外の単位による目盛りを付したものの販売，または販売目的の陳列が禁止されており，罰則規定がある．

(7) 正確な特定計量器等の供給（計量法第 4 章）

正確な特定計量器の供給のため，製造，修理および販売について規制が行われているが，振動レベル計については販売に関する規制はない．

(a) 製造（第 40 条 ～ 第 45 条）

特定計量器の製造の事業を行おうとする者は，経済産業省令で定める事業の区分に従い，あらかじめ，都道府県知事を経由して，次の事項を経済産業大臣に届け出なければならない．
①氏名または名称および住所ならびに法人にあっては，その代表者の氏名
②事業の区分
③当該特定計量器を製造しようとする工場または事業場の名称および所在地
④当該特定計量器の検査のための器具，機械または装置であって，経済産業省令で定めるものの名称，性能および数

届け出をした者（届出製造事業者）は，特定計量器を製造したときは，経済産業省令で定める基準に従って，当該特定計量器の検査を行わなければならない．

(b) 修理（第 46 条 ～ 第 50 条）

特定計量器の修理の事業を行おうとする者は，経済産業省令で定める事業の区分に従い，あらかじめ，都道府県知事に届け出なければならない．

届け出をした者（届出製造事業者または届出修理事業者）は，特定計量器の修理をしたときは，経済産業省令で定める基準に従って，当該特定計量器の検査を行わなければならない．

(8) 検定の申請（第70条）
特定計量器について検定を受けようとする者は，政令で定める区分に従い，申請書を提出しなければならない．申請書の提出先は，検定の実施主体であり，振動レベル計については経済産業大臣または指定検定機関と定められている．具体の提出先は，産業技術総合研究所または一般財団法人日本品質保証機構（JQA）であり，通常の検定は後者により行われている．

(9) 検定の合格条件（第71条）
計量法では，適正な計量の実施を確保するため，取引もしくは証明に使用されるために，公的に精度の担保が必要な計量器（特定計量器）について，検定等によりその精度が確保されたものを使用することとされており，その検定等の技術基準が「特定計量器検定検査規則」（以下「検則」という）で規定されている．検則については，特定計量器の技術革新に迅速かつ柔軟に対応するとともに，国際法定計量機関（OIML）の勧告といった国際規格との整合性を可能な限り図っていく観点から，国際規格を踏まえた日本工業規格（JIS）を引用することが基本となっている．

計量法（第71条）では，「検定を行った特定計量器が次の各号に適合するときは合格とする．」とあり，その基準等は，特定計量器検定検査規則[7]で定められている．

①その構造が経済産業省令[7]で定める技術上の基準に適合すること．
②その器差が経済産業省令[7]で定める検定公差を超えないこと．

平成27年（2015年）4月に特定計量器検定検査規則[7]が改正され，振動レベル計の表記事項（同規則の第850条），性能（第851条），検定公差（第865条），構造検定の方法（第866条），器差検定の方法（第877条），性能にかかわる技術上の基準（第877条），使用公差（第879条），性能に関する検査の方法（第880条），器差検査の方法（第881条）は，すべてJIS C 1517:2014によるものとするとある．

振動レベル計に関する計量法の検則項目とJIS C 1517の箇条との関係は，

表 D.4 に示すとおりであり，JIS C 1517 記載の振動レベル計の検定公差と使用公差は，表 D.5 に示すとおりである．

表 D.4 検則項目と JIS C 1517 の箇条との関係

検則項目	JIS C 1517 の箇条
第 1 節　検定	
第 1 款　構造に係る技術上の基準	
第 1 目　表記事項	8　表記
第 2 目　性能	5　構造 6　性能 JA.2.1　個々に定める性能の技術上の基準
第 2 款　検定公差	4　検定公差
第 3 款　検定の方法	
第 1 目　構造検定の方法	7　試験
第 2 目　器差検定の方法	A.4　器差検定
第 2 節　使用中検査	
第 1 款　性能に係る技術上の基準	B.1　性能に係る技術上の基準
第 2 款　使用公差	B.2　使用公差
第 3 款　使用中検査の方法	
第 1 目　性能に関する検査の方法	B.3　性能に関する検査の方法
第 2 目　器差検査の方法	B.4　器差検査の方法

表 D.5　振動レベル計の検定公差と使用公差

周波数 [Hz]	検定公差 [dB]	使用公差 [dB]
4	±1.0	±1.0
6.3	±1.0	±1.0
8	±1.0	±1.0
16	±1.0	±1.0
31.5	±1.0	±1.0

参考文献

[1] 計量法, 平成 4 年 5 月 20 日法律第 51 号（最終改正：平成 26 年 6 月 13 日法律第 69 号）

［2］計量単位令，平成 4 年 11 月 18 日政令第 357 号（最終改正：平成 25 年 9 月 26 日政令第 287 号）
［3］計量法施行令，平成 5 年 10 月 6 日政令第 329 号（最終改正：平成 27 年 3 月 18 日政令第 74 号）
［4］指定定期検査機関，指定検査機関及び指定計量証明検査機関の指定等に関する省令，平成 5 年 10 月 28 日通商産業省令第 72 号（最終改正：平成 28 年 1 月 15 日経済産業省令第 3 号（一部未施行））
［5］指定製造事業者の指定に関する省令，平成 5 年 11 月 9 日通商産業省令第 77 号（最終改正：平成 27 年 4 月 1 日経済産業省令第 38 号）
［6］計量単位規則，平成 4 年 11 月 30 日通商産業省令第 80 号（最終改正：平成 25 年 9 月 26 日経済産業省令第 50 号）
［7］特定計量器検定検査規則，平成 5 年 10 月 26 日通商産業省令第 70 号（最終改正：平成 28 年 1 月 15 日経済産業省令第 1 号（一部未施行））

資料 E

日本工業規格（JIS）

E.1 地盤環境振動に関連する日本工業規格

地盤環境振動に関連するおもな日本工業規格（JIS）としては，「JIS C 1510：1995　振動レベル計」，「JIS Z 8735：1981　振動レベル測定方法」，「JIS C 1512：1996　騒音レベル，振動レベル記録用レベルレコーダ」，「JIS C 1513：2002　音響・振動用オクターブおよび 1/3 オクターブバンド分析器」および「JIS C 1517：2014　振動レベル計—取引又は証明用—」の五つが挙げられる．

E.2 振動レベル計（JIS C 1510：1995）[1, 2]

地盤環境，作業環境の振動を測定するために振動レベル計が用いられる．

JIS C 1510 では，振動レベル計について，適用範囲，用語の定義，定格，性能，構造，試験，表示，取扱説明書を規定しており，おもな記載項目は表 E.1 に示すとおりである．

表 E.1　JIS C 1510 のおもな記載項目

定格	使用周波数範囲	1 〜 80 Hz
	使用温度範囲	−10 〜 +50℃（使用温度範囲の器差と基準状態の器差との差が 0.5 dB を超えるときは，器差の補正値を取扱説明書に記載する）
	使用湿度範囲	相対湿度 90% 以下（相対湿度が 30〜90% のときの器差は，基準状態のときの器差に対して 0.5 dB を超えないこと）
性能	器　差	標準状態の基準加速度レベルに対し，振動レベルの測定範囲以内では 1 dB 以下
	振動特性	受感軸のレスポンス：表 E.2 に示す基準レスポンスと許容差（1 Hz 未満および 80 Hz を超える周波数範囲以外の周波数レスポンスは，12 dB/oct 以上の遮断特性をもたせることが望ましい）

		振動ピックアップの横感度：受感軸のレスポンスと，受感軸に対して 90°方向の振動に対するレスポンスとの差が，規定の周波数範囲の全域にわたって 15 dB 以上
	指示機構	①目盛誤差：有効目盛範囲では 0.5 dB 以下 ②実効値指示特性：波高率 3 のバースト信号による指示値の誤差が 1 dB 以下 ③動特性： ・立上り特性：周波数 31.5 Hz および継続時間 1.0 s の単発バースト信号による最大指示値は，その入力と周波数および振幅が等しい定常正弦波信号による指示値に対して −1 dB（許容範囲は −2 〜 0.5 dB） ・立下り特性：周波数 31.5 Hz の定常正弦波信号を切断後，指示値が 10 dB 減少するのに要する時間が 2.0 s 以下 これらの特性は，実効値回路の時定数 0.63 s の動特性に相当する.
構造	構造一般	振動ピックアップ（地面などに設置できる構造），レベルレンジ切換器，周波数補正回路（鉛直特性を得るための補正回路を備える），平坦特性回路，実効値回路（時定数 0.63 s の動特性をもつ実効値回路を備える），校正装置等によって構成し，取扱いが容易で，温度，湿度，風騒音などの影響，電気的および磁気的影響を受けない構造とすること
試験	試験の状態	①試験場所の標準状態：温度 10 〜 30℃，相対湿度 45 〜 85%，基準状態：温度 20℃，相対湿度 65% ②試験振動の振動加速度レベル：基準振動加速度レベル（100 dB が望ましい）
	試験方法	①振動入力には正弦振動を用い，振動ピックアップは，加振機のテーブルの上に締め付けないで置く. ②器差の試験は，基準加速度レベルの周波数 4，6.3，8，16，31.5 Hz の正弦振動を用いる. ③振動特性の試験方法： ・受感軸のレスポンスの試験は，加振機のテーブルの上で，表 E.2 に示す周波数について行う. ・横感度の試験は，加振機のテーブルの上で行い，試験周波数は少なくとも 6.3 Hz および 31.5 Hz の 2 点以上とする. ④指示機構の試験方法： ・目盛誤差の試験は，基準レンジの基準振動加速度レベルを基準点として，周波数 6.3 Hz および 31.5 Hz の正弦波電気信号で行う. ・実効値指示特性の試験は，周波数 80 Hz の正弦波電気信号を用い，平坦特性で行う．有効目盛範囲を指示する同一周波数の定

	常正弦信号と等しい振幅の継続時間 25 ms, 休止時間 100 ms の繰返しバースト信号について, 振動レベル計の指示値を読み取る.

(注1) 基準の振動加速度については JIS では 10^{-5} m/s^2 を採用しているが, ISO 8041 では 10^{-6} m/s^2 を採用しているため, ISO と JIS C 1510 で測定したデータでは, 20 dB の差が生じることに注意しなければならない.

(注2) 使用周波数範囲は, ISO 8041 と同様に上限の周波数を 1/3 オクターブバンド中心周波数の 80 Hz とし, 1～80 Hz としている.

(注3) 受感軸のレスポンス(振動感覚に基づく周波数特性)は, 鉛直特性・水平特性とも ISO 8041 と同じ値が用いられている.

表 E.2 基準レスポンスと許容差

周波数 [Hz]	基準レスポンス [dB]			許容差 [dB]	周波数 [Hz]	基準レスポンス [dB]			許容差 [dB]
	鉛直特性	水平特性	平坦特性			鉛直特性	水平特性	平坦特性	
1	-5.9	+3.3	0	±2	10	-2.4	-10.9	0	±1
1.25	-5.2	+3.2	0	±1.5	12.5	-4.2	-13.0	0	±1
1.6	-4.3	+2.9	0	±1	16	-6.1	-15.0	0	±1
2	-3.2	+2.1	0	±1	20	-8.0	-17.0	0	±1
2.5	-2.0	+0.9	0	±1	25	-10.0	-19.0	0	±1
3.15	-0.8	-0.8	0	±1	31.5	-12.0	-21.0	0	±1
4	+0.1	-2.8	0	±1	40	-14.0	-23.0	0	±1
5	+0.5	-4.8	0	±1	50	-16.0	-25.0	0	±1
6.3	+0.2	-6.8	0	±1	63	-18.0	-27.0	0	±1.5
8	-0.9	-8.9	0	±1	80	-20.0	-29.0	0	±2

E.3 振動レベル測定方法（JIS Z 8735:1981）[3]

　振動レベル測定方法と振動規制法施行規則等は, 基本的におおむね同じ内容となっているが, 振動レベル測定方法が細部にわたって規格化されているため, 振動規制法に基づく測定についても JIS を参考にすることが望ましい.

　JIS Z 8735 では, 振動レベル測定方法について, 適用範囲, 測定条件, 測定点の選定, 測定器の使い方, 指示の読み方, 整理方法および表示方法等を規定しており, おもな記載項目は表 E.3 に示すとおりである.

表E.3 JIS Z 8735のおもな記載項目

測定条件	外囲条件	温度,湿度,風,電界,磁界に対する留意点,暗振動がある場合の影響の補正についての規定
	暗振動	・ある振動源から出る振動だけの振動レベルを測定する場合には,対象の振動があるときとないときの振動レベル計の指示値の差は10 dB以上あることが望ましい. ・ただし,暗振動が定常的な振動のような場合には,上記の指示値の差が10 dB未満であっても,表E.4によって指示値を補正して,振動レベルを推定することができる. ・指示値の差が3 dB未満のときは,測定条件の変更などを配慮する.
測定点の選定		測定の目的に応じて,位置および数を選定する.
測定器の使い方	振動ピックアップの設置方法	・原則として平坦な硬い地面など(たとえば,踏み固められた土,コンクリート,アスファルトなど)に設置する. ・やむを得ず砂地,田畑などの軟らかい場所を選定する場合は,その旨を付記する. ・水平な面に設置することが望ましい.
	測定方向	測定時における振動ピックアップの受感軸方向を,原則として鉛直および互いに直角な水平2方向の3方向に合わせ,鉛直方向をz,水平方向をx, yとし,x, yの方向を明示する.
	記録機器の選定	おおむねJIS C 1510の諸規定に適合するものを選定する.
指示の読み方,整理方法および表示方法		指示の時間的変化に応じ,原則として次のように区別する. ①指示が変動しないかまたは変動がわずかな場合は,その平均的な指示値を読み取って表示するか,多数の指示値を読み取ってその平均値で表示する. ②指示が周期的または間欠的に変動する場合は,変動ごとの最大値をその個数が十分な数になるまで読み取り(最大の指示がほぼ一定な場合には数回の読み取りでよい),その平均値(最大値の平均は,原則として全読み取り値から求めることとするが,測定目的によっては読み取り値の上位数個の平均でもよい.ただし,その旨を表示する)で表示する. ③指示が不規則かつ大幅に変動する場合は,ある任意の時刻から始めて,ある時間ごとに指示値を読み取り,読み取り値の個数が十分な数になるまで続ける.求めた読み取り値から適当な方法(累積度数分布から求める方法や自動データ処理機器による方法などがある)によりL_xを求め,この値で表示する(L_x:ある振動レベルLを超える読み取り値の個数が全読み取り値の個数のx[%]に相当する振動レベル)

測定結果に付記すべき事項	測定結果には，必要に応じて下記の事項を付記する． ①測定日時および気象状況 ②測定場所および見取図 ③振動源の種類，形式 ④測定器の種類，形式，製造業者名 ⑤振動ピックアップの設置方法，地面の状態 ⑥測定値の整理方法

表 E.4 暗振動に対する指示値の補正

対象の振動があるときとないときの指示値の差 [dB]	3	4	5	6	7	8	9
補正値 [dB]	-3	-2		-1			

E.4 騒音レベル，振動レベル記録用レベルレコーダ（JIS C 1512:1996）[4]

JIS C 1512 では，振動の記録に用いるレベルレコーダについて，適用範囲，用語の定義，定格，性能，構造，試験等を規定しており，おもな記載項目は表 E.5 に示すとおりである．

表 E.5 JIS C 1512 のおもな記載項目

定格	使用周波数範囲	1〜8000 Hz を含む（ただし，振動レベル記録用は 1〜80 Hz を含む）
	使用温度範囲	0〜40℃を含む
	使用湿度範囲	相対湿度 35〜85％を含む
性能	記録誤差	±0.5 dB 以内
	周波数レスポンス	許容差±0.5 dB 以内の平坦特性（ただし，1 Hz での許容差は±1 dB）
	レベルレンジ切換器の切換誤差	レベルレンジ切換器を備えている場合，その切換誤差は±0.5 dB 以内とする．
	自己雑音	レベルレコーダの感度を最大にしたときでも 1 dB 以下
	レベル記録特性	①実効値記録特性：波高率 3 となる正弦波の繰返し継続信号による記録値の誤差が±1 dB 以内 ②動特性： ・立上り特性：周波数 31.5 Hz および継続時間 1.0 s の正弦波入力信号による最大記録値が，その入力信号と周波数および振幅が等しい定常正弦波入力信号による記録値に対して -1 dB（許

		容範囲は＋0.5～－1.0 dB） ・立下り特性：周波数 31.5 Hz の定常正弦波信号を切断後，記録値が 10 dB 減少するのに要する時間が 2.0 s 以下
	紙送り速度誤差	±2％以内
構造	構造一般	①取扱いが容易で，温度，湿度，振動，電磁界，塵埃などの影響が少ないこと ②動作時に発生する騒音および振動は，当該測定に与える影響が少ないこと ③記録値が見やすいこと
	記録機構	①騒音計の速い動特性および遅い動特性ならびに振動レベル計の動特性を備え，切り替えて使用できること（ただし，振動レベル用は，振動レベル計の動特性を備える） ②記録範囲：原則として 50 dB ③紙送り速度：原則として 1 mm/s および 3 mm/s を備えること
	記録紙	①記録幅：10 dB あたり 10 mm または 20 mm，最小目盛間隔：10 dB あたり 10 mm の記録幅のとき 2 dB 以下，10 dB あたり 20 mm の記録幅のとき 1 dB ②時間目盛をつける場合の間隔：5 mm が望ましい．
試験	試験の状態	①試験場所の標準状態：温度 10～30℃，相対湿度 45～85％ ②基準状態：温度 20℃，相対湿度 65％
	試験方法	①入力信号は，正弦波信号とする． ②規定がない場合に限り，振動レベル計については 6.3 Hz の基準周波数の入力電圧が 1 V のとき，記録値が最大目盛になるように，レベル調整器を設定する． ③試験での基準レベルは，規定がない限り，最大記録範囲の 60％を表す目盛位置とする． ④記録誤差の試験は，基準レベルの目盛を基準とし，振動レベル計の場合 6.3 Hz および 80 Hz の周波数で行う． ⑤周波数レスポンスの試験は，振動レベル計の場合 6.3 Hz の基準周波数の記録値を基準として，1，2，4，8，16，31.5，63.80 Hz の周波数で行う． ⑥レベルレンジ切換器の切換誤差の試験は，レベル調整器の設定に基づいて設定したレベルレンジの位置を基準として，6.3 Hz および 80 Hz の周波数で行う． ⑦自己雑音の試験は，レベルレコーダの感度を最大にして，最低目盛に相当する入力信号レベルで行う． ⑧レベル記録特性の試験は，次による． ・実効値記録特性の試験は，80 Hz の周波数および 25 s の継続

		時間と 100 s の休止時間をもつ繰返しバースト信号を用いて行う．なお，試験レベルは，最大目盛および最大記録範囲の 40％の目盛位置とする． ・動特性の試験は，定常正弦波入力信号による記録値が最大記録範囲の 80％および 40％の目盛位置で行う． ⑨紙送り速度の試験は，記録紙の長さ 100 mm 以上または記録時間 1 分間以上記録させて行う． ⑩記録値の安定性の試験は，6.3 Hz の基準周波数で行う．

E.5 音響・振動用オクターブおよび 1/3 オクターブバンド分析器（JIS C 1513:2002）[5]

　JIS C 1513 では，振動の周波数分析に用いる定比帯域分析器のオクターブバンド分析器および 1/3 オクターブバンド分析器について，適用範囲，引用規格，定義，定格，構造，性能，試験等を規定しており，おもな記載項目は表 E.6 に示すとおりである．

表 E.6　JIS C 1513 のおもな記載項目

定格	中心周波数	オクターブバンドおよび 1/3 オクターブバンドフィルタの中心周波数は，表 E.7 に定める周波数を用い，その周波数範囲は，表 E.7 の全範囲，任意の範囲または拡張した範囲で構成する．
	使用温度範囲	0 〜 40℃ を含む
	使用湿度範囲	相対湿度 35 〜 85％を含む
構造	構造一般	バンドパスフィルタおよび平坦特性回路を備え，取扱いが容易な構造であること
	指示機構	・指示機構を備える場合には，実効値指示形とすること ・動特性は，JIS C 1502 の速いまたは遅い動特性，JIS C 1510 の動特性，フィルタの中心周波数によって時定数を変化させる動特性などの動特性のうちの一つ以上を備えること
	レベルレンジ切換器	レベルレンジ切換器を備える場合には，切換えによるレベルの間隔は 10 dB または 10 dB の整数倍とすること
	フィルタ特性	フィルタは，JIS C 1514 のクラス 1 またはクラス 2 の要求事項に適合すること ①JIS C 1514 に規定する，オクターブバンド規準化周波数の規定された値におけるオクターブバンドフィルタの相対減衰量の許容限界値（表 E.8） ②JIS C 1514 に規定する，1/3 オクターブバンド規準化周波数の規

性能		定された値における 1/3 オクターブバンドフィルタの相対減衰量の許容限界値（表 E.9）
	増幅器など	①入力インピーダンス：10 kΩ 以上が望ましい． ②許容最大入力電圧：実効値 1 V 以上であることが望ましい． ③平坦特性回路の周波数特性：その分析器の備えるフィルタの最低の下限帯域端周波数から最高の上限帯域端周波数までの範囲で，基準周波数の特性の ±1 dB 以内とする．この周波数範囲以外の周波数特性には，減衰を与えることが望ましい． ④レベルレンジ切換器の切換え誤差：クラス 1 およびクラス 2 の分析器では，それぞれ 0.7 dB 以下および 0.5 dB 以下 ⑤自己雑音：各バンドパスフィルタにおいて測定できる最小レベルよりも，クラス 1 およびクラス 2 の分析器ではそれぞれ 6 dB および 8 dB 以上低いこと ⑥取扱説明書に指定する最小の負荷インピーダンスを出力端子に接続するときに生じる指示値への影響は，0.2 dB 未満とする．
	指示機構	①目盛範囲が 30 dB 未満の場合：目盛誤差はクラス 1 およびクラス 2 の分析器では，それぞれ 0.4 dB 以下および 0.6 dB 以下 ②目盛範囲が 30 dB 以上の場合：目盛誤差はクラス 1 およびクラス 2 の分析器では，それぞれ 0.7 dB 以下および 1 dB 以下 ③二つ以上の動特性を備える場合：定常状態の正弦波入力のとき動特性を切り換えることによって生じる指示値の変化は 0.1 dB 以下 ④振動レベル計の動特性：周波数 31.5 Hz，継続時間 1 s の正弦波入力による最大指示値は，その正弦波入力と周波数および振幅の等しい定常状態の正弦波入力による指示値に対して，$-1(+0.5, -1)$ dB の範囲内
試験	試験の状態	①標準状態：温度 5～35℃，相対湿度 45～85% ②基準状態：温度 20℃，相対湿度 65%
	試験方法	①入力信号は，正弦波信号とする． ②レベルレンジ切換器を備える場合には，製造業者の指定するレベルレンジで測定する． ③フィルタおよび平坦特性回路の周波数特性を測定するときの入力信号レベルは，最大目盛より 2 dB 小さいレベルとする．正弦波試験信号の周波数は，厳密な中心周波数を中心として，できれば対数目盛上で等間隔に配置する． ④増幅器は，次による． ・レベルレンジの切換器の切換誤差の試験は，平坦特性回路を用いて，分析器の備えるフィルタの最低，中央および最高のバンドパスフィルタの中心周波数で行う． ・自己雑音，荷負荷特性の試験は，交流出力端子に実効値形電圧計

E.5 音響・振動用オクターブおよび1/3オクターブバンド分析器（JIS C 1513:2002）

を接続して行ってもよい．
⑤指示機構は，次による．
- 目盛誤差の試験は，平坦特性回路を用いて，分析器の備えるフィルタの最低，中央および最高のバンドパスフィルタの中心周波数で行う．
- 動特性は，平坦特性回路を用いて，定常状態の正弦波入力による指示値が最大目盛より 2 dB および 10 dB 小さい値の目盛で行う．
- 実効値指示特性の試験は，平坦特性回路を用いて，定常状態の正弦波入力による指示値が最大目盛より 2 dB 小さい値の目盛で行う．試験に用いる繰返し継続信号は，電圧ゼロから始まりゼロで終わる正弦波の1周期整数倍とし，その繰返し周波数は，振動レベル計の動特性の場合には 20 Hz とする．なお，正弦波信号の周波数は，振動レベルの動特性の場合には 90 Hz とする．

表 E.7　中心周波数

10のべきによる厳密な中心周波数 $f_{m'}(10^{x/10})(1000)$ [Hz]	2のべきによる厳密な中心周波数 $f_{m'}(2^{x/3})(1000)$ [Hz]	公称中心周波数 [Hz]	1/3 オクターブ	オクターブ
25.119	24.803	25	*	
31.623	31.250	31.5	*	*
39.811	39.373	40	*	
50.119	49.606	50	*	
63.096	62.500	63	*	*
79.433	78.745	80	*	
100.00	99.213	100	*	
125.89	125.00	125	*	*
158.49	157.49	160	*	
⋮	⋮	⋮		
3162.3	3174.8	3150	*	
3981.1	4000.0	4000	*	*
5011.9	5039.7	5000	*	
6309.6	6349.6	6300	*	
7943.3	8000.0	8000	*	*
10000	10079	10000	*	
12589	12699	12500	*	
15849	16000	16000	*	*
19953	20159	20000	*	

（注）本体に表示する周波数は，表に示す＊印の公称中心周波数を用いる．

表E.8 オクターブバンドフィルタの相対減衰量の許容限界値

基準化周波数			最小〜最大減衰量限界値 [dB]	
f/f_m	10のべきによる系	2のべきによる系	クラス1	クラス2
G^0	1.00000	1.00000	$-0.3 \sim +0.3$	$-0.5 \sim +0.5$
$G^{\pm 1/8}$	1.09051 0.91728	1.09051 0.91700	$-0.3 \sim +0.4$	$-0.5 \sim +0.6$
$G^{\pm 1/4}$	1.18850 0.84140	1.18921 0.84090	$-0.3 \sim +0.6$	$-0.5 \sim +0.8$
⋮	⋮	⋮	⋮	⋮
$G^{\pm 3}$	7.94328 0.12589	8.00000 0.12500	$+61 \sim +\infty$	$+55 \sim +\infty$
$\geq G^{+4}$	15.84893	16.0000	$+70 \sim +\infty$	$+60 \sim +\infty$
$\geq G^{-4}$	0.06396	0.06250	$+70 \sim +\infty$	$+60 \sim +\infty$

(注) 下端帯域端周波数以下の周波数および上端帯域端周波数以上の周波数で,最大相対減衰量の限界値は$+\infty$

表E.9 1/3オクターブバンドフィルタの相対減衰量の許容限界値

基準化周波数 f/f_m		最大〜最小減衰量の限界値 [dB]	
10のべきによる系	2のべきによる系	クラス1	クラス2
1.00000	1.00000	$-0.3 \sim +0.3$	$-0.5 \sim +0.5$
1.02667 0.97402	1.02676 0.97394	$-0.3 \sim +0.4$	$-0.5 \sim +0.6$
1.05575 0.94719	1.05594 0.94702	$-0.3 \sim +0.6$	$-0.5 \sim +0.8$
⋮	⋮	⋮	⋮
1.88173 0.53143	1.88695 0.52996	$+42 \sim +\infty$	$+41 \sim +\infty$
3.05365 0.32748	3.06955 0.32578	$+61 \sim +\infty$	$+55 \sim +\infty$
≥ 5.39195 ≥ 0.18546	≥ 5.43474 ≥ 0.18400	$+70 \sim +\infty$	$+60 \sim +\infty$

E.6 振動レベル計（取引または証明用，JIS C 1517:2014）[6]

この規格は，振動レベル計が計量法の特定計量器として要求される要件のうち，構造および性能にかかわる技術上の基準，検定の方法などを規定するために作成された日本工業規格である．参照元となる規格は，振動レベル計（JIS C 1510:1995）である．用語は，「電気音響 – サウンドレベルメータ（騒音計）第1部：仕様」（JIS C 1509-1:2005）に整合している．性能要求は，器差の許容差を JIS C 1510 に整合させている．また，周波数特性の規定が 1/3 オクターブごとになるなど，旧基準に比べてより規定が厳密化しているが，おおむね求められている性能は変わらない．水平特性についても解説に記載している．

この規格のおもな記載項目は，表 E.10 に示すとおりである．なお，付属書に「検定の方法」および「使用中検査」がまとめられている．

表 E.10 JIS C 1517 のおもな記載項目

検定公差	周波数 [Hz]	4.0	6.3	8.0	16.0	31.5
	検定公差 [dB]	±1.0	±1.0	±1.0	±1.0	±1.0

構造	振動ピックアップ	地面に設置できること
	周波数重みづけ特性	鉛直特性の周波数重みづけ特性を備え，また，試験のために平坦特性を備えなければならない．
	時間重みづけ特性	特定数 0.63 s の時間重みづけ特性を備えなければならない．
	分解能	0.1 dB
	過負荷表示	レベル直線性に関する性能が許容限度値を超える前に作動する過負荷表示機構を備えなければならない．
	電源電圧	電池で動作させる構造のものは，使用電圧範囲を示す表示装置，使用電圧から外れた場合に作動する警報器などを備えなければならない．
	最大値の保持	振動レベルの最大値を保持する機能を備えなければならない．
	時間平均振動レベル測定機能	時間平均振動レベル測定機能を備える場合，積分平均の終了時に経過時間を表示するか，または積分平均時間に相当する表示ができなければならない．積分時間をあらかじめ設定する機能を備えていてもよい（注：試験のために，あらかじめ設定する積分時間は，10 s を含むことが望ましい）．

性能	周波数範囲	1～80 Hz
	使用温度範囲	－10～±50℃（これと異なる場合，その範囲を本体の見やすい箇所に記載しなければならない）
	使用湿度範囲	30～90％
	周波数重み付け特性	・受感軸に対する設計目標値および許容限度値（表E.11） ・平坦特性は適合性試験のために備えるものであり，検定の対象外
	横感度	受感軸の方向に振動を加えたときの計量値から，受感軸に対して90°の方向に同じ振動を加えたときの計量値を減じた値は，15 dBを超えるものでなければならない．
	レベル直線性誤差	・計量範囲の全範囲において，±0.5 dB 以内 ・製造業者は，レベル直線性誤差の試験を開始する信号レベルを基準レベルレンジについて指定する．
	自己雑音	計量範囲の最小値よりも 6 dB 以上小さい値でなければならない．
	電源投入後の安定性	電源投入時から1分後の計量値と10分後の計量値との差が0.5 dBを超えるものであってはならない．
	アナログ出力端子	アナログ出力端子をもつ振動レベル計では，製造業者が指定する最小負荷インピーダンスをアナログ出力端子に接続したときに生じる計量値への影響は，0.1 dB 以下でなければならない．
	指示特性	軽量範囲の最大値の定常正弦波信号と振幅が等しい波高率3のバースト信号とを加えたときの計量値が，計量範囲の最大値より6.5 dB 小さい値に対して，1.0～－1.0 dB までの範囲内でなければならない．
	時間重みづけ特性	①立上り特性：継続時間が1.0 s の単発バースト信号に対するバースト信号応答は，バースト信号と振幅が等しい定常正弦波信号による計量値により1.0 dB 小さい値に対して，0.5～－1.0 dB までの範囲内でなければならない． ②立下り特性：正弦波信号を遮断してから，1.0 s 経過後の計量値が定常正弦波信号による計量値より6.9 dB 小さい値に対して，2.6～－2.8 dB までの範囲内でなければならない．
	時間平均振動レベル特性	①繰返しバースト信号応答：周波数 16.0 Hz，1周期繰返しバースト正弦波信号に対する時間平均振動レベルのバースト信号応答の基準応答および許容限度値（表E.12） ②単発バースト信号応答：1周期の単発バースト正弦波信号に対する 10 s の時間平均振動レベルのバースト信号応答の基準応答および許容限度値（表E.13）

表 E.11　周波数重みづけ特性および許容限度値

周波数 [Hz]	周波数重みづけ特性 [dB]		許容限度値 [dB]
	鉛直特性	平坦特性	
1.0	−5.9	0.0	±2.0
1.25	−5.2	0.0	±1.5
1.6	−4.3	0.0	±1.0
2.0	−3.2	0.0	±1.0
2.5	−2.0	0.0	±1.0
3.15	−0.8	0.0	±1.0
4.0	0.1	0.0	±1.0
5.0	0.5	0.0	±1.0
6.3	0.2	0.0	±1.0
8.0	−0.9	0.0	±1.0
10.0	−2.4	0.0	±1.0
12.5	−4.2	0.0	±1.0
16.0	−6.1	0.0	±1.0
20.0	−8.0	0.0	±1.0
25.0	−10.0	0.0	±1.0
31.5	−12.0	0.0	±1.0
40.0	−14.0	0.0	±1.0
50.0	−16.0	0.0	±1.0
63.0	−18.0	0.0	±1.5
80.0	−20.0	0.0	±2.0

表 E.12　バースト信号応答の基準応答および許容限度値

繰返し周期 [s]	基準応答 [dB]	許容限度値 [dB]
0.1	−2.0	±1.0
0.2	−5.1	±1.0
0.4	−8.1	±1.0
0.8	−11.1	±1.0, −1.5
1.6	−14.1	±1.0, −2.0
3.2	−17.1	±1.0

表E.13 バースト信号応答の基準応答および許容限度値

繰返し周期 [s]	基準応答 [dB]	許容限度値 [dB]
4.0	−16.0	±1.0
8.0	−19.0	±1.0
16.0	−22.0	±1.0, −1.5
31.5	−25.0	±1.0, −2.0
63.0	−28.0	±1.0, −2.0
80.0	−29.0	±1.0, −2.0

参考文献

[1] 日本工業規格（JIS C 1510:1995），振動レベル計
[2] 日本騒音制御工学会編：地域の環境振動，技報堂出版，pp.246-248, 2001.
[3] 日本工業規格（JIS Z 8735:1981），振動レベル測定方法
[4] 日本工業規格（JIS C 1512:1996），騒音レベル，振動レベル記録用レベルレコーダ
[5] 日本工業規格（JIS C 1513:2002），音響・振動用オクターブ及び1/3オクターブバンド分析器
[6] 日本工業規格（JIS C 1517:2014），振動レベル計—取引又は証明用—

資料 F　国際動向・各国の規格

F.1　国際規格と国内規格の変遷[1]

　全身振動にかかわる国際規格および国内規格のおもな変遷は，表 F.1 に示すとおりである．

　ISO では，1974 年に ISO 2631「全身振動暴露の評価に関する指針」を定めている．我が国において，全身振動にかかわる振動評価や振動規制法における基準値は，振動加速度実効値に人体感覚の周波数補正を施した振動レベルが用いられているが，この補正の根拠になっているのが ISO 2631 である．

　ISO 2631:1974 は，1985 年に改定され「全身振動暴露の評価」等の part 1 から part 4 の評価対象振動ごとの規格にまとめられた．1974 年の ISO 2631

表 F.1　全身振動にかかわる国際規格および国内規格のおもな変遷

年	規格および法律	内容
1974	ISO 2631	全身振動の計測・評価の規格，振動の暴露限界のための周波数補正特性を規定
1975	計量法	鉛直方向の振動レベルの定義
1976	JIS C 1510	振動レベル計の規格，鉛直・水平方向の振動レベル
1976	振動規制法	鉛直振動の規制
1981	JIS Z 8735	振動レベルの測定方法に関する規格
1985	ISO 2631-1	ISO 2631 が part 1 となるが，1974 年の規格とほぼ同じ内容
1989	ISO 2631-2	建物内での振動の計測・評価のための規格，複合曲線を定義
1990	ISO 8041	全身振動の測定器の規格
1992	計量法	ISO 8041 との整合のための振動レベルの改定
1995	JIS C 1510	計量法および ISO 8041 との整合のための改定
1997	ISO 2631-1	全身振動の計測・評価にかかわる一般事項を規定，振動の暴露限界のための周波数補正特性を変更
2000	JIS Z 8131	機械振動および衝撃
2000	TR Z 0006(JIS)	全身振動の評価（ISO 2631-1 の翻訳）
2003	ISO 2631-2	建物内での振動の測定および評価の方法について規定，周波数重みづけ特性を定義

はISO 2631-1となったが，規格の内容変更はほとんど行われていない．さらに，ISO 2631-1は1997年に改定されて，振動感覚補正の特性が変更された．

F.2　国外の振動評価の考え方

振動に暴露された人体の振動感覚は，振動の物理量に対応することから，実験的研究が進められて振動感覚の等感覚曲線が得られているが，人が振動を感じるか感じないかという小さい振動に対しての生理的な影響に関する評価方法は，確立されていない．

人が振動を感じるのは，1～80 Hzといわれているが，鉛直方向の振動については従来4～8 Hzがもっとも共振するとされていたが，4～12.5 Hzがもっとも共振することがわかってきた．周波数成分に関する研究が進み，振動に対する感度も個人差のあることがわかってきた．

振動評価の方法は，国際規格として1974年にISO 2631:1974の全身振動暴露の評価に関する指針が発効されている．評価値は，各国の研究成果を反映して振動加速度値からデシベル（dB）を採用している．

F.3　ISO 2631-1:1997の概要[2]

ISO 2631-1:1997は，全身振動に対する人体暴露の評価に際して，健康，快適性，振動知覚，乗り物酔いに関して，その段階での知見に基づき，国際的に統一された評価の指標となる負荷振動量を用いて，種々の条件における振動評価のデータを国際的に統一された形式で収集することを目的として作成されたものである．

(1)　適用範囲

ISO 2631-1:1997による健康，快適性および振動知覚での周波数範囲は0.5～80 Hz，乗り物酔いに対する周波数範囲は0.1～0.5 Hzである．

(2)　振動の方向

人体の全身が振動に暴露される場合，振動が作用する方向によって人体の応答に差が生じる．人体に伝達される振動の方向を身体の解剖学的軸によって定

めており，この軸は図 F.1 に示すとおりである．振動が入力すると考えられる位置を原点とした直交座標系の方向で規定している．振動の入力位置を通り背―胸の方向を x 軸，同様に右側―左側の方向を y 軸，足（または臀部）―頭の方向を z 軸としている．

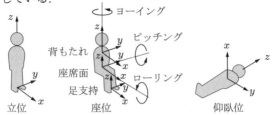

図 F.1　振動の方向（ISO 2631-1:1997）

この軸は，仰臥位にも適用されるので，人が立っている場合には鉛直方向が z 軸になるが，寝た状態では鉛直方向が x 軸になる．

また，快適性の評価に回転振動も加えられ，回転振動が加わった振動の方向（軸の定義）は図に示すとおりである．

(3)　振動の大きさの表示方法

ISO 2631-1:1997 では，基本評価値として補正振動加速度の実効値を用いることになっている．

(4)　ISO 2631-1:1997 による評価

ISO 2631-1:1997 による評価は，補正加速度実効値を用いて行うが，クレストファクター（ピーク値と補正実効値との比）が 9 を超えるもの，または補正加速度実効値では過小評価のおそれのあるときは，移動実効値法または四乗則暴露量法のいずれかを併用する．これらを補足評価法といい，前者は短い時間積分時定数を用いて最大過渡振動値（MTVV）により評価する．これは，時定数 1 秒（s）での計測時間中の最大値である．後者は，補正加速度実効値での評価よりピーク値に敏感な四乗則暴露量値（VDV）で評価する．

補正加速度実効値の周波数補正は，健康，快適性，および振動知覚用の補正，椅子の背もたれ振動および回転振動に対する補正等があり，数式，表および図で示されている．健康，快適性および振動知覚に用いる鉛直方向および水平方向と乗り物酔いを対象とした補正は，図 F.2 に示すとおりである．

426 資料 F 国際動向・各国の規格

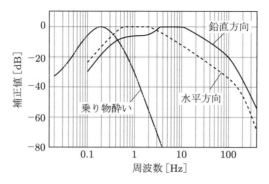

図 F.2 周波数補正曲線（ISO 2631-1:1997）

なお，健康に対する水平方向については，＋3 dB の補正をする．
また，複数方向の振動の影響がある場合は，各方向の補正加速度を合成した振動合成値またはベクトル和を用いる．

(5) ISO 2631-1:1997 による指針
(a) 健康に対する指針

健康に対する指針は，乗り物，仕事，レジャーの間に暴露される周期的，不規則的，過渡的な全身振動が健康に与える影響を普通に腰かけている人に適用する．その指針値は例示されており，注意領域として鉛直方向の 4～8 時間暴露は，約 0.5～1.2 m/s^2（約 94～102 dB，鉛直方向の 4～8 Hz と仮定して換算した値）としている．大きさまたは暴露時間が異なる振動暴露に対しては，等価振動量を用いて評価する．

(b) 快適性に対する指針

快適性に対する指針は，乗り物，仕事，レジャーの間に暴露される周期的，不規則的，過渡的な全身振動の快適性の評価に適用し，座位における快適性は 3 方向の軸と 3 方向の回転振動の計 6 軸，背もたれ・足支持部および立位・臥位はそれぞれ 3 軸で評価する．その指針値は種々の因子によって左右されることから示されていない．一例として，公共交通機関で起こり得る反応の近似的なものとして以下の例示があるが，その反応は活動の種類，あるいはほかの多くの要素で異なるとしている．

0.315 m/s^2 未満（約 90 dB）：不快ではない

$0.315 \sim 0.63 \, \text{m/s}^2$（約 $90 \sim 96 \, \text{dB}$）：少し不快

$0.5 \sim 1.0 \, \text{m/s}^2$（約 $94 \sim 100 \, \text{dB}$）：やや不快

$0.8 \sim 1.6 \, \text{m/s}^2$（約 $98 \sim 104 \, \text{dB}$）：不快

$1.25 \sim 2.5 \, \text{m/s}^2$（約 $102 \sim 108 \, \text{dB}$）：かなり不快

$2 \, \text{m/s}^2$ 以上（約 $106 \, \text{dB}$ 以上）：極度に不快

(c) 振動知覚に対する指針

振動知覚に対する指針は，立位，座位，臥位の3軸方向の周期的な不規則振動の評価に適用し，その指針値は，注意深い敏感な人の50%が補正した振動を感知し得るものとして，ピーク値で $0.015 \, \text{m/s}^2$（換算すると約 $60 \, \text{dB}$）としている．

(d) 乗り物酔いに対する指針

乗り物酔いに関しては，$0.1 \sim 0.5 \, \text{Hz}$ の z 軸振動の補正加速度実効値による振動暴露量値（$MSDV_z$）による評価についても記述されている．

F.4 ISO 2631-2:2003 の概要

建物振動における人への暴露評価として，測定方向および測定場所の決定を含んだ測定および評価の方法について規定している．また，$1 \sim 80 \, \text{Hz}$ の周波数範囲に適用する周波数重み特性（W_m）を定義している．

F.5 種々の振動評価

(1) ガイダンスマニュアル（米国カリフォルニア州交通局）[3]

(a) 人間の場合

定常振動に対する人体反応は，表 F.2 に示すとおりであり，「最大振動速度振幅 $0.012 \, \text{in/s}$ でかすかに感じる」となっている．

交通（連続振動）からの振動に対する人体反応と関係づける研究結果（Whiffen 1971）および間欠振動に対する人体反応と関係づける研究結果（Wiss 1974）の概要を，表 F.3，F.4 に示す．表 F.2〜F.4 の結果は，感覚や煩わしさに対する閾値が，連続振動よりも間欠振動の方がより高いということを示唆している．

表 F.2 定常振動に対する人体反応（Reiher 1931）

最大振動速度振幅 PPV [in/s]	人体反応
3.6〜0.4 (2〜20 Hz)	非常に邪魔（very disturbing）
0.7〜0.17 (2〜20 Hz)	邪魔（disturbing）
0.10	強く感じる（strongly perceptible）
0.035	はっきり感じる（distinctly perceptible）
0.012	かすかに感じる（slightly perceptible）

※ 1 in = 25.4 mm

表 F.3 交通からの連続振動に対する人体反応（Whiffen 1971）

最大振動速度振幅 PPV [in/s]	人体反応
0.4〜0.6	不快（unpleasant）
0.2	煩わしい（annoying）
0.1	煩わしさが始まる（begins to annoy）
0.08	快く感じる（readily perceptible）
0.006〜0.019	感覚閾値（threshold of perception）

表 F.4 間欠振動に対する人体反応（Wiss 1974）

最大振動速度振幅 PPV [in/s]	人体反応
2.0	耐え難い（severe）
0.9	強く感じる（strongly perceptible）
0.24	はっきり感じる（distinctly perceptible）
0.035	かろうじて感じる（barely perceptible）

ISO 2631 の振動評価基準を表 F.5 に，米国連邦公共交通局（FTA）の振動衝撃評価基準を表 F.6 にそれぞれ示す．

表 F.5　ISO 2631 の振動評価基準

建築物の利用	振動速度レベル [VdB]	振動速度実効値振幅 [in/s]
工場・作業場	90	0.032
事務所	84	0.016
住宅	78（昼間），75（夜間）	0.008
病院の手術室	72	0.004

表 F.6　振動衝撃評価基準（FTA）

利用区分	頻繁に発生する振動衝撃レベル [VdB]	稀に発生する振動衝撃レベル [VdB]
区分1：周辺振動の低さが室内作業に必要である建築物	65	65
区分2：人々が通常に睡眠する住宅や建築物	72	80
区分3：おもに日中使用する公共施設	75	83

（注）頻繁に発生するとは，70回/日よりも多いとして定義している．
　　稀に発生するとは，70回/日よりも少ないとして定義している．

(b) 構造物に対する振動評価

構造物に対する発破振動の評価基準（Chae）を，表 F.7 に示す．

表 F.7　構造物に対する発破振動の評価基準（Chae）

区　分	最大振動速度振幅 PPV（単一発破）[in/s]	最大振動速度振幅 PPV（繰返し発破）[in/s]
実質的な建設の構造物	4	2
理にかなった比較的新しい住宅建築物	2	1
貧弱な比較的古い住宅建築物	1	0.5
より貧弱な比較的古い住宅建築物	0.5	

スイス規格協会の振動被害評価基準は，表 F.8 に示すとおりであり，鉄骨および鉄筋コンクリートの建築物から歴史的な遺産の対象建造物までを4区分にして，連続発生源，単一発生源の最大振動速度振幅 PPV について基準値が定められている．

表F.8 振動被害評価基準（スイス規格協会）

建築物区分		最大振動速度振幅 PPV（連続発生源）[in/s]	最大振動速度振幅 PPV（単一発生源）[in/s]
区分1	鉄骨および鉄筋コンクリートの建築物	0.5	1.2
区分2	緩い材料でのパイプ，一直線に並んだレンガをもつ地下鉄線のチャンバーやトンネル，一直線に並んだ石製レンガ壁，コンクリート壁やレンガ壁，コンクリート製壁やコンクリート製床を基本にもつ建築物	0.3	0.7
区分3	木製天井およびレンガ壁面をもつが，それ以上の名のある建築物	0.2	0.5
区分4	歴史的な遺産の対象：非常に振動の影響を受けやすい建造物	0.12	0.3

　Konan（1985）は，歴史的かつ振動を感じやすい建築物に関係する数値的な振動評価基準を要約し，一時的な（単発的）発生源や定常的な（連続的）発生源に対して，推奨できる組合せの振動評価を発展させた．Konan は，連続的な振動は一時的な発生源の評価基準の大きさの約半分であることを推奨した．推奨された評価基準の要約を，表F.9 に示す．

　また，Whiffen（1971）は，定常振動に対する付加的な評価基準を表した．その要約を表F.10 に示す．

表F.9 歴史的かつ振動の影響を受けやすい建築物に対する振動評価基準（Konan）

周波数範囲 [Hz]	最大振動速度振幅 PPV（一時的な振動）[in/s]	最大振動速度振幅 PPV（定常的な振動）[in/s]
1 〜 10	0.25	0.12
10 〜 40	0.25 〜 0.5	0.12 〜 0.25
40 〜 100	0.5	0.25

F.5 種々の振動評価

表 F.10 定常振動に対する付加的な評価基準（Whiffen 1971）

最大振動速度振幅 PPV [in/s]	建築物への影響
0.4〜0.6	建築学的な被害および可能な限りの些細な構造的被害
0.2	正常な住宅（プラスター壁面および天井面をもつ家）に対する建築学的な損害のリスクとしての閾値
0.1	正常な建築物に対する建築学的な損害リスクは実質的にない
0.08	遺跡および古代のモニュメントが対象となっている振動の上部限界での推奨
0.006〜0.019	被害の発生がありそうもない振動値

Siskind ほか（1980）は，発破に対する振動被害の閾値における蓋然論的な方法を適用した．三つの被害閾値は，5，10，50，90％の確率に関する PPV（最大振動速度振幅）に換算して，表 F.11 に示すとおり定義されている．

Dowding（1996）は，いろいろな構造物の型式や条件に対して，最大許容できる PPV を示唆しており，その値は表 F.12 に示すとおりである．

表 F.11 振動被害の閾値 PPV [in/s]（Siskind ほか 1980）

		確率			
		5%	10%	50%	90%
被害の種類	閾値被害：構造物の要素間の接続における小さなプラスターひび割れ，剥落しそうな塗装	0.5	0.7	2.5	9.0
	より小さい被害：剥落しそうなプラスター，間仕切り近傍にある開放周りのレンガのひび割れ，0〜3 mm（0〜1/8 in）の細い筋のひび割れ	1.8	2.2	5.0	16.0
	より大きな被害：壁における数 mm のひび割れ，幅のある曲線状の破裂，構造物の弱体化，レンガの崩落	2.5	3.0	6.0	17.0

表 F.12 建築構造物の振動評価基準（Dowding 1996）

構造物と条件	限界 PPV [in/s]
歴史的かつ何らかの古い建築物	0.5
住宅建築物	0.5
新しい住宅建築物	1.0
工場建築物	2.0
橋梁	2.0

AASHTO（米国全州道路交通運輸行政官協会）（1990）は，断続的な構造物あるいは整備活動から建造物まで被害を防止するための最大振動を認定しており，その概要は表F.13に示すとおりである．

表F.13 被害を防止するための最大振動基準（AASHTO）

場所の種類	限界速度［in/s］
歴史的な場所あるいはほかの限界的な場所	0.1
住宅建築物，プラスター壁	0.2〜0.3
石膏ボード壁をもつ要綱な修繕をした住宅建築物	0.4〜0.5
プラスターなしの技術的な構造物	1.0〜1.5

(c) 精密機器に対する振動評価

精密機器に対する振動評価（Gordon 1991，米国連邦公共交通局（FTA）報告書[4]）を，表F.14および図F.3に示す．

表F.14 振動の影響を受けやすい設備の振動評価基準

評価基準曲線（図F.3参照）	最大レベル（注1）		詳細な大きさ［μm］（注2）	利用の説明
	μin/s	VdB		
作業場（ISO）	32000	90	NA	明白に感知できる振動．作業場および振動の影響を受けにくいエリアに適する．
事務所（ISO）	16000	84	NA	感知できる振動．事務所および振動の影響を受けにくいエリアに適する．
住宅の昼間（ISO）	8000	78	75	かろうじて感知できる振動．たいていの場合，睡眠エリアにふさわしい，コンピュータ設備，プローブテスト設備および低出力（50倍まで）の顕微鏡に対しておそらく適当．
住宅の夜間，手術室（ISO）	4000	72	25	振動を感じない．感度のよい睡眠エリアにふさわしい．100倍顕微鏡および低い感度のその他の設備に対してたいていの場合ふさわしい．
VC-A	2000	66	8	400倍の光学顕微鏡，マイクロ天秤，光学天秤および近接投影機に対してたいていの場合適当．

表 F.14 （つづき）

評価基準曲線 （図 F.3 参照）	最大レベル （注 1）		詳細な大きさ [μm]（注 2）	利用の説明
	μin/s	VdB		
VC-B	1000	60	3	1000 倍の光学顕微鏡，検査設備および 3 μm ライン幅（ステッパーを含んだ）のリソグラフィー設備に対してふさわしい標準.
VC-C	500	54	1	細部寸法 1 μm でのほとんどのリソグラフィーおよび検査設備（電子顕微鏡を含む）によい標準.
VC-D	250	48	0.3	電子顕微鏡（TEM および SEM）や電子ビームシステムを含む要求の厳しい装置のほとんどに適し，その性能の限界で動作させることができる.
VC-E	125	42	0.1	ほとんどの場合で達成困難な基準. 長距離でレーザーを用いる小ターゲットのシステムやその他の並外れた動的安定性を必要とするシステムに適当と思われる.

（注 1） 8 ～ 100 Hz の周波数範囲上の 1/3 オクターブバンド周波数を測定したとして，dB スケールは，1 μin/s にて基準化されている．

（注 2） 細部寸法とは，マイクロエレクトロニクス製造の場合はライン幅，医薬研究などの場合は粒子（セル）の大きさのことをいう．与えられた値は，多数の物品の振動に対する要求が，プロセスの細部寸法に依存することを考慮している．

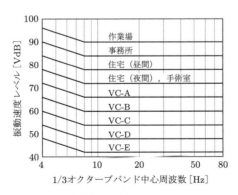

図 F.3　振動の評価基準

(2) 騒音・振動解析技術レポート（デンバーウエストコリドール LRT プロジェクト）

デンバーウエストコリドール LRT プロジェクトの最終設計アセスメントのための騒音・振動解析技術レポート（2007年）では，基準となる地盤上の振動レベルは図 F.4 に示すとおりである．

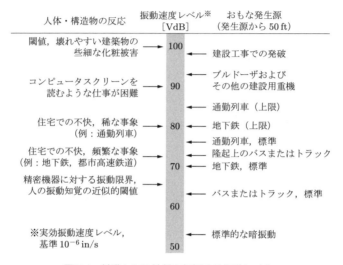

図 F.4　基準となる地盤を伝播する振動レベル

(3) 米国連邦公共交通局の振動評価基準[4]

米国連邦公共交通局（FTA）の評価基準は，輸送事業による単一発生からの振動および騒音のうるささを評価するために利用される．知覚感覚器官の近傍を通過する列車から，地盤を伝播する振動の影響を評価するための FTA の評価基準は表 F.15 に示すとおりである．ここで，頻繁に発生するとは，1日あたり70回以上の振動発生として，一時的な発生とは，1日あたり30回から70回の振動発生として，稀に発生するとは，1日あたり30回以下の振動発生として定義されている．

一般に，人の知覚の振動閾値は，概略で振動レベル 65 VdB である．

また，全般的な影響評価のための地盤振動のインパクト評価基準は，表 F.16 に示すとおりである．

表F.15　うるささに対する地盤伝播振動の影響評価基準

区　分	地盤伝播振動の強い影響レベル （1 μin/s に比例した VdB）		
	頻繁に発生	一時的な発生	稀に発生
1	65	65	65
2	72	75	80
3	75	78	83

表F.16　全般的な影響評価のための地盤振動のインパクト評価基準

土地利用区分		振動速度レベル （VdB，基準：1 μin/s）			振動レベル （dB，基準：10^{-5} m/s²）		
		頻繁に発生	一時的な発生	稀に発生	頻繁に発生	一時的な発生	稀に発生
カテゴリー1	振動が内部操作を妨害する建築物	65※	65※	65※	55	55	55
カテゴリー2	正常に人々が睡眠できる住宅や建築物	72	75	80	66	69	73
カテゴリー3	おもに，日中利用する研究領域	75	78	83	69	72	76

※　この評価基準の制限は，光学電子顕微鏡のようなもっとも穏やかな感度のある設備に対して受容できるレベルを基本としている．振動感知工場あるいは研究は，受容できる振動レベルを定義するために詳細な評価を要求するだろう．しばしば，建築物においてより低い振動を確実にするために，HVACシステムや硬い床の特殊な設計を要求する．
※※　振動敏感機器は，通常，地盤伝播音には敏感ではない．

F.6　各国の振動に関する基準およびガイドライン[5]

　各国の振動に関する基準およびガイドラインは，表F.17に示すとおりである．ISO 2631-1：1997は，振動加速度値からデシベル（dB）を採用していたが，その後振動加速度値の採用に変更されている．オーストリア，ドイツ，オランダ，ノルウェー，イギリスの振動の基準・ガイドラインでは，振動加速度値や振動速度値を評価値として採用している．

表 F.17　各国の振動に関する基準およびガイドライン

各国の基準およびガイドライン	対象	周波数範囲	周波数重みづけ	時定数	測定量	指標値	測定方法
国際標準 ISO 2631-1:1997, ISO 2631-2:2003	全身振動―建物内での定常および衝撃振動	1〜80 Hz	W_m（推奨）	Slow (1 s) 推奨	振動加速度	・重み付き実効値 ・最大瞬時振動値（移動実効値）	・最大振幅の方向
オーストリア ÖNORM S9012:2010	建物内での地盤伝播振動（振動および構造伝達音）	1〜80 Hz	W_m	Slow (1 s)	振動加速度	・最大振動加速度 $E_{\max}$ ・平均等価振動加速度 E_r	・振幅が最大となる箇所（通常はスパン中央の床上） ・寝室ではベッド近傍
ドイツ（注 2） DIN 4150-2:1999	建物内の人への振動の影響	1〜80 Hz	W_m に近い (DIN 45669-1)	Fast (0.125 s)	振動速度	・最大重み付き振動強度 $KB_{F\max}$ ・平均振動強度 KB_{FTr}	・3 方向 (x, y, z) ・最大振幅が観察されたフロア
イタリア（注 3） UNI 9614:1990	振動および衝撃―建物内の快適性	1〜80 Hz	W_m	Slow (1 s)	振動加速度	・振動加速度または振動レベルの重み付き最大実効値 (dB, 基準：10^{-6} m/s^2)	・振幅が最大となる箇所（通常はスパン中央の床上）
日本（注 4） 振動規制法	公害振動／環境振動	1〜80 Hz	鉛直 (W_k) および水平 (W_d)	0.63 s	地盤の振動加速度	・振動加速度レベル L_V（重み付き移動実効値） $L_V = 20\log(a/a_0)$ （基準：10^{-5} m/s^2）	・公害振動に関する場合は，JIS Z 8735:1981 による
オランダ SBR Richtlijn-Deel B (2002)	振動の測定および評価のガイドライン―建物内の人への不快度	1〜80 Hz	DIN 45669-1:1995 （W_m に近い）	Fast (0.125 s)	振動速度	・統計的 (95%) 最大振動強度 $V_{\max}$ ・平均振動強度 V_{per}	・3 方向 (x, y, z) で x, y の水平軸はできる限り壁に平行

表 F.17 (つづき)

各国の基準および ガイドライン	対　象	周波数範囲	周波数 重みづけ	時定数	測定量	指標値	測定方法
ノルウェー NS 8176:2005	地盤伝播振動―建物の快適性	0.5〜160 Hz	W_m	Slow (1 s)	振動速度または振動加速度	・統計的 (95%) 重み付き振動速度 $v_{w,95}$ または振動加速度 $a_{w,95}$	・振幅が最大となる箇所 (通常はスパン中央の床上)
スペイン Real Decreto 1307/2007	騒音の規制 (地区, 質および排出)	1〜80 Hz	W_m	Slow (1 s)	振動加速度	・重み付き最大実効振動加速度レベル L_{aw} (重み付き移動実効値) $L_{aw} = 20\log(a_w/a_0)$ (基準 : 10^{-6} m/s^2)	・振動がもっとも不快な箇所, 特定可能な ら支配的な方向, それ以外はすべての方向の全合成振動値
スウェーデン (注5) SS 460 48 61:1992	振動および衝撃― 建物の快適性の評価	1〜80 Hz	W_m	Slow (1 s)	振動加速度または振動速度	・重み付き最大実効加速度 (振動加速度) または振動速度 $L_{aw} = 20\log(a_w/a_0)$ (基準 : 10^{-6} m/s^2) $L_{vw} = 20\log(v_w/v_0)$ (基準 : 10^{-9} m/s)	・3方向 (x, y, z) または既知の最大振幅方向 (もっとも長スパンのフロアのスパン中央が多い)
イギリス (注6) BS 6472-1:2008	建物内での人体の振動暴露 (発破以外)	0.5〜80 Hz	W_b (鉛直) または W_d (水平)		振動加速度	・振動暴露値	・もっとも大きいと考えられる階 ・フロアの中心 (1回または2回測定)

438　資料 F　国際動向・各国の規格

表 F.17 （つづき）

各国の基準および ガイドライン	対象	周波数範囲	周波数 重みづけ	時定数	測定量	指標値	測定方法
アメリカ FRA (2005), FTA (2006)	騒音および振動の 影響評価のガイダ ンスマニュアル （鉄道計画）		なし	Slow (1 s)	振動 速度	・全般的評価：最大移動実効振動速度レベル L_v [VdB] $L_v = 20\log(v_w/v_{ref})$ [VdB] （基準： 10^{-6} in/s） ・詳細評価：1/3 オクターブバンドにおける最大振動加速度レベル	・振幅が最大となるフロアスパンの中心近傍

(注 1) 鉄道により発生した建物内振動に対する人体反応に関する限り，述べられた項目は ISO 2631 の Part 1 および／または Part 2 内にあり，ISO 8041:2005（およびその 2007 年版）も同様である．ISO 14837-1:2005 は詳細を与えない．
(注 2) スイスの基準 BEKS:1999（鉄道による振動および構造伝達騒音の評価）も DIN 4150-2 を参照している．
(注 3) ISO 2631-2:1989 も参照のこと．
(注 4) JIS C 1510:1995 および解説も参照のこと．
(注 5) Dnr. 502-4235/SA60 およびノードテスト法 NT ACOU 082 も参照のこと．
(注 6) BS 6841:1987 も参照のこと．

参考文献

[1] 日本騒音制御工学会編：地域の環境振動，技報堂出版，pp.255-258, 2001.
[2] 産業環境管理協会：新・公害防止の技術と法規 2015 [騒音・振動編]，pp.673-681, 2015.
[3] California Dep. of Trans. : Transportation-and Construction-Induced Vibration Guidance Manual, 2004.
[4] Federal Transit Administration : Transit noise and vibration impact assessment, 2006.
[5] Patrick ELIAS and Michel VILIOT : Review of existing standards, regulations and guidelines, as well as laboratory and field studies concerning human exposure to vibration, pp.13-14, 2012.

索引

英数

1/3オクターブバンド　314
　——振動加速度レベル　247
　——スペクトル　253, 259
　——中心周波数　77
　——分析　37
　——分析器　415
1次元波動透過理論　122
1次固有振動　217
1自由度系　16, 142
2次元FEM解析　116, 162, 276, 361, 371
2次元解析　369, 372
2次元モデル　369
2層地盤の距離減衰　147
3次元FEM解析　111, 117, 125, 276, 361, 362, 364, 371
80%レンジ上端値（L_{10}）　28, 36, 85, 202, 223, 234, 374
Bornitzの式　249
D・BOX工法　175, 194, 226, 229
EPS　100, 105, 236
　——壁　222, 265
　——防振壁　109, 119, 122, 134
FFT分析　38
GIS　156, 158
IC雷管　307
INCE/J RTV-MODEL 2003　209
ISO　45, 82, 84
　——14837-1　251
　——2631　82
　——2631-1:1997　62
　——2631:1974「全身振動暴露の評価に関する指針」　423, 424

　——2631-2「建物内の振動評価方法」　82
　——のパワースペクトル密度　359
JIS　45, 80
　——C 1510　82, 205, 329
　——C 1510:1995　247, 409
　——C 1510:1995, 鉛直（V）　92
　——C 1510:1995, 水平（H）　92
　——Z 8735　82
　——Z 8735:1981　409
Meister曲線　48, 58
NGI　156, 158
N値　162, 189, 315, 318, 363
PC柱列壁　109, 117, 134
P波　7, 11
Reiher, Meisterらの研究　48
SI単位　402
SMW　189, 293, 314
S波　7, 11
　——速度　142, 159, 162, 218, 220
TMD　100, 221, 238
VibMap　156, 157, 158

あ行

アスファルトフィニッシャ　290
アスファルト舗装の補修基準値　229
圧縮型　337
圧縮機　350
圧縮波　7
アノイアンス　40, 83
アンケート調査　61

暗振動　25, 254
　——の補正　25, 38
異常伝播現象　375
板ばね　338, 352
移動荷重　196
移動加振　361
インピーダンス　105, 222
　——比　14, 100
浮き基礎　190, 335
打抜機　353
運搬作業　322
液圧プレス　343
遠距離伝播現象　375
鉛直振動　404
　——特性　84, 205, 329
鉛直全身振動　92
鉛直特性　92
鉛直方向　242, 245
　——振動感覚補正特性　92
　——の振動レベル　402
オイルダンパー　348
横断凹凸　233
応答スペクトル　70
往復運動　330
　——を利用する機械　331
応力遮断壁（鋼矢板）　320
大型車混入率　202, 222, 223, 224
大型車両走行試験　162
大型ブレーカ　289, 299
オクターブバンド分析　37
　——器　415
オゾン層の破壊　381, 382
オーバーレイ　170
織機　350
オールパス値　112
お椀状堆積土　152

索 引　*441*

か 行

崖錐堆積物　155
解析的手法　356, 358
解析的予測　249
解析モデル　162, 359
回折波　12, 313
改善勧告　327, 400
快適性等の影響　84
回転運動　330
――を利用する機械　332
回転振動数　351
海洋の汚染　382
改良土壁　265
家屋増幅　90
家屋の応答特性　155
家屋の固有振動数　145
家屋の振動増幅特性　75, 247
閣議アセス　387
下限周波数　37
重ね板ばね　339
加振振動数　17, 218
加振力　218, 330, 353, 367, 371
――の低減　102
ガスクッション防振壁　105, 110, 127, 134, 167, 178, 356, 371
加速度振幅　130
加速度波形の時刻歴　165
加速度フーリエスペクトル　367
――解析　314
加速度レベル　218
カテゴリー尺度法　61
過渡振動　64
下部構造対策　171, 229
火薬　303
空溝　12, 13, 105, 109, 230, 264, 293, 358
――の防振効果　110, 264
感覚　44
――閾値　282
――機能　66
――受容器　42, 43
――中枢　44
――的特性　42
――的反応　56

――補正　404
環境NGO　385
環境アセスメント　209, 277, 281, 387, 388, 389, 390, 391, 393, 396, 397
環境影響評価　21, 156, 251, 278, 281, 384, 387
環境基準　281, 282, 381
環境基本計画　384
環境基本法　1, 380, 382, 383, 387
環境施設帯　171, 229
環境情報　397
環境省令　200, 201
環境振動評価方法　90
環境庁勧告　242, 245
――指針値　243
環境の保全　380, 384, 395, 396
環境負荷低減　303, 381, 382
環境保全　394, 396
――施策　252, 282
――措置　215, 282
――対策　391, 395, 397
――目標　21
間欠振動　34, 427
感度解析　363
官能検査　56
岩盤掘削工　285
管理目標値　320
機械振動　369
――対策　195
機械プレス　344
幾何減衰　218, 329
――定数　277, 356
基準点距離　279
基準点振動レベル　278
気象庁震度階　51
起振機実験　117, 162, 371
規制基準　80, 102, 167, 202, 270, 281, 327, 329, 330, 399
――値　204, 209, 233, 245
規制区域　272
規制地域　400
基礎工事　322
軌道での振動対策　260
軌道の低ばね化　260

軌道パッド　261
軌道・路盤対策　256
旧河道　154
旧建設省土木研究所提案式　209
旧谷地形　152
共振現象　101, 141, 142
強制振動　141, 142, 369
強制変位　242
極値間距離　146
居住性能評価指針(2004)　46
許容基準値　93
距離減衰　22, 25, 102, 116, 121, 138, 141, 153, 162, 171, 218, 221, 222, 229, 293, 329, 364
金属ばね　190, 335, 338, 340
空気圧縮機　323
空気ばね　190, 335, 339, 340, 343, 344, 348, 349, 351, 352, 353, 354
グリーン購入　385
経験的手法　252, 356
経済的負担措置　384
計測震度　68
――計　69
計量法　402, 406, 419
嫌振機器　101
減衰係数　65, 140
減衰定数　219
減衰比　140
建設作業振動　22, 102, 188, 202, 204, 270, 283, 293, 295, 318, 366, 400
――の予測　274
建築基準法　75
現地振動実験　237, 238
コイルばね　338, 339, 343, 344, 348, 349, 351, 352, 353, 354
公害振動　1
公害対策基本法　244, 380, 381, 383
公害等調整委員会　374
公害防止対策　381
高架橋端部の補強　264
高架道路　171, 216

442　索　引

高減衰ダンパー　222
工　種　271
高周波加振　353
高周波振動　109, 298
工場機械振動　22, 99, 105, 326, 329, 330, 334, 335, 343
　──の予測　329
工場・事業場振動　202, 399, 400
工場振動対策　105
高振動数領域　362
合成樹脂発泡材　15
剛性増加　221, 222
構造物での振動対策　75, 171, 256, 263
構造物取壊し工　285
剛体壁　100, 105
交通制御による対策　170, 224, 229
後背湿地　155
　──性堆積物　155
鋼矢板壁　109, 111, 112, 134, 167, 178, 184, 189, 196, 265, 293, 314, 356, 363, 365
国際規格　251, 423
国際単位系　402
国内規格　423
国民の責務　383
固体音対策　354
戸建免震　222
国家環境政策法（NEPA）387
ゴム練用ロール機　351
固有振動数　17, 44, 101, 142, 162, 221, 229, 338, 339, 340
コラム壁　102
コンクリート圧砕機　290
コンクリート壁　109, 114, 134, 265

さ　行

最大過渡振動値　86
最大許容限度　282
最大振動速度振幅 PPV　429
最大振動レベル　148
最大速度振幅　70
在来線鉄道振動　243, 252,

254, 255
サージング現象　337
サブストラクチャー法　356, 360, 362, 364, 371
皿ばね　338, 339, 343, 344, 347
算術平均振動レベル　23
算術平均値　35
酸性雨　381
山陽新幹線　263
視覚知覚　55
時間の区分　27
時間率振動レベル　23, 35
敷地境界線　84
事業者の責務　383
軸対称問題　361
時刻歴波形　153, 359
事後対策　169
指示計器の動特性　247
支承交換　167, 227
四乗則暴露量値　86, 88
自然環境保全　380, 381, 382
事前対策　169
持続的発展　388
実効振動レベル L_{Veq}　302
実体波　7, 9, 274
質点モデル　369
地盤改良　100, 178, 222, 230, 237
地盤環境振動対策　4, 99, 194, 244, 357
地盤環境振動の伝播予測法　274
地盤環境振動予測式　158
地盤 - 基礎の相互作用　77
地盤種別　140, 142, 158
地盤条件　156
地盤情報　375
地盤振動のエネルギー　274
地盤振動の測定マニュアル等　246
地盤での振動対策　256, 264
地盤の応答　141
地盤の剛性　142
地盤の振動特性　139, 140, 161, 218
地盤の卓越振動数　124, 142,

144, 155, 159
地盤の内部減衰係数　274, 275, 329
地盤のひずみレベル　6
地盤の不整形性　367
シミュレーション解析　363
射出成形機　352
遮断効果　313, 314
車両対策　256
重機併用ベンチ発破工法　310
周波数特性　159, 162, 165, 195, 218, 220, 419
周波数分析　36
　──器　24
　──結果　254
周波数補正　423, 426
　──加速度実効値　88
　──係数　85, 86, 90, 92
　──振動加速度実効値　88
　──振動加速度値　84
　──特性　69
周辺住民との対話　108
重量違反車の排除　224
主桁への TMD　227
主桁連結ノージョイント化　226
主桁連続化工事　171
受振点　155
受振部対策　11, 99, 107, 108, 134, 171, 200, 222, 233, 293, 335, 342
主動的遮断法　11
受動的遮断法　12
受忍限度　282, 335
シュレッダー　354
手腕系振動　63
衝撃振動　48, 60, 125, 217, 330, 336, 344, 349, 351, 354
上限周波数　37
常時微動　162, 238
床版補強　167
上部構造対策　171, 229
情報化施工　311
新幹線振動対策勧告値　148
新幹線鉄道振動　61, 242, 245, 254, 259, 263

索引

身体の各部位の共振周波数　41
人体の共振領域　64
人体の振動感覚　30, 424
身体の動的応答　41, 427, 428
人体暴露の評価　424
振動エネルギー　334
振動加速度　23, 153, 366, 424, 435
　——実効値　404, 423
　——スペクトル　23
　——波形　23, 123
　——ピックアップ　84
　——レベル　23, 51, 60, 69, 72, 178, 313, 314, 316, 366, 404, 405
　——レベルの時系列変動　23
　——レベル波形　247
振動感覚　52, 60
　——曲線　48
　——の等感覚曲線　424
　——補正　424
　——補正回路　205, 329
振動規制法　1, 21, 80, 84, 90, 167, 200, 205, 245, 270, 272, 326, 328, 334, 399, 411
　——施行規則等　411
　——施行状況調査　291, 334
振動杭打機　298
振動系　16
振動減衰　140, 221
　——量　357
振動コンパクタ　288
振動試験機　353
振動遮断効果　221, 314
振動遮断対策　265
振動遮断壁　100, 196, 229, 376
振動数　144
振動増幅現象　75, 77, 88, 112, 145, 153, 206, 293, 365
振動測定の受振点　80
振動速度　23, 307, 435
　——スペクトル　23
　——波形　23

振動対策　167, 170, 178, 188, 224, 233, 270, 313, 318, 322, 326, 336, 364
振動知覚　45, 52, 424, 425, 427
振動低減効果　13, 121, 169, 171, 175, 177, 187, 189, 195, 224, 229, 233, 236, 259, 263, 264, 265, 300, 301, 315, 365, 367, 372
振動低減のメカニズム　177
振動伝達の低減　102
振動伝達率　17, 100, 105, 229
振動伝播特性　25, 138, 162, 165, 221, 249, 276
振動の大きさのレベル（VGL）　46, 60
振動の距離減衰　140
振動の評価指標　34
振動の物理的影響　67
振動の物理量　48, 424
振動の方向　425
振動の予測値　169
振動暴露　63, 80, 88
振動発生源　190, 335, 338, 340
振動発生メカニズム　161
振動ピックアップ　24, 31, 82, 246, 272
振動評価基準　430
振動評価値　83
振動変位　23
　——スペクトル　23
　——波形　23
振動防止　340
振動ミル　349
振動モニタリングシステム　191, 320
振動予測法　157
振動レベル　4, 36, 138, 150, 243, 244, 253, 255, 275, 277, 278, 328, 356, 402
　——計　24, 82, 83, 247, 252, 329, 404, 406, 409, 419
　——の80％レンジ上端値（L_{10}）　28, 209

　——の決定方法　84
　——の時系列変動　23
　——の測定方法　272
　——のピーク値の平均　34
　——波形　252
振動ローラ　288, 296
芯抜発破工法　306
振幅倍率　18
心理的影響　56, 58, 61, 62
心理的反応　41, 56
水平振動　298
水平全身振動　92
水平特性　92
水平方向振動感覚補正特性　92
睡眠の深さ　66
数値解析　220, 238, 276
数値尺度法　61
スクラップタイヤ振動遮断壁　167, 187, 194
スクリーニング　393, 397
スクレープドーザ　287
スコーピング　393, 397
筋交い　222
生活環境　391, 399, 401
制御発破　307
正弦振動　48, 52, 60, 65
生体恒常性　45
静的破砕法　285
静的変位　142
性能評価曲線　46
生物多様性　389
生理的な影響　424
生理的反応　45, 63
設置共振　272
セルダンパー防振マット　188
全身振動　63, 82, 423, 424
　——の許容基準　88
　——暴露の評価　423
線振動源　195
全身の振動応答　65
洗濯機　354
せん断機　347
せん断波　7
ソイルセメント壁　109, 115, 134, 178, 314

444　索引

速度規制　170, 224
ソフト的対策　11, 99, 107, 190, 321

た 行

体感知覚　55
大規模建設工事　318
大規模土工　309
対策工　357, 361, 365
対策効果　162, 168, 194
対策費用　169, 194
台地・丘陵地　147
卓越振動数　6, 117, 143, 145, 219, 254
ダッシュポット　16
縦波　7
建物内の振動増幅　158
たわみ振動　217
段差　221, 229, 233
　　──補修　167
弾性支持　11, 16
弾性支承　100
弾性体内　274
弾性体壁　105
弾性マクラギ直結軌道　179, 262
鍛造機　348
段発発破工法　304, 309
ダンプトラック　288
知覚　44
　　──閾　45, 62
　　──閾値　48
　　──メカニズム　44
力加振　358
地球温暖化　381, 382
地球環境保全　381, 382, 383
地形条件　138, 218, 220
地形・地質要因　148, 149, 150, 151
地質　218, 219
地層　218, 220
地中振動遮断壁　320
地中柱列壁　15
地中壁　12, 14, 109, 111, 168, 222, 230, 265, 313
地中埋設物　220
遅発電気雷管　305

中央公害対策審議会　245
中空壁体　222
柱列壁　12, 168
超高周波　299
　　──バイブロハンマ　298
調和的加振力　218
土の内部減衰　140
　　──定数　356, 357
土の内部摩擦　274
吊り基礎　190, 335
低周波域成分　343
低周波音　312
低周波地盤振動　375
低周波振動　109, 134, 158, 311
定常振動　34, 125, 336, 351, 427, 429
低振動型建設機械　293, 295, 319
低振動工法　293
低平地　147
データレコーダ　24, 33
鉄道構造物　243
鉄道振動　22, 99, 102, 179, 242, 248, 252, 256, 370
　　──の予測法　248, 251
点加振　142, 361
電子式遅延雷管　307
点振源　153, 274, 329
伝播経路　161, 190, 200, 229, 335
　　──対策　11, 99, 102, 105, 107, 108, 110, 131, 134, 168, 171, 184, 221, 229, 293, 313, 320, 340, 354
伝播速度　221
伝播特性　206, 218, 221, 247
伝播予測　274
伝播理論計算式　251
等価起振力法　249
等価振動加速度レベル L_{Vaeq}　212
等価振動レベル　23, 36, 212
透過波　13
等感度曲線　48, 60
統計予測式　249
動的解析手法　276, 356, 360

動的相互作用　220, 361
動特性　41, 205, 329
東北・上越新幹線　263
道路環境影響評価　209
　　──の技術手法　209
道路管理者　200, 229, 229
道路交通振動　22, 99, 143, 158, 170, 200, 204, 216, 221, 233, 280, 318, 401
　　──の予測　209
道路下地盤の改良　235
特定計量器　406
特定建設作業　205, 270, 272, 284, 327, 400
特定工場等　327
特定施設　326, 327
土工　296
都道府県条例　270, 328
都道府県別苦情件数　2
土留工事　322
土のう　102, 109, 123, 134, 168, 175, 186, 222, 225, 229
土木工事　322
トラクターショベル　287
トンネル工　285
トンネル道路　217

な 行

内部減衰　218, 221
　　──係数　276, 277, 280
　　──比　275
波打ち現象　138, 220
軟弱地盤　149
　　──処理工　285
　　──対策　189, 320
　　──地域　189
日本建築学会居住性能評価指針（2004）　45
日本工業規格（JIS）　409
日本騒音制御工学会　205, 212
入力損失効果　220
認知　44
布基礎　102
ねじれ振動　55, 217
粘性ダンパー　348
ノージョイント化　100, 167,

索引　445

171, 229, 233

は　行

廃棄物量の増大　381
廃タイヤ遮断壁　105, 109, 125, 134, 316
ハイブリッド振動遮断壁　110, 128, 134, 178, 186, 194, 371
バイブロハンマ　289, 298
薄層要素法　5, 276, 277, 356, 360, 362, 364, 371
爆速　303
爆薬　303
パチニ小体　42, 43
バックホウ　301
発生源対策　11, 99, 107, 170, 179, 188, 190, 195, 222, 224, 293, 295, 319, 336, 343
発動発電機等　323
発破振動　22, 69, 303, 308, 312, 429
──の軽減対策　309
発泡ウレタン壁　265
発泡材振動遮断壁　184
波動インピーダンス　12
──比　265, 357
波動遮断物　11
波動振動数　140, 275
波動伝播特性　276, 361
波動伝播問題　376
波動透過理論　236
波動特性　139, 161
波動の伝播速度　8, 140, 146, 275, 358
波動の透過率　14, 357
ハード的対策　11, 99, 167, 188, 293, 295, 303, 313, 321
盤打ち発破　307, 309
ばね系　44
ばね定数　64, 261, 336, 339
──比　338
ばね-マス系　99, 101
バラストマット　168, 340
パワー平均振動レベル　23
パワー平均値　35
バンドパスフィルタ　37

バンド分析　37
半無限弾性体　9, 218
ピーク振動レベル　23
微振動　67, 73
ピッチ　218
ビビリ振動　351
評価基準　90
評価指標　206
評価方法　200
評価量　209
表層地盤の平均 N 値　143
費用対効果　169, 170, 190, 192
費用便益比　169
費用便益分析　169
表面波　218, 220, 274
──の幾何減衰　153
不安感　61
不快感　40, 61
不規則・大幅変動　34
不規則振動　427
複合型　337
複合周波数補正係数　85
複合する機械　332
複合壁　100, 105
物的被害　6
物理的影響　67
ブルドーザ　285, 289
フローティング軌道　179, 260, 262
平均知覚閾　72
平面道路　216
べた基礎　102
変位加振等　358
変位振幅　138
ベンチ発破工法　306, 310
変動振動　34
ポアソン比　8
法規制の状況　200, 270
防振軌道　260, 262
防振溝　109, 293, 354, 357
防振効果　116, 118, 121, 125, 127, 128, 131, 134, 136, 302
防振ゴム　105, 190, 335, 336, 340, 344, 347, 352, 353, 354
──マット　353

防振材　136, 302, 336, 340, 347, 353, 354
防振装置　351
防振対策　299, 301, 344, 348, 349, 351, 363
防振直結軌道　179, 260, 262
防振壁　109, 128, 167, 190, 196, 293, 340, 357, 365, 366, 370, 371
防振マット　188
防振・免振基礎　102
法定計量器　402
法定計量単位　405
補正加速度実効値　85, 425
補正加速度レベル　246, 253
補正振動加速度の実効値　425
舗装工　285, 323
ボルニッツ（Bornitz）式　218

ま　行

埋設ブロック　12
マグニチュード推定法　61
三輪・米川の研究　51
模型実験　252
モノレール軌道　151
盛土・切土道路　216

や　行

野生生物の種の減少　382
野帳等に記録すべき事項　24
山留工　284
油圧圧砕機　319
油圧ショベル　287
有限要素法（FEM）解析　101, 237, 250, 276, 360
有道床弾性マクラギ　168, 260
ユニット　277, 283
要請限度　80, 82, 90, 202, 282, 399
横波　7
予測方法　200, 274, 356
予測モデル　251
予備発破工法　307

ら 行

雷管　304
落下等の衝撃を利用する機械　330
ラブ波　8
ランダム振動　48, 52, 60, 65
立体補強材　263
リッパーチップ　307
量 - 反応関係　45
類似事例　252
累積度数曲線　36
レイリー波　7, 9, 218, 329
——の伝播速度　356, 357
列車荷重　242
レベルレコーダ　24, 33, 413
レール交換　262
レール頭頂面の削正　262
連成系の応答　102
連続振動　427
連続正弦振動　45
路体の剛性増加　237
路盤改良　263
路盤構造　221
路面の凹凸　217, 221, 229, 359
——のパワースペクトル密度　359
——の標準偏差 σ　233
路面の平滑化　100, 171, 229
路面の平坦性　167, 170, 214, 217, 223, 224, 229, 233
ローラーミル　349

わ 行

わだち掘れ　217

編著者
一般財団法人 災害科学研究所
地盤環境振動研究会

編集委員
早川　清　　立命館大学名誉教授　工学博士
建山　和由　立命館大学理工学部教授　博士（工学）
塩田　正純　元工学院大学工学部教授　工学博士
藤森　茂之　中央復建コンサルタンツ(株)　博士（工学）

編集担当　富井　晃（森北出版）
編集責任　石田昇司（森北出版）
組　　版　コーヤマ
印　　刷　開成印刷
製　　本　ブックアート

地盤環境振動の対策技術　　　　　Ⓒ 一般財団法人 災害科学研究所
　　　　　　　　　　　　　　　　　　地盤環境振動研究会　2016
2016年10月4日　第1版第1刷発行　　【本書の無断転載を禁ず】

編 著 者　一般財団法人 災害科学研究所 地盤環境振動研究会
発 行 者　森北博巳
発 行 所　森北出版株式会社
　　　　　東京都千代田区富士見1-4-11（〒102-0071）
　　　　　電話 03-3265-8341／FAX 03-3264-8709
　　　　　http://www.morikita.co.jp/
　　　　　日本書籍出版協会・自然科学書協会　会員
　　　　　JCOPY ＜(社)出版者著作権管理機構 委託出版物＞

落丁・乱丁本はお取替えいたします．
Printed in Japan／ISBN978-4-627-48561-7

図書案内 森北出版

粒子個別要素法

Catherine O'Sullivan／原著
鈴木輝一／訳
菊判・376頁
定価(本体 9500 円＋税)
ISBN978-4-627-91581-7

不連続体の挙動を取り扱う個別要素法(DEM, Discrete Element Method)について，基礎から応用まで幅広くまとめた．解析プログラムをブラックボックスとして使うのではなく，動作を理解して使いたい研究者・技術者におすすめの一冊．

目次

序章／粒子の運動／接触力の計算／粒子の種類／境界条件／流体・粒子連成 DEM 入門／初期配置および供試体や系の作製／後処理：図表による DEM シミュレーション結果の解釈／DEM 結果の解釈：連続体の視点／粒子系のファブリック解析／DEM シミュレーションのためのガイダンス／地盤力学における DEM の適用／DEM の将来性と進行中の開発

ホームページからもご注文できます
http://www.morikita.co.jp/

森北出版 WEB サイトのご案内

☑ 書籍の詳細な情報が得られます
内容の紹介, 目次, 価格などのほか, 内容見本もご覧になることができます.

☑ サポート情報がダウンロードできます
プログラムのコードやソフトウェア, 正誤情報, 補遺などがある場合にダウンロードすることができます.

☑ 各種サービスのご案内がございます
教科書ご採用をご検討いただいている先生向けの献本申し込み, 毎月の新刊案内メールの申し込み等各種サービスに関するご案内がございます.